KB023296

숲과 문화총서 12

우리 겨레의 삶과 소나무

숲과 문화총서 12

우리 겨레의 삶과 소나무

배상원 편

수문출판사

서문

숲이라고 하면 먼저 연상이 되는 숲은 소나무 숲이고 소나무로 우리들에게 옆에 있는 것처럼 여겨지는 나무이다. 소나무는 옛날부터 우리생활 속에서 늘 함께 해 왔고 우리의 생활에 다양하게 이용이 되어왔다. 특히 목재로서의 가치가 높아 줄기는 용재로서 건축재, 조선재, 가구재, 관재로, 솔잎, 솔껍질, 송화가루는 식용·약용으로, 복령은 한약재로 사용되어 왔다. 그리고 소나무 숲에서만 자라는 송이버섯도 있습니다. 소나무 숲은 전통적인 농경사회의 기본인 마을 숲으로서 우리 삶에 깊숙이 자리를 잡고 있어 탄생에서 무덤까지 소나무가 동반 할 정도이다. 이런 우리 삶과 생활 속의 소나무는 우리도 모르는 사이에 조금씩 서서히 자리를 내주고 있는 상황이다.

이렇게 소나무가 사라져가는 이유는 소나무 숲의 이용, 인구의 증가와 전란 등으로 인하여 소나무 숲이 변천이 되기 때문이다. 과거에는 소나무 숲은 낙엽채취 및 활엽수의 벌채 그리고 산불로 인하여 유지·증가되었고, 소나무 숲속의 활엽수가 주로 제거되어 신탄재 등으로 이용되어 마을 주위의 숲이 대부분 소나무 숲으로 변하였으나 80년대 이후 난방연료가 목재에서 석탄, 석유 등의 화석연료로 바뀌고, 솔잎혹파리 등의 병충해에 의해 소나무 숲이 사라져 가기 시작하였다. 이렇게 사라져가는 소나무 숲에 대한 현황파악도 제대로 미흡하고 대처방안에 대한 논의가 필요한 때이다.

숲과 문화 연구회는 1992년 발족을 하여 매년 숲과 문화에 관련된 주제를 선정하여 학술토론회를 개최하여 왔다. 1차 학술토론회의 주제는 「소나무와 우리 문화」로 시작이 되었고 금년도 12차 학술토론회는 다시 소나무를 주제로 한 「우리 겨레의 삶과 소나무」로 선정되었습니다. 12년만에 다시 소나무를 주제로 하여 우리의 삶에 중요한 자리를 차지하고 있는 소나무가 우리에게 문화적으로 끼친 영향과 물질적으로 우리에게 얼마나 중요한 역할을 하였는가를 재조명하고, 우리가 인지 하지 못한 사이에 줄어든 소나무 숲을 어떻게 하면 유지하고 또 확장할 수 있는 가에 대하여 솔·솔숲·솔그림전, 심포지엄, 학술토론회와 숲과 문화총서를 통하여 소나무의 기록을 남기고자한다. 본 총서 「우리 겨레의 삶과 소나무」는 문화, 생태와 유전, 조성과 이용 등 세 분야의 소주제를 선정하여 각 분야의 전문가, 학자, 문학가들의 소중한 글을 모았다.

특히 2004년도는 숲과 문화 연구회가 사단법인으로 새롭게 출발을 하는 해로 우리나라 소나무뿐만이 아니라 우리 숲의 중요성과 문화적 가치를 보다 새로운 시야로 보고, 국민들에게 알려야 하는 새로운 출발의 해이기도 하다.

본 총서를 위하여 원고를 주신 각 분야의 전문가 여러분과 학술토론에 많은 후원을 해 주신 하나은행, 수문출판사, ㈜VRS께 감사의 말씀을 드린다.

2004년 9월 배상원

차례

2부 ❖ 소나무의 생태와 유전

3부 ❖ 소나무 숲 조성과 이용

1부

소나무 문화

소나무의 덕성德性에 관한 고찰

박봉우 강원대학교

머리말

소나무가 가지고 있는 덕德을 소나무의 덕성이라고 한다. 일반적으로 회자되는 덕이 있다 함은, 어질고 너그러운 품성이 높고 뛰어난 대상에 적용하는 말이다. 그리고 덕에는 도덕적 품성의 의미도 포함되어 있다.

대상이 사람이 아닐 경우 도덕적 품성을 논하기는 쉽지 않다. 최근 발전하고 있는 환경윤리학environmental ethics 부분에서 동물의 권리rights of animals에 대한 학문적인 논의가 진행되고 있고 그 가운데에서 도덕적 측면이 언급되고 있지만, 소나무를 비롯한 식물의 경우에는 동물에 비하여 논의의 강도가 약한 편이다.

그러나 우리나라에서도 보듯이 문화재의 하나로 동식물을 천연기념물로 지정하여 보존 보호하고 있는 것은 특정한 경우에는 식물의 권리를 인정한다는 것을 말해주는 것이라 할 수 있다. 즉, 해당 식물의 고유한 내재적 가치intrinsic value를 인정해준다는 것이다. 물론 이 경우에도 권리를 인정하는 것 자체가 대상이 바로 도덕적임을 의미한다고 하는 등식 관계를 갖는 것이라고 일률적으로 말하기에는 어려움이 있다. 그렇지만, 특정한 것을 가지고 보편성을 말하기는 어려우나, 임금의 연輦을 훼손할까 우려하여 자신의 가지를 번쩍 쳐든 정이품송이라든지, 세금을 내고 마을 주민들에게 장학금을 주고 있는 석송령과 같은 나무에서는 나무가 가지고 있는 도덕성을 볼 수 있다.

아무튼 도덕이란 인륜의 대도 즉 사람의 도리를 중심으로 말하는 것이므로 여기에서는 나무의 도덕성에 관한 더 이상의 논의는 일단 유보하기로 한다. 덕이란 어질고 너그러운 품성이라고 하는데, 어질고 너그럽다는 것은 착하고 남을 헤아리는 아량이 있다는 말이다. 그러므로 덕성에는 '착함' '선함' '좋음' '남에 대한 배려' '남에 대한 베풂'이 담겨 있다고 할 수 있다. 특히 여기서 언급되고 있는 '착함' '좋음' '남에 대한 베풂' 등은 정신적인 면뿐만 아니라 물성物性의 면에서 '쓸모 있음'

'가치 있음'을 의미하고 있기도 하다. 이 글에서는 소나무의 덕성을 편의상 소나무의 '좋음', 소나무의 '가치 있음', 소나무의 '쓸모 있음' 등에 착안하여 상징성, 마을 숲, 자원성의 면에서 고찰하고자 한다.

상징성과 소나무

우리나라에는 예로부터 소나무가 많았고, 소나무를 중심으로 한 생활환경으로 인하여 소나무에게는 자연스럽게 여러 가지 상징성이 부여될 수 있는 조건이 갖춰졌다고 할 수 있다. 그렇지만 그런 상징성은 단지 소나무가 많다고만 해서 가능한 것이 아니라 소나무가 지닌 덕성이 남다르지 않았기 때문일 것이다. 여기에서는 소나무의 덕성의 하나로 상징성을 살펴보고자 하였다.

소나무의 상징성은 우선 십장생의 하나로 소나무가 자리한 것을 들 수 있다. 한 세상이 아니라 영겁의 세월을 살고자 하는 인간의 심성은 불로장생을 꿈꾸며 해, 산, 물, 돌, 구름, 소나무, 불로초, 거북, 학, 사슴을 본으로 하여 오래 사는 귀물들에 대한 한없는 부러움을 나타내었다. 태어나면서 탄생의 금줄에 소나무 가지를 끼워 넣고, 소나무 목재로 지은 집에서 일생을 보내고 다시 칠성판 소나무 판재를 지고 이승을 하직했던 우리 조상들에게 소나무는 당연히 오래 사는 장수의 상징물이었다.

그것은 태어나서 처음 본 소나무가 일생을 살다 가는 그 순간에도 의연하게 자신의 앞에 서 있는 것을 보며 그 장수성을 의심치 않았으며, 늘 푸른 생명성을 부러워하면서 소나무를 닮고자 하는 염원에서 비롯되었을 것이다. 오래 사는 소나무에 대한 부러움은 조선시대 임금의 자리, 용상 뒤편을 장식한 그림 '일월오봉도(일월곤륜도)' 에서도 그 상징성을 확연하게 볼 수 있다. 그림에는 왕과 왕비를 상징한 해와 달, 천하제일의 성스러운 산인 곤륜산 다섯 봉우리, 봉우리 양옆의 붉은 소나무, 봉우리 사이 계곡에 있는 폭포, 그 아래쪽으로는 포말을 일으키며 파도치는 바다가 그려져 있다.

사람이 생각할 수 있는 한계에서 영원하다고 할 수 있는 해, 달, 물, 산과 더불어 생명이 있는 것으로는 오직 붉은 줄기의 소나무가 함께하고 있을 뿐이다. 십장생에는 생명을 가진 것들이 여럿 있는데, 이 그림에서 유독 소나무만 등장하는 것은 소나무가 넉넉한 덕성과 빼어난 기품을 지니고 있고, 입고, 먹고, 사는 사람의 일상생활의 한 가운데 있다는 친근성 때문일 것이다.

또 소나무는 고결함과 절개를 상징한다. 옛날부터 불로불사의 신선을 희구하는 도사道士가 솔잎이나 솔씨를 먹고 사는 식량이 될 만큼 소나무는 순수하고, 정신을 북돋우고, 혼백을 편안하게 할 뿐만 아니라 몸을 가볍게 하고, 기를 더해주는 것으로 알려져 왔듯이 고귀함과 청정함을 보여 주는 것이었다.

소나무가 지닌 이러한 성정은 유교 문화에 이입되어 그 중심에 서 있던 선비들에게 고결함, 청정함을 나타내는 하나의 상징이 되었다. 조선조 선비의 소나무에 대한 생각을 조선 중기 청송聽松 성수침(成守琛, 1493-1564)의 독서당인 '솔바람 소리를 듣는 집' 청송당聽松堂과 관련된 기사에서 옮기면 다음과 같다.

> '선생은 청송당 뜰 안에 봄을 다투는 꽃나무 심기를 좋아하지 않고 바위에 면해서 오직 두 그루 소나무를 심었다.'
>
> '세월이 오래되니 둥치는 용처럼 꿈틀거리고 비늘껍질이 선명하며 짙푸르게 되었다. 선생은 날마다 쓰다듬으며 이렇게 일컬었다. 네가 풍상風霜의 침노를 받지 않는 것을 사랑하는데 너로 하여금 이런 지조가 없게 했다면 나는 절대로 너를 사랑하지 않았을 것이다. 저 냇버들은 가을 기운만 바라보면 먼저 시드는 것이니 너를 보고 얼굴 붉히지 않을 수 있겠는가(최완수, 2004)."

또한 석양을 받아 찬란하게 황금빛을 발하는 소나무 붉은 줄기의 장대한 기품과 더불어 눈과 서리를 이겨내는 늘 푸른 모습의 소나무는 선비가 지녀야 할 귀품과 절개를 상징하는 데에도 손색이 없었다. 그래서 최명희(2003)는 소나무의 모습을 "풍채와 운치를 좀 보아라. 그야말로 용의 기품이 아니냐. 하늘로 솟구치는 그 기상하며 조금도 속기俗忌 없는 몸통의 귀격은 속진俗塵 속의 군자로다. 거기다가, 사시사철 푸른 잎은 너훌거리지 않아서 점잖고, 바늘 같은 침엽針葉은 그 결직潔直이 선비의 성품 그대로라"고 표현하고 있다.

이러한 소나무의 상징성은 우리가 익히 알고 있는, "이 몸이 죽어가서 무엇이 될꼬 하니, 봉래산 제일봉에 낙락장송 되었다가, 백설이 만건곤할 제 독야청청 하리라"는 성삼문의 절명시를 비롯하여 전설로 전해지는 신라 진흥왕 때 솔거의 '황룡사 노송도'를 시작으로 겸재 정선의 '청송도' 등 많은 글과 그림으로 전해 오면서 우리의 마음 속에 확고하게 자리 잡게 되었다. 우리에게 불로장수를 염원하는 대상이 되는 나무, 빼어난 기품을 가지고 있는 나무, 속기 없는 군자의 모습과 고결한 절개를 지닌 나무라는 소나무의 상징성은 소나무로 하여금, '한국인의 정신적 자세를 상징하는 나무' (조동일, 2002)가 되게 하고 있다.

마을과 소나무

우리의 자연부락 초입에는 대부분 숲이 가지고 있다. 우리는 이런 숲을 마을 숲이라 부른다. 마을 숲은 자연적으로 이루어진 숲을 잘 유지 관리하면서 비롯된 것이 있는가하면 인공적으로 심어 가꿔 이루어진 숲도 있다. 그러나 심어 가꾸었든, 자연의 숲에서 비롯되었든 어쨌거나 마을 숲은 마을에서 생활하며 숲을 유지 관리하던 선조들의 마음과 손길이 닿아 있는 숲이다. 소나무로 이루어진 마을 숲의 모습을 최명희(2003)는 다음과 같이 그려내고 있다.

> "그들을 맨 먼저 맞이하는 것은 마을 초입에, 성성한 바람 소리를 내며 검푸른 구름머리를 이루고 있는 솔밭, 적송 숲이었다. (…) 이 솔밭은 고리배미의 장관이요, 명물이었다. (…) 말발굽 모양으로 휘어져 마을을 나직히 두르고 있는 동산이 점점 잦아내려 그저 밋밋한 언덕이 되다가 삼거리 모퉁이에 도달하는 맨 끝머리에, 무성한 적송 한 무리가 검푸른 머리를 구름같이 자욱하게 반공중에 드리운 채, 붉은 몸을 아득히 벋어 올리고 있었다. 그리고 여기에는 성황당이 있었다. (…) 적송의 무리는, 실히 몇 백 년생은 됨직하였다.
>
> 이런 나무라면 단 한그루만 서 있어서도 그 위용과 솟구치는 기상에 귀품貴品이, 잡목 우거진 산 열 봉우리를 제압하고도 남을 것인데, 놀라운 일이었다. 수십여 수樹가 한자리에 모여 서서 혹은 굽이치며, 혹은 용솟음치며, 또 혹은 장난치듯 땅으로 구부러지다가 휘익 위로 날아오르며, 잣바듬히 몸을 젖히며, 유연하게 허공을 휘감으며, 거침없이 제 기운을 뿜어내고 있었다.
>
> 그런가 하면 어떤 것은 오직 고요히, 땅의 정精과 하늘의 운運을 한 몸에 깊이 빨아들여 합일合一하고 있는 것 같기도 하였다. 붉은 갑옷의 비늘이 저마다 숨결로 벌름거리고, 수십 마리 적송은 적룡赤龍의 관능으로 출렁거려 피가 뒤설레는데, 제 몸의 그 숨결로 오히려 서늘한 바람을 삼아 사시사철 소슬하게 솔숲을 채우는 이곳을 두고 고리배미 사람들은 그저 〈솔 무데기〉라고만 하였다. (…) 오고 가며 이 길목을 지나가던 길손들까지도 솔바람 소리 성성한 적송의 무리 속에 조촐하게 세워진 순박한 모정에 눈이 가면 저절로 걸음을 멈추곤 하였다."

마을 입구에 위치한 마을 숲의 전형적인 모습을 그려내고 있는 한 장면이다. 마을 초입의 마을 숲은 그곳에 마을이 있음을 무언으로 말해 주고, 그 마을에 숲을 생각할 수 있는 여유와 식견을 가진 사람들이 살고 있음을 은연중 내 보이고, 마을을 찾는 길손이 가쁜 숨을 들이고 자신의 차림새를 한번 돌아보게 하는 곳이기도 하다.

우리나라의 많은 마을 숲들은 소나무로 구성되어 있다. 소나무가 그만큼 흔했기 때문이기도 했고, 자연적으로 분포하고 있기도 했고, 계절에 관계없이 늘 같은 모습으로 해서 더욱 쓸모가 있기도 했기 때문이다.

흔히 풍수와 관련하여 비보를 말하는 곳에 소나무는 숲으로 자리 잡았다. 그것은 소나무의 상록성이 하나의 매스mass로 작용하여 부족한 부분을 항시 채워 주고 있기 때문이다. 이런 소나무 숲은 인위적으로 만들어진 산의 다른 모습이라고 해도 손색이 없었다. 즉, 소나무 숲은 물리적인 산을 대신하는 기능을 하였던 것이다. 경북 안동 내앞 마을의 개호송(김덕현, 1986), 춘천의 심금 솔숲과 같은 마을 숲은 소나무를 심어서 이룬 숲이다(박봉우, 2004). 이들 소나무 숲들은 방풍림을 비롯한 여러 기능을 구현하기 위하여 조성한 것이지만 마을의 바깥 울타리 역할도 하였고, 마을 모임을 갖는 공간이기도 하였을 것이고, 농사의 곤함을 쉬는 그늘이기도 하였을 것이다. 또한 내 앞 마을의 개호송의 경우도 마찬가지이지만 심금 솔숲은 '재송계' 라는 마을 소나무 숲 가꾸는 모임을 통해서 공동으로 숲을 가꾸면서 마을의 번영과 안녕을 공동으로 위하고 마을 사람으로의 소속감과 유대를 일구는 곳이기도 하였다. 숲의 한쪽 편에 성황당이라도 있었더라면 마을 숲은 정신적인 지주의 역할도 아울러 했을 것이다.

원주 신림의 성황숲은 천연기념물 장소로 지정되어 온 곳으로 다양한 수종들로 구성된 숲이지만 오래된 소나무가 숲의 전체적인 모습에 얼개를 이루고 있으며, 숲 한쪽 편에 성황당이 자리하고 있다. 마을 숲이 정신적인 지주역할을 해 온 것을 보여 주는 공간의 한 예이다.

마을 숲은 마을의 등을 이루고 있는 뒷산背山과 더불어 마을의 경계를 이루어 마을 전체의 분위기를 안온하고 편안하게 해준다는 공통점을 가지고 있다. 산만하지 않고 안정된 공간감, 장소성을 형성해 주는 기능을 하는 마을 숲은 그 숲으로 감싸진 공간 속에서 늘상 푸르름을 보면서 생활하는 마을 사람들의 심성을 곱게 키우게 했을 것이며, 마을 숲의 그늘에서 마을이라는 유대감을 키울 수 있었을 것이다.

자원과 소나무

자원으로서의 소나무는 많은 양이 널리 분포한 것만큼 다양한 쓸모를 보여 주고 있다. 소나무의 쓸모 가운데 역시 으뜸으로 쳐야 하는 것은 사람의 목숨과 관련된 것이리라. 하늘을 바라보고 농사를 짓고 살던 전통시대에는 흉년이 들면 식량의 자급은 지난한 일이 아닐 수 없었다. 자연히 식량을 대신할 구황식물救荒植物은 매우 소중한 것이었고, 구황식물에 관한 자료의 수집과 정리, 구휼대책은 위정자의 중요한 일의 하나였다. 국토의 거의 대부분이 산인 우리나라는 다양한 구황식물들이 알려져 있지만 그 중에도 소나무의 속껍질인 백피와 솔잎은 구황식물의 역할을 톡톡히 해 온 대표적인 것이라 할 수 있다.

홍만선의 「산림경제」에 의하면, '송백피는 쪄서 먹으면 곡식을 먹지 않아도 시장하지 않다' 고 소개하고 있고, 아울러 솔잎도 중요한 구황식품으로 자세하게 설명하고 있다. 흔히 송기松肌라 하는 백피는 그 자체로 식량이 될 뿐만 아니라 멥쌀가루에다 버무려 송기떡을 하는 등 부족한 쌀을 늘리는 증량제로도 이용하였다. 또한 소나무의 뿌리에 기생하는 복령균(Poria cocos)의 균핵체인 복령茯苓도 귀중한 구황식품일 뿐만 아니라 복령탕, 복령고 등의 약재로 이용하였고, 기호품으로 복령떡을 해 먹기도 하였다. 이외에도 소나무의 새 순도 식용하였고, 송홧가루는 역시 기호품으로 다식을 만드는데 활용되었다.

자원으로서의 또 다른 가치는 소나무의 목재 가치를 들 수 있다. 조선시대만 해도 소나무는 왕실에서 소용되는 관곽재, 궁실의 건축용재, 국방에 소용되는 조선용재로 가장 중요한 국가 자원의 하나였다. 그러나 소나무는 그 이전부터 우리나라 사람들의 일상생활의 기초가 되는 의식주를 해결하는데 있어 없어서는 안 될 자원이었다. 소나무가 바로 식량이나 목재자원 자체로 기능하기도 하였고, 각종 기구를 제작하는데 사용되었다. 즉 기둥과 서까래, 대들보 등의 건축재, 뒤주나 찬장, 책장 등의 가구재, 소반, 목기, 떡판 등의 생활 용구재, 지게, 절구, 가래 등의 농기구재로 사용되었다. 또한 온돌을 덥히고, 도자기를 구워내는 연료로써 우리의 일상생활에 막대하게 기여한 바도 간과할 수 없는 자원으로의 기능이라 하겠다.

맺는말

소나무는 우리 주변에서 흔히 볼 수 있는 나무이다. 흔하다는 것은 많다는 것이고, 많다는 것은 때로는 많아서 쓸모가 없는 것, 좋지 않은 것이라고 치부되기도 하지만, 소나무는 그렇지 않다. 흔하지만 좋은 것, 쓸모 있는 것이다.

이런 소나무를 두고, 김동리는 '송찬松讚' (이어령 편, 1990)에서, '진실로 솔은 충신열사의 고절高節, 은일선인隱逸仙人의 초속超俗에 그칠 뿐 아니라 그 공덕에 이르러서는 성인의 대덕大德을 갖추었다 하겠으며, 조수鳥獸로는 백학의 장수와 우마牛

馬의 실익實益과 기린의 고고를 함께 지닌 자라 하겠다. 오오, 솔이여, 솔은 진실로 좋은 나무, 백목지장百木之長이요, 만수지왕萬樹之王이라 하리니, 이 위에 또다시 무슨 말을 더 하겠는고' 라고 표현 하였다.

우리 땅에서 자라는 나무 중에서 소나무처럼 우리 생활에 물질적 정신적으로 많은 영향을 준 것도 없다 하겠다. 소나무는 몸체 자체로 우리의 정신적인 상징이었고, 자원이었다.

십장생의 하나로 영원히 살고자 하는 우리의 염원의 대상이었고, 선비들의 생활 공간에서는 맑은 소리를 벗 삼고, 지조를 내 보이는 것으로 소나무가 함께 있었고, 집을 짓고, 군비를 만드는데 필요한 소재가 되었고, 한세상 살고 가는 마지막 길에 또 다른 작은 안식처를 만드는 관곽재로, 세찬 불땀으로 도자기를 구워내는 최상의 화목으로, 요긴하게 쓰였을 뿐만 아니라 그 잎사귀까지 알뜰하게 우리네 온돌을 덥히는데 사용되어 왔다.

또 소나무의 속껍질 백피는 대표적인 구황식물의 하나로 흉년과 난리에 피폐된 산하에서 사람의 목숨을 이어주는 식량이었으며, 뿌리에서 생산되는 복령은 우리 몸을 병으로부터 구제하는 역할을 하였고, 때로는 송화로 만든 다식과 송엽주를 기호품으로 하여 우리 생활속의 취향을 보여 주기도 하면서 일상의 문화를 풍부하게 해 주었다. 그런가 하면, 때로는 영물로 취급되어 정이품송, 석송령 등으로 인격화되면서 우리와 한 몸을 이루며 함께 생활하기도 하였다. 다른 한편으로, 소나무는 신선들이 노니는 공간에도 빠질 수 없는 나무였고, 강릉의 한송정에서 보듯이 신라 화랑이 심어 가꾸고 심신을 닦던 곳이기도 하였고, 조선시대에는 '일월오봉도' 의 지엄한 자리에도 있었다. 이렇듯 소나무는 빼어난 품성과 다양한 쓸모로 인하여 영적으로나 물적으로나 덕성스러운 나무로 우리의 마음에 확고하게 자리 잡고 있다.

참고문헌

김덕현. 1986. 전통촌락의 동수에 관한 연구. 지리학논총 13:29-45.

박봉우. 2004. 심금 솔숲. In, 김영도 외 편, 「숲을 걷다」. 수문출판사. 329-345쪽.

이어령 편저. 1990. 「문장대백과사전」. 금성출판사.

조동일. 2002. 한국 고전문학에 나타난 소나무의 상징성. 대한건축학회지 36(4):4-6.

최명희. 2003. 「혼불」, 3권. 한길사.

최완수. 2004. 청송당. In, 겸재의 한양진경. 동아일보사. 91-98쪽.

홍만선. 「산림경제」. (재)민족문화추진회. 1986. 국역 산림경제. 민족문화문고간행회).

시대정신으로 읽는 조형언어
세한도와 백송도의 대위법

황인용 수필가

1 ———————— '역사는 과거와 현재의 대화다.'

이 명징한 정의에 따른다면 역사는 언제나 현재진행형일 수밖에 없다. 이는 과거의 역사라도 오늘의 관점에 따라 끊임없이 재평가되어야 한다는 뜻이기도 하다. 가령 신라의 삼국통일은 이승만과 군사독재시절 빛나는 전통으로 미화되었다. 오늘날 평화통일의 시대를 맞아서는 그 반민족성이 두드러질 뿐이다. 생존을 위해 모화 사대사상에 물들어 간 몰주체성 말이다.

일제 36년도 자기배반의 역사였기는 마찬가지다. 오늘날 황국신민의 후예인 영어공용론자들이 웃사람을 농락해 권세를 휘두르는 지록위마指鹿爲馬의 궤변으로 국민을 세뇌코자 필사적인 까닭도 여기에 있었음은 물론이다. 냉전과 지역감정 및 친미사대주의를 위한 상징조작의 언어폭력이야말로 우리들 총체적인 불행의 증후군이었음에랴.

이처럼 심각한 주체성 위기의 시대에 소나무처럼 추상같은 시대정신을 지니지 못하면 사대주의자들의 꼭두각시 노릇 밖에는 할 일이 없다. 이러한 관점에서 시대정신에 가정 투철했던 예술가로 추사와 박영률 화백 꼽기를 주저하지 않겠다. 만약 그들의 소나무 그림이 없었다면 우리의 미술사가 얼마나 초라해졌을 것인가?

2 ———————— '사람은 어떤 발달단계를 거치지 못할 때 고착현상이 일어나 불안해지며 승화 억압 투사 합리화 같은 방어기제를 사용하게 된다.'

이 심리학의 이론은 사회병리학에 원용해도 훌륭할 듯싶다. 지록위마 무리들의 횡설수설도 자신의 성채였던 분단의 장벽이 무너지고 있는 데서 오는 좌불안석이 아니었던가?

철학자 김상봉의 말처럼 저간의 사정에 대한 극명한 증언도 달리 없으리라. '언론개혁 운동의 가장 소중한 성과는 신문을 더 이상 자명한 진리의 기관으로 믿지 않고 정신적 예속에서 벗어나 자주적으로 생각하게 되었다는 주체성의 회복에 있다.'

주체성 위기의 시대에 시대를 앞서 갔던 진보적인 지식인들의 화두는 언제나 개혁이었다. 가령 추사 때에도 개혁적인 지식인들은 정권에서 소외된 남인 계열의 학자들이었다. 실학파라 불리는 그들은 개혁이라는 말 대신에 실사구시實事求是를 구호로 내걸었다. 공허한 성리학의 이기理氣 논쟁에서 벗어나 선진국 청나라의 문물을 배우자는 주장이었다.

추사 또한 청나라 당대 지식인들과 뜨거운 교감을 나누었고 보면 개혁의 색채는 의심의 여지가 없을 게다. 수난은 당연한 귀결이었으리라. 박영률 화백 또한 군사독재시절 추사 비슷한 세한歲寒을 겪었다. 그들에겐 세상의 추위야말로 치열한 예술혼을 불태우고 시대정신을 도야陶冶할 절호의 환경이었던 셈이다. 시공을 초월해 통시대적 가치를 지니는 사상이나 문화재가 출현할 필요충분조건이라고 해두자.

공자는 사이비似而非를 가장 미워하였다. 이 경우 아무리 근사近似하게 잘 그린 그림이라도 시대정신을 결여했다면 시대착오적이므로 사이비일 수밖에 없다. 이처럼 시대정신은 참이냐 거짓이냐, 불후냐 일시냐를 가름해 주는 시금석이나 다름없다. 얼마쯤 막중한 존재인가?

3 ———————— '날씨가 추워진 다음에라야 소나무와 잣나무가 시들지 않음을 안다(歲寒然後知松柏之後凋也).'

공자의 이 말씀은 〈세한도〉라는 불후한 이름의 출생기다. 아마도 〈세한도〉에서 노송은 추사 자신을, 건너편 젊은 소나무는 제자인 이상적李尙迪을 상징하는 듯싶다. 스승과 제자—그 아름다운 정의情宜를 나타내자니 대위법의 형식을 빌리지 않을 수 없었으리라. 집을 책상으로 상정한다면 스승과 제자가 마주 앉아 있는 정경 그대로이기 때문이다.

특히 기묘하게 굽은 노송으로 말하면 뜻을 펴보지 못하고 좌절해야 했던 추사 자신의 적나라한 모습의 형상화가 아니었을까? 이상적은 〈세한도〉를 선물로 중국으로 가지고 갔다. 추사와 교유했던 학자들에게 보이니 모두 감탄하고 다투어 발문拔文을 써 주었다. 국내에서는 이시영李始榮, 오세창吳世昌, 정인보鄭寅普 등 당대의 인사들이 발문을 붙였다. 이렇게 해서 〈세한도〉는 10m에 이르는 방대한 두루마리 그림이 되었다.

부연 설명을 덧붙이자면 추사가 귀양가자 모든 제자는 발길을 끊었으나 오직 이상적 만큼은 중국에서 가져온 귀한 문헌을 전해주는 등 변함이 없었다. 이에 추사는 그 지조를 높이 기려 〈세한도〉를 그려주었다.

4 ———————— '전화戰禍를 무릅쓰고 사지死地에 가서 우리 국보를 찾아왔다.' 소전素筌 손재형孫在馨 선생이 일본에서 〈세한도〉를 모셔오자마자 찾아간 이는 오세창 선생이었다. 선생은 눈물을 흘리며 이러한 내용의 발문을 썼다. 그 정경을 보지 않아도 선한 듯싶다.

경성제국대학 후지쓰카藤塚 교수는 추사연구로 박사학위를 받은 사람이었다. 그런 연유로 〈세한도〉를 손에 넣은 그는 광복 1년 전 귀국했다. 후지쓰카가 〈세한도〉를 입수했던 직후부터 양도교섭을 벌였던 소전 선생도 거액을 챙겨 들고 즉시 뒤따라갔다. 당시에 소전 선생은 재력가로서 문화재수집에 남다른 열성을 쏟고 있었다. 훗날에는 당대 최고의 서예가로서 명성이 자자했다. 다만 김춘수 시인과 더불어 유정회維政會 국회의원으로 꼭두각시 노릇한 점은 옥의 티였지만 말이다.

하여튼 동경으로 간 소전선생은 노환으로 누워 있는 후지쓰카를 날마다 문안했다. 병문안만 하고는 묵묵히 앉아 있다 나오는게 일과였다. 그 정성에 감동한 후지쓰카는 아들에게 유언했다. "내가 죽거든 조선의 손재형에게 아무 대가도 받지 말고 〈세한도〉를 넘겨주라."

소전 선생은 적이 안도했으나 전쟁이 급박해 안심하고 있을 상황이 아니었다. 더욱 열심히 병문안을 계속했다. 어쩔 도리 없었던지 후지쓰카는 "위험을 무릅쓰고 찾아온 성심을 저버릴 수 없어 그냥 주니 부디 잘 모셔가라" 하면서 내주고 말았다.

소전이나 후지쓰카나 대단한 인물들로서 〈세한도〉가 맺어준 아름다운 인연이랄 것이다. 지금 〈세한도〉의 소장자는 손창근孫昌根이라는 분이다. 1997년 전주박물관에서 열린 '눈그림 600년 -꿈과 기다림의 여백' 전시회에 그 전모가 처음으로 공개된 바 있다.

5 ———————— '검게 그을린 얼굴에 다부진 상체, 뿔테 안경 너머 날카로운 눈매와 짧고 굵은 손마디, 박영률 화백(46)의 첫인상은 강렬했다'
박 화백을 취재했던 한겨레신문 성연철기자의 묘사다. 국민의 정부 시절 청와대 국무회의실 벽면의 백송그림이 텔레비전 화면에 비치기 시작했었다. 그 무렵 김민기의 '저 들에 푸르른 솔잎을 보라…' 로 시작되는 '상록수' 가 외환위기 극복을 위한 공익광고에 등장해 감동의 파문을 일으켰던 터라 감회 깊었었다. 그 시점이 어쩌면 그리도 절묘했던지….

"소나무가 절대지향적인 존재이기에 즐겨 그립니다. 소나무는 잎이 항상 가지 위로 자랍니다. 해라는 절대가치를 향해 뻗는 거지요. 휘는 듯 늘어지는 듯 우아하게 뻗은 가지도 조형적으로 완벽합니다."

박 화백에게 소나무는 오랜 방황 끝에 찾아낸 화두였다. 그가 늦깎이로 겨우 대학을 졸업했던 1985년 '한국미술 20대의 힘' 전시회에 〈80년 5월, 여기는 광주〉라는 작품을 출품했다. 핏빛 저녁놀에 산처럼 쌓인 주검들이 붉게 물드는 처참한 그림이었다. 곧 바로 안기부에 끌려가 사방이 저녁놀처럼 붉은 방에서 초주검이 될 만큼 고문을 당했다. 인간성을 말살하는 그 비인도적 만행의 기억보다도 그를 더욱 슬프게 했던 일은 따로 있었다. 오직 출세하기 위해 운동권 그림을 불온하다고 낙인찍으며 독재에 아부했던 사람들이 지금도 버젓이 활동하고 있다는 사실이었다.

그 사이비 미술평론가들의 주요 활동 무대는 두말할 나위도 없이 사이비신문들이었다. 그들은 개미와 진딧물 마냥 공생의 관계에 있었던 것이다. 실로 언론이 개혁되지 않으면 모든 개혁은 연목구어에 지나지 않음도 그 까닭이 여기에 있었음이 아닐 수 없다.

"제 그림에는 대부분 한 그루 소나무 만이 나옵니다. 제도폭력 앞에 개인은 철저히 고독한 존재일 수밖에 없다는 깨달음과 그럼에도 불구하고 굽히고 싶지 않다는 소망을 담는 것이지요."

"제 그림은 대부분 일자곡선一字曲線이라는 제목을 달고 있습니다. 직선과 곡선은 모순된 관계 속에서 긴장하면서도 새로움을 창조하려는 뜻이 내포되어 있습니다."

"예술은 시대의 흐름을 늦추고 사회를 되돌아 볼 수 있어야 합니다. 어떤 형식인든 감상자에게 영감을 일으켜줄 촉매제 역할을 해야 하는 것이지요. 비록 물질의 형식을 빌리지만 순수한 정신 자체로 감상자와 만나고 싶은 것이 저의 소망입니다. 그때쯤이면 소나무에 대한 집착에서 자유로워질지 모릅니다."

그 냉혹했던 세한의 계절에 이처럼 치열한 예술혼을 불태운 화가가 한 사람도 없었다면 우리의 허전함을 그 무엇으로 달랠 수 있으랴? 순수한 정신이 없어서 박 화백처럼 샘솟듯 하는 영감의 소유자와 만날 수 없음은 진정한 불행이다. 군사독재보다 타기해야 할 일은 허위의식에 눈멀어 있는 사이비 지식인들이 아니랴?

이 점 백송은 의미심장한 바 있다. 오행五行설에서 금金의 방위는 서쪽이요 색은 흰색이고 오상五常은 의義다. 소나무 자체가 불의에 대한 저항의 상징이라면 백송은 상징 중의 상징인 셈이다. 과연 정의의 투사인 박 화백이 백송의 상징성을 간과했을 리 만무였으리라. 그 백송이 누구의 표상인지는 차라리 묻지 말기로 하자.

6 ———————— 거룩한 분노는/ 종교보다도 깊고/ 불붙은 정열은/ 사랑보다도 강하다/ 아, 강낭콩보다도 푸른 물결 위에/ 양귀비꽃보다 붉은 그 마음 흘러라.

만약 내가 변영로였다면 이 헌시를 추사와 박영률 화백에게 바쳤으리라. 미당未堂은 광화문을 두고 '소슬한 한 채의 종교'라는 찬사를 남겼지만 과장의 느낌이 없지도 않다. 〈세한도〉와 〈백송도〉라면 하나의 종교이고도 남음이 있겠지만 말이다.

황정견黃庭堅은 도연명의 초상화가 자신과 닮았다 하여 자신의 초상으로 삼았다. 그렇듯 추사의 초상화를 박 화백의 초상으로 삼은들 그 무슨 허물이 있으랴? 적어도 추사의 마음을 박 화백의 마음으로 삼아도 좋을 듯싶다. 그러한 한편으로 추사 이전에 추사 없었고 추사 이후에 추사 없었다면 박 화백에 대해서도 똑같은 말을 하고 싶기도 하다. 그만큼 그들은 독보적 존재라는 측면에서 말이다. 그나저나 〈백송도〉야 말로 우리 시대의 〈세한도〉라고 하면 어폐가 있을까?

7 ———————— '나무 한 그루가 이루어낸 세상은 한 나라와 같다.'

어떤 시인의 말처럼 나무와 숲을 사랑하는 이들에게 울림이 큰 말도 달리 없으리라. 수령 천년의 나무나 천년의 사직을 지닌 나라나 본질적으로 무엇이 다르겠는가? 비슷하게 '한 작가는 그가 구축한 제국의 수반이다'라는 말도 있다. 〈세한도〉나 〈백송도〉가 이루어낸 세상도 그 정신적 영역으로 말하면 천년의 사직을 지닌 나라에 결코 못하지 않으리라.

8 ———————— '옛 것을 익혀서 새로운 것을 안다(溫故而知新).'

'옛 것을 본 받아서 새로운 것을 창조해낸다(法故創新)'. 공자와 연암燕岩의 말은 첨단 디지털 시대에도 변함없는 진리인 듯싶다. 디지털 또한 그 바탕은 아날로그이기 때문이다.

마찬가지로 전통문화나 소나무에 대한 관심도 한갓 회고의 정에 그친다면 골동

품 취미(복고취향)에 지나지 않는다. 시대착오적임은 오늘을 사는 시대정신의 결여 탓이다. 단적으로 민족적 비극의 총체적 원인인 분단을 고통으로 느끼기는커녕 오히려 원하는 화가가 그린 그림이라면 그 반민족성을 두 말해 무엇하랴? 분단시대를 사는 고뇌와 모색이 담겨 있지 않는 그림이 후세에 무슨 의미를 지니겠는지….

9 —————— '그 분은 손에 키를 들고 알곡을 모아 곳간에 들이고 쭉정이는 불에 태울 것이다.'
마태복음의 탁월한 분류법에 따른다면 민주화와 통일의 시대에 알곡(상록수)은 누구이고 쭉정이(활엽수)는 또 누구이겠는가? 알곡에 가까운 예술작품일수록 그 시대를 확실하게 반영해주고 있다면 이는 작품이 시대를 떠나서 존재할 수 없다는 뜻이기도 하다.

10 —————— '정의를 위해 일하다 박해받은 사람은 천국이 저희 것이다.'
오늘날 소나무에게서 읽어야 할 시대 정신은 마태복음의 이 한마디가 아닐까? 그럼에도 성경을 누구보다 많이 읽었을 사람이 군사독재에 저항하다 박해받은 이를 정신이상자쯤으로 매도함을 보고서 아연실색했던 일이 있었다. 정의를 불의로, 불의를 정의로 믿고 있는 그 사람의 하느님은 어떠한 신인지 통절히 묻고 싶어진다.

11 —————— '사료를 직관과 관조로서 해석해 역사를 지배하는 시대정신을 발견코자 하는 이른바 문화사 연구에 몰두했다.'
문명대文明大 교수가 문화사관의 창시자인 부르크하르트를 소개한 핵심적 대목이다. 언어철학자들에 따르면 언어=사고=정신이다. 또 사고=문화이기도 하다는 사실이다. 만주족이 그들의 언어를 잃었을 때 흔적도 없이 중국에 동화되어버리고 말았다는 사실! 언어야말로 주체성과 문화의 뿌리라면 미술에서도 조형언어가 생명이라는 뜻이리라. 그게 곧 조형정신임은 앞서 말했듯 언어=정신이기 때문임은 물론이다.

부연하자면 조형정신은 곧 시대정신이다. 따라서 시대정신이 박약한 화가가 그린 그림이라면 조형언어가 애매해서 무슨 뜻을 감상자에게 전하려 하는지 모호할 수밖에 없다. 미술에 이형동질異形同質이라는 중요한 용어가 있다. 형태는 달라도 내용은 같다는 뜻이다. 즉 조형정신이 같다는 의미다. 이 점 추사와 박 화백의 소나무 그림이 비록 형태는 달라도 본질은 같음은 물론이다.

12 ──────── '소나무는 우리에게 무엇인가?'

소나무를 화두로 삼고 깊이 천착해 온 사람이라면 누구나 이 궁극적 질문을 자문자답해보지 않은 이는 없었으리라. 두말할 나위 없이 소나무는 한국적 산림문화의 출발점이자 도착점이다. 그럴진대 소나무 그림이 치지하고 있는 비중도 자명하지 않을까 싶다. 소나무는 그 기상에서 따라올 자가 없는 나무 중의 나무다. 그러한 소나무를 정신적인 지주(주체성의 표상)로 삼고자 하는 자라면 무엇보다 우뚝한 시대정신의 소유자이지 않으면 안 될 터이다.

추사와 박 화백으로 말하면 각자의 시대를 대표하는 돌올한 시대정신이었다. 필자는 지난 몇 개월 동안 추사와 박 화백을 짝지워 이 글을 구상하면서 고통스러우면서도 행복했다. 그만큼 이 글을 쓰는 일이 행복한 고역이었다는 뜻이리라. 덧붙여 이 시대를 치열히 증언해 역사에 남기고 싶었다. 고쳐 쓰고 또 고쳐 쓰기를 거듭해마지 않았다.

지금은 이 글에 생리적인 거부감을 느낄 사람이 틀림없이 많겠지만 훗날 '시대정신에 충실하려고 애쓴 글'이라는 평가를 받을 수만 있어도 다행이겠다. 마지막으로 조형언어가 얼마쯤 막중한 존재인지 피카소의 경우를 들어 말미로 삼고자 한다. 그가 스페인 내전의 참상을 그린 '게로니카' 그림 한 장이 반전평화운동의 강력한 진앙震央역할을 유감없이 수행했다는 사실 말이다.

회화 속의 소나무

유홍준 명지대학교

삼국, 고려시대의 소나무 그림

한국회화사에서 소나무는 아주 오래부터 지속적으로 나타나는 중요한 소재 중 하나다. 불행하게도 삼국 및 통일신라시대 회화는 전해지는 것이 적어 그 자세한 사정을 알 수 없지만 고구려, 백제, 신라는 각기 기념비적인 소나무 그림의 명작을 남겨놓은 것이 있고 신라는 기록상 전설적인 소나무 그림 이야기를 전해 주고 있다.

고구려 고분벽화 중 평양 진파리에 있는 진파리 제1호, 제4호 무덤에는 아름다운 소나무 그림이 이 고분의 주제로 되어 있다. 이 소나무 그림은 아마도 우리나라 소나무 그림 중 손꼽히는 명작으로 기록될 만한 것이다. 죽은 사람을 위한 영혼의 공간을 이처럼 아름다운 소나무와 바람에 휘날리는 꽃잎을 그린 고구려 사람들의 마음을 우리는 아직 다는 모른다.

백제의 경우, 단독 그림으로 소나무 그림은 전하는 것이 없지만 백제의 유명한 〈산수문전〉은 솔밭을 문양으로 묘사하여 산과 나무와 구름으로 구성된 한 폭의 산수화를 이루는데 성공했다. 이처럼 소나무가 산수화에서 중요한 위치를 점하는 것은 조선시대에 들어와 더욱 명확히 드러나게 된다. 신라와 통일신라의 소나무 그림은 아직 뚜렷이 남아 있는 것이 없지만 김부식의 〈삼국사기〉의 솔거 전기에 그가 분황사의 벽에 그린 소나무그림이 너무도 사실적이어서 새가 날아와 앉으려다 벽에 부딪쳤다고 하였으니 그 저간의 사정을 미루어 짐작할 수 있다.

이러한 사실들은 한국회화사에서 소나무 그림이 차지하는 비중이 매우 높았음과 동시에 한국인의 정서에 소나무의 이미지가 깊이 박혀 있었음을 말해준다. 그러나 고대인들의 마음 속에 담겨 있던 소나무의 서정성과 상징성이 어떤 것이었는지는 아직 알 수 없다. 다만 그것이 후대 조선시대인들과 크게 다르지 않았을 것이라고 짐작할 뿐이다.

고려시대 역시 일반 회화는 별로 전해지지 않고 다만 불화 만이 남아 있어 소나무 그림이 단독으로 그려진 예는 아직 알려진 것이 별로 없다. 일본에 유전하는 해애海涯 필 〈세한삼우도歲寒三友圖〉는 고려시대의 유일한 소나무 그림이라고 할 수 있는데 이는 중국 송나라, 원나라의 문인들이 만들어낸 '삼청도三淸圖' 형식으로 송죽매松竹梅를 군자 내지 선비 또는 문인의 벗으로 삼을 대상으로 정착시킨 장르다.

흔히 매난국죽梅蘭菊竹을 사군자라고 부르게 된 것은 17세기 명나라 진계유陳繼儒가 유행시킨 것이며. 전통적으로 군자의 덕성, 선비의 청절, 문인의 아취를 상징하는 것은 송죽매였다. 이것이 우리나라에 도입되어 회화로 유행하게 된 것은 고려말 성리학의 도입과 때를 같이 하였던 것으로 생각되며, 조선 전기에는 제법 유행했었을 것으로 생각된다.

고려시대 회화인지 아닌지 아직 논란의 여지가 있지만 분황국사가 그렸다는 〈학과 신선〉그림은 아주 늠름한 소나무 아래 앉아 있는 신선을 그렸고 고려불화 중 〈미륵하생경서품변상도〉(일본 서복사 소장 및 친왕원 소장품)에서 궁궐의 정원 모습을 그리면서 품위 있는 소나무가 크게 강조된 것을 보면 고려시대의 그림 속에 나타나는 소나무는 조선시대와 마찬가지로 선비, 신선, 궁중의 취미와 정서를 대변하고 있다고 할 수 있다.

고려시대의 소나무 그림으로 특기할 만한 것은 고려청자, 특히 상감청자에 나오는 소나무 그림이다. 국립중앙박물관 소장 〈상감청자 송하인물문 매병〉에는 〈학과 신선〉 그림과 같은 개념의 소나무가 그려 있고, 이화여대 박물관 소장 〈상감청자송죽매문매병〉에는 〈삼청도〉와 같은 형식이니 이는 고려시대 소나무 그림의 사정이 현재 알려진 것에서 크게 벗어나지 않을 것이라고 생각게 하는 것이다. 당시 고려청자에서 유행한 문양의 대종이 연꽃, 모란, 국화, 보상화, 갈대와 백로, 학과 구름이었음을 생각하면 고려시대 소나무 그림은 일반 대중적 정서가 아니라 문인, 신선, 궁중 취미를 반영하는 매체가 아니었나 생각게 한다. 이 역시 조선시대도 사정이 비슷하다.

조선시대의 소나무 그림

한국 회화사에서 소나무 그림은 조선시대에 와서 본격적으로 전개되었다고 할 수 있으며 그 유형은 매우 다양하다. 얼핏 생각하기에 소나무라면 변함없는 청절의 상징을 떠올리게 되지만 실제로 소나무 그림은 아주 다양한 양상을 띄고 있다. 이를 유형별로 나누어 보면 다음과 같다.

첫째, 궁중 장식화에서 소나무

둘째, 〈삼청도〉 형식의 소나무

셋째, 산수화에 나타나는 소나무

넷째, 진경산수화에 나타나는 소나무

다섯째. 문인화의 단독 도상으로서 소나무

여섯째, 청화백자의 소나무 그림

일곱째, 민화 〈까치와 호랑이〉속의 소나무

궁중 장식화에서 소나무 ───────── 궁중의 대표적인 장식화는 십장생병풍과 일월곤륜도로 전자는 사생활 공간에, 후자는 공적 공간에 사용된 것이다. 어느 경우든 여기에는 소나무 그림이 등장한다. 십장생 병풍에서 소나무는 장수를, 일월곤륜도에서 소나무는 제왕적 권위를 상징한다. 소나무는 나무 내지 식물의 제왕적 위용을 갖춘 것으로 받아들여졌던 것이다.

〈삼청도〉 형식의 소나무 ───────── 고려시대 이래로 〈삼청도〉는 여러 방식으로 그려졌다. 송죽매 모두를 그리기도 했지만 이를 분리해서 소나무, 대나무, 매화가 따로 그려지며 조선 전기 회화의 주요한 장르로 발전하였다. 또는 〈삼청도〉가 산수화와 결합하여 나타나기도 했으니 이상좌 작품으로 전하는 〈송하보월도〉는 사실상 송죽매와 선비와 달로 구성된 작품이다.

조선 전기의 소나무 그림은 별로 전하는 것이 없다. 그러나 청화백자에는 소나무를 문양으로 그린 명품이 많이 전한다, 〈청화백자 홍치2년명 소나무 무늬 항아리〉 〈청화백자〉 〈매죽문 항아리〉(호암미술관 소장)를 보면 당시 삼청도의 송죽매가 얼마나 유행했는지를 알 수 있다, 이러한 송죽매의 기호는 꽃꽂이 장식에서도 유행했었을 것을 쉽게 짐작할 수 있는데 〈임경업 장군 초상〉 탁자에 놓인 화병에는 맵시있는 송죽매 꽃꽂이가 그려져 있다.

산수화에 나타난 소나무 ───────── 조선 전기의 회화는 그 유전 작품이 적어 아직 정확한 사정을 말하기 힘들지만 중국의 〈소상팔경도瀟湘八景圖〉를 조선적으로 변용시킨 〈사시팔경도四時八景圖〉가 크게 유행했고, 이는 당시 계회도 그림에 차용되었다. 전 안견 필 〈사시팔경도〉, 양팽손 필 〈산수도〉, 일본 다이겐지에 전해지는 일본 승려 존해尊海가 1539년에 조선에서 가져간 〈소상팔경도〉 등이 그 대표적인 예라 할 수 있는데. 이런 산수화의 언덕 위에는 예외 없이 소나무 두어 그루가 그려져 있다. 이 점은 조선 전기의 대표적인 불화인 이자실 봉안 〈도갑사 관음32응신도〉 그림에서 32개의 장면을 나누면서 바위 언덕 위에 소나무 두 그루로 각 장면의 배경을 삼은 것에도 그대로 나타나고 있다. 결국 소나무는 산수를 그리는 데 거의 필수적인 요소였던 것이다.

진경산수에서 소나무 ———————— 산수화에서 소나무의 위상을 더욱 명확히 한 것은 조선 후기 진경산수였다. 진경산수의 대가였던 겸재 정선은 줄기가 굽고 무리지어 자라난 소나무들을 탁월하게 형상화하여 진경산수를 성공적으로 완성시켰다. 겸재의 소나무 묘사는 진경산수에서 조선적인 정취를 나타내는 거의 핵심적인 요소였다. 소나무 없는 우리의 산수를 상상할 수 없듯이 겸재 식의 소나무 묘법 없는 진경산수도 상상할 수 없다. 이는 우리네 일상의 정서에서 소나무가 갖고 있는 위상을 웅변으로 말해 주는 것이다,

겸재의 소나무 묘법은 단원 김홍도에 의해 또 다른 방식으로 발전해 갔다. 단원은 특히 금강산 그림을 그리면서 자신 만의 독특한 소나무 묘법을 구사했다. 겸재의 소나무가 굳세고 무리지어 있고 강한 기상을 보여 준다면 단원의 소나무는 대단히 서정적이고 멋진 운치를 갖고 있고 대개는 바람결에 살랑이는 모습을 보여 준다. 이후 산수화에서 소나무는 한국의 자연, 한국의 정취를 나타내는 상징적인 나무로 나타나고 있다.

문인화의 단독 도상으로서 소나무 ———————— 조선시대에는 문인화의 유행과 함께 소나무 그림이 많이 그려졌다. 그것은 〈삼청도〉에서 소나무가 단독 도상으로 독립하여 그려졌다고 말할 수도 있지만 원래 소나무의 성정이 문인들의 기상과 잘 통하기 때문에 일찍부터 독립했다고 생각된다. 이런 소나무 그림은 소나무 자체만을 그리기도 하지만 선비, 신선, 집, 학 등을 곁들여 소나무의 정신적 의미를 보강한 경우도 많다. 그 대표적인 예를 들면 다음과 같다.

1. 강희맹 〈송하인물도〉
2. 이인상 〈송하관폭도〉〈설송도〉
3. 김홍도 〈송하취적도〉〈송월도〉
4. 이인문 〈송하인물도〉
5. 김정희 〈세한도〉
6. 김수철 〈송하인물도〉

이러한 그림의 예는 수없이 많다. 그리고 각 화가의 소나무 그림은 화가의 개성과 필치에 따라 그 예술적 분위기를 달리한다. 겸재의 진경산수 중에는 소나무 자체의

리얼리티를 그린 작품도 있다. 대표적인 예가 〈사직송社稷松〉이다. 또 〈함흥본궁도咸興本宮圖〉는 그 주제가 사실상 소나무에 있다고 해도 좋을 소나무 그림 명작이다. 그러나 문인화의 단독 도상으로서 소나무 그림은 한결같이 소나무가 보여주는 기상과 아름다움의 표현을 목표로 하고 있다.

청화백자의 소나무 그림 ―――――――― 조선시대 백자는 푸른빛의 청화로 그림을 그려넣는 청화백자와 함께 발달하였다. 이 청화백자의 문양은 매우 다양한데 그 중 소나무 그림은 조선초기부터 주요한 문양으로 그려졌다. 〈청화백자 홍치 2년명 항아리〉의 예에서 볼 수 있듯이 여기에 소나무 그림은 문양이 아니라 백자를 하나의 화폭으로 삼고 그린 하나의 도화圖畵이다. 청화백자에서 소나무 그림은 이처럼 종속문양이 아니라 주문양의 단독 회화로 그려졌다. 그것은 회화에 소나무가 차지하는 위상과 같은 것이다.

민화에서 소나무 그림 ―――――――― 조선시대 회화에서 전문화가가 그린 지배층 문화의 일환으로서 그림이 아닌 서민예술 그림을 민화라 부르고 있다. 이 민화에 대한 그간의 잘못된 인식으로 간혹 감상화가 아닌 장식화, 기록화까지 민화로 일컬어진 경우도 있지만 민화란 어디까지나 서민들의 생활 속에서 생성된 그림을 말한다. 때문에 민화는 처음에는 양반 문화를 모방하기도 하지만 결국에는 기존 회화의 규범을 벗어나 자유로운 조형질서를 추구하여 제도권 미술과는 전혀 다른 아름다움을 보여준다. 그러한 민화 중에서 〈까치와 호랑이〉는 그 주제가 벽사辟邪의 뜻에서 시작했지만 일종의 서민회화(민화)로 발전한 것인데 이런 그림에는 반드시 소나무가 그려져 있다. 이는 서민과 미중의 마음 속에서도 소나무가 마음의 안식처였음을 말해준다.

맺는말

한국회화사에서 소나무는 이상 살펴본 바와 같이 시대와 계층을 초월하여 사랑받는 주제였다. 왕과 귀족(양반)과 서민이 모두 저 나름의 뜻으로 소나무 그림을 간직했다는 것은 소나무야말로 한국의 나무, 한국인의 나무, 한국적 정서의 나무임을 말해준다. 회화가 아니라 예술 전체의 차원에서 말하자면 소나무는 우리나라 목기木器의 가장 대표적인 재료였다. 이를 이용하여 만든 반닫이, 장, 문갑, 상, 등 각종 목가구는 소나무가 미술에서 차지하는 또 다른 위상을 말해주는데 이는 별도의 장章을 필요로 한다.

솔바람, 솔내음 푸른 강릉을 위하여

전찬균 강릉시 산림녹지과

소나무숲에 묻힌 강릉

우리 애국가에는 '남산 위에 저 소나무 철갑을 두른 듯 바람서리 불변함은 우리 기상 일세' 라는 구절이 있다. 이는 우리 소나무의 정절과 강인함을 한국인의 끈기와 氣象에 비유한 것이다. 한반도의 척추인 태백산맥 동서에 고루 분포된 우리의 나무 소나무는 그 자태가 아름답고 재질 또한 뛰어나다.

농촌마을, 洞口에 해변, 사찰, 고가, 정자에 멋드러진 소나무가 아니고서는 棟梁之材가 될 수 없음도 소나무 만이 지닌 特長이라 할 것이다. 역사적으로도 조선조에는 소나무를 백목지장이라 하여 나무 중에 으뜸으로 꼽았고, 임의로 소나무를 벌채하지 못하도록 禁松牌를 차고 순시하는 제도도 있었다. 소나무가 한국의 대표 수종으로 인정될 수밖에 없는 이유도 우리 풍토에 적합할 뿐만 아니라 전국 어느 곳에서나 잘 자라고 있기 때문이다.

강릉을 찾는 많은 사람들은 대관령에서 푸르름을 뽐내는 낙락장송과 해안까지 연결된 우거진 소나무숲에서 공해에 찌들었던 체증이 일시에 확 뚫리는 상쾌함을 느낀다 한다. 인간이면 누구나 갈구하는 맑은 물과 깨끗한 공기의 원천이 푸른 숲임을 우리는 잘 알고 있다. 나는 누가 무어라 해도 강릉의 제1관광자원은 소나무숲이라고 확신한다.

오늘을 사는 우리들은 이 자연의 보고를 후손들에게 계승시켜야할 막중한 책무를 지니고 있다. 전국 제일의 강릉 송림이 산불 등 각종 재해로부터 위협받고 있는 지금 우리 모두가 솔바람, 솔내음 푸른 강릉을 지키는 파수꾼이 되어야 하지 않을까. 그리하여 소나무의 그윽하고 짙은 향기가 세일강산 강릉의 아름다운 山河에 언제까지나 풍기기를 소망해 본다.

울창한 송림과 동해의 푸른 파도, 여기에 잔잔히 물결치는 경포호의 아름다운 자태는 한 폭의 수채화요, 대자연이 이룬 조화의 극치이다. 東으로는 바다, 西쪽으로는 백두대간 태백산맥 품 안에 자리한 강릉시는 지역에 따라 산세가 험하며, 西高東低의 지형적인 영향으로 襄江之風이란 말이 있듯이, 양양과 강릉지방은 강한 바람이 많이 불고 있다는 것은 널리 알려진 사실이다.

강릉지방은 백두대간을 분수령으로 영동과 영서로 이루어 동쪽으로는 급경사를 이루어 내려오다가 완만한 지형을 형성하고, 크고 작은 하천을 중심으로 해발 200m이내의 구릉지와 평야를 만들어 내면서 左青龍 右白虎 지형, 즉 리아스식 해안과 같은 형태 또는 삼태기 모양의 지형 발달에 따라 門前沃畓을 앞에 둔 규모가 큰 집들이 있도록 했고, 마을도 이러한 지형을 배경으로 집단부락이 이루어진 특징을 가지고 있다.

율곡 선생께서는 일찍이 우리 소나무의 우수성과 소중함을 깊이 인식하고 護松說을 친필로 남기시며, 송림보호를 각별히 당부하여 오늘날 소나무가 강릉시 市木으로 지정된 것도 先見之明의 안목과 일치하는 일이라 볼 수 있다.

강릉지방 산림은 단위면적당 임목축적이 ha당 97㎥으로 전국적으로 가장 많고 그 중에서 소나무 점유율이 50%나 되며, 소나무 산림이 대부분 사람이 많이 살고 있는 동해안 구릉지에 분포되어 있는 것으로 보아도, 예부터 다른 지방보다 愛林思想이 높은 것을 알 수 있다.

우리나라는 그동안 산업경제의 고도성장과 더불어 국민생활이 향상됨에 따라 산을 찾는 인구의 급증과 또한 가정에서는 아궁이를 없애고 유류난방으로 대체함으로써 농촌지역은 물론, 도심지역 산림에까지도 수풀이 우거져 산불로부터 크게 위협받고 있다. 그러므로 봄, 가을 건조한 시기에 산불이 한번 발생하면 강풍을 타고 짧은 시간 내 대면적으로 확산될 위험이 있다.

소나무숲을 할퀸 대형산불

1998년 3월29일 사천면 덕실리에서 발생한 산불로 301ha, 2000년 4월7일 사천면 석교리에서 발생한 산불로 1,296ha, 같은 달 4월12일 홍제동 교도소 뒷산과 경포동에서 발생한 산불로 151ha 등 3차례의 큰 산불로 산림은 물론 건물, 농·축산 등 많은 재산피해를 낸데 대하여 안타까움과 죄송한 마음 금할 수가 없다. 그때의 상황을 다시 한번 뒤돌아볼 때마다, 앞으로 지역특성에 맞는 과학적이고 체계적인 산불예방과 진화대책을 수립하여 다시는 이와 같은 큰 재난이 없도록 해야 겠다는 생각이 절실하다.

강릉시는 푸른 숲, 깨끗하고 쾌적한 강릉을 산불로부터 보호하기 위해 봄, 가을철 산불위험기간에 전 공무원이 혼신의 노력을 다하고 있으나 나날로 늘어만 가는 임목의 밀도는 산불위험도를 더욱 높이고 있어 전 시민의 산불조심에 대한 많은 관심과 협조 없이 일부 공무원의 노력만으로는 한계가 있다고 믿고 있다. 나는 30여 성상의 산림공직자 생활을 하면서, 대관령의 푸른 소나무 숲을 바라보면서 나무는 애정을 가지고 정성을 기울인 만큼 자라주고 숲은 무성하여 진다는 평범한 진리를 터득하게 되었다.

황폐화된 무립지가 울창한 숲으로 변모하는 모습에서 생명의 위대한 힘과 자연의 정직한 질서를 확인할 수 있었다. 자연은 아름답고 위대하다. 그러나 그것이 파괴되는 순간 그 모습은 흉물로 변모하고, 그 피해는 고스란히 인간에게 되돌려 진다. 사천면의 산불현장이야 말로 이와 같은 사실을 입증하고 있지 않은가. 그때의 그 일을 회상하고 싶지도 않지만 反面教師로 삼아 우리 모두가 산불에 대한 경각심을 공유할 수만 있다면 의미 있는 일이라 여겨지어 淺學菲才를 무릅쓰고 감히 펜을 들게 되었다.

소나무와 사람 및 산불과의 관계

강릉시의 산림면적은 83,900ha(축척8,175천m^3, ha당 97m^3)로써 시 전체면적의 약 82퍼센트를 차지하고 있다. 이 중에는 국가 소유림이 44,750ha로 53퍼센트고 지방자치단체 소유의 공유림 및 개인 소유의 사유림이 39,150ha로 47퍼센트다.

산불방지 업무는 국유림, 사유림을 불문하고 전체 산림을 대상으로 하고 있다. 그러나 행정구역과 관리영역이 있으므로, 어느 시군이든 공·사유림公私有林에 대하여 산불에 관련 업무를 추진하되 국유림 관리부서와 상호 공조체제를 유지하고 있다. 강릉시는 관리면적 39,150ha(축적 2,821천m^3 ha당 72m^3) 산림 중에서 산불에 약하고 인화력이 강한 소나무가 차지하고 있는 면적은 약 20,000ha로서, 대부분 해발 300m이하 구릉지에서 천연림으로 조성된 숲이며 수령은 평균 50년생 이상의 우량 임분들로서 천혜의 자연경관을 이루고 있다.

아름다운 소나무숲을 산불로부터 보호하기 위해 강릉시 공무원들은 최선을 다했으며, 1981년 타 지역으로부터 유입되어 확산된 솔잎혹파리 병해충 방제사업도 모범적으로 실시하여 깨끗하고 쾌적한 관광도시 푸른 소나무숲이 있는 강릉을 지켜왔음에도 1998년 301ha의 산불피해와 2000년 4월7일과 4월12일 두 번의 산불로 많은 소나무숲이 소실된데 대하여 안타까운 생각을 금할 수 없다.

강릉시에는 23만 명의 비교적 많은 인구가 살고 있다. 도시근교 또는 농촌지역에 살고 있는 사람들은 대부분 산림지역과 가까운 곳에 살고 있으며, 심지어 도심지 내까지도 우량한 소나무 산림으로 덮혀 있어 아침, 저녁으로 많은 사람들이 산을 찾고 있다. 또한 경사 완만한 구릉지에 마을과 마을로 이어지는 크고 작은 도로와 자연 발생적으로 생겨난 산길이 많은 것이 또 하나의 특징이다.

강릉지방의 송림보호 시책

강릉시가 관리하고 있는 민유림 39,600ha 중 약 2,000ha에 대해서 그 동안 벌여온 소나무숲 보호 시책을 요약하면 3가지로 요약할 수 있다.

우선 1981년에 최초 발생된 솔잎혹파리에 대한 방제를 적기에 방제하고 있는 점이다. 수간주사를 위한 최대면적을 5,000ha까지 매년, 또한 항공 엽면시비는 매년 최대 면적 3,000ha까지 실시하고 있다.

둘째, 해안선 48km에 자생 또는 인공조림지에 여름철 피서객의 야영과 오염물질 방류로 리지나 뿌리 썩음병 피해가 확산되고 있는 것에 대한 조치를 취하고 있는 점이다. 이를 위해서 송림보호를 위한 철책을 총연장 약 20km에 이르는 범위에 걸쳐 설치하였다. 뿌리 썩음병 방지를 위해서 '88-98 총면적 약 100ha를 방제하였다.

셋째, 산불방지를 위해 피나는 노력을 경주하고 있다. 영동지방(특히 강릉지방)은 봄철 강한 계절풍, 제7호선 국도 좌우로 우량소나무 단순림, 소나무가 많은 해발 200m이내 인구 밀집 현상 등은 대형 산불발생의 취약성 있어 예방에 어려움이 있어 한계가 있다. 하지만 2004년에는 산불방지예산 23억원을 확보하였는데 이것은 중소도시 규모로는 전국 최대의 예산이다. 여기에 봄철 감시인력 360명, 지역의 42개 감시단체, 32명의 전문 진화대를 조직하여 놓고 있으며, 임차 헬기 1대, 무인 감시 카메라 5대, 산불 진화차 16대를 확보해 놓고 긴급상황에 대처하고 있다. 산불관련 일일 인건비 지출은 1천 6백만원에 달한다. 그 외 특수시책으로서 읍·면·동 등 취약지 예방소각 및 산간도로변 가연물질 제거에 지원하고 이를 위해 1억 2천오백만원의 예산을 확보해 놓고 있다.

산불은 소나무숲 보호 과정에서 발생되는 최대 문제점이다. 산림환경변화(입목축적 및 낙엽층 증대)와 사회변화로 아무리 많은 예산을 투입해도 예방에 대한 어려움과 한계가 있다. 겨우 한 해를 큰 사고 없이 넘긴다 해도 1999-2000년 봄철 6개월이 넘는 긴 건조기를 경험하였다시피 가뭄과 건조한 날씨가 계속 될 때는 작은 불씨 하나가 큰 재난을 가져올 수 있다. 기상변화로 대형 산불의 위험이 날로 높아지고 있음을 실감하고 있다. 또한 아무리 좋은 무기(헬기에 의한 진화)를 확보한다 해도 날로 변화되는 대형산불 발생 여건 변화를 따라 갈 수 없다. 겨우 헬기 몇 대를 더 확보한다는 대책은 근본적인 예방책이라 할 수 없다. 보다 근본적인 대책이 연구되어야 하며 우리들 모두가 산불 조심하기를 '내 몸 아끼기' 같이 실천하여야 하겠다.

우리 민속과 소나무

허균 한국민예미술연구소

시작하며

미술사를 전공한 사람이 '민속'이라는 단어가 붙은 글을 발표한다는 것이 어울리지 않는 것처럼 느껴지기도 한다. 그러나 민속이란 인간 생활의 전 영역에 걸치는 광범위한 문화체이므로, 민속을 이루고 있는 각 내용들은 자연스러운 통합 상태로서 서로 긴밀한 관련을 가지는 경우가 많다.

또한 미술이든 문학이든 민속이든 다른 어떤 분야든 간에 그 분야 활동의 주체가 되는 것은 사람이다. 그림이나 시문 또는 민속, 신앙 행위 등은 그 표현의 방법은 달라도 모두 인간의 생활철학이나 미의식, 또는 욕망 표현의 수단이라는 공통점을 지니기에 그것으로 위안을 삼는다.

이 지구상에는 수많은 종류의 꽃과 나무들이 존재한다. 그런데 우리의 옛 사람들은 그 많은 나무들 중에서 유독 사군자(매·난·국·죽)와 세한삼우(송·죽·매)를 특별히 애호했다. 그 이유는 이들 나무가 다른 것보다 보기에 아름답다거나 실용적 가치가 높다거나 해서가 아니라 그들에게 던져주는 특별한 의미가 있었기 때문이다.

소나무만 따로 떼어놓고 보아도 마찬가지이다. 그 많은 소나무 중에서 어떤 것은 잘라 내도 별 탈이 없는가 하면, 어떤 소나무는 베어 내었다가는 온 동네에 난리가 일어나는 경우가 있다. 그 이유는 그 소나무가 마을 사람들에게 특별한 의미를 가진 소나무로 존재해 왔기 때문일 것이다.

그런데, 소나무가 가진 상징적 의미라는 것은 소나무가 당초부터 가지고 있었던 것이 아니라 사람이 부여한 것이다. 그래서 소나무가 지닌 의미를 읽어 내는 일은 결국 우리 조상들이 어떤 사고의 틀 속에서, 또는 어떤 관점에서 자연을 바라보았는가 하는 문제와 연결된다. 선인들은 자연을 보되 가까이 가서 객관적, 미시적으로 관찰하는 것이 아니라 멀리서 주관적, 거시적 시선으로 바라보았다.

소나무의 실제 형태나 크기, 또는 잎사귀의 수 등을 객관적으로 관찰하는 데는 무관심했고, 그런 객관적 사실을 부정하는 데서 오히려 소나무를 취(取)하고 바라보고 해석하는 것을 즐겼던 것이다.

옛 사람들은 정신생활의 여러 가지 의미를 상징에 담았다. 그렇기 때문에 그들의 생활 주변은 무수한 상징물로 채워져 있었다고 해도 과언이 아니다. 소나무도 이러한 상징들 중 하나로 사람들의 생활공간 속에 공존하고 있었다. 그런 가운데서 소나무는 다각화되고 세분화된 해석의 과정을 거쳐 그 의미하는 내용이 더욱 복잡해지고 다양해지면서 언어, 예술, 민속 등 여러 방면에 영향을 끼쳤다.

소나무가 가진 의미가 한 개인의 환상이 아니라 일반인들의 집단적인 가치 감정과 통념에 의해 해석되고 인문화된 것이라고 할 때, 그것을 읽어내는 일은 곧 우리 조상의 정신세계와 사고방식, 그리고 욕망의 단면을 밝히는 일과도 연결되는 것이다. 본고에서는 이점을 염두에 두고 소나무가 가지고 있는 다양한 상징적 의미를 구체적인 사례를 통해 살펴보고자 한다.

우주목으로서의 소나무

나무는 인류의 가장 강력한 상징들 중의 하나이다. 나무는 생명의 구현물이며, 세 영역(하늘, 땅, 바다)의 통합점이며, 전 우주가 그 주변으로 조직화되는 세계축이다(데이비드 폰태너, 『상징의 비밀』, 문학동네, 2003, 100쪽). 그런데 각 문화권에 따라 세계축, 즉 우주목의 의미가 부여된 수종樹種이 다르게 나타나는 것은 자연환경과 문화가 다르기 때문이라는 것은 당연한 이치이다. 예컨대 메소포타미아 유적에서 발견되는 우주목은 종려나무이고, 켈트인과 고대 스웨덴 사람들은 오크나무이다. 한국에서는 그와 같은 의미를 가진 나무가 신단수神檀樹이고, 그런 의미가 대입된 나무들 중 대표적인 것이 소나무라 할 수 있다.

사찰의 삼성각 또는 산신각에 봉안된 산신도를 보면 백발노인과 그를 호위하듯이 앉아 있는 호랑이, 그리고 배경 구실을 하는 소나무, 이렇게 3가지 요소가 일체를 이루고 있다.〈그림 1〉 때로 시자侍者 한두 명이 산신에게 공물을 바치거나 시중드는 모습이 추가

그림 1— 산신도

된 경우도 있으나, 이것은 산신도의 성격에 별다른 영향을 끼치지는 못한다.

산신도를 민화의 범주에 포함시키기도 하는 것은 필력을 갖춘 화승畵僧들이 정해진 도상圖像에 의거하여 그린 불·보살이나 신중탱화와는 달리 비교적 자유스러운 형식과 치기 어린 표현을 보여 주는 경우가 많기 때문이다. 그러나 산신도는 보통 민화처럼 서민들이 일상생활 속에서 향유하는 장식미술품이 아니라, 신앙의 대상으로 경배하는 일종의 무화巫畵적 성격을 가진 그림이다.

우리가 산신도에서 주목하는 것은 산신의 뒤에 서있는 늙은 소나무이다. 산신도에서는 소나무 이외의 다른 수종의 나무가 등장하는 경우는 찾아 볼 수 없다. 산신의 거처가 깊은 산 속이라는 것을 암시하기 위해서라면 배경을 숲의 형태로 묘사해야 옳을 것이다. 그러나 산신도에서는 숲이 아니라 단독으로 서있는 노송老松만을 강조해서 그리고 있다. 이것은 산신도의 소나무가 다른 어떤 것으로 대체될 수 없는 중요하고 핵심적인 소재라는 것을 시사해 준다.

단군신화에 의하면 환웅이 지상으로 하강할 때 태백산 신단수 아래로 내려왔다고 한다. 신단수는 천상과 지상을 연결시키는 매개자인 동시에 분리자이다. 신단수는 세계수 또는 우주수이고, 생명수이기도 하다(김헌선, 「단군신화의 신화학적 연구」, 『한국민속학』 30, 1998, 207쪽).

무속에서는 당산 나무가 신의 세계인 하늘과 인간들의 세계인 땅 사이에 자리 잡고 있으면서, 그 두 세계 사이의 고리 역할을 한다고 믿는다. 당산 나무는 인간의 뜻을 하늘에 전달하는 통로 구실을 함과 동시에 하늘의 신지神智가 땅에 전달되는 통로가 되는 것이다.

민간에서 생각하는 산신의 원형은 호랑이고, 호랑이가 인격화 된 것이 산신도에 보이는 선풍도골仙風道骨 노인이다. 산신은 서민들이 소원하는 바에 따라 재액을 물리쳐 주고, 풍작을 이루게 해주며, 생의 이득을 얻게 해준다.

한국 무속의 한 줄기를 차지하고 있는 산신 신앙의 원류를 단군신화에서 찾을 수 있다는 것이 학계의 일반적인 견해이다. 그렇다면 산신도의 소나무는 우주목의 성격을 지닌 신수神樹의 상징형으로 볼 수 있지 않을까 생각된다.

역사가 오래된 마을에는 으레 주민들과 정서적 유대 관계를 맺고 있는 나무들이 많다. 피서와 휴식의 공간을 제공하거나, 마을 사람들 간의 친목을 돈독히 하는 데 큰 역할을 하는 정자나무, 성현, 위인들이 심었거나 특별한 사건 등으로 인해 위계位階가 주어진 명목名木이 있다. 이처럼 마을 공동체 주변에는 특별한 의미를 가진

나무들이 많지만 그 중에서도 마을 사람들이 가장 아끼고 신성시하는 나무는 역시 마을의 신목神木인 서낭나무이다. 제주시 아라동에 있는 곰솔(천연기념물 제160호)은 지금도 우주목의 의미를 가진 소나무로 존재하고 있다. 조선시대에 제주목사가 한라산 백록담에서 천제天祭를 올렸는데, 오르는 길이 험하고 일기가 불순하여 그 시행이 어려웠으므로 가까운 곳에 산천단을 짓고 하늘에 제사를 올렸다고 한다. 하늘에 있는 신이 인간 사회에 내려올 때에는 일단 제단이 마련되어 있는 근처의 가장 큰 나무를 타고 내려온다고 믿었다. 이곳 곰솔도 산천단 천제와 관련해서 하늘신이 내려오는 길 역할을 했던 것으로 전해지고 있다. 오늘날에도 한라문화제 때가 되면 이 곰솔 아래서 산신제를 지내고 있다(문화재청 편, 『자연문화재지도』, 2000, 224쪽).

장수의 상징형으로서의 소나무

옛 선비들을 비롯한 지식인들은 관조와 사색을 거쳐 소나무 자체라기보다도 인간적으로 해석된 소나무의 모습을 그림으로 그리거나 글로 표현하였다. 선비나 지식인들의 입장에서 바라보는 소나무는 지조와 절개 등 유교적 윤리와 조응하는 상징물이었다. 그러나 평범한 서민들에게 있어서 소나무는 지조나 절의가 아니라 장수의 상징물로 인식되었다.

소나무가 장생, 혹은 장구長久의 상징물로 파악된 가장 오래된 예를 「시경詩經」 소아小雅의 '천보天保' 시에서 찾아 볼 수 있다. '천보' 시 중에 '소나무 잣나무 무성하듯이 임의 자손 무성하리'(『詩經』〈天保〉, "如松柏之茂 無不爾惑承")라는 표현이 있는데, 이는 소나무가 지니고 있는 장생수로서의 속성을 인간사에 조응시킨 최초의 예이다. 굳이 고전古典에 기록된 사례에서 연원을 찾지 않더라도 소나무가 지닌 상록의 속성은 일반인들로 하여금 장생의 상징형으로 인식케 하는 데 충분한 것이었다. 소나무의 생태적 속성이 인간 중심적인 해석을 통해서 송수천년松壽千年, 혹은 송백불로松柏不老라는 관념을 성립시켰다. 소나무에 대한 이러한 관념이 일반화되면서 언어생활과 민속 예술 등 여러 방면에 깊은 영향을 미쳤다.

그림2— 십장생도

그림3— 오봉산 일월도

민속 예술 분야에 있어서 장수의 상징형으로 그려진 대표적 사례는 민화 〈십장생도〉와 〈오봉산일월도〉에서 찾아 볼 수 있다. 먼저 〈십장생도〉에 등장하는 소나무는 추사 김정희의 〈세한도〉나 이인문의 〈설송도〉 등의 소나무와는 성격이 근본부터 다르다. 〈세한도〉나 〈설송도〉의 소나무는 유교적 절의의 상징형으로 그려진 것이지만 십장생도류 그림의 소나무는 수명장수라는 인간의 원초적 욕망의 상징형으로 그려진 것이기 때문이다.

일반적으로 십장생도류의 그림에서는 소나무가 단독으로 그려지는 경우가 드물다. 소나무에 앉은 학, 소나무 주위를 선회하는 학, 수석, 사슴 등이 함께 그려지는 것이 보통인데, 소나무와 학이 함께 하면 〈송학도〉, 암석과 함께 하면 〈송석도〉, 사슴과 함께 하면 〈송록도〉가 된다. 이처럼 소나무를 주제로 하고 있지만 여타 장생물과 함께 그려지는 것이 민화의 특징이자 사의적인 소나무그림과 구별되는 점이다.

〈십장생도〉〈그림 2〉는 해마다 정초에 세화歲畵로 제작되었으며, 조선시대 궁중에서 치러진 혼례인 가례嘉禮나 수연壽宴인 회갑 등의 잔치에 크고 화려한 〈십장생병풍〉이 펼쳐졌다. 도화서에서 그린 세화나 병풍 등은 궁의 각 전殿과 종실·신하 등에게 하사되면서 〈십장생도〉가 민간에까지 널리 퍼지는 계기가 됐다.

〈오봉산일월도〉〈그림 3〉는 궁중 임금의 어좌 뒤편에 장식되는 장식미술품으로서

〈천보구여도天保九如圖〉라 부르기도 하는데, 그것은 그림의 내용이 앞서 말한 「시경」 '천보天保' 시의 내용과 유사하기 때문이다. '천보' 시의 내용을 보면, 아홉 가지 장생물을 거론하면서 임금의 수명장수와 왕족의 번영을 축원하는 대목이 있다.

아홉 가지 장생물은 송백松柏을 비롯하여 해·달·산·들·작은 언덕·큰 언덕·강물·남산의 나무이다. 그런데 '송백의 무성함과 같이(如松柏之茂)' '해와 같이(如日)' '달과 같이(如月)' …하는 식으로 표현하여 여자如字가 모두 아홉 개가 되므로 '구여九如' 라는 이름을 얻은 것이다.

장생수로서의 소나무를 그린 〈십장생도〉류 그림은 민화로 분류되는 그림이다. 그러나 사대부나 지식인들로부터 외면당한 것은 결코 아니었다. '세한연후지 송백지후조(歲寒然後知 松柏之後凋)' 의 뜻을 음미하며 고답高踏을 추구하던 선비들도 십장생병풍을 사랑방에 둘러치기를 좋아했고, 친구의 칠순이나 회갑을 기념하여 '연년익수延年益壽' 등 길상 문구를 쓴 소나무그림을 그려 선물하기도 했던 것이다.

고려의 이색李穡이 그의 「목은집」 '세화십장생' 에서 '북쪽 언덕에 한 그루 소나무가 있는데, 늙은 내가 옮겨가서 다시 겨울이 오네. 더구나 이 용만龍巒 조곡령朝鵠嶺에 구름 속에 푸르고 푸르러 스스로 묵직해라' (李穡, 『牧隱集』, 〈歲畵十長生〉, "北崖有箇一株松 老我移居再見冬 況是龍巒朝鵠嶺 拂雲蒼翠自重重)고 쓴 것만 보아도 '십장생도' 가 선비들의 생활 공간 장식용으로 애호되고 있었음을 알 수 있는 것이다. 아무리 유교적 절의와 명분을 중요시하는 선비라 해도 현실 생활 속에서는 인간의 원초적 욕망을 외면할 수 없었던 까닭일 것이다.

오방색의 하나로서의 푸른 솔가지

민간에서 금줄을 치는 것은 특정 장소를 신성하고 상서로운 공간으로 설정·유지하는 방법 중의 하나이다. 옛 사람들은 아기를 낳았을 때 대문에 내거는 것을 비롯해서, 장을 담글 때, 잡병을 쫓고자 할 때, 마을 공동제사를 지낼 때 효험을 얻기 위해서 금줄을 만들어 사용했다. 정초나 대보름에 마을을 지키는 동신에게 제사를 지낼 때는 제관집을 비롯해서 마을 입구, 동제당 근처에 금줄을 치고 황토를 뿌려 잡귀들의 접근을 막았다. 이러한 전통은 오늘날까지도 일부 지방에 이어져 내려오고 있다.

잡귀의 접근을 막기 위해 황토를 사용하는 가장 큰 이유는 황토가 붉은 색을 띠고 있기 때문이다. 벽사辟邪 도구로 붉은 물감 대용으로 사용했던 것은 황토 외에도 붉은 고추, 팥 등이 있다. 금줄은 벽사를 위한 장치로서 보통 새끼를 왼쪽으로 꼬아서 줄을 마련하고 올 사이사이에 한지, 붉은 고추, 숯, 생솔가지를 끼워서 만든다. 그런데 속설에는 남자 아이가 태어났을 때 고추를 다는 것은 고추가 남자아이의 성기를 닮았기 때문이라고 한다.

만약 그렇다면 장을 담그고 숯과 함께 붉은 고추를 띄우거나, 장독에 둘러치는 금줄에 붉은 고추와 솔가지를 매다는 이유는 명쾌하게 설명되지 않는다. 결론부터 말하면, 금줄에 매다는 물건들은 오행사상과 관련된 오방색의 상징형으로 선택된 것으로 보는 것이 타당한 것이다. 오행설에 의하면 오행은 목·화·토·금·수이며, 이것이 우주의 기본원소이다. 방향과 관련지우면 각각 동·남·중앙·서·북에 해당되며, 색과 관련해서는 각각 청·적·황·백·흑이 이에 해당한다. 금줄에 달린 물건들을 보면, 적은 붉은 고추, 백은 한지, 흑은 숯, 청은 솔가지, 그리고 중앙에 해당하는 황은 새끼가 대신하고 있음을 알 수 있다. 오방색을 물건의 색과 관련지어 표현하는 예는 시문詩文에서도 찾아진다. 예컨대 조선의 연산군이 어서御書한 회문고시回文古詩를 내리고 강혼姜渾으로 하여금 차운케 한 사실이 있는데, 그 시(『조선왕조실록』, 연산군 12년 5월 7일 丙戌 條)에,

> 아름다운 나무가 꽃을 토하니 붉은 것이 비를 겪고
> 주렴에 버들개지 날아드니 흰 꽃이 바람에 놀라네,
> 누른빛에 새벽빛이 겹쳐 푸른 빛 버들에 퍼지는데
> 눈이 청천晴天에서 떨어져 소나무에 덮였네.

라고 했는데, 이 시에서 오방색을 물건의 색과 관련지어 표현한 것을 볼 수 있다.

옛 사람들은 오방색의 활용을 통해 벽사진경과 제액을 기원했다. 오방색은 그 배치에 따라 상생相生 관계를 이룰 수도 있고 상극相剋 관계를 이룰 수도 있다. 상생관계를 이루면 우주적 원소의 화합이 이루어지고, 우주적 화합이 이루어지면 서기瑞氣가 충만하여 악귀가 근접하지 못한다고 옛 사람들은 믿었다.

이와 관련된 것 중 대표적인 예가 단청이며, 색동저고리며, 오방장두루마기이다. 악귀를 쫓거나 예방하는 데 붉은 색과 푸른색을 가장 많이 사용했고, 흰색과 검정색은 흉례에 많이 사용했다. 남방의 붉은색과 동방의 푸른색은 양에 해당하는 생명의 생기와 신성함의 의미로 인식되었기 때문에 음에 해당하는 악귀를 쫓을 수 있다고 사람들은 생각했다.

금줄의 솔가지는 오방색 중 동방 청색의 상징형으로 존재하고 있는 것은 확실하

다. 그런데 소나무 잎의 색은 엄밀히 말해 청색이 아니라 녹색이라 해야 옳다. 녹색은 오방색에 포함되어 있는 색이 아니다. 그러나 옛 사람들이 소나무를 동방의 청색으로 여겨 사용했던 것은 한국 전통의 색채관념에 기인한다고 볼 수 있다. '청산벽계青山碧溪' '독야청청獨也靑靑' 등의 관용 어구를 보아 알 수 있듯이, 솔가지를 청색의 상징형으로 사용하는 것은 색을 하나의 상象으로서 보는 우리의 색채관으로 보면 결코 어색한 일이 아닌 것이다.

인격을 가진 소나무

경상북도 안동시 길안면 용계리에 있는 용계의 은행나무(천연기념물 제175호)는 나이가 700년 정도 되고 키는 약 37m 나 된다. 조선 선조 때 훈련대장을 지낸 탁순창이라는 사람이 이곳 용계로 낙향한 후 이 나무를 보호하기 위해 행계杏契를 만들었는데, 그 후 후손들도 해마다 이 나무에 제를 올리고 극진히 보호하였다.

1992년 임하댐 건설로 이 일대가 수몰하게 되자 마을 사람들이 은행나무를 수몰로부터 구해줄 것을 청원하여 문화재청과 수자원공사는 약 30억원의 경비를 들여 2년 9개월에 걸친 공사 끝에 원래 위치에서 15m를 들어 올려 물에 잠길 위기에 놓인 나무를 구했다(문화재청 편, 앞의 책, 168쪽).

댐 건설로 인해 물에 잠기게 되는 문화유적을 안전지대로 옮긴 사례는 세계 도처에서 찾아 볼 수 있다. 이집트 아스완 댐, 중국의 삼협三峽 댐 등의 예가 대표적인데, 우리나라처럼 거금을 들여 나무 한 그루를 살려냈다는 이야기는 아직 들어 본 적이 없다.

한 그루의 나무를 살려내기 위해 엄청난 노력과 정성을 쏟은 일은 자연과 인간은 늘 하나라고 생각하고, 자연을 인격체로까지 생각하는 우리민족 특유의 자연관을 여실히 보여주는 예라 하겠다.

경상북도 예천군 감천면 천향리에 성씨가 석石이고 이름이 송령松靈이라는 소나무가 있다. 천연기념물 제294호로 보호받고 있는 이 소나무는 인격이 부여된 특이한 존재다. 전설에 의하면, 이 소나무는 약 600년 전 이 마을에 사는 이수목이라는 사람이 홍수에 떠내려 오는 소나무를 건져 지금의 자리에 심고 나무에서 영감을 얻어 석송령이라는 이름을 지어 주고 그의 토지를 상속했다. 석송령은 오늘날에도 농지를 경작하는 사람들로부터 돈을 받고 그것을 은행에 저축하고 있다. 땅을 소유하고 있으니 재산세, 지방세, 방위세 등 각종 세금도 낸다. 또한 해마다 학생을 선정하여 장학금을 지급하고 있다(문화재청 편, 앞의 책, 177쪽).

마을 사람들은 이 소나무가 동리를 보호해 주고 있다고 믿어 정월 대보름날 새벽에 이 나무 아래서 동제를 올리며 일 년의 평안을 빈다. 동제가 끝나면 여자들이 막걸리가 든 술병을 들고 이 나무 주변을 돌면서 술을 땅에 뿌린다. 마을사람들은 소나무는 술의 효과를 얻어 더욱 잘 자란다고 믿는다.

촌노들은 이 소나무를 보호하기 위한 송계松契를 만들어 운영하고 있다. 나무를 신성시하는 나라는 많지만 이처럼 자연물인 소나무를 하나의 인격체로서 보호·관리하는 나라는 우리나라 밖에 없을성 싶다. 송계는 당초에는 선조묘역先祖墓域 수호가 중요한 목적 중의 하나였다. 그것은 풍수지리상 수목의 형세가 묘역에서 매우 긴요했기 때문이었다. 그러나 예천 천향리의 송계는 석송령을 보호하고 석송령의 재산 관리를 목적으로 만들어졌다는 점에서 그와 성격이 다른 것이다.

충청북도 보은군 내속리면 상판리에 '속리의 정이품송'이 있다. 세조가 1464년 난치의 종양을 고치기 위해 약수로 유명한 속리산 법주사의 복천암을 찾아가던 길에 이 소나무 밑을 지나게 되었다. 그런데 이 소나무 가지에 임금이 탄 가마가 걸려 움직일 수 없게 되자 이를 본 임금이 "연(輦, 가마)이 걸린다" 하고 꾸짖으니 소나무가 가지를 번쩍 들어 일행이 무사하게 통과할 수 있게 했다고 한다. 세조가 이를 기특히 여겨 소나무 가지에 친히 옥관자를 걸어주고 후일에 정이품 벼슬을 내렸다고 한다(문화재청 편, 앞의 책, 89쪽).

정이품송과 관련을 맺고 있는 소나무가 보은군 외속리면에 있다. '속리 서원의 소나무'라는 이름으로 보호받고 있는 이 천연기념물 소나무는 정이품송의 부인 소나무로 알려져 있다. 600년 정도 자란 것으로 추측되는 이 소나무는 정이품송이 있는 곳에서 남서쪽으로 약 7㎞ 떨어진 속리산 서원계곡 입구에 있다. 이 지방에서는 이 소나무를 정이품송과 부부간이라 하여 '정부인 소나무'라고 부르고 있는데, 정이품송이 곧추 자란데 비하여 이 나무는 밑에서 두 갈래로 갈라졌기 때문에 그런 이름을 얻은 듯싶다.

소나무에 인격을 부여한 또 하나의 좋은 예는 거창 당산리의 당송이다. 이 소나무는 나라에 큰 일이 있을 때 소리내어 미리 알린다고 영송靈松으로 보호받고 있는데, 마을에서는 당송회를 조직하여 운영하면서 이 소나무 보호를 위해 노력하고 있기도 하다.

자연은 자연 그 자체일 뿐이지만, 이처럼 사람과 정서적 교감을 가지게 되면 인격화, 인문화된 자연으로 탈바꿈한다. '예천의 소나무'를 보호하기 위해 조직된 송계는 한국인의 자연에 대한 정서적 교감이 어느 경지까지 와있는가를 잘 보여주고 있다. '속리의 소나무'의 경우에, 전해지는 바대로 이 소나무가 실제로 가지를 위로 쳐들었는지는 알 수가 없다. 그러나 소나무를 사람 못지않게 소중하게 여겼던 당시에 이 소나무를 보호할 목적으로 벼슬까지 받은 인격체임을 강조했던 것이 아닌가 추정된다. 그리고 '정부인 소나무' 또한 옛 사람들이 자연과의 교감을 통해 소나무를 어떻게 인격화 시켰는가를 잘 보여 주는 사례라 할 것이다.

사자死者의 영靈과 신神이 머무는 소나무

고대 중국에서는 묘소나 사원 주위의 나무는 죽은 자와 신의 영靈이 그 안에 머물고 있다고 믿고 보호했다(데이비드 폰태너, 앞의 책, 100쪽). 무덤에 나무를 심되 천자는 소나무, 제후는 잣나무, 대부는 밤나무, 사士는 느티나무를 심고, 서인은 나무를 심지 못하게 한 것이 중국 고례古例의 묘제였다.[1]

조선의 경우에는 왕릉을 비롯해서 성균관, 종묘 등 성현이나 선대왕을 모신 사묘祠廟에 소나무와 잣나무를 심었다. 기록에 의하면 태종이 건원릉健元陵에 나가 동지제冬至祭를 행한 후 공조판서 박자청에게, '능침陵寢에 소나무와 잣나무가 없는 것은 예전 법이 아니다. 하물며 전혀 나무가 없는 것이겠는가? 잡풀을 베어버리고 소나무와 잣나무를 두루 심으라'(『조선왕조실록』, 태종 8년 11월 26일 庚午 條)고 했는데, 이를 통해 소나무와 잣나무가 능침에 심는 기본 수종임을 알게 된다.

소나무와 잣나무를 능침에 심은 의의에 대해 경종은 이렇게 말했다. '보단報壇에 아름답고, 향기로운 제물을 올리니 우리의 의기義氣가 배로 증가되었고, 장릉莊陵에 소나무와 잣나무를 심으니 사람들의 충간忠肝을 격동시켰다.'(『조선왕조실록』, 경종 2년 8월 11일 甲子 條)

일단 심은 소나무에 대해서는 관리를 철저히 하도록 했는데, 그 이유는 능침 주

1. 『조선왕조실록』, 중종 24년 11월 14일 丙午 條, 시강관 김희열金希說이 중종에게 문란한 묘제를 바로잡아야 한다는 다음과 같은 요지의 글을 올리는데, "천자는 소나무를, 제후는 잣나무를, 대부는 밤나무를, 사士는 느티나무를 심고, 서인은 나무를 심지 못하는 등 장사지내는 등급이 이같이 엄격합니다. 우리나라는 다른 일은 모르지만, 유독 장사지내는 일만은 서인·천례賤隷·장사치들도 재력만 있으면 그 표석標石 등이 사대부의 분묘와 다를 것이 없습니다. 고례古禮로 본다면 지극히 참람하니, 금단을 거듭 밝히는 것이 어떻겠습니까?" 하였다.

변이나 종묘, 문묘 등의 소나무에는 선대 조상의 혼과 신령神靈이 머물러 있다고 생각했기 때문이었다. 만약 묘역의 소나무가 벼락을 맞거나 풍우의 피해를 당하는 등의 재이災異를 입으면 그것이 가지는 계시적 의미를 해석하는 한편, 위안제를 올려 신령을 위로하는 데 힘썼다. 위안제와 관련된 기록이 「조선왕조실록」에 적지 않게 보이는데, 영조 대의 기록 몇 가지만 골라 소개하면 다음과 같다.

조선 영조 12년 6월23일, 종묘 영녕전永寧殿 담장 밖의 큰 소나무가 비바람에 넘어졌는데, 그 소리가 전殿 안에까지 들렸으므로, 왕이 위안제慰安祭를 행하도록 명했고, 영조 14년 1월25일, 이날 큰바람으로 태묘의 큰 소나무 세 그루가 부러지는 소리가 전 내殿內에 진동했는데, 경진일庚辰日에 위안제를 행하도록 명했다.

또한 영조 15년 6월 24일, 큰바람이 불어 나무를 꺾고 기와를 날렸다. 광릉光陵과 영릉寧陵의 소나무·노송나무가 꺾어지고 정자각의 기와가 손상당했으므로, 왕이 위안제를 거행하라고 명했으며, 영조 43년 8월 9일, 전날 비바람으로 인해 대성전大聖殿 동쪽 정원의 소나무와 잣나무가 각각 한 그루씩 부러졌으니 위안제를 오는 12일에 지낼 것을 예조에서 청하니 왕이 허락했다. 쓰러진 소나무에게 올리는 위안제는 이처럼 왕의 명령과 주도하에 이루어졌다.

현대인의 입장에서 보면 낙뢰는 자연계에서 흔히 있을 수 있는 작은 재해에 불과한 것일 수도 있다. 그런데 당시 사람들이 그런 사태를 위안제를 올려야 하는 심각한 사건으로 받아들였던 것은 소나무에 조상의 혼령이 깃들어 있다고 믿었기 때문이다. 천재天災에 대비하는 것과 함께 인재人災로부터 묘당廟堂의 소나무를 보호하기 위한 금법禁法도 제정하여 소나무 관리를 소홀히 하지 않았다.

한편, 무가巫歌 '성조가成造歌'의 내용에 잘 드러나 있듯이 소나무는 천신天神의 영靈이 깃들어 있는 나무로 인식되어 있었다. 그것은 소나무가 가택신인 성조가 옥황상제로부터 솔 씨를 받아 세상에 퍼뜨린 나무라는 속신 때문이다.

'성조가'에 의하면, 서천국西天國 천궁대왕天宮大王과 옥진부인玉眞夫人은 나이 40이 가깝도록 혈육이 없어 불전佛前에 아이를 낳는 정성을 드리고 태몽을 얻은 후에 잉태한다. 옥진부인은 10개월이 찬 후에 옥동자를 낳아 이름을 성조成造라고 짓는다. 성조는 15세가 되어 옥황께 상소하여 솔씨 서 말 닷 되 7홉 5작을 받아 지하궁공산地下宮空山에 심는 것으로 되어 있는 바, 소나무의 시원은 하늘이고 따라서 소나무는 신성한 나무인 것이다(손진태, 『조선신가유편』, 향토문화사, 1930).

옛 사람들은 집 짓는 것을, 단순히 목수와 미장이의 힘으로 건물을 세우는 것이라고 생각지 않고, 천지신명天地神明과 함께 기둥하나 돌 하나 놓으며 집을 이루어 가는 것이라고 생각했다. 집은 성조신의 가호를 받아 모든 액운과 잡귀를 멀리하고 가족의 안락과 행복을 누릴 수 있는 곳이었기 때문에 신성한 공간으로 조성해야 했다. 신성한 공간을 만들기 위해서는 가장 좋은 재목을 써야 했고, 특히 성조신成造神이 머무는 대들보 감은 반드시 소나무 재목을 사용해야 한다고 믿었다. 그 이유는 성조가 하늘로부터 얻어 심은 솔씨가 자란 것이 소나무이고, 그 소나무에 성조의 영靈이 깃들어 있다고 믿었기 때문이다.

절개·장구長久 의미 표현의 매개체

소나무는 세한삼우歲寒三友 중의 하나로서 실내 장식용이나 꽃꽂이 소재로도 애호되었다. 조선 단종 대에, 세조를 위한 연회자리에서 구심이라는 자가 꽃병에 꽂은 꽃을 가리켜 말하기를,

"수양首陽은 군자이시오. 송·죽·매는 세한지조歲寒之操가 있어 군자에 비길 만하므로, 이 세 가지 꽃을 준비한 것입니다."(『조선왕조실록』, 단종 1년 2월 26일 癸丑 條)라고 했다. 또한 연산군 당시에도 연회를 베풀 때 시객(侍客)에게 송·죽·매·국의 꽃을 꽂게 한 사례가 있다. 왕이 전교하기를, "모든 외연外宴 때에 시객侍客이 꽂는 꽃은 송·죽·매·국으로 한 줄기를 만들어 서로 사이사이 섞어 빛나도록 지극히 화려하게 만들어서 두 쟁반에 나누어 담아, 승지承旨 2인이 좌우로 나뉘어 꽃쟁반을 받쳐 들고 어전御前에 서고, 시객이 차례로 나와 절하고 무릎 꿇고서 꽃을 받되 술을 내릴 때의 예例와 같이 다시 제자리에 가고 나서 사옹원司饔院의 관원이 가서 꽂으라. 그러나 사람마다 꽂을 수 없으니, 꽂을 만한 사람을 예를 들면 승정원·의정부·육조六曹 가운데에서 뽑아서 입계入啓하고, 그 나머지 사람은 묵은 꽃을 꽂도록 하라. 옛사람이 '푸른 솔은 눈서리 속에서도 굽히지 않는다' 고 말했으니, 이제 송·죽·매·국으로 꽃을 만든 것은 대개 취한 데가 있다"(『조선왕조실록』, 연산군 11년 1월 29일 乙卯 條)고 했다. 이 내용을 통해서, 소나무가 은유적인 방법으로 감정이나 의사를 전달하는 매개물로 활용된 예가 있었음을 알 수 있는데, 소나무를 매개로 해서 전달하려 했던 내용은 '지조' '군자' '불굴' 이었다.

한편, 민간에서는 혼례식을 거행할 때 대나무 가지와 솔가지를 꽃병에 꽂아 혼례상 위에 올려놓는다. 청색·홍색 양초를 꽂은 촛대 한 쌍, 백미 두 그릇, 청색·홍색 보자기에 싼 닭 한 자웅과 더불어 상위에 올려진 푸른 솔가지는 혼례상을 한층

그림4— 송계한담도

풍성하고 생기 넘치게 만든다. 혼례상의 솔가지는 김정희의 〈세한도〉나 정몽주의 〈단심가〉의 소나무나 궁중 꽃꽂이용 소나무와는 가진 뜻이 좀 다르다. 혼례상의 솔가지에는 사계절 푸른 소나무처럼 부부간의 사랑도 변하지 않기를 바라는 소박한 현실적 염원이 담겨 있는 것과 동시에, 소나무는 군자, 대나무는 열녀를 상징하는 것이다. 한양대학교 박물관에 혼서보婚書褓가 있는데, 수를 놓아 글자를 새겼으며 '君子松烈女竹' 이라 했다. 이로서 꽃병에 꽂아 혼례상 위에 올려진 소나무와 대나무의 의미가 스스로 밝혀진다.

탈속과 풍류의 상징형으로서의 소나무

앞에서 살펴 본 바와 같이 유교적 윤리에 조응하는 주관화된 소나무, 하늘과 땅을 연결해 주는 우주목으로서의 소나무, 신령의 거처로서의 소나무, 장수의 상징형으로서의 소나무 등 소나무가 가지고 있는 상징적 의미는 다양하다. 그런데 이와 같은 의인화되고 주관화된 소나무가 아니라 순수한 자연의 일부분으로서 탈속과 풍류의 상징형으로 인식되는 소나무도 있다.

그림의 경우에, 김수철의 〈송계한담도松溪閑談圖〉〈그림 4〉같은 그림의 배경이 된 소나무가 이에 속한다. 소나무 아래에서 여유로운 자세로 대화를 나누고 있는 선비들의 모습을 그린 이 작품은 세속을 떠나 자연에 회귀한 은자隱者들의 세계를 잘 보여주고 있다. 이 그림의 정서는, '벼슬을 매양하랴 고산故山으로 돌아오니/ 일학송풍一壑松風이 이내 진구塵口 다 씻었다./ 송풍松風아 세상 기별 오거든 불어 도로 보내어라' 라고 읊은 조선의 송계연월옹松溪煙月翁의 시적 정서와 통한다.

여기서 소나무는 절의니 지조니 하는 유교적 규범이나 인간 욕망의 상징형으로서의 소나무와는 거리가 먼 자연의 일부로서의 소나무이다. 이 시의 세계는 조선의 선조가 이이李珥의 귀향을 허락하면서, "병세가 그렇다면 어찌할 수 없다. 은거하는 것이 제일이다. 고시古詩에 '맑은 물에 귀 씻어 인간사 아니 듣고, 푸른 소나무 벗 삼고 사슴과 한 무리라(洗耳人間事不聞 靑松爲友鹿爲群)' 하였으니, 어찌 즐겁지 않겠는가?"(『조선왕조실록』, 선조 7년 3월 31일 丙子 條)라고 했을 때의 '소나무와 같이 하는' 탈속과 풍류의 경지인 것이다.

소나무와 관련된 말 중에는 문학적인 여운을 가진 단어들이 많다. 예컨대 송간(松間, 솔밭 사이), 송성(松聲, 소나무에서 이는 바람소리), 송영(松影, 솔 그림자), 송풍(松風, 솔바람), 송하(松下, 소나무 아래), 송단(松壇, 소나무가 서 있는 낮은 언덕) 등이 그것이다. 이 단어들은 주로 탈속과 풍류의 의미를 담은 말로 쓰이는 경우를 많이 볼 수 있다.

맺는 말

우리 조상들에게 있어서는 어떤 자연물이 아무리 아름답고 교묘하고 희귀한 것이라 해도 나와 우리들에게 던져 주는 특별한 의미가 없을 때 관심 밖의 것이 되었다. 그들이 관심을 가지고 애호했던 나무는 오랜 시간에 걸쳐 집단적 가치 감정과 통념에 의해 상징화된 나무나, 성현들이 특별히 사랑하거나 찬양했던 나무였고, 그 중 대표적인 것이 소나무이다.

소나무가 다양한 상징적 의미를 가지게 된 것은 일차적으로 소나무 자체의 생태적 속성에 기인하고 있지만, 그보다도 그것을 바라보는 사람들의 관점과 해석이 다양했던 결과라 할 수 있다.

소나무를 바라보는 시각은 지식 수준, 사회적 지위, 처한 입장이나 처지, 또는 소망하는 내용에 따라 그 관점이 달랐다. 즉, 무속의 입장에서 바라보는 소나무는 신단수의 상징형이었고, 생명의 유한성을 극복하지 못하는 나약한 인간의 입장에서 바라보는 소나무는 장수의 징표였다.

서기瑞氣 충만한 상생관계의 오방색을 구축함에 있어서 소나무가 동방 청색의 대용품으로 인식되었으며, 사람과 소나무 사이에 오고간 극진한 교감은 소나무를 하나의 인격체로 탈바꿈시켜 놓기도 했다.

또한 사계절 늘 푸른 능묘나 사묘祀廟의 소나무는 신령의 거소로 인식되었고, 때로는 지조나 장구長久의 뜻을 전달하는 매개체 존재하였으며, 일상의 구속과 번거로움으로부터 벗어나려는 사람들에게 탈속과 풍류의 이상향이 되었다.

소나무가 이처럼 다양한 상징적 의미를 가지게 된 것은 결국 한국인이 자연을 바라보되 모든 것을 인간 중심으로 관찰하고 해석한 결과라고 할 수 있으며, 그것은 자연과 인간을 하나로 여기는 한국인의 생활철학과 미의식의 반영이기도 한 것이다.

소광리 금강왕소나무 외 ………… [詩]

박희진 시인

소광리 금강왕소나무

둘레의 여느 소나무들관
비교를 불허함을, 좀 떨어져서
거리를 두고 보면 한 눈에 알 수 있다.
군계일학격의 금강왕소나무.

엄청 굵은 줄기의
밑동 껍질은 흑거북등 무늬지만
올라갈수록 용비늘 닮았는데
적룡·황룡·백룡의 빛깔이 뒤섞인 듯

줄기 빛깔 수려하다. 웬만한 잔 가지는
아예 도태시켜선지 적당한 간격 두고
삼단三段으로 펼쳐진 옆가지들은
삼중三重의 푸르른 활기찬 날개.

오백 년, 아니 오천 년 수령인들
놀랄 게 없다. 이 왕소나무는
시공을 초월해 있는 까닭이다.
누가 그 나무 높이 감히 가늠하랴.

곁의 팻말엔 25미터라 명시돼 있지만
그건 겨우 육안으로 헤아려 본 것일 뿐.
왕소나무 우듬지 끝 거기엔 이미
하늘에서 뻗어내린 투명한 왕소나무

우듬지와 수직으로 맞붙은 모습을 볼 수 있다.
지상의 소나무와 하늘의 소나무가
하나로 직통하면, 이제 그 소나무는
무량수無量壽 무량광無量光을 누릴 수밖에.

소광리 금강소나무 淨土

지구, 동아시아
삼면이 푸른 바다로 넘실대는 반도 나라.
첩첩 산들의 계곡과 숲과 냇물이 아름다운
한국은 조용한 아침의 나라.

그 중에서도 유난히 고요와 빛을 탐하는 곳,
제일 많이 순수한 햇살 받기 원하는 곳
경북 울진군 소광리에 가보시라.
금강소나무 정토를 찾으시라.

오, 한국에 이런 곳도 있었던가.
하늘 향해 똑바로 죽죽 뻗어오른
수백 수천 그루 금강송 바라보며
감동할 줄 모른다면 한국인이 아니리라.

더구나 금강 소나무 정토,
각별히 키 크고 알찬 강송 미림이 있어
그 안에 들어서면 넋을 잃는다네.

빛과 고요의 벼락 세례 받기 때문。

그 순간 솟구치는 신생의 환희로
심신은 탈락, 두둥실 뜬다네。
정하디정한 금강소나무 우듬지에 머물러서
더불어 빛과 고요를 숨쉰다네。

생명의 감로, 하늘 푸르름을 함께 마신다네。
소나무들은 빛과 고요 위해 있음을 확인하고
왜 이곳이 빛을 불러 모으는
소광리召光里인가를 점두하게 되네。

햇님도 화답하여 이곳에 제일 먼저
가장 순수한 금싸락 햇살을, 그리고 오래오래
가장 무구한 은싸락 햇살을 머물게 한다네。
이곳은 이 땅에서 정녕 복 받은 성역의 하나。

俗離山 왕소나무

티끌 세상 여의러 속리산 가려면,
법주사法住寺 가서 미륵불 뵈려면
통과의례가 있어야 마땅하지。

구불구불 ㄹ자로 한없이 이어지는
가파른 오르막길, 말티고개。
하지만 그것이 힘들었던 것은
걸어서 다니던 시절의 나그네 일。
요즘 사람들은 승용차 타고
쉽게 오르므로 통과의례라 할 수는 없지。
고개를 넘으면 이내 펼쳐지는

훤칠한 벌판 길가
유명한 정이품송正二品松。
멀리 속리산의 험준한 굴곡선을
배경으로 지그시 누르고
위풍당당한 왕소나무 서 있다。

사람들아, 사람들아
통과의례란 바로 그 왕소나무에게
모자를 벗고 경의를 표하는 일。
눈 씻고 마음 맑혀
옷깃을 여미는 일。

옛날 세조世祖대왕 법주사로 행차할 때
그 앞을 그냥 통과하려다가
연輦 끝이 소나무 가지에 걸려
잠시 애먹은 일이 있었거니,
소나무가 알아서 가지를 번쩍 쳐드는 바람에
왕은 체면을 세울 수 있었다。
정이품송의 예우는 그래서
나중에 세조가 사의를 표했던 것。

오늘 나는 실로 이십 년 만에
그 당당한 왕소나무 앞에 섰다。
의구한 천년송千年松의 의연한 자태。
잘 균제된, 수려하고도 장중한 기품氣品。
노익장을 과시하는 기개가 놀랍구나。
서너 아름 굵기의 곧장 뻗어오른
줄기의 껍질은 현무玄武의 마름모꼴 등무늬 닮았고
힘차게 이리저리 뻗어나간 가지들은
주작朱雀의 주홍 깃털색인 것이다。

끼끼한 솔잎들이 더불어 이룩한
초록의 수관樹冠은 그대로 청산靑山이다.
이 나라의 나라나무, 소나무 중에서도
가장 잘생긴 전형적 왕소나무.
늘 새롭게 다가오는 고전古典이다.
겨레혼의 진정성을 말없이 일깨우는
탈시간脫時間의 상징, 풍류도 사원風流道 寺院이다.
해와 달 별들도 이 왕소나무
건재를 염원했고 후원해왔거늘
사람들아, 사람들아
걸음을 멈추고 잠시 깊은 상념에 잠기거라.
그동안 철없이 잊고 살았다면
다시 소나무 화두話頭를 상기하여
되새겨 볼 일이다.

서원리의 소나무

정이품송과 내외지간인
정부인 소나무를 친견하기 위해
마침내 오늘
서울에서 천리 길 달려 왔습니다.

곧장 자란 남편송과는 달리
실로 우람하고, 풍성하고, 원만하고
정정한 모습 뵈니
그저 반갑고 기쁘고 고맙군요.

부인송답게 밑동에서 둘로
갈라져 뻗어오른 줄기도 엄청 굵고
두루 뻗어내린 가지들도 멋져요.

칠칠한 솔잎에선 송운松韻이 들립니다.

연방 신나서 사진을 찍다 보니
필름 한 통이 금새 동났지요.
창원 화백과 제자인 정재호는
스케치 하느라고 여념이 없더군요.

바로 그 때였습니다. 차 한 대가 스윽
미끄러지듯 굴러와 서더니,
어쩌면, 어쩌면, 소나무 박사인 전영우 교수가
가족과 함께 나타나지 뭡니까.

세상 참 넓고도 좁다더니!
소나무 동지들은 이렇게 모두
솔바람처럼 만나게 되나 봐요.
부인송도 반가워 마지 않는 눈치.

명품송뿐 아니라 이 땅의 모든
소나무들은 이 나라의 수호령들.
장하다, 기운 내라, 늘 푸른 소나무여.
건재하라, 영원히. 소나무여, 소나무여.

소나무야 소나무야

권오분 수필가

나의 친정은 여느집보다 소나무와 많은 인연을 가진 편이다. 산아제한의 능력이 못 미치던 시절, 딸을 아홉 낳았으니 매번 왼쪽으로 꼬은 새끼줄에 청솔가지를 꽂으시던 친정아버지 심정이 어땠을까. 울도 담도 없이 지내는 바로 옆집에서는 걸핏하면 빨간 고추를 꿰어서 문간에 내 걸었을 때 그 금줄을 바라보는 우리 엄마 아버지는 심기가 오죽하였을까. 지금은 그 기막힘을 어느 정도 느끼고 헤아릴 수 있지만 그 때는 무언가 그 집에 비해 우리의 딸 많음이 부모님이 기뻐하는 일이 아닌 것쯤만 알았다.

막내 동생은 온 동네 사람들의 시선을 모으며 – 쯧쯧 너만 고추 하나 달았으면 좋았을 걸– 하는 소리를 수 없이 들었다. 때문에 동생은 어른들에게 겁 없이 욕을 하곤 했었다. 그것이 우리에 대한 애정임을 알기 전의 일들이다. 그 때문일까. 아들만 넷인 집에 시집가더니 또 아들만 둘을 낳았다. 온 가족이 오직 딸 만을 바라는 집이였는데.

나의 초등학교 시절의 겨울은 언제나 추웠다. 눈이 무릎까지 쌓이는 것은 겨울의 일상이었고 양지쪽에 녹아내리는 추녀의 고드름은 볼이 빨갛게 어는 추위에도 재미있는 먹거리였다. 교실엔 학교에서 잡일 아저씨가 배급한 조개탄 한 바가지와 나무 두 단. 불쏘시개가 없는 우리는 학교 뒷산에 올라 솔갑(솔잎)을 모아왔다.

난로 안에 불을 지필 때 타던 솔잎의 냄새와 타는 소리를 잊을 수 없다. 어떤 불쏘시개 보다 타는 모양이 예뻤고 무엇보다 타오르는 불꽃의 기세가 좋았다. 가는 솔잎이 빨갛게 되었다가 힘없이 스러지는 모습. 학교가 끝나고 집에 오면 누가 시킨 것도 아닌데 산에 올라 솔방울과 솔잎을 모아서 고추를 담는 마대에 담아서 등교길에 가져갔다.

내 고집에 어쩔 수 없이 아버지는 교문 앞까지 자루를 들어다 주셨다. 그 때 선생님은 칭찬을 아끼지 않으셨지만 우리 반 친구들의 기분은 어땠을까. 예나 지금이나 나는 누가 나에게 칭찬해 주는 것을 달가와 하지 않는다. 솔잎 타는 모습이 좋아서 했을 뿐인데 칭찬 받기 위해 한다고 생각하는 친구들의 수근거림을 그 때 깨달았으면 그래도 솔잎을 열심히 모았을지 지금도 알 수 없는 일이다.

성탄절이 다가오면 우리 교회에선 일찌감치 크리스마스트리를 만든다. 잘 생긴 나무를 하나쯤 잘라오는 건 아무도 뭐랄 사람이 없던 시절이었다. 땔감 담는 양동이에 나무를 심고 강가에서 모래를 퍼다가 가득 담으면 멋진 소나무가 교회의 한 켠에 세워졌다. 우리는 색종이와 금박은박 종이로 밤을 새워 장식물을 만들었다. 내가 지금껏 살아오던 중 가장 아름다운 기억을 되살리라고 하면 그 시절 밤새워 맨 마루바닥의 교회에서 시린 손을 호호 불며 트리에 장식물을 만들어 달 때였을 거다.

눈이 붓도록 만들어 달고 걸고, 마지막에 금박종이로 커다란 별을 만들어 소나무의 꼭대기에 걸면 추운 교회 안 전등불에 반사된 별이 반짝이는 모습은 어찌 그리도 감격스럽던지. 흰 솜을 잘 뜯어서 장식물 사이사이에 얹어 놓고 불을 끄고 교회문을 나설 때 차가운 새벽하늘에 가득히 빛나던 수많은 별들. 그 때 교회 안이 따뜻했었으면 아마도 지금까지 이토록 영롱하게 기억되지 않았을거다.

소나무에 박힌 옹이를 빼어낸 관솔로 만든 횃불은 손전등이 없던 때 아주 긴요한 조명기구였다. 단 한집이 사는 산골까지 찾아가 -고요한 밤 거룩한 밤- 찬송가를 부르면 자루에 푸짐하게 담아주던 강냉이튀김. 먼동이 틀 때 선물자루를 메고 산길을 내려오며 졸린 눈으로 자루에서 꺼내먹던 강냉이 튀김 맛을 잊지 못하여 나는 지금도 강냉이를 무척 좋아한다. 땔감이 귀한 시절, 교인이 많이 모이는 주일과 수요일에만 난로를 피우고 새벽 기도시간에는 불을 지피지 않았었다.

그러나 혹독하게 추웠던 새벽 기도시간은 지금도 어렵고 시끄러운 세상을 살아가는 데 잘 영근 씨앗처럼 가슴에 살아남아 필요할 때마다 싹이 터서 나를 지켜주는 것 같다.

여름이 되면 우리는 나뭇가지를 '브이'자로 꺾어서 송충이 잡이를 나섰다. 대체적으로 송충이 잡이는 보건(체육)시간에 실시되었는데 운동을 싫어하는 나는 징그러운 송충이 잡이가 운동하는 것보다 나았다. 향긋한 솔내음이 좋았고 발 밑에 밟힐 새라 조심조심 산에 피는 꽃들을 비켜 걷던 그 아름다운 여름. 그때는 송충이가 예쁜 날개를 가진 나방이 된다는 걸 깨닫지 못했었다.

그 시절 선생님이 우리들에게 꿈틀대는 송충이가 어느 날 멋진 날개를 펴고 날아오를 수 있다는 것을 말 해 주었으면 지금 쯤 내 인생은 다른 곳으로 흐르고 있을지도 모를 일이다. 늦은 가을 늘 푸르던 소나무 가지 아래쪽에 누르스름하게 갈색 잎을 달고 나면 추위가 다가옴을 알 수 있었다.

누른빛과 초록잎이 함께 어우러진 소나무 사이로 한결같은 구절초가 피어나고 구절초 향기와 솔향기 사이에서 학교 숙제도 까먹은 채 개암과 도토리를 주우러 다니던 철없는 나의 어린시절.

겨울이 오면 온 산에 눈이 덮히고 소나무는 더욱 푸르렀다. 먹을거라곤 땅 속에 갈무리 해 둔 무우밖에 없던 가난한 겨울. 수수를 빻아 만든 조청으로 단지에 담아 둔 송화가루를 반죽해서 다식을 만드시던 어머님의 사랑을 나는 내 아이들에게 한 번도 실천을 못 해 보았다. 쫀득한 다식을 한 입 베어 물면 입 안에 사르르 녹아내리는 송화다식, 향긋한 솔내음과 달콤하고 쌉사름한 맛을 아이들에게 맛보이지 못하고 속절없이 늙어가고 있다.

봄볕이 따스한 맑은 날, 엄마와 나는 송화를 따러 산으로 갔다. 꽃가루가 날리기 전 꺾어야 송화 가루를 많이 얻을 수 있기 때문에 시기를 놓치지 않는 일은 아주 중요했다. 송화의 여린 순을 꺾을 때 손 끝에 느껴지던 싱그러운 촉감. 손바닥에 송진이 묻어 끈적이는 것도 싫지 않았고, 엄마랑 단 둘이 소나무 사이를 헤치고 다닐 때 팔을 찌르던 솔잎의 심술도 즐겁기만 했다.

멍석을 깔고 하얀 광목을 펼친 위에 송화를 널어놓으면 노랗게 피어나던 송화가루. 그 가루를 물에 담가 올릴 때 수면에 가득 떠오르던 노란색 비단 자락. 그 가루를 받쳐 흰 보자기를 깔고 말리면 뽀드득한 느낌이 나는 송화가루가 만들어진다. 순금가루 같은 송화가루를 작은 항아리에 갈무리하시던 어머님의 마디 굵은 손가락.

영문도 모른 채 결혼하고 아이를 키우며 서울에 살면서도 소나무에 대한 그리움은 나를 가만히 두지 않았다. 집 가까이 있는 경희대학교 뒷산엔 순수 한국 소나무가 바위에 뿌리를 내리고 많이 자라고 있다. 새벽이면 밥을 짓기 전에 산에 올랐다. 일부러 수형을 만들어도 쉽지 않을 멋진 소나무들이 꽃보다 예쁜 솔방울을 가득 달고 살고 있기 때문에 어린 날의 정취를 충분히 느낄 수 있게 해 주었다.

추석이면 두 말이나 되는 송편을 빚는 시어머님 덕분에 솔잎을 뽑는 일도 엄청나게 힘이 들었다. 친정에선 한 됫박의 송편도 남아돌았는데 시댁은 두 말을 빚어도 송편이 남는 일은 없었다. 송편을 빚느라 허리가 뒤틀리고 어깨가 아파도 초록색 솔잎을 깔고 눈덩이보다 더 흰떡을 한 켜 한 켜 까는 일은 조각가가 작품을 만들 때보다 더 즐거웠다. 초록과 순백의 조화.

어머님이 돌아가신 후에도 나는 추석 때마다 송편을 빚는 것은 순전히 송편을 찌기 전의 색 대비를 즐기기 위함이다. 우리 식구도 나도 떡을 먹는 일은 별로 좋아하지 않기 때문에 송편을 빚는 나를 사람들은 이해할 수 없다고 했다.

어느 날 남편이 100호 크기의 그림을 싣고 왔다. 손바닥만한 집에 왠 그림이냐고 물었더니 친구가 선물로 주었단다. 10호 짜리 그림도 걸 자리가 없는 22평짜리 작은 집에 선물이라고 무조건 받아오면 어떡하냐고 짜증을 내었다. 이런 걸 '개발의 편자'라고 화를 내는 나를 보며 남편은 너무나 어이없다는 표정이었다.

그의 설명은 이랬다. 친구가 회사에서 외국에 선물을 하려고 했는데 유화는 비행기를 탈 수 없다고 하더란다. 내가 그림 좋아하는 걸 아는 친구여서 집에 가져가면 좋겠다고 했단다. 처치 곤란인 그림인데다가 내가 좋아하는 소나무 그림이여서 칭찬 받을 줄 알고 신바람 나게 싣고 왔는데 '개발의 편자'라는 말을 썼으니 기가 막힐 수밖에. 마당에 내어다 불살라 버리겠다고 화를 내었다. 그림을 보관할 곳도 걸 곳도 없어서 마루 한 쪽에 세워 놓았다. 집이 좁으니 살림살이가 복잡하다.

그 틈에 비집고 큰 그림을 놓으니 집보다 그림이 더 커 보였다. 생각다 못해 마루에 있는 살림들을 모두 치웠다. 그리고 밝은 색으로 도배를 했더니 마루가 조금 넓어 보였다. 텅 빈 마루에 그림만 놓으니 좀 나아졌다. 벽에 건 것이 아니여서 시각적인 부담은 덜 했지만 오는 이 마다 왜 그림을 걸지 않고 바닥에 놓았냐고 성화다.

나는 매일 그림 속의 소나무를 보았다. 다섯 그루의 소나무가 먼 산을 배경으로 야트막한 언덕 위에 엇비슷 서 있는 모습이 편안해 보였다. 그림 속의 소나무는 몇 살이나 되었을까. 나는 틈만 나면 그림 앞에 섰다. 영월 법흥사에 딱따구리를 관찰하러 갔을 때 보았던 소나무 같기도 하고, 대관령 어디쯤에서 본 것 같기도 하고….

내가 좋아하는 친구가 오더니 그림을 보고 있으면 솔바람 소리가 들리는 것 같고 자기가 소나무 사잇길로 걸어가고 있는 착각이 든다고 했다. 그랬다. 그림이 벽이 아닌 바닥에 놓여 있으니 내 걸음이 그림 속의 길과 연결되는 기분이다. 나는 하루에도 몇 번씩 솔밭길을 걸었다.

해마다 5월이면 선생님들을 모시는 것이 우리 내외의 5월 행사이다. 조카들을 여럿 데리고 있으면서 고 3때 속을 썩혀 드렸던 담임 선생님들께 조카들 졸업 후에 스승의 날이 아닌 스승의 달로 이름을 붙여 미안함과 감사함을 대신하여 식사대접을 해 온지 십 년이 넘었다. 조카들은 결혼해서 아이들이 중학생이 되었고 그 사이 우리 애들이 그 학교를 다니고 그래서 선생님은 여러 명이 되었다. 우리 내외가 손님을 접대하는 중에 가장 흐뭇하고 보람있는 일이기도 하다.

어느 해 인가 비가 많이 내리던 5월의 식당에서 저녁 식사를 마친 남편이 "우리 집에 들러서 차를 한 잔 하고 가시지요" 했다. 식사 대접도 힘들어 죽겠는데 나에게 의논도 없이 차 대접이라니. 멋진 소나무 아래서 차 한 잔하고 가시라는 남편의 말이 야속스럽기만 했다. "우리 마당에 무슨 소나무가 있느냐"며 드러내 놓고 불만스럽게 말했다.

그러나 선생님들은 흔쾌히 응했고 나는 남편 말을 따를 수밖에 없었다. 집에 와선 마루바닥에 앉으시라며 소나무 그림 앞에 선생님들을 방석도 없이 앉게 하고 차를 내오란다. 나는 너무 어이가 없었다. 남편의 발상에 선생님들은 멋진 소나무라며 너무나 즐거워하였다. 비가 쏟아지던 날의 소나무 아래 차 대접은 두고두고 잊을 수 없는 아름다운 밤으로 기억된다.

좁은 마루에 놓여진 덩치 큰 소나무 그림은 오는 이 마다 놓여진 위치 때문에 반응이 각각이다. 성화에 못 이겨 대 못을 박고 그림을 걸었다. 눈 높이에서 숲으로 난 오솔길은 바닥에 놓였을 때와는 사뭇 달랐다. 내가 소나무 숲 밖에 있는 것이 아니고 그 안에 들어가 있는 느낌이었다. 법흥사 솔숲에 살던 까막딱따구리 생각이 났다. 나무에 구멍을 뚫는 소리가 -딱딱딱- 온 산에 퍼지던 어느 여름날의 법흥사.

도심의 이 작은 집에서 깊은 산 소나무 숲을 느끼고 사는 것은 얼마나 커다란 행운인가. 그림을 위로 걸었으니 바닥에 앉아 차를 마실 수도 없고 작은 나무걸상이라도 하나 마련하여 소나무와 눈높이를 맞추게 해야 할 텐데. 비좁게 느껴질 것 같아서 엄두를 못 내고 있다.

들꽃을 키우는 양수리 친구에게서 전화가 왔다. 지난 해 발을 다쳐 오랫동안 못 갔더니 꽃들의 안부가 궁금하기도 하고, 양수리 가는 버스를 타면 팔당호 물풀 속에 사는 검정색 물닭도 볼 수 있어서 고운비가 내리는 날 친구에게 갔다. 양수리 종점에서 비를 맞으며 걷는 것은 좀 먼 듯 하지만 아름다운 길이다.

장난감처럼 조그만 양수역과 수련이 자라는 물가를 지나 산길로 들어서면 도회를 잊은 듯 조용한 산골이다. 늘 이린애처럼 웃으며 일만 하는 그녀가 호미를 들고 맞는다. 봄에 솔잎을 따서 발효시킨 거라며 솔잎차를 차게 만들어 주었다.

소나무와 밤나무들 사이에 온갖 꽃들이 어우러진 산귀래 식물원에서 마시는 솔잎차. 집에 가서 마시라며 그녀가 한 병 가득 담아주었다. 더운 여름날 생수를 희석시켜 얼음 몇 조각 넣은 솔잎 발효차의 상쾌함과 그윽함은 소나무 그림 앞에서 더욱 그럴 듯 했다.

좋은 친구에게 노송 그림이 들어있는 부채를 부쳐주며 솔잎차 한 잔 대접하려 했더니 그럴 사이도 없이 길을 떠났다. 언제 만날 수 있을지도 모르는 아득한 먼 길. 그녀가 떠나던 날 우리들이 서 있던 숲에 멋진 소나무가 있어서 오래오래 솔향기를 기억하자고 말했다. 천년이 지나도 언제나 소나무는 솔향기를 발하듯 우리도 변함없는 솔내음 나는 소나무 같은 사람으로 살아가자고.

On Pine

소나무에 관하여

박희진 **영역 이정호**

Poet Hi-Jin Park translated by Dr. Cheong-Ho Yi

On Pine

1

The tall and lonely pinetree of Korea standing aloof, you cannot find a similar one in the West.

2

It is pine alone, who is capable of rooting to the rocks.

3

Observe the pine! if you' d like to be aware of the phrase, 'singularity aura一家風' .

4

Poplar is a poet, and pine is a philosopher.

5

I am going to shower myself with the moonlight percolated through pine fascicles.

6

If three or more pines stand in the frontyard, happy am I even with a little three part cottage.

7

Come, my friend! Let' s do cheers with pine?pollen wine over the sidedishes of pine pollen dasik茶食.

8

I let my white porcerlain dish of Joseon, be full of green pinecones harvested.

9

Fallen pine leaves turn into a leaf?enmeshed cushion over the pine root.

10

Sometimes, I peep into Jogye Buddhist temple, only to meet the white pine
who is five hundred years old.

11

You' d better strike a meditation once a day everyday, cross?legged under the pinetrees.

12

I kiss a fine pine, though its roots radiating like octopus legs are uncovered.

13

If thirsty on mountain?ramble in the winter, eat the snow flower heaped on pine needles.

14

Great is pinetree! You are evergreen constancy, all the same overcoming wind, rain, and heralding snow.

15

Lo! Soaked in autumn sunlight over the indigo firmament, our pine leaves turn into white gold needles.

16

In a pine drawing, the pinetree lacking in 'Gi氣' is not so different from being dead.

17

On the pinetree in the Rock of White Cloud白雲臺, white cotton clouds oftentimes perch like a white crane.

18

Today, there is a harmonic intercourse between heaven and earth; Pine is full of liveliness and vitality of 'Gi' ; Myself is filled with poetic rhymes and stanzas.

19

Look at the pine tree on that thrillingly sharp cliff! A remarkable synthesis of fate and freedom.

20

Children, each carrying a pine?knot firelight, now climb their village mountain.

21

Out of pineskin, the inner bark of young pinebranch, our ancient Koreans made the ricecakes and porridge.

22

Go and keep on walking in the footpath through pine forests,
and you shall meet a sage 道人.

1.Jeong—Hee Kim 金正喜 1786—1809 is a great Joseon calligrapher and artist scholar whose pennames are autumn history秋史 or wandang玩堂 and one of his masterpieces is the picture of the year turning harsh cold歲寒圖 which depicts pines in harsh cold.

23

With respect to its dignity and elegance, you may rightly utter that
pine is a divine thing.

24

If I were an artist, I would depict pinetrees a thousand times in every aspect.

25

When bracts of pinecones appear fish scales, I wonder at a loss whether
I am now under the sea or not.

26

Pine loving people certainly are humans, with a wonderful spiritual touch.

27

Like pines in the year turning harsh cold歲寒, the artist 'autumn history秋史[1]'
revealed his unyielding disposition against adversities.

28

Entering pine forests, my mind feels crystal clear like the blue sky of Koryo高麗 celadon.

29

Real spiritual beings are deer out of animals, crane out of birds, and pine out of trees.

30

There were times when I, enchanted by the smokes of dried pine twigs on fire,
couln' t do anything but let the hems of sleeves scorched.

31

Upon the rock under the pinetree, do you see an ultranatural gentleman神仙
A crouching tiger underneath his knees?

32

Having dedicated pine needles, pineskins, and pine resins, I don' t refrain from
body?firing sacrifice for my Buddhisty.

33

Pinetrees on the snow mountain, Seorak雪嶽, are those that are still enamored by
ultranatural ladies仙女 in heavenly world.

34

Pine, even in its shadow, is surrounded by divine rhythm of slimmed violet.

35

Only if I could spend a summer in a pine forest who overlooks the sea.

36

An old Buddhist priest has barely finished writing the last character of Buddhisty佛 with his pinebark hands

37

Pine is an embodiment of Gi, therefore it is able to take roots to the rocks.

38

Let' s go for uprooting the pine mushrooms, 'Songyi' .
How could you overcome winter without relishing pine mushroom sanjeok?

39

After having listened to pine wind within the pine forests all day, my body smells pine fragrance.

40

After being old enough to have ears matured and tolerant,
you can grasp the pinetree in your vision.

41

Pine is the masterpiece created by the intercourse between heavenly Gi and earthly Gi.

42

Wanting in the smells of pine leaves and the vestiges of the needles,
a ricecake is not the pine ricecake.

43

The red pine of Silla is still alive as the wooden Maitreya statue in the Goryuji Buddhist temple in Japan.

44

Shall we dedicate a divine cup of tea, boiled out of the dewdrops hanging on the pine needles?

45

Spontaneously, I realign my wardrobe in reverence, when I stand
in front of the giant sublime pinetrees.

46

Sun, cloud, rock, and water are the closest friends of pinetree.

47

Oh, pinetree! The inspiration out there standing and the fountain source of my poems!

48

Only the ears who can listen to the pine rhymes are capable of hearing the breath of stars.

49

An individual pine, a rock island in the mind, and a lonely pine island of a thousand years.

50

It is pine, the musical instrument that the heaven and the earth together play tune with.

51

How void it would be if you exclude the pine out of Korea' s landscape or Mountain—Water山水.

52

The nation falls when pines are plunged into illness, Let' s make a pine conservation society and keep the pinetrees.

53

Do you know the penname of an old philosopher with leisurely solitaire? It is "pine listener聽松"

54

Be forever, pinetree! Evergreen pinetree, the classic of woods!

소나무에 관하여

1
한국의 낙락장송落落長松, 그런 소나무는 서양에 없다.

2
바위에도 뿌리를 내릴 수 있는 나무는 소나무뿐.

3
일가풍一家風이라는 말의 뜻을 알려거든 소나무를 보아라.

4
포플라는 시인詩人이고 소나무는 철학자哲學子.

5
솔잎 사이로 새는 달빛으로 목욕을 할까나.

6
뜰에 소나무 서너 그루 있으면, 집은 초가삼간草家三間이라도 좋다.

7
오라, 벗이여. 송화松花다식 안주에다 송화주松花酒 들어보세.

8
청솔방울 따다가 백자白磁접시에 수북이 담아놓다.

9
떨어진 솔잎은 뿌리에 쌓여 솔잎방석 되나니.

10
오백년 묵은 백송白松을 만나러, 나는 가끔 조계사에 들른다.

11
하루 한 번은 소나무 아래 좌정하여 명상에 잠겨 볼일.

12
문어발처럼 드러난 뿌리건만, 오히려 정정한 소나무에 입맞추다.

13
겨울 산행山行에서 목마르거든, 솔잎 위에 쌓인 설화를 먹어라.

14
풍우상설風雨祥雪을 하나로 꿰뚫는 상록常綠의 지조, 소나무는 위대하다.

15
가을 햇살 받고, 벽공碧空의 솔잎이, 백금白金의 바늘로 바뀌는 걸 보게나.

16
소나무를 그렸으나, 기氣가 빠졌으니, 죽은 소나무나 다름이 없지.

17
백운대白雲臺의 소나무엔 가끔 흰 구름이 백학白鶴인양 앉는다.

18
오늘은 천지상통天地相通, 소나무는 기운생동氣韻生動, 이몸은 시운생동詩韻生動.

19
저 아슬아슬한 낭떠러지의 소나무 보소, 운명과 자유의 기막힌 일치.

20
아이들은 저마다 관솔불 켜들고, 달맞이 하러 동산에 오르다.

21
소나무의 속껍질, 송기松肌로 옛사람은 떡도 만들고 죽도 쑤었음.

22
솔숲에 나 있는 작은 길을 가고 또 가면 도인을 만나리라.

23
격格으로 보나 운치韻致로 보나, 그 소나무는 가위 신품神品일세.

24
내가 화가라면 소나무의 이모저모 천장쯤 그리겠다.

25
솔껍질들이 물고기 비늘 닮은 걸 보니, 여기는 바닷 속일지도 몰라.

26
소나무를 좋아하는 사람은 틀림없이 영성적靈性的 감각이 뛰어난 사람.

27
세한歲寒의 송백松柏처럼, 추사秋史는 역경에서 더욱 그 기개를 떨쳤나니.

28
솔숲에 들어가면 나는 머릿속이 청자靑磁하늘처럼 개운해진다.

29
사슴은 짐승 중의, 학은 새 중의, 소나무는 나무 중의 영물靈物일세.

30
마른 솔가지 타는 맛에 홀려서, 옷자락 태운 시절도 있었음.

31
저 송하석상松下石上의 신선神仙이 보이는가, 슬하에 웅크린 호랑이 한마리도.

32
솔잎도, 송기도, 송진도 바치고, 마지막엔 효신공양曉身供養도 불사하다.

33
천계天界 선녀仙女들이 지금도 그리워하는 것이 설악雪嶽의 소나무들.

34
소나무는 그 그늘에 조차 엷은 보라빛 신운神韻이 감돈다.

35
바다가 보이는 솔숲에서 한 여름을 나봤으면

36
노승老僧은 용케 솔껍데기 손으로 처음이자 마지막 불자佛字를 쓰다

37
소나무는 기氣덩어리, 그래서 바위에도 능히 뿌리는 내리는 것임.

38
송이버섯 캐러 가세, 송이산적 안 먹고 가을을 어찌 나랴.

39
종일 솔 숲에서, 솔바람 들었더니, 이 몸에서도 솔향기 나다.

40
사람의 나이도 이순耳順은 되야, 소나무가 제대로 시야에 들어오리.

41
소나무는 지기地氣와 천기天氣가 만나서 이룩한 걸작

42
솔잎 냄새와 솔잎 자국 없으면 송편이 아니다

43
신라의 적송赤松이, 일본의 고류지廣隆寺의 미륵상으로 아직도 살아있소.

44
솔잎에 맺힌 이슬만 모아, 차를 달여서, 부처님께 올릴까나.

45
각별히 운치 잇는 거송巨松 앞에 서면, 절로 옷깃이 여미어 지네.

46
해구름바위물은 소나무의 더없이 친근하고 위대한 벗들

47
오오 소나무, 너 저만치 서있는 영감靈感이여, 시詩의 원천이여.

48

송운松韻을 들을 줄 아는 귀라야 별들의 숨소리를 들을 수 있다.

49

소나무 한 그루, 머리에 지닌 바위섬이니, 천년고송도千年孤松島라.

50

하늘과 땅이 더불어 타는 악기樂器가 바로 소나무인 것이다.

51

이나라 산수山水에서 소나무를 뺀다면 얼마나 적적하랴.

52

소나무가 병들면 나라가 기우나니, 송계松契를 만들어 소나무를 보호하세.

53

그 유유자적하는 노철학자老哲學者의 호號를 아는가? 청송聽松이라네

54

소나무, 영원해라, 늘 푸른 소나무여, 나무의 고전古典이여.

느낌으로 접근한 소나무 조형론造形論

김경인 인하대학교

캐나다 밴쿠버는 아름다운 전원도시이자 축복이 내려진 천혜의 항구도시이기도 하다. 금년 여름 이곳에 머물 때 가장 먼저 눈에 띄는 것은 집들과 더불어 서있고 동네를 감싸고 있거나 그들 스스로 이뤄져 있는 숲과 나무들이다.

이곳 대표적 공원인 스탠리파크의 산책로를 따라 숲길을 걸으며 저절로 감탄하게 되는 것은 우리나라에서는 볼 수 없는 거목들이 늘어서 있는 사이로 수명을 다한 노목들이 마뉴멘트 같이 서 있는 것이다.

그 위로는 흰 구름 조각들이 돛단배 되어 파아란 하늘을 수놓고 있다. 바다에도 하얀 보트들의 정경이 평화롭다. 숲의 까마귀떼가 시끄럽지만 기러기나 청둥오리 떼가 사람을 경계하기는커녕 날갯죽지에 부리를 박은 채 낮잠을 즐기고 있다.

우리나라 새들은 사람을 무서워한다. 먼 곳의 인기척에도 겁먹고 떼지어 나는 모양새와 비교하면 착잡한 아쉬움이 남는다. 높은 빌딩이 숲을 이루고 자동차들이 넓은 길을 꽉 메우고 각종 문명의 이기들이 삶을 풍요롭게 한다고 해서 선진국은 아닐 것이다. 새들과 각종 동물들과 벌레들까지도 사람이 무섭지 않은 숲을 가진 나라가 진정한 선진국의 요건이라는 생각을 해본다.

모든 살아있는 것들이 공생하고 있는 자연스러운 환경이 무너지기 시작했고 그것은 생명의 공멸이라는 징후들로 나타나고 있음을 우리는 알고 있다. 부러운 마음으로 이곳의 잘 가꾸어지고 보호된 숲을 보면서 자연을 함부로 훼손하거나 잘못된 개발로 망가지고 있는 우리의 산하를 생각하게 된다. 우리의 국토는 원래 아름답기 그지없는 자연환경을 갖고 있었다. 인간의 욕망이 불러온 자연파괴로 뭉개진 전 국토의 상처들이 앞날의 재앙으로 남을까 우려된다.

내가 우리나라의 소나무를 소재로 그림을 그리고자 찾아다닌 것이 십 여 년에 이르고 있어서 인지 소나무를 보면 그냥 지나치지를 않게 되었다. 그 소나무가 우리 민족의 나무라 하고 민족 심성과도 닮았다고 한다. 우리나라 사람들치고 소나무를 좋아하지 않는 이는 없을 듯하다.

그토록 그 나무를 선호하고 사랑하는 마음들은 어떻게 생겨난 것일까. 그림을 하면서 종종 생각되는 부분이기도 하다. 왜 좋아하는지 어떤 점에서 그런 교감을 불러일으키는지에 대한 논리적 분석은 한계가 있을 것같다. 마치 음악을 듣고 감응하는 바를 과학적으로 풀이해 내는데 제한이 있음과 같다.

그러나 소나무의 형태적 특성이 다른 나무들에 비교해 많은 차이가 있고 느낌이 다른 것은 분명하다. 한민족과 심성이 닮아있다고 하고 예부터 이를 칭송하는 글과 그림은 동양삼국에서 공통적으로 나타나고 있다. 落落長松, 獨也青青, 군자의 지조, 절개, 풍류, 高孤함, 長壽 등 수 많은 수사들이 따라 다니고 있음은 익히 알고 있는 바이다. 우리 민족은 수많은 수난을 겪으며 질곡 속에 살아온 끈기를 논하고 있다.

그것은 소나무가 수 백 년의 장수를 누리면서 거친 자연한경이나 메마른 바위틈에서조차 꿋꿋하게 버텨온 자세는 동병상린同病相隣의 심정을 닮아 있는 바 있을 것이다. 그러면서도 소나무 형태에서 보여 지는 탈속의 여유와 풍류를 느끼게 해주는 멋스러움은 사랑을 받는 첫째 조건일 듯하다. 그래서 소나무의 조형적 특성을 직감과 느낌으로 접근하여 몇 가지 요소를 추려보기로 하였다.

첫째, 늘푸르름이 독야청청으로 불리움이다. 사시사철 다른 나무들이 갈아입는 색깔이나 대지의 변화에도 한결같은 푸르름으로 변화없음을 상징하여 지조와 절개를 상징하고 있음이다. 조선시대 이인상의 〈雪松圖〉는 흰 눈 속에서도 올곧음과 청청함을 나타내고 있다.

둘째, 나무줄기는 지그재그의 반복적 형태로, 주고받고 하는 리듬을 원형으로 성장하고 있어 그것은 마치 얻음이 있는 곳에도 반드시 상실이 있고 잃는 곳에서도 보이지 않는 얻음이 있을 것이란 동양사상의 중용中庸 같은 것을 상징하고 있음도 간과할 수 없다. 조선시대 이재관의 〈松下步月圖〉에서 소나무는 이러한 형태를 특징으로 하고 있다.

셋째, 소나무가지와 잎은 상승과 하강의 기운을 함께 지니고 있음이다. 위를 향해 뻗치는 힘과 휘늘어져 쳐진 가지 역시 적절한 배합을 이루어 중용적 기세를 보여주고 있다.(김경인의 '飛翔0309', 2003년 작, 2004 학교재전 카탈로그 그림)

넷째, 파격의 멋을 들 수 있는데 풍우설상과 세월의 흔적으로 남아있는 형태들이겠으나 예측할 수 없는 방향으로 가지들의 뻗어 나감과, 솔잎의 풍성함에 대해 바싹 마른 형해形骸의 앙상한 가지가 대조를 이루면서 긴장감을 더해주고 있다. 때로는 구불구불 올라간 몸통에서 돌발적인 직선으로 죽 뻗어 있는 마른가지 등의 엉뚱함을 예로 들 수 있겠다.(김경인, 律0302, 2003년 작)

다섯째, 조형적 특성으로 직선적 요소와 곡선적 대비와 융화를 들 수 있는데 소나무는 남성적이며 뼈대있는 줄기와 가지가 있으면서 다시 부드러우면서도 정교한 용트림의 여성적인 선적 요소를 동시에 갖추고 있어 그 어울림이 기묘하다.

여섯째, 소나무 몸통(줄기)에는 다양한 기호 즉 상처와 연륜으로 생긴 표식(무늬) 등이 소나무 그림에 묘미를 주는 요소이다. 예를 들어 딱따구리가 줄기에 파놓은 구멍이나 표피의 상처가 아물면서 만들어진 모양이 때에 따라선 여성의 성기나 기타 오묘한 형상이 되어 시선을 끌고 있음이다. 이러한 기호나 표식은 선조들의 그림에서도 빼어놓을 수 없는 해학이었고 유희적 가닥이었다.

일곱째, 우리 선조들의 소나무그림에는 뿌리의 모양새가 그려져 있는데 땅을 움켜쥐고 있는 듯 땅줄기를 만들고 있어 위에서 중간 몸통 부분으로 이어지고 있는 구성요소들을 견고하게 맺음하고 땅과의 관계를 밀접하게 이어주고 있다.

여덟째, 조형요소로서 간과할 수 없는 소나무 특징 중 하나로서 몸통의 껍질이 중요한데 다른 나라의 소나무와도 구분되는 미적 요소라 할 수 있다. 그 껍질의 모양과 색상은 매우 다양해서 소나무 종류의 차이만큼이나 다르다. 나의 경험으로는 중국, 유럽, 미국, 호주, 캐나다, 남태평양이나 히말라야 등의 소나무와 비교하여 형태뿐만 아니라 껍질 모양의 차이가 심하다. 그 중에서도 금강송은 밝은 회색을 기조로 다양한 중간 색채들로 모자익된 용비늘은 내가 가장 좋아하는 대상으로 여기고 있다.

아홉째, 위에 열거된 소나무의 멋을 구성하고 있는 요소들 외에 설명되지 않은 기묘한 형상들은 새로운 시각으로 얼마든지 발견해 낼 수 있을 것이다. 사실은 소나무의 종류와 지역, 또는 평지와 고산지대 등 입지 조건에 따라 그 형태의 다양성은 몇 마디로 규정지울 수 없을 정도이다.

예를 들어 해송(곰솔)은 전국 해안가를 중심으로 산재해 있고 공통적으로는 검은 빛을 띠고 있으며 무뚝뚝하고 도전적인 형태이며 남성적이라 할 수 있다. 육송의 대표적 품격을 보여주고 있는 금강송의 경우 그 자태가 우아하고 투명한 색채감이 풍부하여 여성적 부드러움이 연상되고 있다.

줄기를 따라 위쪽으로 올라가면서 매끄러워 지는데 엷은 회색이 상하를 회석시키면서 붉은 적황색으로 이행되면서 적송의 멋은 가히 관능적이라 할 만큼 멋을 풍기고 있다. 궁중의 십장생도 소나무들이 이에 포함된다.

위에 말한 조형성은 선조 화가들의 그림에 대부분 표현되고 있는데 겸재 정선의 〈사직단 소나무〉의 용트림은 나무라기보다는 용들이 얽혀 꿈틀대는 역동성이 강조되고 있다. 실제로 포항공대 입구의 노송이나 운문사와 이천군의 반룡송, 예천의 석송령이나 무열왕릉 등 용송이 도처에 있기도 하다.

이에 반해 이인상의 〈雪松圖〉는 수직으로 반듯하게 서있어 곧은 기상의 이미지를 전달하고 있다. 사사로움에 타협할 수 없는 선비의 기개가 느껴지고 있다. 능호관과 이인문의 소나무는 우리 주변에 가장 많이 산재해 있는 형태들을 화폭에 담아낸 것이라 할 수 있다. 자유로운 형태와 기세가 뚜렷하다.

속리산의 정이품송이 삼각구도로 안정성과 우아함으로 칭송받고 있다면 소광천이나 대관령 주변의 적송군은 또 다른 아름다운 모습을 보여주고 있다. 경우에 따라 홀로 선 소나무 그림들이 있겠지만 역시 소나무 그림의 멋은 어울림에 있다고 강조하고 싶다.

여담이지만 국무회의 석상에도 윗부분이 많이 잘려나간 소나무 한 그루 그림이 뉴스시간에 자주 보이고 있다. 의미상으로는 〈독야청청〉의 기상을 표현하려고 한 듯 하지만 어쩌면 독불장군의 이미지로 비쳐질 여지가 있으며, 소나무의 멋을 되살리지 못한 아쉬움이 있다. 회의석상의 성격상 어울려 있는 소나무 그림이 제격일 듯하다. 예를 들어 민주국가의 기본인 입법, 사법, 행정을 상징하는 세 그루의 소나무와 그 아름다운 어울림의 그림이 그것을 대신했으면 하는 혼자의 생각이다.

실상 소나무는 서로 어울려 나뭇가지들의 율동과 그것이 창출해 내는 공간의 멋이 최고라 하겠다. 우리나라 어느 곳에서든 볼 수 있는 풍경이지만 마을 어귀에 몇 그루의 소나무들이 모여서 연출하는 정감은 우리네의 정서 속에 깊이 박혀 있다. 늙은 거목의 느티나무가 마을 지킴이가 되어 그 옆에는 정자가 생기고 마을 사람들이 정을 나누고 있는 정경도 한국의 대표적 풍속도라 할 수 있다.

나는 한국소나무 형태에 대한 한 가지 가설을 갖고 있는데 '90년대 중반에 숲과 문화 연구회의 세미나와 산림청에서 그 내용을 발표한 적이 있다. 선조들이 남긴 문화유품들과 소나무는 그 형태와 선율에서 많은 공통점을 발견할 수 있을 것이란 전제로 그 요소들을 서로 비교하여 찾아내는 일이라 하겠다. 왜냐하면 선조 대대로 소나무의 기운이 몸에 배어 있어서 그것은 문화적 인자가 되어 문화적 반응으로 나타난 결과들, 그것이 우리의 문화유물로 전승되어 왔을 것이란 추론이다.

기와선이며 도자기, 한복과 버선의 선, 농기구, 춤사위 등 선적 요소에서 소나무의 그림자를 느낄 수 있다고 믿는다. 선조 화가들이 즐겨 소나무를 그린 것도 무관하진 않을 것이다. (김경인작, 춤사위 0405, 춤사위 0402, 비상 0309)

그냥 직감으로 판단하고 정의해 본 것에 오류가 있을 수 있다. 논리의 비약일 수도 있다. 좀 더 논리적 분석으로 여과되고 논증됐으면 하는 스스로의 바람이다.

내가 본 소나무

이영복 동양화가

소나무 '산천山川과 사람 정기精氣하나로 이어주는 소나무…' 예로부터 솔이 잘 자라고 울창한 지역을 생기 복덕지生氣 福德地라 하고 자손이 잘 되고 번창한 집안을 보고 사람들이 말하기를 '조상의 묘가 솔밭에 들었다' 고 할 만큼 소나무는 우리민족의 삶과 함께 한 겨레의 나무이다.

소나무는 오래 전부터 우리 민족뿐만 아니라 동양문화東洋文化권 특히 일본·중국의 수많은 인간생활에 크게 쓰임을 주었거니와 미술은 물론 문학, 건축, 풍수, 정신세계에 이르기까지 각 시대마다 당대當代의 대표적인 걸출傑出한 명인·명가들의 작품구상의 주제나 소재素材가 되었고 명상瞑想의 의지意志가 되어 불후不朽의 걸작傑作들을 남기게 했다.

당나라의 문인이며 정치가였던 유유주柳柳州가 최군崔群이라는 그의 친지에게 보낸 편지 가운데 이런 글이 있다.

'소나무는 바위틈에 나서 천 길이나 높이 솟아 그 곧은 속대와 거센 가지와 굳센 뿌리를 가지고 능히 추위를 물리치고 엄동을 넘긴다. 그러므로 뜻있는 군자는 소나무를 법도로 삼는다' (강희안의 양화소록 노송에서).

이미 천여 년 전 사람 유유주는 뜻있는 군자는 소나무를 법도로 삼는다 하였으니 유유주 이후 수많은 뜻있는 군자와 선비들의 정신세계와 생활규범에 큰 영향을 주지 않았겠는가.

다성茶聖으로 추앙 받고 있으며 다산茶山과 추사秋史 등과 다도茶道로 교류하며 교분이 두터웠던 초의선사(艸衣禪師, 1786-1866)가 3년 좌선坐禪 끝에 득도得道의 경境에 들지 못하자 좌선을 포기하고 한양으로 가면서 남산의 재를 넘다가 바위벼랑에 뿌리를 박고 독야청청獨也靑靑하고 있는 소나무를 보고 깨우쳤다고 한다. '남산의 소나무는 바위에다가도 뿌리를 박는데…' 하며 크게 해오解悟 각성覺醒하고 되돌아가 득도得道를 하였다 하며 남산의 소나무는 선禪을 유발시켰다 하여 공안송公案松이라고 했다 한다. 그 강한 의지의 공안송도 지금은 공해라는 현대병에 시달려 그 수가 많이 없어졌다 하니 안타깝다.

우리 민족은 많은 사람이 소나무를 좋아한다는 한국갤럽 선호별 선호도 조사(조선일보 2004년 6월 17일자)에 의하면 43.8퍼센트라는 통계로 보아 많은 국민이 좋아하고 있음을 알 수 있다.

그러나 우리나라 산하에는 소나무를 흔히 볼 수 있어 오히려 별다른 생각 없이 그냥 그저 나무는 소나무라고 생각하는 사람도 많을 것이고, 반면 특별한 뜻이나 애정을 가지고 직·간접 필연적으로 소나무와 함께 하는 문인, 화가, 임학자들은 물론 은근한 아름다움과 운치에 끌려 소나무를 좋아하는 일반인들도 많을 것이다.

우리 산하의 그리 높지 않은 산자락 곳곳에 무리를 이루거나 개개로 서 있을지라도 숲의 단아한 정취와 기품을 잃지 않게 해주고 더욱 아름다움을 지니게 하는 것은 소나무 덕이다. '추위가 온 뒤에야 그 푸르름을 더 한다'는 나무 중의 나무 소나무를 근래에 이르러 빌딩의 조경수로 아파트단지에 정원수로 심어지고 있기 때문에 도심에서도 쉽게 만나 볼 수 있어 다행스럽고 좋은 일이라고 생각되나 한편 본 모습 그대로 수세樹勢가 좋게 오래도록 잘 살아 갈까 하는 염려도 따른다.

소나무의 복합적인 가지의 선線과 조형造形

소나무가 제각기 다른 다양한 형태形態의 수형樹形을 이루는 것은 소나무의 본줄기 즉 수간樹幹과 많은 가지의 일정하지 않은 다채로운 결구結構로 형성되고 있기 때문이다. 이 가지들은 직선과 곡선, 둥근 타원형 선 등등 여러 선의 집합체로 연결되어 불균형하지만 자연스런 형세形勢로 소우주小宇宙를 이루고 있다. 화가가 소나무를 대상으로 그리고자 할 때 이 선들의 결구結構를 조형적 형식으로만 분석한다든가, 회화적 측면만 맞춰서는 안 맞을 뿐 만 아니라 자칫하면 소나무 만이 가지고 있는 이미지의 근본적 내면의 세계를 잃게 된다. 무질서한 중에 부조화의 조화를 이루어 신묘한 생명력과 소나무 특유의 운치韻致가 운필運筆에 의해 화면에 우러나와야 하기 때문이다.

우리 선조들은 선線의 자연스런 경지境地를 잘 알고 있었던 것 같다. 우리의 미를 유연한 곡선의 미라고 한다. 경주의 석굴암에서, 소나무와 잘 어우러진 신라의 능묘에서 우리의 선을 볼 수 있으며 우리 고건축 지붕의 처마선과 각 시대의 도자기에서 공통된 선의 미를 일 수 있나. 어느 기자는 '푸른 하늘을 배경으로 뚜렷하게 윤곽이 드러나는 소나무의 선線은 이 땅의 산천山川과 사람을 하나로 이어주는 선'이라고 술회하였다.

전해오는 옛 말에 '서예書藝를 하는 사람은 소나무 가지의 선線을 보고 붓의 운필運筆을 연구하여 필세筆勢를 세우고 훌륭한 검객劍客이 되려면 소나무를 보고 운검하는 법을 배우라'고 하였으니 의미 있는 말이다.

우리나라 최초의 현대적 미학자며 미술사학의 큰 스승 고유섭(1905-1944) 선생은 한국의 미를 '자연에의 순응'을 근거한 '적조寂照의 미'로 보고 소박素朴, 질박質朴 무기교無技巧의 기교技巧, 비정제성非整齊性 구수한 맛 등으로 정의 내리게 된 것은 우리 산하의 지나침이 없는 자연스런 선의 풍광風光과 소나무의 구수한 맛과 선에서 은연중에 젖어온 우리 민족의 미의식을 살펴 본 바라고 생각한다.

소나무의 다양한 수형樹形의 형태形態와 지칭指稱

소나무는 웅자雄姿하면 웅자한 대로 좋고, 작으면 작은 대로 좋고, 곧은 것, 굽은 것, 흐트러진 듯한 모양이 있는가 하면, 의젓한 수형 등 다양한 형태의 수형을 가지고 나름대로 각양의 맛을 지니고 있는데 이 모두가 선의 집합적集合的 묘미妙味에서 이루어진다. 여러 수형은 형태에 따라 여러 물상物像으로 부여되고 따라서 그 물상物像의 명칭名稱대로 불리어진 것이다. 이미 송대宋代의 한졸韓拙이 그의 산수순전집의 임목론林木論에 소나무의 다양한 수형을 여러 물상으로 비유하여 논한 바 있거니와 현금에도 여러 물상으로 표상表象된 그 형상대로 지칭指稱되고 있다. 물론 소나무 형상이 실물 물상의 모습과 똑 같을 수는 없지만 비슷하거나 인상의 이미지가 같은 느낌을 말한다.

붉은 용이 막 하늘에 오르려는 형상을 지닌 홍송紅松을 가르켜 적용송赤龍松 또는 등용송登龍松이라고 부르고〈그림 1〉, 수간樹幹과 가지가 용트림하고 있는 듯한 이천 백사면에 반룡송蟠龍松〈그림 2〉, 용이 쉬고 있는 모양의 문경 와룡송臥龍松, 학鶴이 비상하려는 형상의 이미지를 지닌 완산에 곰솔, 금슬 좋은 부부

그림 1— 단호사 적용송

그림2— 이천 반용송

그림3— 청도 처진 소나무

상이라 하여 순흥의 금슬송, 가지가 수양버들처럼 처져있는 청도의 처진 소나무〈그림 3〉버들처럼 처진 모양 때문에 유송柳松으로도 부르고 있다.

이 밖에도 장군송將軍松, 무송舞松, 차일송遮日松, 할아범송, 할미송 등등 여러 곳에 여러 모습으로 산재하고 있다. 이 같이 나무에 명칭을 지어서 불리어지고 있는 실상實狀은 중국이나 일본도 우리와 별 다르지 않다고 하겠으나 우리나라 홍 송紅松처럼 그윽한 색조色調의 아름다움과 의연毅然하고 격조 높은 운치를 지닌 소나무는 다른 나라에서는 찾아 볼 수 없는 세계 제일의 나무들이라 해도 지나친 말은 아닐 듯싶다.

중국의 황산黃山과 태산泰山, 구화산九華山 등지에는 손님을 반가이 맞이하는 형국形局이라 하여 영객송迎客松〈그림 4〉을 비롯 자매송姉妹松, 송객송送客松, 일품대부송一品大夫松, 육조송六朝松, 수금송竪琴松, 봉황송鳳凰淞 등의 명칭을 갖는 소나무가 있으며 이들의 명칭은 수형에 따르거나 또는 인간과의 인연에 따라 붙여진 것들이다.

일본에서도 부부송夫婦松, 천황송天皇松 등 명송名松이 있으나 드물게 분포되어 있으며 일본 소나무는 거의 곰솔이기 때문에 격格과 그윽한 운치韻致가 홍송紅松에 따르지 못한다.

이처럼 수형이 어떤 물상을 닮아 그 물상의 명칭으로 불리게 된 경우와 또한 사람과의 관계된 인연으로 전래되어온 설화적 이야기나 실화의 내용에서 주어진 다음과 같은 명송名松이 있다. 보은 내속리 정이품송正二品松〈그림 5〉, 장흥 관산 효자송孝子松〈그림 6〉, 영월의 관음송觀音松, 감천 석송령石松靈, 장수군 의암송義岩松〈그림 7〉 등 이밖에도 기념비적 소나무가 적잖이 있으나 생략하고 기술記述한 나무 중에 대표적인 나무 몇 그루를 예로 하여 간략 열거한다

내속리 정이품송正二品松 ——————— 충북 보은군 내속리의 정이품송은 많은

그림4— 영객송　　**그림5**— 정이품송

사람에게 잘 알려진 나무이다. 왕성하고 의젓하며 웅자雄姿했던 옛 모습을 지금은 볼 수 없으나 우리나라 대표격인 소나무이다. 천연기념물 제103호이기도 한 이 나무는 1464년 세조가 나무 아래로 지날 때 가지를 스스로 쳐들어 행차를 도왔다고 해서 정이품이란 벼슬 품계를 주었다는 유래가 있다 수형이 고루 퍼져있어 양산을 펴든 것같은 형상이다. 그간 눈과 바람에 아래쪽 서너 가지가 부러져 수관형이 고르지 않아 옛 아름다움을 볼 수 없어 안타깝다.

이천의 반룡송蟠龍松 ———————— 용이 하늘에 오르기 전 서리고 있는 듯한 형상의 나무로는 대표적인 나무로 신비하고 희귀한 형상이다. 몸체인 수간 2m 정도에서 여러 갈래의 가지가 사방으로 갈라져 서로 휘감기여 마치 많은 새끼 규룡叫龍이 엉키어 있는 것 같은 수간樹幹을 형성하고 있다. 이 소나무는 신라 말 풍수지리의 시조로 널리 알려진 도선국사(827-898)가 심었다는 전설을 지니고 있다.

도선대사가 팔도의 명당을 두루 찾아다니다가 함경도 함흥, 서울, 강원도, 충청도 계룡산과, 이곳 백사면 도립리에 한 그루씩 심었다는 전설이 전래되고 있고 만년 이상 장수할 용송이라 하여 만룡송萬龍松이라고도 불린다. 나라에 큰 변고가 있으면 줄기 몸체에 줄이 그어지는 이상이 생기며 또 가지를 꺾거나 나무를 해롭게 하는 사람은 심한 피부병을 앓게 되거나 생명도 위태하게 된다는 속설이 있으며 이 지방에서 큰 인물이 날 것이라는 말도 전해지고 있다.

그림6— 효자송

그림7— 의암송

관산 효자송孝子松 ——————— 전남 장흥읍에서 남쪽으로 18km 정도 가면 관산읍의 옥당리. 이곳에서 마을길을 따라 가면 천관산 아래에 위魏씨 성의 집성촌인 당동堂洞마을이 있는데 이곳 밭 자락에 효자송孝子松으로 불리는 곰솔이 있다. 곰솔을 묵송墨松, 해송海松, 이라고도 하는 이 나무가 효자송으로 불리게 된 것은 옛날 이 마을에 사는 세 청년이 들녘 뙤약볕에서 고되게 일하는 부모에게 그늘을 만들어 편히 쉬시게 하려는 뜻에서 이 나무를 심었기 때문이란다.

위윤조魏倫祚는 이 곰솔을, 백기종이라는 청년은 2m 거리에 감나무를 심었고, 정창주는 10m 떨어진 곳에 고련(소태) 나무를 각각 한 그루씩 심었다는데 감나무는 둘레 56cm, 높이 4m(1996년 필자 현지답사시 안내문)로 소나무 그늘 아래 있어 인지 상태는 좋지 않아 보였지만 소나무와 같이 살고 있었으나 정창주가 심은 고련나무는 흔적이 없었다. 마치 소나무 뿌리에서 감나무가 나와 더불어 사는 것 같은 진귀珍貴

한 현상이다. 孝子松! 부모님께 바친 효성의 그늘 영원하기를 바란다.

단호사丹湖寺의 적용송赤龍松 ————————— 단호사의 이 고송을 만난 것은 꽤 오래 전이다. 뒤를 받쳐주는 산이나 작은 뒷동산도 없는 휑한 들판 밭 자락에 옛 괴목 몇 그루와 약간의 잡목 속에 있어 지나가는 사람도 알 수 없고 절이라고 볼 수 없는 한적하고 초라한 절 마당에 백제 말기의 조그마한 3층 석탑을 안고 있었다.

1995년까지만 해도 처음 만났을 때와 같이 작은 가지 한 끝이라도 손대지 않은 그대로 옛 모습을 보는 듯하였으나 그 후 몇 가지들이 잘려나가 원형이 많이 상실되어 안타깝다. 장대하거나 웅자雄姿하지는 않아도 신묘神妙하다는 말 그대로 신비한 소나무였다. 보는 위치와 방향에 따라 좀 달리 보이지만 마치 용이 승천하며(3층 석탑은 여의주가 되어)그 여의주를 물으려 하는 듯한 형상을 하고 있는 이 나무는 필자에게 노송을 그리는 필법과 정신세계를 깨우쳐 준 신령스럽고 고마운 나무다.

이 나무도 다음과 같은 유래를 가지고 있다. 조선 초기에 심어진 것으로 전해지는데 강원도 지방에서 문약방을 운영하는 사람이 재산은 많아도 슬하에 자식이 없어 근심하던 중 어느 날 한 노인으로부터 단월지방의 단호사에 가서 불공을 드리면 득남한다는 얘기를 들었다. 그는 강원도에서 단신으로 내려와 이곳에 불당을 짓고 불공을 드리며 지성으로 소나무를 가꾸던 어느 날 잠자리에 들었는데 고향집 마당에 한 그루의 소나무를 심고 안방에 부처님을 모셔놓은 꿈을 꾸었다.

더욱 기이한 것은 부인의 꿈에는 단월 단호사 법당이 자기 집 안방으로 바뀌어 보였다는 것이다. 그 부인이 생각하기를 아마도 같이 살라는 암시 인가보다 하고 강원도에서 모두 정리해 가지고 법당 옆에 와서 살게 되었는데 그 후 태기가 있어 생남을 하게 되었다고 하여 많은 불도들이 찾아와 불공을 드리고 소원 성취하는 사람이 많았다고 전해진다. 이곳도 지금은 주위환경이 좋지 않게 변화되어 상하지나 않을까 하는 염려가 늘 든다.

완산 삼천동 곰솔 ————————— 몇 년 전 경향신문에서 소개한 이 곰솔(海松, 墨松) 에 관한 글과 독특한 형상의 사진을 보고 꼭 찾아가 본다고 마음먹고 있었으나 실행을 못하고 지내오다 지난 5월 원로시인 박희진 선생, 한진우 교장과 함께 거창 함양을 중심으로 한 경상도와 전라도를 기행하던 중에 벼르던 이 삼천동 곰솔을 만나게 되었다.

5년 전 사진으로 본 아름다운 모습은 찾아 볼 수 없었고 야산이었던 이곳은 아파트단지로 변해 그 사이 길가 좁은 터에 차마 바라보기조차 민망한 몰골로 거의 대부분의 가지가 이미 마르고 있었고 일부만 살아있었다.

이곳은 인동 장씨仁同張氏묘역으로 천연기념물 제355호인 이 곰솔은 높이 약 10m 밑동 둘레가 3.8m 정도 되고 3.5m 부분부터 열 여섯 개의 가지가 사방으로 퍼져 나갔는데 한 줄기에 여러 가지가 빽빽이 둘러 난 것이 특징이다. 멀리서 바라보면 학鶴이 땅을 차고 날아오르려는 형상이라 하여 학송鶴松이라고도 한다. 곰솔은 원래 해변가에서 잘 자라는 나무로 알고 있으나 특이하게 내륙 지방인 이 곳에는 곰솔이 많이 분포하고 있다고 한다. 이 곰솔을 되살릴 길은 없는지…. 소나무 시인 박희진 선생의 곰솔에 항한 시를 통하여 생기회복을 염원한다.

전주시 완산구 삼천동 곰솔

바닷가에나 있어야 할
웬 곰솔이 내륙지방에
그것도 전주시에 있다는 것인지,
여러 번 물어물어 어렵게 찾아냈다.
그런데 곰솔은 거의 다 죽어 있다!
겨우 칠분의 일이 숨쉬고 있으니,
앙상하게 뼈만 남은 곰솔 빛깔
볼 품 없는 숯검정이로구나.
가슴 철렁 내려앉네. 시꺼멓게 물드네.
천연기념물이 이런 꼴 되다니!
어쨌거나 이것은 전주시의 수치이자
겨레 전체의 상처일밖에.

총력을 기울이는 당국의 노력이
사후약방문이나 안 되길 바라면서
이 몸은 할 수 없이 상상의 힘으로 죽어 가는 곰솔을 되살리기로 한다.

엄청 우람한 곰솔 줄기가
땅에서 2, 3미터 높이에서부터
사방팔방으로 열여섯 개나
굵은 가지 펼쳤으니, 한껏 뻗쳤으니,

장관을 이룬 데다 가지 끝이
밑으로 쳐지지 않고, 가지의 가지,
곁가지들은 일제히 하늘 향해
솟구쳐 올랐으니, 천하 가관일세.

그 수관樹冠의 싱싱하고 풍성하고
활기 찬 아름다움° 마치 청학이
알을 품고 있다가 막 비상하려는
푸드덕 소리마저 들릴 듯 하구 나야.
세상에 이런 곰솔은 달리 없다.
내륙에는 물론 바닷가에도 없다.
소나무 사랑하는 온 겨레의 정성을 모아
살려내자 살려 내자 죽어 가는 곰솔을.

2004년 6월11일 박희진

새 기운의 회복을 바라며 많은 소나무 가운데 하필 수세樹勢가 좋지 않은 이 곰솔을 기술한 것은 소나무는 온 민족의 나무로 좀더 깊은 관심과 애정을 가지고 보호하고 육성하자는 뜻에서다.

소나무 명칭名稱에 대한 소고小考

일찍이 선현들이 소나무에 인격을 부여 의인화擬人化하여 벼슬 품계를 준 것은 고대로부터의 일이다. 진나라 진시황(秦始皇, BC 219)이 소나무에 오대부송五代夫松이란 작위爵位를 주었다中國史記는 기록이 있다.

앞서 기술한 송나라 시대 한졸韓拙이 소나무의 수형樹形에 따라 여러 물상物像의 형용形容으로 비유하여 논한 바와 같이 현재에 이르러서도 앞서 기술한 대로 사물과 닮은 물상의 명칭이나 사람과의 관련된 연유로 지어진 명칭, 또는 전설의 내용을 담은 이름으로도 불리어 지고 있다.

이름 없는 나무를 보는 것보다 이름 있는 나무를 보는 맛이 좋다. 특히 그 나무 수형의 이미지와 나무의 나이에 부합된 명칭을 가진 나무를 대하면 반가워 통성명하자는 것같고 얼마 후 또 만나게 되어도 서로 그간의 문안을 나누게 되는 기분이어서 좋다.

그러나 오랫동안 많은 소나무를 찾아 스케치하며 때로는 전설이나 유래를 가진 나무에 대해서는 기록도 해오다 보니 마음에 흡족치 않은 명칭과 잘못된 수형의 설명도 많이 있었다. 그 중에 잘 알려진 명송名松 두 소나무를 생각해 본다. 운문사에 '처진 소나무' 와 지리산에 천년송天年松이다. '처진 소나무' 는 첫인상이 포근하고 넉넉하여 모든 것을 포용하려는 이 나무를 왜 처진 소나무라고 부르는지 볼 때마다 아쉽다. 우선 힘이 빠진 표현 '처진' 이라는 단어도 좋지 않거니와 소나무가 늙어 고송古松이 되면 대체적으로 가지가 아래로 처지는데 그것은 자연스런 현상이다.

천연기념물 제180호이기도 한 이 소나무는 우리나라 천연기념물로 지정된 나무 중에도 보물에 속할 여러 나무 중의 하나이다. 보는 사람에 따라 다소 견해차이는 있을 수 있겠으나 이 소나무를 보게 되면 두 번 놀라게 된다.

전체 수관의 외양은 부드럽고 편안한 곡선으로 마치 우리 옛 초가지붕을 연상케 하며 나무 안으로 들어가 보면 세 아름쯤 되는 둥치에서 조금 올라가 여러 갈래의 가지가 사방으로 뻗고 다시 기氣가 넘치는 가지들이 상하 옆으로 가다가 다시 안쪽으로 굽고 그러다가 다시 위로 솟구치고 솟구치는가 하면 아래로 이렇게 가지들이 기묘하게 얽히어 별유천지別有天地를 이루고 있어 놀라움을 금치 못한다. 이루다 형언하기 어려운 안과 평온한 밖의 모습은 대조적 상반된 수관과 수형을 이루고 있어 그저 처진 소나무라고 하기에는 이 소나무에 풍모와 이미지에 부적합하게 느껴지니 걸 맞는 새로운 명칭은 어떠할지?

처진 소나무라고 할 수 있는 나무는 경북 청도군 매전면에 있는 처진 소나무(천연기념물 제295호, 그림 3)를 들 수 있으나 이 나무는 수양버들처럼 아래로 드리워져 있으며 소나무의 한 품종에 속하여 가지의 처짐이 가장 전형적인 나무로 희귀한 나무이다. 유송柳松 이라고도 부르고 있는데 수양버들처럼 아래로 늘어진 수관을 하고 있으니 유송이라고 불러야 옳은 명칭이 아닌가 생각한다. '처진 소나무' 를 말하려다 보니 매전면의 처진 소나무를 같이 생각해 보았다.

또 한 예는 지리산의 '천년송' 의 경우다 뱀사골을 지나 상봉 쪽으로 오르다 보면 중턱 봉에 붉고 웅장한 천년송이 딱 버티고 서 있다. 이 소나무의 첫인상은 사람으로 말하면 건장한 40대의 장군상이다. 마치 장군이 단상에 올라 호령을 하는 듯 우람하고 위풍 당당한 모습을 하고 있는 소나무를 안내판에는 '천년송' 으로 안내문에는 '할머니 소나무' 라 하였으니 이 천년송을 '할머니 소나무' 라고 한 것은 전혀 걸맞지 않다. 그냥 천년송으로 하던가 ' 장군송 '이라고 개칭하면 좋겠다고 생각되며, 완산 삼천동의 곰솔과 이 천년송의 나무 크기가 실제보다 각 각 많이 틀리게 기재하고 있어 확인하여 정정하였으면 한다.

2004년 숲과 문화연구회의 학술토론회에 참석한 소나무를 아끼는 여러분과 해당지역인사들이 의견을 수렴하여 앞으로 많이 찾을 사람들과 후손들을 생각해서라도 좋은 명칭으로 불리어 지도록 재고하였으면 하는 바람이며 나무의 높이와 둘레의 숫자와 기타 숫자에 관련된 표기는 정확하여 바로 알게 함이 당연한 일이 아니겠는가?

그리고 여러 소나무를 만나는 중에는 천연기념물로 지정된 나무나 지방보호목도 만나게 되는데 그때마다 늘 미심쩍게 생각되는 것은 옆으로 쟁반같이 퍼진 수관을 가진 나무는 소반 반盤을 써서 반송盤松이라고 해야 한다. 경기도 이천시 백사면에 있는 반룡송蟠龍松 같은 수관을 가진 나무는 줄기와 가지가 서로 얽히어 많은 용들이 서리고 있는 듯하니 서릴 반蟠을 써서 반룡송蟠龍松으로 공식 표기되어 있으니 바로 쓰이고 있다고 하겠다. 한 줄기나 한 뿌리에서 여러 줄기가 나와 또 여러 갈래로 다시 갈라져 있는 나무도 한글로만 '반송' 이라고 쓰이고 있어 알 수 없는 일이다.

한국 언론계의 거목이셨던 이관구선생과 문교부장관, 한국정신문화연구원 원장을 역임한 이선근 씨 등 두 분은 그러한 수관을 가진 소나무를 가리켜 다지송多枝松, 천지송千枝松 또는 만지송萬枝松이라고 하여 필자는 늘 그렇게만 알고 있었으나 이런 수종은 우리나라 곳곳에 분포되어 있는데 천연기념물 정도의 나무는 모두 '반송' 으로 되어 있다.

이선근 선생의 어느 글 속에 그렇게 쓰여 있음을 우연히 볼 기회가 있었고 이관구 선생은 소나무를 참 좋아하셨는데 선생의 논설선집에 필자의 소나무 그림 '천년송' 명제의 작품 한 점이 들어가게 되어 홍릉에 있는 세종대왕 기념사업 회장실에 방문했다. 이 때에 소나무 이야기 중에 이런 수종을 가리켜 역시 다지송, 천지송, 만지송이라고 하신 것을 기억한다. 그림을 좋아하시고 특히 소나무와 소나무 그림을 무던히도 좋아하신 선생은 가끔 소나무 이야기를 들려 주셨다. 그러하기에 근래에 표기하는 '반송' 은 어떤 표기가 옳은 건지 필자로서는 알 수 없는 일이다.

현재 알려진 소나무와 관련된 서적이나 임학자들의 저서 중에서도 확실한 구별 없이 총칭 '반송' 이라고 되어 있어 앞으로 분명한 수종의 구별과 수형에 해당되는 분명한 명칭의 문자를 한자와 병행해 써야한다는 것을 생각하게 되었다. 소나무에 대한 예찬이나 임학측면 학문적 학설은 학자나 소나무에 관심 있는 사람들에 의해 많은 글이 이미 발표되어 있고 앞으로도 좋은 글들이 많이 나오리라고 생각된다.

필자는 다만 동양화가의 입장에서 평소에 느껴왔던 것으로 소나무의 선과 조형성 소나무 수형의 이미지와 사물 물상과의 상관을 연계하여 생각하고 기술한 것은 소나무의 한 부분 이야기지만 좀더 소나무에 대한 이해를 돕고자함에서이다.

우리나라 회화사상 크나큰 업적을 남긴 대화가 겸재 정선(謙齋 鄭敾, 1673-1759)이 산수화 속에 돌출된 암석을 그리면서 남근처럼 묘사, 의도적으로 강조하여 분위기를 돋우어 평범하지 않은 좋은 그림을 본 기억이 있다. 화가가 소나무를 그리고자 할 때 때로는 대상의 나무수형과 사물의 물상을 연관하여 작화해 보는 것도 재미있고 의외의 좋은 작품도 나올 수 있다. 그러나 모든 그림이 그러하듯이 형상에 꼭 치우칠 필요는 없지만 다른 나무와 달리 소나무 만이 가지고 있는 이미지와 내면의 정신세계에 맞는 구상과 기법을 염두에 두고 재구성 창작되어야 한다.

소나무에 사물을 비유 명칭을 부르게 된 시초의 연대는 필자가 알고 있는 것으로 지금도 그 화론의 영향범주에서 크게 벗어나지 못할 만큼 동양화론의 진수라 할 수 있는 형호(荊浩, 870-930)의 필법기筆法記에 의하면 형호가 태행산 홍곡太行山 洪谷이라는 곳에 살았다. 어느 날 신정산에 올라가서 노송을 만나 표현한 글 중에 규용같다고 한글과 앞서 기술한 대로 송대의 한졸韓拙이 여러 소나무의 개개 수형에 사물의 물상으로 비유 구체적으로 논한 것이 있다.

조선시대 들어와서도 이율곡栗谷 선생의 우송당기友松堂記중에 용트림으로, 화담 서경덕花潭 徐敬德 선생의 종송種松시 중에 천년 뒤의 용의 모습으로 나타내는 등 참으로 오래 전부터 소나무의 수형을 닮은 물상으로 비유하고 명칭으로도 호칭하였던 것을 보면 여러 수종의 나무 중에 소나무 만이 누릴 수 있음은 아닐는지.

필자가 발췌한 선현이나 문사들의 소나무와 관련된 고시문古詩文 2백여 편 중 약 70퍼센트는 용으로, 30퍼센트는 사람과 학, 봉황 호랑이로 비유하고 있는데 그 중 용의 형상으로 비견比肩한 시가 월등히 많은 것은 소나무의 수피(樹皮, 필자는 용 비늘 즉 용린龍鱗이라고 지칭하고 있음)가 용 비늘 같고 몸체 즉 줄기가 용 같은 힘과 신비성도 내포하고 있는 느낌을 대체적으로 느끼고 있기 때문일 것이다. 또 옛 문사들은 용트림 하는 형상의 소나무를 가장 높은 격 있는 나무로 삼았다는 것을 알 수 있었다.

조선 숙종 시대 와선(臥禪, 누워서 참선함)으로 도통했다 하여 유명하고 전남 순천 조계산에 있는 선암사仙巖寺 주지로 절을 크게 중흥시켰다고 전해지는 현변(懸辯, 호는 침굉枕肱, 1618-1686)선사는 "나무는 반드시 곧은 것 만이 좋은게 아니다 곧은 것은 재목으로 꺾이기 쉽다. 나무는 쓰일 곳이 없어야 천년 장수하고 운치를 더 할 수 있으며 중이란 세속에서는 아무 쓸모가 없고 못생겨야 되는데 마음은 바로 있어서 언제나 주변 사물 이치를 깨쳐야 큰스님이 될 수 있다…"고 한 말이 전해진다.

그림 그리는 사람의 입장에서 보아도 물론 쭉쭉 거침없이 하늘을 향해 솟구쳐 있는 것도 경쾌하고 힘을 느낄 수 있어 좋지만 용송처럼 이리저리 굽어 기氣를 모았다가 뻗치고 다시 솟구치는 듯하여 신비함을 주는 나무도 무한 좋다(선암사 경내에 누워 있는 듯한 침굉송이 있다). 이율곡(李栗谷, 1536-1584)선생도 소나무를 의인화擬人化하여 소중하게 생각하고 삶 속에서 소나무를 큰 정신적 벗으로 삼았던 것을 선생의 시문詩文을 통해 알 수 있다.

북한산 아래에 살던 심처사라는 선생의 이종 사촌 집 마당에 있는 노송을 보고 돌아와 쓴 우송당기友松堂記는 단순 소나무를 본 글이라기보다, 글 구절 구절마다 인생철학을 강론하는 듯 하며 강릉 금산리에 살고 있던 도의지우道義之友 김열(金說, 호 臨鏡堂)을 만나고 그를 위하여 쓴 글인 호송설護松說도 있다. 10여 년 전 호송설을 찾아 강릉 금산리에 가서 호송설이 있는 문집과 양각을 하여 걸어 놓은 편액도 볼 수 있었다.

호송설

君의 아들은 君의 뜻을 알고, 君의 손자는 君의 아들의 뜻을 아네.

비록 오랜 세월이 흘러도 그 뜻은 언제까지나 傳하여 없어지지 않으리. 祖上의 물건은 비록 그것이 부러진 지팡이나 떨어진 신발이라도 보물처럼 고이 간직하며 공경하거늘 항차 손수 심은 나무야 말할 것 있겠느냐!

이 늘어진 소나무는 栽培의 손길이 있었기 때문이고 그 茂盛함은 雨露의 탓이고, 탐스런 열매는 눈서리가 있어 그러함이다. 보기도 좋거니와 숨은 뜻 또한 所重하다. 가지 하나라도 다칠까 두려운데 하물며 그 줄기야 누가 犯하겠나…하였다.

附言

산림관계자, 지역 향토인사 소나무를 사랑하는 이에게 제언한다.

중국의 황산을 스케치하고자 찾았었다. 놀라운 정경은 사람이 많이 다니는 주변에는 소나무를 보호하기 위하여 많은 개개 소나무 둥치에 큰 대나무 줄기를 쪼개 이어서 적당한 높이까지 둘러 감싸주어 사람들이 지나며 만져도 괜찮게 보호되게 하였고 죽은 소나무 가지라도 그대로 두어 고체처럼 굳어있어 원형을 보게 되어 오히려 풍성하게 보여 좋았다.

우리나무들도 죽은 나무라 해도 그대로 두었으면 좋을 것같다. 천연기념물 일수록 가지가 많이 잘려 없어져 오히려 허전했다. 황산의 소나무처럼 그냥 그대로 두자고 제언하며, 여러 곳을 두루 다니다 보니 아직 천연기념물로 지정은 안됐지만 해당될 만한 나무들이 많이 있었다. 나무에 상징성을 부여 명칭을 정할 때는 임학자, 화가, 문인, 담당관리와 향토학자가 한자리에 같이하여 정하면 좋은 명칭이 나오지 않을까 한다.

누리에 솔바람

이호신 화가

"이 땅에서 소나무가 사라지면 우리의 민족혼도 자연 사라진다고 봅니다"(이생진 시인).

"한국의 국목國木은 반드시 소나무가 되어야 합니다. 하루 빨리 국목 제정을 위해 저부터 앞장서겠습니다"(박희진 시인).

매월 말 인사동(보리수 다방)에서 시 낭송회를 가지는 두 분의 메아리가 도심 속으로 솔바람을 몰아온다.

"우리 자연의 경관, 문화의 상징과 삶에 있어 소나무만큼 영향을 끼친 나무는 찾아보기 어렵다"(전영우 박사)고 소나무 찬미를 무슨 필생의 소명으로 삼는 이를 따라 솔밭에 가고 또 솔숲에서 잠을 잤다.

"우리가 잠들 때 저 소나무와 별들은 이야기를 나누고 있습니다"라고 한 천문학자 이시우 박사의 말을 떠올리며 쏟아지는 은하와 일렁이는 솔숲을 온 가슴으로 만나고도 싶었다.

배낭 하나 달랑 메고 화첩을 벗삼아 길떠나는 나그네에게 소나무는 언제나 쉬어가라고 손짓하며 외로움을 달래주고 안식을 주었다. 그리고 나태와 자탄, 억지와 만용은 강파른 비탈에 꿋꿋이 직립하여 비바람, 눈보라를 오롯이 감내하는 소나무 앞에서 무너지고 무릎 꿇었다.

한편 천길 벼랑 노송老松이 말없이 손짓하는 은둔隱遁의 고고함과 솔숲에서 바라보는 하늘은 어느새 청자빛 속에 학이 날아드는 풍광으로 온통 솔바람 누리였다.

나무의 나이테처럼 소나무 그림도 세월을 더해야 초송超松과 신송神松을 만날 수 있고, 그것도 시절 인연이 닿는 이에게만 허락한다니 강 같은 세월 무던히 벼루에 물 따라야만 할 것같다.

그러나 지금 내가 맞닥뜨린 소나무는 스스로 초월을 꿈꾸지 않는다. 아니 지극히 소나무를 통해 세상사 웃고 울고, 절조와 장대, 곤고와 처연함 속에서 대자연의 질서와 또 다른 파격을 배우고 싶다. 새삼 소나무 생태를 통해 화엄의 세계를 직시,

대관령 솔숲 170×266cm 2002. 한지에 수묵담채

그 깨달음으로 삶의 통찰을 구하고 싶은 것이다.
그리하여 솔바람이 이 답답하고 갑갑한 세상 속으로 불어들고 나의 화실에서 일렁이길 희망한다. 마침내 마음 속의 지기知己, 소나무 한 그루 심어놓고 너를 부른다.
소나무야 소나무야!

바람은 무엇이며
어디서 생겨나는가

키 큰 소나무들이 마구 쏟아져 들어온다
바람의 방향을 알 수 없는 나무들조차
내게로 몰려오고 있다.
(조용미 '바람은 어디에서 생겨나는가' 중)

삶이 지리하고 나른한 자, 원願이 한恨이 되어 뒤척이는 이, 한겨울 대관령 솔숲으로 오라.
혹한의 바람을 강파른 비탈에 서서 온 몸으로 인내하며 곧추세운 직립直立의 길. 그 길을 따라 푸른 하늘로 솟구치는 바람의 노래를 들어보라.
오, 부끄럽고도 민망하여라.
다시 내가 살아갈 바람은 무엇이며 또 그 바람은 어디서 생겨나고 있는가.

"우리가 잠들 때 저 별들과 소나무는 이야기를 나누고 있습니다."

천문학자 이시우 박사의 말 한마디가 지금껏 닫힌 내 마음의 우주를 열었습니다.
아니 지상의 법문이 하늘로 하늘로 솟구치며 무수한 사연이 별꽃 되어 찬연하게 빛납니다.
소나무가 모여 소나무 숲을 이루듯, 별들이 모여 은하銀河의 세계를 아롱아롱 수놓습니다.
소나무의 모습이 조금씩 모두 다르듯이 별들의 크기와 반짝임도 참 다양합니다.
밤이면 피어나는 생명의 별꽃 축제.

은하와 소나무 숲 536×170cm 2003. 한지에 수묵

소나무는 서로 손을 잡고 두 팔 벌려 밤하늘을 안아 봅니다.
별과 소나무가 서로 짝을 찾아 긴긴밤 이야기꽃을 피웁니다.

통고산 휴양림 나무집에서 자고 일어난 새벽이었습니다.
초겨울 냉기는 밤새 솔향에 취한 나그네의 허파를 후벼팝니다. 불어넣은 온기가 어찌 시린 것을 당해낼 수 있을지.
하룻밤을 지새우기 위해 얼마나 많은 열량이 필요한지를 손끝이. 나부끼는 머리칼 속 이마가 진단합니다.
세상이 대체로 공평한 것은 무엇을 견뎌내기 위해서는 그 만큼 용을 써야 하는 이치와 사정으로 용납됩니다.
하여 주머니에 손을 찌르고 나선 산책길. 무심코 올려본 솔숲 하늘엔 구름이 띠를 이루어 달려옵니다. 새벽의 신비, 새날의 기운이 마침내 하루를 엽니다. 얼어붙었던 마음자리에 신선한 기운이 불어듭니다.

서기瑞氣 97×58cm 2003. 한지에 수묵담채

울진 소광리 금강송 솔씨를 심은 날, 저는 마냥 새로운 꿈에 부풀었습니다. 제 작업실 이름이 '나무화실'인데 지난 스무 해 동안 '나무' 이름만 팔다가 이제야 솔씨를

솔잎 하나가 27×58cm
2003 한지에 수묵담채

뿌렸으니 말입니다.
지상 위 하늘 아래 어떠한 칭송의 거송巨松이나 신송神松도 솔씨 하나로부터 솔잎을 튀우기 시작했으려니… 그리하여 긴 기다림 속에 설랬던 마음.
이제 겨우내 솔잎은 거친 대지를 뚫고 마침내 푸른 창공을 향해 손짓하니 대자연의 섭리와 진리. 그 눈부심이여.
어느 지인知人으로부터 받은 솔씨가 문득 내 해묵은 창을 닦게 하고 솔잎 하나 틔운 하늘은 자꾸 자꾸 높아만 갑니다.

…강송剛松의 숲에서는 일체 잡념을 버려야한다. 오직 자연에의 외경畏敬 하나로 마음을 채우도록. 강송을 본떠 허리를 편 다음 가슴을 열고 심호흡해야 한다. 뿌리를 깊숙이 대지에 내렸기에 확고 부동한 긍정의 자세와 찬미의 정성을 배워야 한다. 온갖 협잡의 유혹을 물리치고 상승 일념의 집중과 지속력, 그 드높은 기개의 도덕성도… (박희진, '강송찬미' 중).

소광리 금강송
87×231cm 2003. 한지에 수묵담채

저 금강소나무가 오늘 오백 년 묵은 귀를 열고 물소리를 듣습니다.
그리고 청량한 솔바람이 세월의 이야기를 솔솔 들려줍니다.

"숲엔 꿈이 있습니다. 미래가 있습니다. 생명이 있습니다."
그렇지요. 분명 숲은 '생명의 노래'로 지상의 모든 존재를 찬탄하고 품어주는 소우주의 세계입니다. 그러나 어쩌다 산불로 헐벗고 병충해로 점점 사라지는 소나무 숲을 바라보는 풍경은 미래의 희망에 먹구름을 드리우게 합니다.
누대로 이 땅에서 살아온 사람들이 노송老松의 세월을 기리고 찬미하듯이 내일을 위해 붉은 황토 위에 다시 푸른 솔을 심어야겠습니다.

그것은 내 아이가 자라나 또 자식을 낳고 세월이 강물처럼 흐른 뒤 드리울 미지의 솔숲을 그리지 않을 수 없는 까닭이지요.

함께 꾸는 꿈은 다시 희망입니다.

이 흙에 새 솔들 63×46cm 2002. 한지에 수묵담채

'막대 알사탕 5개, 소주 1병. 당산 소나무 앞에 놓인 제물은 조촐했다. 의외의 애틋한 광경에 서러웠다. 몇 해 전만 해도 이런 대접은 상상할 수도 없었던 소나무를 생각하면 더욱 그랬다. 삼현육각의 흥겨운 굿거리 장단과 함께 마을 사람들이 정성들여 마련한 제상 가득 채워진 갖가지 음식들은 영험한 당산소나무를 위한 당연한 대접이었다. 그러나 풍어豊漁와 안전한 바닷길을 300년 이상 이 나무에게 기원하던 마을의 풍어제는 더 이상 존속 될 수 없었다' (전영우).

고적孤寂 173×132cm 2003. 염색 한지에 수묵담채

소나무 만다라
406×190cm 2003. 염색 한지에 수묵채색

서해안 도로의 궁리 마을 소나무를 바라보며 이제 간척이 되어 바닷길이 막힌 사연을 떠올립니다. 쓸쓸한 낙조에 새떼들마저 둥지를 찾아 날아가고 마침내 소나무는 홀로 남았습니다. 하지만 소나무는 솔잎이 다 하는 날까지 끝내 자리를 지킬 셈입니다.
수처작주隨處作主. 입처개진立處皆眞.
처해진 곳마다 주인공이요, 진리로 받아들여야 한다는 말씀. 나의 생활도 저 소나무에서 배우기를 빌어봅니다.

경주 남산 입구의 삼릉 계곡 솔밭. 신라 시조 박혁거세 탄강지로 불리는 나정蘿井의 솔밭 아래 설 때마다 가슴 두근거려 옵니다. 아니 천년 바람이 용솟음치며 알 수 없는 영혼의 그림자를 드리웁니다.
마른땅 오한 서린 뿌리, 겹겹한 세월목에 목피가 가른 꿈은 온몸을 뒤틀며 손짓합니다.
그 철피의 균열은 어떤 영혼의 고해성사일까요.
살 돋은 이파리, 열락悅樂의 방울소리 들려올 듯 지축을 흔들며 하늘로 하늘로 오르시는 용龍이시여!
저 울부짖는 용들의 소리가 들립니까. 저마다의 생김과 곡절로서 땅을 치고 하늘을 찌르는 소리가. 이곳에서 생성된 또 하나의 우주. 천상천하天上天下 만다라의 세계가 펼쳐집니다.

'회자정리會者定離요, 생자필멸生者必滅이라'.
만남은 꼭 이별을 전제로, 살아 숨쉰다는 것은 필히 죽음을 의미한다고 하니 이 아니 쓸쓸하랴.
세월 속의 늙음이 누추한대 누가 자꾸 저승길을 재촉하려 하는가.
이미 나이테를 다한 고사목의 가슴은 무너져 내렸건만 껍질은 끝끝내 남아 꼭 무슨 함성을 지르고 있는 것만 같다.

그 비 내리는 들녘에 옹기종기 피어나는 아가 솔들.
"그래 아가야, 저 비를 맞아도 이젠 구슬프지 않구나. 나는 뼈가 녹고 몸이 풀려 더 빨리 돌아가지만 너희는 환호하며 다투어 피어나겠지. 그래 아가야, 저 비는 너희 꿈에 오롯한 수직 선물이란다."

생사生死의 비雨
137×193cm 2003 염색한지에 수묵채색

울진 소광리 삿갓재 오르막길에서 마주친 신령스런 소나무 한 그루! 쭉 곧게 뻗어 오른 아름드리 금강송이 늠름하고 굳세며 고고하게 군계일학群鷄一鶴인양 뿌리를 내리고 서 있지 않은가.
소나무는 마치 장쾌한 필력으로 쳐낸 곧은 기운과 더 깊이 역사를 아로새긴 옹이, 그리고 강파른 세월을 이겨낸 지사志士의 기상으로 넘쳐흐른다.(1998년 가을)

월야 금강설송도月夜金剛雪松圖
170×266cm 2002. 한지에 수묵

이 소나무를 눈이 펄펄 내리는 날 무릎까지 빠지는 산길을 걷고 걸어 마침내 설송雪松과 만났다. 뜨거운 인연에 합장하고 오리털 점퍼를 눈밭에 깔아 화첩을 펼치자 붓을 든 정신精神이 아득하다. 어느 거룩한 성현과 스승이 저 소나무와 닮았으랴. 그 날 밤 나는 설송을 기리고 사모하는 둥근 달이 되고 싶었다.

결혼 후 아내와 처음 가본 안동 하회마을 부용대 건너편 솔숲, 그 곳에서 뛰놀던 아이들이 떠오릅니다. 한편 솔바람 회원들과 함께 했던 대관령 솔숲이며 춘양목 기원제를 마치고 밥술을 나누었던 솔숲 그늘

솔숲 그늘 96×58cm 2003. 한지에 수묵담채

속의 사람들도 그려집니다.
햇살을 마냥 그리워하면서도 그늘을 찾고 싶어하는 사람들. 그 햇발이 깊을수록 그늘 속의 안식은 넓혀져만 갑니다.
제 홀로 청고한 소나무가 아니라 함께 의지하여 빚어낸 소나무숲은 제 그늘만큼 사람을 불러모읍니다. 서로서로 잔을 권하고 참말만 합니다. 그 솔바람 속에서는 딴의 시름을 잊을 만 합니다.

'…나는 뜻하지 않게 소나무 안으로 들어와 웅대하고도 기괴한 세계를 체험했으니, 이를 일러 송엽장 세계松葉藏世界라 해도 괜찮을지. 이렇게 천잎으로 된 처진 소나무의 법신法身이 백억세계로 화현化現하여 솔잎 하나 하나가 또한 하나 하나의 세계를 이룬 것일지도 모른다. 나는 이 소나무 안에서 무진연기無盡緣起의 원리가 다만 연화장 세계로만 표현될 수 없음을 알았다' (강우방 '처진 소나무' 중에서).

화엄-소나무 속 271×190cm 2003. 한지에 수묵담채

처진 소나무 속에 들어가 하늘을 바라보면 소나무 가지의 결구結構는 대동맥에서 실핏줄로 흐르는 궁륭穹窿의 세계가 펼쳐진다. 제멋대로 뻗은 기괴한 가지가 서로 얽혀 소우주를 이루는 장엄! 이를 일러 '화엄華嚴'의 세계라 하는가.

어느 봄날 포항 내연산 폭포 아래서 아득히 올려다 본 벼랑 위의 노송老松 두 그루.
300년 전 겸재謙齋 정선鄭敾께서 그리셨다는 '내연산 삼룡추도內延山 三龍湫圖'를 떠올리며 벼랑에 오르자 꽃이 먼저 반겨 줍니다.
아득한 옛날에 솟아난 바위와 산. 그 단애 위에 뿌리내린 절조 깊은 소나무. 그 곁에서 겨우내 적막감을 달래주는 연분홍 진달래의 웃음들.
'소나무는 진달래를 내려다보되 깔보는 일이 없고, 진달래는 소나무를 우르러 보되 부러워하는 일이 없음'(이양하)을 새삼 떠올리며 진달래 꽃 덤불 속에서 마침내 소나무 화첩을 펼쳤지요.
예나 지금이나 솔바람 속에 무상한 계곡 물은 바다로 흘러가고….

내연산 소나무 75×143cm 2003. 한지에 수묵담채

우리의 소나무는 어디에 있을까?

김철영 국민대학교

들어가며

눈이 많이 온 겨울 강원도로 출장을 가고 있었다. 보이는 것은 산 밖에 없는 강원도는 여러 나무들이 산 껍질에 빼곡히 붙어 있었다. 큰키나무, 떨기나무, 늘 푸른 나무, 갈잎나무 등 멀리서는 잘 구분이 되지 않는 나무들도 있고 확연히 구분되는 나무들도 있다. 겨울, 어떤 생명체도 살아있을 것 같지 않은 산에 푸르름을 유지하고 있는 나무들이 있으니 이들이 바늘잎 늘 푸른 나무들이다.

그 중에서도 검붉은 수피와 진한 녹색 잎이 보색대비를 잘 이루고 있는 소나무가 으뜸으로 보인다. 소나무들의 겨울을 대비해 약간은 검푸른 빛을 가진 잎을 하고 눈을 맞고 거센 바람을 맞으며 겨울을 즐기고 있었다.

한국사람들은 추운 것을 좋아하는 편이었다. 서늘하거나 춥다는 것은 맑은 정신과 깨끗함을 상징하기 때문이다. 이런 청아한 겨울 속에서 그 모습을 일관성 있게 유지하고 있는 소나무는 당연히 선조들에게 사랑 받았을 것이다. 예전 사람들뿐만 아니라 현대의 우리들도 이 나무를 좋아하고 아끼고 있다. 물론 좋아하는 이유는 사람마다 여러 가지가 있을 것이다.

소나무를 좋아하는 이유 중 한 가지를 든다면 답답하지 않은 형태일 것이다. 바늘잎 늘 푸른 나무들은 대부분이 치밀한 모양을 가지고 있고 잎의 색이 진하여 겨울에 삭막함을 줄일 수는 있으나 여유 공간이 없어 답답할 때가 많다. 소나무는 그에 비하여 언제나 알맞은 여유 공간을 가지고 있어 사계절 모두 여유로움을 느낄 수 있다. 그리고 잎의 색 또한 알맞은 푸르름을 가지고 있는데 물이 오르는 봄과 한창 더운 여름의 소나무 잎은 순수한 녹색이고 기둥은 붉은빛을 낸다. 그러다 가을이 되면 잎의 색이 진해지면서 겨울을 대비한다. 이렇듯 소나무는 계절에 따라 알 수 없을 정도로 색을 바꿔가면서 우리의 심성을 자극한다.

요즘은 공원이나 큰 대형 건물 옆에 가면 소나무들을 많이 볼 수 있다. 그것도 여느 산에 서는 잘 보지 못하는 통직하고 미끈하게 생긴 소나무들을 말이다. 이런 소나무들도 다들 자기가 살고 있었던 고향이 있었고 그 곳에서 자신의 삶을 마감하고 그렇게 잊혀지며 그 곳의 정체성을 높여주는 일을 하였을지도 모른다.

우리의 소나무는 어디에서 살고 있을까? 이러한 질문은 무척이나 다양하게 대답이 나올 수 있다. 생태적인 관점에서 보면 소나무의 생태적 지위가 있어 생육지역을 이야기할 수 있고, 역사적인 관점에서 소나무를 많이 식재하고 관리한 지역을 말할 수 있다. 또는 예전이나 현재의 예술 작품에 나온 소나무의 위치를 말할 수도 있을 것이다.

지금의 소나무 숲

겨울이 마무리 되어갈 때쯤, 고속도로를 타고 강원도 경계에 들어서기 시작하면 산림의 모습이 확연히 틀려진다. 경기도 지방에서 보이는 오밀조밀한 풍경은 사라지고 약간은 거친 산의 모양이 나타난다.

산의 멀고 가까움은 산과 산이 겹쳐진 검푸른 색의 차이에 의해 구별된다. 다 그런 것은 아니지만 소나무는 산의 모양을 짙게 그려주고 있다. 그 형태는 마치 그림을 그리고 마지막으로 검정색 크레파스로 윤곽선을 만드는 것과 흡사하다. 이런저런 산의 모양을 보면서 지나가다가 예전에 고속도로였던 대관령 옛길로 들어서게 된다.

이제는 너무나 한적해져서 꼬리에 꼬리를 물고 가는 자동차들도 그리고 아슬아슬하게 내려오는 대형 버스도 보이지 않는다. 신속하게 그리고 편히 올라가고 내려가다 보니 주변의 경관을 볼 겨를도 없이 지나치게 된다. 아쉽다. 이곳만큼은 느리게 차가 달려도 하나도 지루하지 않은 길이었는데 말이다. 대관령 정상에 있는 커다란 풍력 발전기를 보고, 참으로 어렵게 만들어낸 전나무 숲을 스치고 내려가면 대관령 휴양림으로 들어가는 길이 보인다.

겨울 소나무 숲의 모양 ———————— 대관령에 있는 소나무 숲은 잘 정리되어 있어 겨울 차가운 햇빛이 부분 부분 들어와 수간에 얼룩을 남긴다. 그 빛은 붉은 색을 더욱 선명하게 한다. 소나무 숲 바닥은 죽은 솔잎으로 덮여 있을 뿐 아무 것도 남지 않았다.

바람은 솔잎을 흔들며 지나가면서 소리를 낸다. 능선을 타고 이어진 길 사이에는 바위를 감싸고 돋아있는 소나무를 볼 수 있다. 이 나무가 거친 바위 위에서 어떻

소나무가 많은 겨울 산

게 살면서 커져 갔는지, 바위 사이에 박고 있는 뿌리는 어느 것이 먼저인지를 알 수 없다. 넓은 계곡으로 나오면 소나무는 거친 모래와 작은 바위뿐인 곳에서 위태하게 자라기도 하고 저번 태풍 매미에 의해 뿌리가 뽑혀 옆으로 누워서 자신의 삶을 마감한 나무들도 있다.

소나무 숲을 멀리서 바라보면 어디에 분포하고 있는지를 대충은 알 수 있다. 눈이 많이 오고 난 후 산은 그 자체의 골격을 어느 것 하나 감추지 않고 들어내기도 한다. 훤하게 열린 참나무 숲은 나무들을 받치고 있는 땅덩어리가 어떤 모양인가를 보여준다. 우리나라는 갈잎나무와 바늘잎나무가 혼효되어 자라는 곳이 많다.

여러 종의 나무들이 이리 저리 섞여 무분별하게 섞여 자라고 있는 것같지만 그 와중에서도 각자 자기가 사는 곳을 어느 정도 정해놓고 살고 있으면서 자기 영역을 넓히기 위해 치열한 경쟁을 하고 있다.

겨울은 소나무가 어디에 있고 산림에서 어떤 역할을 하는지를 볼 수 있는 좋은 계절이다. 멀리서 소나무가 있는 숲을 바라보면 소나무의 역할은 참으로 재미있고 흥미롭게 여겨진다.

숲의 사계 ———————— 6월, 어느 누구도 푸르지 말라 하여도 모든 산들은 각자의 잎으로 만든 푸르른 옷을 걸쳐 입는다. 이 때는 광합성으로 인한 생산물이 어느 잎에서 출발하였는지도 알 수 없고 어느 그늘이 어느 나무의 것인지도 알 수 없다.

이렇듯 생동감 있게 몰아치는 여름이 지나고 가을에 접어들면 각자의 나뭇잎들은 생산을 위한 색을 버리고 본래 자신이 가지고 있던 색을 들어내기 시작한다. 노란색, 붉은색, 주황색 등 여러 색과 함께 한순간 자태를 뽐내고 이내 수그러든다.

떨어진 낙엽이 여름을 회상하며 땅속 깊은 곳으로 자신의 몸을 내맡겨버릴 때 두터운 외투를 벗어던진 산은 겨울을 준비한다. 겨울, 앙상한 바람은 서로의 가지를 비비고 지나간다. 추운 겨울은 산의 형체를 그대로 노출시켜 버린다. 또한 그곳에 사는 생명체들도 자신을 감싸주던 두터운 방어막을 잃어버리게 된다.

다람쥐는 겨울을 대비해 파묻어 놓은 잣을 찾기 위해 이곳저곳을 뛰어 다니다가 찾지 못하고 그만 허기진 오소리에게 몸을 내주고 만다. 멧돼지는 먹이를 찾아 산 기슭까지 내려오고 수달은 자신이 살던 곳의 송어에 대한 기억을 뒤로 하고 주변 농가를 돌며 먹음직한 토종닭의 유혹에서 벗어나지 못한다.

이렇게 많은 것들이 들어나는 겨울 숲을 조금이나마 가려주기 위해 태양은 일찍이 산 아래로 떨어지고 어두운 산은 예전의 모습처럼 어두운 밤하늘에 약간의 실루엣을 남긴다. 이제 봄이 오길 기다리며 숲은 겨울을 등 뒤로 하고 잠이 든다.

어느 날 갑자기 불어오는 따뜻한 바람은 수간을 흔들어 뿌리부터 잠을 깨운다. 바람은 가는 생강나무 잔가지를 깨워 노란 꽃망울을 터뜨리게 하고 숲의 나무들은 움직이기 시작한다. 몇 백년 몇 천년이 지났건만 아직도 순서를 몰라 꽃부터 일찍 터뜨리는 놈들, 누구보다 먼저 잎을 틔우기 위해 준비하는 나무들, 그리고 언젠가 잎을 가지겠지 하며 늦장을 부리는 늙은 회화나무 들도 하나씩 하나씩 잎을 달기 시작한다. 꽃이 피고 서로에게 호감이 가는 나무들끼리 합방을 하고 나면 어느새 여름은 찾아오고 잎들은 두터워지고 진해진다.

소나무의 사계 ―――――――― 소나무는 늘푸른 소나무 즉 언제나 푸르름을 간직한 나무로서 별반 변화를 보이지 않는다. 그러나 주변의 변화로 인하여 더욱 두드러지게 나타나는 나무가 소나무이다.

보색은 서로의 색을 명확하고 선명하게 해주는 역할을 한다. 보색 대비는 여간해서는 촌스러움의 상징으로 쓰일 때가 많으나 자연에서 나오는 보색 대비는 생명의 싱그러움과 강렬한 역동성을 보여준다. 장미의 경우 강열한 붉은색 꽃과 함께 생명력있는 녹색이 어울러 그 기치를 더해 준다.

소나무는 언제나 푸르른 잎과 함께 장미처럼 붉지는 않지만 수간의 붉은색은 자연스러운 보색대비를 이루고 있다. 특히 다른 상록수처럼 온 몸을 녹으로 덮고 있지 않고 드문드문 수간과 가지를 보여주어 명쾌한 대비를 이룬다. 또 가을이 되면 붉은 색 단풍과 함께 어울러 강한 대비를 이루고 있는데 소나무의 잎 색은 잣나무나 구상나무처럼 검푸른 녹색보다는 밝은 녹색이어서 더욱 두드러지게 나타나고 그 주변의 붉은 색을 더욱 돋보이게 한다. 점점 소나무의 존재감을 느끼게 하는 계절이 다가올수록 소나무는 자신의 굳건한 색을 들어내기 시작한다.

태어나면서부터 언제나 비슷한 색을 유지하고 있는 이 나무는 조금씩 잠들어 가는 숲 속에서 생명력을 계속해서 유지한다. 아무 것도 없을 것같은 겨울 산에서 소나무는 다시 한번 강한 대비를 이루며 산의 모양을 잡아나간다.

눈이 내리고 녹색이 없는 산에 대하여 우리는 상상만 하여도 서럽고 쓸쓸해 보일 것이다. 이러한 산에 소나무는 진녹색 크레파스로 산의 능선과 일부의 남사면 그리고 얼어붙은 넓은 계곡부 모래톱과 언제나 회색 아니면 검은 색인 바위틈을 따라 선을 그리고 색을 칠한다. 이렇게 만들어진 경관은 어떤 산이든 그 자신의 진정한 모양을 보여주어 본래 가지고 있던 성품을 드러나게 한다. 그곳이 악산이든 토산이든 간에…

봄이 되면 소나무는 그동안 참고 참았던 새로운 잎을 터뜨린다. 빠르지도 늦지도 않게 올해의 새로운 잎은 작년에 맺은 솔방울 위에서 피어나는 잎은 연녹색으로 출발한다.(부록2 참조)

소나무, 소나무 숲이 나타난 그림들

소나무는 우리 가까이에 있을 뿐만 아니라 시, 소설 노래 그리고 그림에도 자주 등장한다. 특히 한국의 전통 산수화의 경우 산과 물 즉 자연의 풍경을 담은 작품으로서 산에 주된 생물인 나무는 필히 들어가는 요소이다 그 중에서도 예전 우리나라 사람들은 소나무를 자주 등장 시켰는데 아마도 예전서부터 나무 중 나무가 소나무이어서 그런 까닭인 것같다. 조선시대 소나무 그림을 보면 시대별로 약간의 차이가 있다. 이는 그 시대별로 유행한 화풍과 우리 선조의 특징이 어우러져 나타나는 것이다. 먼저 조선 초기에는 소나무 가지를 게의 발톱처럼 표현하게 한는 것이 유행이었고, 중기에는 절파화풍浙派畵風의 영향을 받아 그려졌다. 후기에는 정파화풍이 쇠퇴하고 남종화가 본격적으로 유행하였다.

우리나라 산수화들을 보면 소나무가 대체적으로 일정하게 위치하고 있다. 대부분의 위치는 능선, 암반 위, 계곡부 척박한 지역, 그리고 강가 모래톱에 위치하고 집, 절 그리고 정자 주변이다. 이러한 위치는 소나무의 생태적 극상지와 비슷하게 일치하고 있다.(부록1 참조) 이처럼 생태적 적지에 소나무를 그린 사람들은 과연 어떤 사람들일까? 이 궁금증에 대한 해답을 얻기 전에 화가는 어떤 사람들일까 하는 것을 알아봐야 할 것이다.

선사시대 그림을 그리는 사람들은 아마도 신과 자연을 묘사한 사람들로서 신과 가깝다고 생각하는 사람들일 것이다. 서양 미술사의 거장 레오나르도 다빈치는 자연의 현상을 관찰하는데는 예술가의 눈이 가장 적합하다는 것을 입증한 사람이다. 그에게 자연을 본다는 것은 안다는 것을 의미하며 예술가만이 가장 훌륭한 과학자이며 예술가가 본 것을 생각하고 그림으로써 나타내므로 다른 사람들에게 전해준다는 그의 생각이 있었다. 이처럼 자연과 주변사물을 관찰하는 과학자와 같이 미술가는 전체의 형상을 관찰하고 사색하는 하는 힘을 가지고 있을 것이다. 인상주의 화가들은 자연의 빛 그리고 그때의 퍼짐을 잡았고 그 곳에서 사물의 진정한 색체 그리고 모양을 보고 그렸다.

우리나라 산천을 그린 조선시대 화가들은 자연의 진경을 표현하기 위해 그린 것은 물론이고 그림 속에 사상과 철학을 담아 완성하였다. 또한 한 곳의 경치를 그때의 느낌뿐만 그곳의 생활사를 익혀 표현하기도 하였다. 이처럼 예전의 화가는 경관을 관찰하고 식물을 사회학적인 관점에서 연구하였다. 또한 수목의 형태 및 생장의 특징 그리고 생김새까지도 연구하여 그림을 완성하였다. 즉, 예전 특히 회화가 가장 활발하게 발전하였던 조선시대 화가들은 자연을 연구하는 생태학자였을 것이다. 명확한 목적을 가지고 자연을 연구한 자료가 부족한 조선 시대의 자연 환경을 우리는 산수화를 통해 그 시대의 자연경관 그리고 소나무의 생육위치를 간접적으로나마 알 수 있다.

산수화는 그려진 시대의 경관 정보뿐만 아니라 작가의 미적 기준과 사상 그리고 휴양 형태나 조망 행태에 관한 정보를 얻을 수 있다. 또한 그 시대의 경관에 대한 시각적 정보를 평면 혹은 입면도와 같은 정보가 아닌 사람의 시점에서 바라본 시각적 정보를 얻을 수 있다는 특징이 있다.

옛 선인들의 미적 기준이 담겨있는 조선시대 산수화에 나타난 소나무의 입지적 특성을 파악한다면 우리나라 소나무 숲의 산림미학적 특징을 유추해 현대의 산림경관 조성에 응용할 수 있는 기교적 방법을 모색할 수 있을 것이다.

소나무는 어디에?

소나무림은 1970년대에 시작된 연료에너지의 혁명으로 인하여 임산연료 대신 석

능선부 소나무의 실제사진과 산수화 비교

탄, 전기, 석유, 가스 등이 산촌까지 보급되면서 산지에서 직접 연료를 채취 할 필요성이 적어지게 되었다 이로 인해 기존의 소나무림은 낙엽낙지가 쌓이고 하층이 발달하면서 소나무 후계수들이 자랄 수 없게 되었다.

또한 토양이 양호해지면서 낙엽수들이 침입하여 소나무림은 점차적으로 낙엽활엽수림으로 대체되어 가고 있다 또한 적극적이고 신속한 녹화 사업으로 인해 경관과 경제성보다는 녹화에 많이 주력하여 예전의 전통적인 경관과는 다른 형태를 유지하기도 하였다. 이로 인해 척박지를 제외한 지역은 조림을 하였거나 활엽수림으로 대체되어 가고 있는 실정이다. 소나무림이 지금과 같이 자연의 천이 현상에 맡겨 버린다면 다른 나무들은 잘 자랄 수 없는 산 능선부, 척박지 그리고 바위틈에서만 불 수 있거나 정원수, 천연기념물 정도만 남게 될 가능성도 있다. 예전의 소나무림은 이런 생태적 적지에만 있는 것이 아니라 인간의 간섭에 의해서 사면이나 언덕, 마을 주변 그리고 하천변에도 존재하고 있었으며 이런 숲은 우리에게 열려 있고 다가갈 수 있는 숲이었다.

우리에게 쉽게 다가갈 수 있고 우리의 전통적이 경관을 형성해주는 소나무림을 시간의 흐름에 맡겨두기보다는 아끼고 유지해 나갈 방안을 모색하여 후대에도 우리가 알고 있는 소나무의 위치를 찾아갈 수 있도록 해야 할 것이다.

❖ 부록1 —— 조선시대 산수화에 묘사된 소나무의 입지적 특성

들어가며

조선시대의 산수화 350점 중 소나무가 출현한 215점을 대상으로 다음과 같은 방법으로 분류하여 분석하였다. 첫째, 가시구역에 따라 근경, 중경, 원경으로, 둘째, 산림의 입지유형에 따라 암반, 언덕, 수변, 계곡, 사면, 능선으로, 그리고 셋째, 소나무의 수직적 분포를 구분하기 위해 산림의 수직적 분포에 따라 산정, 산복, 산록을 사용하였다. 또한 소나무와 첨경물 간의 관계를 알아보기 위해 집, 절, 정자 주변에 나타난 소나무의 정보도 함께 조사하였다.

소나무의 분포

가시구역에 의한 분포 조사된 산수화에 나온 소나무의 가시구역별 위치는 〈표1〉과 같다. 소나무가 가장 많이 출현한 구역은 197개 소로 중경이고 그 뒤로 근경, 원경이 따르고 있다. 근경에 위치한 소나무는 수변, 암, 그리고 능선임과 동시에 수직적으로 낮은 위치에 분포하고 있고 중경의 경우는 능선과 수변에 위치하고 수직적으로는 고르게 분포하고 있다.

수직적 분포 산수화에 묘사된 소나무는 산록에서 204개 소, 36.9%로 높은 분포를 보이고 있고 다음으로 산정, 산복 순이다. 대부분이 소나무의 형태를 세밀하게 볼 수 있을 정도의 가까운 거리이면서 강이나 호수, 계곡 등, 물이 있는 능선부에 위치해 있다.〈표2〉

표1— 가시구역별 소나무 입지분포

가시구역		입지형태						수직적 분포			첨경물		
		암	언덕	수변	계곡	사면	능선	산록	산복	산정	집	정자	다리
근경	173	71	23	92	38	25	70	142	23	8	29	15	4
중경	197	76	8	48	15	30	119	57	79	61	32	7	0
원경	145	38	1	4	5	8	126	5	46	94	3	1	0
계	515	185	32	144	58	63	315	204	148	163	64	23	4

표2— 수직분포별 소나무 입지분포

수직적 분포		입지형태						거리별			첨경물		
		암	언덕	수변	계곡	사면	능선	근경	중경	원경	집	정자	다리
산록	204	69	32	125	47	36	80	142	57	5	40	14	4
산복	148	42	0	7	9	20	116	23	79	46	23	5	0
산정	163	74	0	12	2	7	119	8	61	94	1	4	0
계	515	185	32	144	58	63	315	173	197	145	64	23	4

각 입지유형별 특성

1. 岩에 위치한 소나무의 특징 석산과 암반은 작품에 있어서 독특한 장면과 함께 장소성를 창출하는 역할을 하고 있다. 암반은 전체 개 소 중 185개소로 35.9%를 차지하고 있다. 암반에 나타난 소나무는 수직적 분포는 산정(74개소), 산록(69개 소), 그리고 산복(42개 소) 순으로 나타났다.〈표 3〉

암반지역은 일조량이 많고 건조한 지역이고 다른 수종이 침입하기 어려운 곳으로서 이러한 입지는 소나무의 생태적 적지라고 할 수 있다. 산수화에서 나타난 소나무의 위치와 현재 암반에 위치한 소나무를 비교해 보면 비슷한 위치에 소나무가 존재하는 것을 볼 수 있다.

2. 언덕에 묘사된 소나무의 특징 언덕은 경사가 완만한 지역으로서 퇴적지나 낮은 경작지 부분이다. 언덕은 전체 조사 대상 중 32개소로서 6.2%를 차지하고 있다. 대부분이 그 자체로서 입지를 가지거나 수변과 이어져 위치한다. 수직적으로는 모두 산록에 위치하고 있다.〈표 4〉

표3— 암 지역 소나무 분포

암 지역 소나무	산록	산복	산정	계	
				개소	%
암	10	7	27	44	23.8
암-능선	11	21	35	67	36.2
암-사면	1	2	2	5	2.7
암-계곡	2	4	-	6	3.2
암-계곡-능선	-	1	-	1	0.5
암-수변	15	2	9	26	14.1
암-수변-능선	4	1	-	5	2.7
암-수변-계곡	22	3	1	26	14.1
암-수변-계곡-능선	1	1	-	2	1.1
암-언덕	3	-	-	3	1.6
계	69	42	74	185	100

표4— 언덕에 위치한 소나무 분포

언덕 지역 소나무	산록	산복	산정	계	
				개소수	%
언덕	7	-	-	7	21.9
언덕-능선	1	-	-	1	3.1
언덕-사면	2	-	-	2	6.3
언덕-수변	19	-	-	19	59.4
언덕-암	3	-	-	3	9.4
계	32	-	-	32	100

표5— 수변지역 소나무 분포

수변지역 소나무	산록	산복	산정	계	
				개소	%
수변	1	-	-	1	0.7
수변-계곡	12	-	1	13	9.0
수변-계곡-능선	7	-	-	7	4.9
수변-계곡-사면	2	-	-	2	1.4
수변-능선	31	-	1	32	22.2
수변-사면	12	-		12	8.3
수변-암	15	2	9	26	18.1
수변-암-계곡	22	3	1	26	18.1
수변-암-계곡-능선	1	1	-	2	1.4
수변-암-능선	4	1	-	5	3.5
수변-언덕	18	-	-	18	12.5
계	125	7	12	14	100

표6— 계곡에 묘사된 소나무 분포

계곡 지역 소나무	산록	산복	산정	계	
				개소수	%
계곡-사면	1	-	-	1	1.7
계곡-암	2	4	-	6	10.3
계곡-암-능선	1	-	-	1	1.7
계곡-암-수변	22	3	1	26	44.8
계곡-암-수변-능선	1	1	-	2	3.4
계곡-수변	12	-	1	13	22.4
계곡-수변-능선	7	-	-	7	12.1
계곡-수변-사면	2	-	-	2	3.4
계	48	8	2	58	100

3. 수변에 묘사된 소나무의 특징 수변에 위치한 소나무는 전체 515개 소 중 144개 소로서 27.9%를 차지하고 있다. 수변에 나타난 소나무는 주로 산록에 위치(125개 소)해 있으며 다른 입지형태와 중복되어 나타나고 있다. 이 지역에 위치한 소나무는 계곡(44개 소), 암(42개 소) 그리고 능선(44개 소)과 중첩되어 위치하고 있다.〈표 5〉

4. 계곡에 묘사된 소나무의 특징 계곡에 위치한 소나무는 전체 조사대상 중 58개 소(11.2%)에서 표현되어 있다. 계곡에 묘사된 소나무는 수직적으로 산록(48개 소)에 주로 위치해 있으며 중복된 입지유형은 수변(49개 소) 그리고 암(35개 소)과 같이 나타나는 경우가 다른 입지형태 보다 높은 분포를 보이고 있다.〈표 6〉 종합해 보면 산으로 들어가는 초입부분 중, 계곡물이 흐르는 암반과 너럭바위 주변에 주로 소나무가 분포한다고 할 수 있다.

5. 사면에 묘사된 소나무의 특징 사면에 나타난 소나무는 63개 소로 전체 조사 개소

표7— 사면에 묘사된 소나무 분포

사면 지역 소나무	산록	산복	산정	계	
				개소수	%
사면	17	14	4	35	55.6
사면-계곡	1	-	-	1	1.6
사면-능선	1	4	1	6	9.5
사면-수변	12	-	-	12	19.0
사면-수변-계곡	2	-	-	2	3.2
사면-암	1	2	2	5	7.9
사면-언덕	2	-	-	2	3.2
계	36	20	7	63	100

표8— 능선에 묘사된 소나무 분포

능선 지역 소나무	산록	산복	산정	계	
				개소수	%
능선	22	88	82	192	61.0
능선-사면	1	4	1	6	1.9
능선-수변-계곡	7	-	-	7	2.2
능선-수변	31	-	1	32	10.2
능선-암-계곡		1	-	1	0.3
능선-암	11	21	35	67	21.3
능선-사면-암	1	-	-	1	0.3
능선-암-수변-계곡	1	1	-	2	0.6
능선-암-수변	4	1	-	5	1.6
능선-언덕	2	-	-	2	0.6
계	80	116	119	315	100

의 12.2%를 차지하고 있다. 이중 사면 자체에만 분포(35개 소)하는 경우를 제외하면 주로 수변(22개 소)과 중복되어 분포한다.〈표 7〉

6. 능선에 묘사된 소나무의 특징 능선 지역 중 극히 척박하고 일사량이 많은 곳은 계속하여 소나무림이 존속되기도 하지만 토양 조건이 좋아지면 다른 수종이 침입하여 밀려나게 된다. 능선에 위치한 소나무는 전체 조사 위치 중 315개 소(61.1%)로서 전체 입지유형 중 가장 많은 분포를 보이는 유형이다. 수직적으로, 산복과 선정에서 대부분이 능선 단독으로 또는 암과 같이 중복되어 나타나고 있다. 산록에 위치한 소나무의 경우에만 수변(43개 소)과 중복되어 나타나는 경향을 보이고 있다.〈표 8〉

소나무의 생태적 지위는 수변 지역 능선부에서 높은 편이다. 간헐적으로 나타나는 범람과 홍수로 인해 수변 지역은 모래와 자갈로 이루어진 척박한 지형을 만들게 되는데 이 지역에 소나무가 우점하는 지역으로서 조사된 작품에서도 수변과 접하는 부분에 소나무가 주로 배치되어 있다.

조사대상 작품을 살펴보면 산의 형태를 구분 짓는 능선에 소나무를 배치하여 산마다 테두리를 둘러놓은 듯하게 보인다. 산수화에 나타난 산의 형태는 소나무에 의해서 산의 형태와 특징이 표현되었다. 현재의 산림을 살펴보아도 비슷한 양상을 보이는데 소나무와 활엽수가 혼효되어 있는 산림의 경우 사면지역은 대부분 활엽수림이 우점하고 있으나 남쪽 능선 지역은 소나무가 분포하고 있는 경우를 쉽게 볼 수 있다.

결론

소나무는 전국적으로 고르게 분포하고 있으며 우리 주변에서 흔히 볼 수 있는 나무이며 조선시대 산수화에서도 많이 다루어진 나무들 중 하나이다.

산수화에서 표현된 소나무는 가시구역 별 차이를 보이지 않고 고르게 분포하고 있다. 근경의 경우 수변, 암, 능선에 소나무가 주로 표현되었고 중경, 원경에서는 능선과 암에 위치해있다. 소나무의 수직적 분포는 산록(204개 소)에서 높은 분포를 보이고 있다. 입지유형 중 가장 많이 나타난 능선의 경우는 산정과 산복에 주로 분포하고 있으며 암을 제외하고는 독립되어 분포하고 있다.

능선부에 나타난 소나무는 산의 형태를 구분해 주는 역할을 하고 있다. 암에 나타난 소나무는 산록부분에서 수변, 계곡, 능선과 같이 중복되어 나타났으며 산복, 산정부분에서는 독립적으로 또는 능선부와 중복되어 나타났다. 계곡에 나타난 소나무는 산록, 암, 수변과 주로 중첩되어 나타나고 있다.

조선시대 산수화를 통해 본 소나무의 위치는 소나무의 생태적 적지와 대체로 일치하고 있었다. 이는 사람의 간섭이 적은 깊은 산수의 풍경을 묘사하거나 상상을 통해 완성되었기 때문에 소나무의 생태적 적지분포와 유사하게 나타난 것으로 보인다.

소나무는 7,000여 년 전부터 존재해 왔고 지금도 우리 주변에서 언제나 가깝게 볼 수 있는 나무이다. 독일이나 일본의 시업림과 풍치림 경영은 미학적 접근을 통해 수행하고 있다. 조선시대의 산수화 속에 표현된 소나무의 입지 연구는 우리나라를 대표하는 소나무 또는 소나무 숲을 미학적 관점에서 장차 어떻게 가꿔 나가는 것이 바람직한지에 대한 방향 설정에 있어서 조금이나마 참고가 될 수 있을 것으로 본다.

❖ 부록2 —— 소나무의 식물 사회학적 특성

소나무는 목재적 가치, 송이 생산, 약용, 식욕자원으로서의 가치, 풍치적 가치, 국토 보전적 가치와 함께 우리 문화와 함께 성장해온 나무이다. 소나무류는 대부분의 북반구에 분포하고 있다 그중 소나무(*Pinus densiflora Sieb. et Zucc.*)는 전세계적으로 한국, 일본, 중국, 러시아에 분포하고 있는 구과식물이다. 우리나라의 경우는 수평적으로 전국에 분포하고 있고 수직적으로는 해발 1,300m까지 분포하고 있다. 특히 중부 지방의 500m 주변 지대가 분포의 중심지이다.

일반적으로 우리나라의 소나무는 환경적으로 소나무가 잘 자랄 수 있는 지역인 이유도 있지만 사람의 인위적인 활동 즉, 간섭에 의해서 분포지역이 확대되어진 것으로 분석하고 있다. 그러나 암석노출지나 전석지 그리고 홍수 피해지역에서는 소나무림이 자연적으로 형성되기도 한다.

우리나라 소나무는 경관적으로 우수할 뿐만 아니라 목재의 이용가치가 매우 높아서 중요한 수목으로 인정을 받았다. 조선시대에 들어서는 소나무의 보호 차원에서 국가적으로 금산禁山, 봉산封山제도를 실시하여 정책적으로 관리를 하였다. 이러한 계기로 조선시대 말까지는 소나무림이 울창하였으나 일제 강점기 때 무분별한 벌채로 인하여 사라지기 시작하였다.

소나무림은 1945년경 전체 산림 면적의 70%를 차지하고 있었지만 그 이후 신탄재로 이용, 산불, 무분별한 벌채 그리고 솔잎혹파리로 인하여 급속하게 감소하였다 1975년경에는 40%까지 감소하였다. 우리나라 한반도에서 분포 면적이 넓게 분포하는 이유는 환경조건에 대하여 소나무의 적응력이 뛰어나기 때문이다.

소나무는 과습한 토양을 제외하고는 어느 곳에서도 잘 자라는 편이고 건조지 척박지에서도 양호한 생육을 보인다. 또한 다른 나무들에게는 생육이 불가능한 암석지에서도 생육이 가능하다. 소나무는 광선의 요구도가 높은 극양수이고 많은 종자를 퍼뜨릴 수 있는 능력을 가지고 있어 산화지나 버려진 화전지에 먼저 침입을 하여 군락을 이룬다.

소나무 입지형에 따른 분류

소나무의 분포에 따라 전영문(2001)은 능선형, 암벽형, 사면형, 계곡형, 저산지, 구릉지형, 하천변형 등으로 구분하여 입지적 특성을 연구하였다. 내용은 다음과 같다.

능선형은 능선과 능선 지맥을 따라 분포하는 특징을 가지고 있다. 능선 지역은

표9— 소나무 입지형에 따른 분류

구분	위치	생육조건	특징
능선형	능선을 따라 분포	토양층 얇고 건조, 일조량 많음	상대적으로 유리한 생육조건
암벽형	암벽 위에 분포	수분이 거의 없음 물리화학적으로 척박	수고 낮고 직경에 비하여 수령 높음
사면형	경사가 급하거나 암반이 있는 지역남사면 지역	대부분 사면에서는 활엽수 생장이 양호	활엽수의 침입이 이루어지고 있음 인간의 간섭에 의해 만들어지기도 함
계곡형	계곡부 중에서 암반지이거나 모래층 지역	모래 자갈 등 빈 영양 상태이고 일조량이 많음	일반적으로 계곡부처럼 일조량이 부족한 지역은 생육이 불량함
저산지 구릉형	해발 100m내외의 낮은 저산지와 인가 근처	생육조건 양호함	지속적인 인간의 간섭에 의해 가꾸어진 소나무림이 많음
하천변형	자갈과 모래로 구성된 하천변을 따라 분포함	일조량이 많고 보수력이 매우 약함	하천변에 선구 수종의 역할을 함

대부분 토양층이 얇고 건조하며 척박할 뿐만 아니라 일조량이 많은 지역이어서 다른 나무보다 상대적으로 소나무에게는 유리한 생육조건을 가지고 있을 수 있다. 암벽형에 자라는 소나무는 타 식물들이 이용하기 어려울 만큼의 수분을 이용하여 생육을 한다.

이곳에 자라는 소나무는 물리, 화학적으로 척박한 입지적 조건을 가지고 있기 때문에 수고가 낮고 직경에 비하여 수령이 높은 특징이 있다. 사면형의 경우 대부분의 소나무들은 신갈나무, 굴참나무 그리고 서어나무 등 여러 활엽 수종들이 침입을 하거나 우세목으로서의 기능을 상실한 지역이 많다.

토양환경이 양호한 편인 이곳은 타 식물과의 경쟁관계에서 밀릴 수밖에 없는 지역이나 경사가 급한 지역 또는 암석이 존재하는 지역에서는 우점으로 분포하기도 한다. 사면 중에는 다른 사면 보다 남사면에서 비교적 많이 나타난다.

소나무는 일반적으로 계곡부처럼 일조량이 부족한 지역에서는 생육이 불량하나 큰 바위 주변이나 모래 등 빈영양 상태의 퇴적 지역에서 유리한 위치를 점하고 있다. 저산지 구릉형 소나무림은 주로 100m 내외의 비교적 낮은 저산지와 인가 근처에 발달되어 있다. 이는 오랜 기간 인간의 간섭을 받아온 결과라 할 수 있다.

넓은 하천지역에서 자갈과 모래로 구성된 하천변은 보수력이 매우 약하고 직사광선에 노출되어 있어 타 수종들이 선구수종으로 들어오기가 매우 어렵다. 이런 곳에 선구수종으로서의 역할을 하는 소나무림이 하천변을 따라 분포한다.

참고문헌

권수용 편, 1980, 한국의 민 11 산수화(상), 중앙일보사

김기원, 1998, 산림미학의 연구동향과 산림개발 분야에의 응용 가능성에 관한 연구, 산림과학 10:87-106

배상원, 2001, 조선시대 산수화의 소나무–산수화에 나타난 소나무의 의미와 형태, 숲과미술, 숲과 문화 총서9 9:137-147

이선, 2001, 진경산수화의 생태읽기, 숲과미술, 숲과 문화 총서9 9:88-93

이영로, 1986, 한국의 송백류, 이대출판부 pp341

이태호, 1996, 조선후기 회화의 사실정신, 도서출판 학고재

이헌상 편. 1997, 한국의 미 12 산수화(하), 중앙일보사

임업연구원, 1992, 한국 수목도감, 산림청 임업연구원

임종환, 1993, 소나무 소나무림, 임업연구원, pp25-28

임주훈, 1993, 소나무 소나무림, 임업연구원, pp19-21

정병모, 2001, Korean Art Book 회화2, 도서출판 애경

최완수, 1993, 겸재 정선 진경산수화, 범우사

Oliver W. R. Lucas, 1991, The Design of Forest Landscape. Oxford Univ. press pp89-91

소나무 노래가 보여준 형상과 의미

조동일 계명대학교

머리말

소나무는 우리 민족이 살아가는 자세를 보여준다고 이해된다. 「한국민족문화대백과사전」 편찬부장으로 일할 때 민족문화의 모습을 다루는 특별기획 항목을 만들면서 동물에서는 소를, 식물에서는 소나무를 넣었다. 임경빈 교수가 소나무 항목을 맡아 집필하면서 문학과 미술에 나타나 있는 상징적인 의미까지 들어 논했다.

'한국고전문학에 나타난 소나무의 상징성' 이라는 글을 써서 소나무에 대한 논의에 참여했다. 松竹, 蒼松, 落落長松, 松石 등으로 일컬어지면서 시조나 한시에 등장하는 소나무의 모습을 소개하고 그 의미를 고찰했다. 오늘 열린 소나무에 관한 학술회의를 주최한 분이 그 내용을 다시 발표해달라고 간청해서 거절하지 못하고 이 자리에 섰다. 그러나 같은 글을 다시 발표할 수는 없어, 새로운 자료를 보내고 고찰의 각도를 바꾸고자 한다.

소나무가 실생활에서 쓰여 집 짓는 재목이 되고, 땔나무이기도 한 것을 지은 노래를 먼저 살핀다. 그것이 첫 단계이다. 그 다음에는 소나무의 모습을 눈으로 보고 그 소리를 귀로 들어 느끼는 흥취를 말한 노래를 시를 든다. 그것이 둘째 단계이다. 소나무가 주는 위안을 말한 노래를 그 다음 순서로 찾는다. 그것이 셋째 단계이다. 소나무를 두고 삶의 자세나 의미를 살핀 것들을 끝으로 들어 말한다. 그것이 넷째 단계이다.

첫째 단계: 실생활에서 쓰이는 소나무

집 짓는 재목인 소나무

경상도 안동땅

제비원 솔씨를 받아 이 산 저 산 뿌렸더니

그 솔이 점점 자라 낙락장송이 되었구나.

금도끼로 비어내 옥도끼로 다듬어서

김 대목이 지었나 박 대목이 지었나?

'성주풀이' 의 한 대목이다. 성주는 家宅의 신이다. 가택의 신을 기리는 노래 '성주풀이' 는 민요이기도 하고 무가이기도 하다. 잡가로 바뀐 것도 있다. 이것은 민요로 전승되는 것들 가운데 하나이다. 무가는 사설이 말이 많고 사연이 복잡하다. 그러나 기본적인 내용은 서로 같다. 솔씨에서 솔이 나서 크게 자라 집 지을 재목이 되었다고 하고, 나무를 베서 집을 짓는 과정을 노래하고, 집에 들어가 사는 사람이 복을 많이 받도록 축원한다.

이 노래에 나타난 생각은 몇 가지로 간추릴 수 있다. 소나무는 집 짓는 데 쓰는 재목이다. 소나무에도 혈통이 있다. 신성한 장소인 안동 제비원에서 솔씨를 받으면 복을 얻을 수 있다. '성주풀이' 를 부르면서 축원을 하면 소원을 이룬다.

그래서 이 노래는 소나무에 관해 두 가지 말을 했다. 사실의 차원에서 소나무는 집을 짓는 데 쓰는 최상의 목재라고 했다. 사실 이상의 차원에서 소나무는 가장 신성한 나무라고 했다.

땔나무를 하러 가서

樵童動成群　　나무하는 아이들 떼를 지어,

往尋城外山　　성 밖의 산을 찾아가네.

山多青松樹　　산에는 푸른 소나무 많아,

翠色浮雲間　　푸른 빛 뜬 구름 사이 감도네.

雜木不楹尺　　잡목은 한 자도 차지 않아,

採採流汗顔　　자르고 자르니 얼굴에 땀 흐르네.

辛近日復日　　그 고생 나날이 다시 하느라고,

曉出俄夕還　　새벽에 나가 저녁에야 돌아오네.

고려시대의 문인 이색李穡은 '蠶婦' '樵童' '農夫' '漁者' 등 일련의 한시 작품에서 일하는 사람들의 모습을 그렸다. 그 가운데 '초동' 이다. 나무하는 아이들 여럿이 함께 산에 오르니 신명이 난다고 했다. 몸놀림에 활력이 넘친다. 푸른 구름 사이의 푸른 소나무를 보니 정신이 맑아졌다.

소나무만 벨 수는 없고 잡목도 거두어야 한다. 소나무는 가지나 치고 잡목을 통째로 자른다고 한 것같다. 소나무처럼 크지 않는 잡목은 손만 많이 가고 얻는 것이 적다고 했다. 일하기 힘들어 고생스럽다는 말은 잡목에 부쳐서 했다.

소나무를 땔나무로 하면서 누천 년 살아왔다. 소나무가 잘 생긴 나무이고, 소나무가 서 있는 산은 경치가 좋아 흥겨웠다. 잡목은 땔나무이기만 하지만, 소나무는 땔나무 이상의 자랑스러운 나무이다.

둘째 단계: 보고 들어서 느끼는 흥취

눈 내린 소나무

松林에 눈이 오니 가지마다 꽃이로다.
한 가지 꺾어내어 님 계신 데 보내고자.
님께서 보시온 후에 녹아진들 어이리.

鄭澈의 시조이다. 솔숲에 눈이 와서 가지마다 꽃이 핀 모습을 그렸다. 그 꽃이 너무 아름다워 님에게 보내고 싶다고 했다. 다른 나무에 내린 눈은 그처럼 아름다울 수 없다.

솔바람 소리

바위로 집을 삼고 폭포로 술을 빚어,
松風이 거문고 되며 鳥聲이 노래로다.
아해야 술 부어라 與山同醉.

林泉을 집을 삼고 石枕에 누었으니,
松風은 거문고요 두견성(杜鵑聲)은 노래로다.
千古에 事無閑身은 나뿐인가 하노라.

앞의 것은 張顯光이 지었다고 하고, 뒤의 것은 작자 미상이다. 누구 작품이든 말하고자 하는 바는 같다. 松風이 내는 거문고 소리가 새 소리와 어울려, 세상일을 잊고 산수에 묻혀 사는 흥겨움을 돋운다고 했다. 솔바람 소리가 좋다고 이렇게 노래했다.

셋째 단계: 소나무에서 얻는 위안

정정하게 자란 노송

蓬 門前一老松	가시 엉클어진 문 앞의 노송 한 그루
百年春雨養髥龍	백년 봄비 맞으며 용 모양 수염을 길렀네.
暮天霜雪埋窮壑	저물고 눈서리 칠 때 궁벽한 골자기에 묻혀,
看取亭亭特秀容	빼어나게 정정한 그 모습 보고 있노라.

조선초의 문인 정거鄭矩가 지은 '松山幽居' 이다. 가시 엉클어지고, 저물고, 눈서리 치고 하는 등의 말로 시련을 피해 숨어살아야 하는 불만을 나타냈다. 자기 집 문 앞에 서 있는 노송을 보고 위안을 얻고 희망을 가졌다. 오랜 세월 동안 봄비를 맞으면서 자기가 용의 수염처럼 자라 빼어나게 정정한 모습을 하고 있어 놀랍다고 했다.

시련 넘어서기

百尺蒼髯老	백 척 수염이 푸른 노인
曾經幾風霜	얼마나 많은 풍상을 겪었나?
風枝元　起	꾸부정한 가지로 바람을 맞으며,
雲葉半凋傷	구름 같은 잎이 반이나 상했다.
誰識歲寒翠	누가 알리오, 한겨울 추위 서슬 푸른데
反同秋黃葉	오히려 가을 단풍 같은 모습인 뜻을.
猶餘直　在	곧은 줄기는 아직 그대로 있어,
亦足棟明堂	좋은 집의 용마루가 될 만하도다.

여말선초의 시인 이직李稷의 한시 '病松' 이다. 늙고 병든 소나무의 처참한 모습을 그리면서 많은 풍상을 겪으면서 살아온 사람의 생애를 말했다. 병들어 누렇게 말라들어간 잎이 한 겨울 추위 서슬이 푸른데 맞서서 가을 단풍 같은 모습을 하고 있다고 해서, 시련을 이겨내고자 하는 의지를 나타냈다. 잎이나 가지는 상했어도 곧은 줄기는 그대로 있어 좋은 집의 용마루가 될 수 있다고 한 것이 늙고 병든 사람이라도 큰 인재 노릇을 할 수 있다는 뜻이다.

仙界에 들어서는 길

松壇에 선잠 깨어 醉顔을 들어보니,
夕陽 浦口에 나드나니 白鷗로다.
아마도 이 江山 임자는 나뿐인가 하노라.
松壇에 잠든 鶴이 一陣風霜 꿈을 깨어,
月下에 훌쩍 나니 九萬里 길 열었다.
저 鶴아 나래를 빌려라 六合 안에 놀아보자.

앞의 것은 金三賢, 뒤의 것은 趙榥의 시조이다. 松壇은 소나무 그루터기가 얽혀 만들어진 높고 평평한 자리이다. 앉아서 쉬다가 낮잠 자기 좋은 곳이다. 현실과 仙界

의 경계이다. 앞에서는 현실 속의 江山에서 초탈한 삶을 누리겠다고 했다. 뒤에서는 鶴이 되어 날아가는 자유를 누리면서 仙界로 들어서고자 한다고 했다.

넷째 단계: 삶의 자세에 대한 성찰

굳건한 의지

더우면 꽃 피고 추우면 잎 지거늘.

솔아, 너는 어찌 눈서리 모르는가?

九泉의 뿌리 곧은 줄을 글로 하여 아노라.

尹善道 '五友歌'의 네 번째 노래이다. 첫 번째 노래에서 '내 벗이 몇이냐 하면 水石과 松竹이라' 라고 하고, 거기다 달을 보태 다섯 벗이라고 했다. 두 번째 노래에서부터 다섯 벗을 하나씩 등장시켜, 네 번째가 소나무 순서이다. 소나무는 추워도 잎이 지지 않는다고 하고, 그것은 구천까지 박혀 있는 뿌리가 곧기 때문이라고 했다. 소나무를 굳은 심지 또는 절개의 상징이라고 보았다.

고결한 자세

明月爲燭兼爲友	명월은 촛불이 되고 벗이 되며,
白雲鋪席因作屛	백운이 자리 펴고 병풍 두른다.
竹　松濤俱蕭凉	대 젓대 솔 파도 맑기도 하구나.
淸寒瑩骨心肝惺	청한이 뼛속까지 밝혀 마음을 깨워주네.

草衣 意恂은 조선후기의 선승이다. 차를 기리는 노래 '東茶頌' 을 지어 널리 알려졌다. 차의 내력과 종류를 자세하게 밝히고, 끝으로 차를 마신 느낌을 이와 같이 노래했다. 밝은 달과 흰 구름이 아늑하게 감싸준다고 했다. 대나무와 소나무에서 일어나는 바람이 맑은 기운을 전해준다고, 청한한 느낌이 심신을 정화하고 각성시켜준다고 했다. 차를 마시는 것을 불교의 깨달음을 얻는 것과 동일시해서 그렇게 말했다.

얻음과 버림

千古仙遊遠	아득한 시절에 놀던 신선은 멀리 갔어도
蒼蒼獨有松	푸르고 푸른 소나무는 남아 있도다.
但餘泉底月	오로지 샘물 밑에 달은 남아서,
想形容	그 모습을 어렴풋하게 생각하게 한다.

在昔誰家子	그 옛날 어느 집 아들들이
三千種碧松	삼천 그루나 푸른 솔을 심었던가.
其人骨已朽	사람의 뼈야 이미 썩었지만,
松葉尙茸容	솔잎은 더욱 무성하기만 하다.

오늘날의 강원도 명주군의 동해안에 寒松亭이 있었다. 그 곁의 우람한 솔숲은 신라 때 四仙이라고 한 화랑 넷이 따르는 무리 3천과 함께 한 사람이 한 그루씩 심었다고 하는 말이 전해졌다. 몇 백 년 지나, 고려시대 승려 惠素와 戒膺이 거기 가서 그 솔숲을 보고, 각기 한시 한 수씩 지어 소나무의 의미를 두고 깊이 생각한 바를 나타냈다.

앞의 시를 지은 혜소는 멀리 가고 없는 사람들을 흠모해 그 모습을 찾고자 했다. 푸른 솔숲이 남아 있어 거기서 놀던 화랑의 무리가 어떤 마음을 지녔던지 짐작할 수 있다고 했다. 소나무는 천년의 수를 누리므로 과거를 현재로 잇고 있다.

푸르름을 보고 놀라워 과거를 다시 보면서 현재의 왜소한 생각에서 벗어나게 하는 충격이 크다. 소나무만으로는 부족하다고 여겨 우물 밑에 비친 달에서도 가고 없는 사람들의 모습을 찾았다. 이 시에서 소나무는 훌륭한 인물의 자랑스러운 모습을 상징한다.

뒤의 시에서 계응은 솔을 심은 사람이 누구든, 어떤 부귀를 누렸다 하더라도 죽어 없어지는 것은 어쩔 수 없을 뿐만 아니라 당연하다고 했다. 뼈가 이미 썩었다고 하는 끔직스러운 말까지 구태여 해서 생각이 빗나가지 않게 했다.

없어지고 만 것에 대한 회고야 너절하기만 하니 이미 이룬 바에 집착하지 말고 어떤 방식으로든지 삶을 연장시키려 하는 생각을 아예 버려야 푸르고 무성한 솔숲 같은 자랑스러운 경지에 이를 수 있다고 했다. 이 시에서 소나무는 물질이나 육체의 조건에 매이지 않는 고결한 정신을 나타낸다고 할 수 있다.

마무리

소나무는 조물주의 위대한 작품이다. 세계 수많은 나라에 소나무가 있지만, 우리 국토에서 나서 자란 것들이 특히 걸작이다. 소나무의 자연미가 우리 예술창작을 위해 큰 기여를 했다. 소나무가 준 혜택 때문에 훌륭한 작품을 이룩할 수 있었다. 소나무의 모습을 그리고 기리면서 삶의 자세와 정신적 가치를 추구하고 되돌아보았다.

이런 사실을 고찰하는 작업을 더욱 확대해야 한다. 이미 발표한 글에 이어서 오늘 다시 소나무를 그리고 기린 노래를 들어 살폈지만 아직 많이 모자란다. 더 많은 작품을 찾아 자세하게 검토해야 한다. 산문문학으로까지 관심을 확대해야 한다. 소나무를 다룬 문학작품을 그림과 함께 들고 견주어 살피는 데 또한 힘써야 한다.

그렇게 해서 자연미와 예술미의 관계, 문학과 미술의 관계에 대한 이해를 더욱 풍부하게 해야 한다. 소나무에 대한 공동의 관심과 사랑 덕분에 자연과 문화, 환경과 예술에 관한 연구가 하나로 연결될 수 있게 되는 것도 커다란 성과이다. 오늘의 모임은 그런 작업의 의의를 다지고 출발점을 분명하게 한 커다란 의의가 있다.

소나무와 한국 음악

한명희 이미시 문화서원

소나무와 한국음악. 전혀 별개의 인식 대상임에 분명하다. 그럼에도 불구하고 두 가지 사물을 병치시킨 이유는 양자간의 상관성이 있기 때문이다. 기실 범아일체凡我一體적 세계관이 아니고는 이들 두 개체간의 사이는 멀게만 여겨지기 일쑤이다. 일차적으로 이들은 실체實體와 추상, 형이하와 형이상의 차원으로 카테고리를 달리하고 있기 때문이다. 하지만 사실은 그렇지만도 않다.

양자간에는 의외로 닮은 점이 있고 상관성이 크다. 형태적으로도 그러하고, 속성property적으로도 그러하다. 한마디로 한국 음악은 소나무를 닮은 점이 역연한 데가 있다. 특히 유장한 가락의 정악계통이 그러하다. 여기 닮았다는 말은 영향을 받았다는 말이 더 정확할 것이다. 결국 한국음악은 소나무로부터 몇 수 배워서 그 고유한 체질을 굳혀왔다고 해도 과언이 아니다.

먼저 소나무와 한국 음악의 상관성은, 무엇보다도 선인들이 솔바람을 음악으로 간주한데서부터 출발한다. 그 대표적인 예가 다음과 같은 시조시時調詩에 반영돼 있다.

> 푸른 산중 백발옹白髮翁이 고요 독좌獨坐 향남봉向南峯이로다. 바람 불어 송생슬松生瑟이요 구름 일어 학성홍壑成虹을, 주곡제금奏穀啼禽은 천고한千古恨이요 적다정조積多鼎鳥는 일년풍一年豊이로다. 누구서 산을 적막타든고 나는 낙무궁樂無窮인가 하노라.

현행 반사설지름 시조로 널리 불리는 가사 내용이다. 또한 이 시조시는 계면조 가곡 중에서 언락言樂의 가락에 얹혀 불려지기도 한다. 우리는 여기 가사 중에 '송생슬松生瑟' 에 주목할 필요가 있다. 바람이 불어 소나무가 슬瑟 소리를 낸다는 뜻이다. 솔바람 소리를 슬이라는 현악기에 비견하고 있다. 비슷한 예는 또 있다.

> 활지여 송상에 글고 존등비고 누엇시니, 송풍松風은 거문고요 두견성은 노래로다. 아마도 이 산중사무山中事無 한심閒心 좌중이신가.

여기서는 소나무의 바람소리를 거문고에 비유하고 있다. 솔바람 소리를 듣고 슬을 연상했건 거문고를 연상했건 간에 송풍松風을 악기, 즉 음악으로 간주한 사실은 이들 두 시가詩歌가 다를 바 없다. 참고로 옛 시가에서 송풍을 슬이나 거문고로 표현한 것은 단지 그들 송성松聲이 음악에 가깝다는 의미로 쓰인 것이지, 솔바람 소리를 실제로 슬이나 거문고의 고유한 실음實音의 의성擬聲으로 동일시한 것은 아니라고 하겠다.

송풍을 실제 악기의 소리로 의성한다면, 그것은 슬이나 거문고의 소리보다는 해금이나 아쟁같은 찰현악기(bowed string)의 소리에 가깝기 때문이다. 주지하다시피 슬이나 거문고는 줄을 튕기거나 뜯어서 소리를 내는 발현악기(plucked string)이다. 발현악기는 음들 하나 하나가 개체로 독립되어 울리기 때문에 찰현 악기의 음들처럼 어느 음을 길게 지속적으로 유지시킬 수 없는 한계를 가졌다. 따라서 솔바람이 일으키는 길고 역동적인 송풍松風은 음을 길게 장인長引할 수 있는 찰현악기의 선율로 비유하는 것이 보다 실체에 가까움을 알 수 있다. 사실이 이러함에도 옛 시조시에서 슬이나 거문고를 거론한 것은, 이들 악기들의 의미망이 구체적인 악기의 기능성을 뛰어넘는 음악의 대명사와도 같은 포괄적인 상징성을 띠고 있기 때문이다. 흔히 한국인은 솔바람을 듣고 음악을 연상하기 일쑤이다. 국악학의 태두인 이혜구李惠求 박사는 시조창의 멋을 솔바람에 비유하며 다음과 같은 체험담을 피력한 적이 있다.

> 나는 예전 大學 豫科 在學中에 清凉里 松林 中에 혼자 누워서, 한참 冥想이 아니라 妄想에 잠겨 있을 때 들은 天上의 音樂과 같은 松風의 感銘이 至今도 記憶에 생생하다. 바람이 머리 위 松林 속으로 '쏴아아악' 크레센도로 스쳐 몰아오는 소리! 그 소리가 스르르 데크레센도로 멀어지면서, 그 뒤에 소나무 잎이 살살살살 트레몰로로 動搖하면서, 安定하려는 소리! 바람에 依하여 생기는 松音의 微妙한 變化! 나는 그 때 學校에서 배운 莊子의 各色 바람 소리 形容이 생각났었다.

여하튼 솔바람을 음악에 비유한 발상은 결코 예사로운 일이 아니다. 얼핏 운치 있는 문학적 표현에 불과해보이지만, 기실 그것은 선인들의 깊은 내면 세계의 일단을 엿보게 하는 좋은 단서가 되기 때문이다. 여기 내면 세계의 일단이란 사람과 대자연이 하나 되는 천인합일天人合一적 인생관이요 예술관임은 두말할 나위가 없다.

일찌기 장자莊子는 세상의 음악을 3단계로 구분했다. 인뢰人, 지뢰地, 천뢰天 가 곧 그것이다. 이는 6세기 경 서양의 뵈티우스boethius가 주창한 음악의 3단계 구분법과 흡사해서 눈길을 끈다. 르네상스 시대까지 천여년간을 유럽의 음악관을 지배해온 뵈티우스의 분류는 음악을 실제음악musica instrumentalis과 인체음악musica humana와 우주음악musica mundana으로 유형화한다. 얼핏 보아도 장자의 그것을 영향받은 것 같아 흥미롭다.

알다시피 인뢰란 곧 사람의 소리, 즉 인간이 영위하는 음악이다. 지뢰란 곧 대지의 음악이다. 장자의 세계관이 그러하듯, 지뢰란 지상에서 생성되는 모든 소리를 악음樂音으로 간주한 것이다. 모든 자연음이 펼치는 방대한 교향악이 곧 지뢰인 것이다. 장자는 '제물론齊物論' 편에서 자기子綦와 자유子游의 문답을 통해 지뢰를 이렇게 설명하고 있다.

> 말하자면 대지가 내쉬는 숨결을 바람이라고 하지. 그게 일지 않으면 그뿐이지만, 일단 일었다 하면 온갖 구멍이 다 요란하게 울린다. 너는 저 윙윙 울리는 〔멀리서 불어오는 바람〕 소리를 들어봤겠지. 산림 높은 봉우리의 백 아름이나 되는 큰 나무 구멍은 코 같고 입 같고 귀 같고 옥로屋櫨 같고 술잔 같고 절구 같고 깊은 웅덩이 같고 얕은 웅덩이 같은 갖가지 모양을 하고 있지. 〔그게 바람이 불면 울리기 시작해서〕 콸콸 거칠게 물 흐르는 소리, 씽씽 화살 나는 소리, 나직히 나무라는 듯한 소리, 흐흑 들이키는 소리, 외치는 듯한 소리, 울부짖는 듯한 소리, 웅웅 깊은 데서 울려나는 것 같은 소리, 새가 울 듯 가냘픈 소리[등 갖가지로 울리지]. 앞의 바람이 휘휘 울리면 뒤의 바람이 윙윙 따른다. 산들바람에는 가볍게 응하고 거센 바람에는 크게 응해, 태풍이 멎으면 모든 구멍이 고요해진다. 너는 나무가 〔바람 때문에〕 크게 흔들리기도 하고 가볍게 흔들리기도 하는 걸 보았겠지?

예문에서 살폈듯이 대지의 숨결이랄 거센 바람이 직조해 내는 소리의 세계가 여간 방대하고 다양하지가 않다. 장자가 상정한 지뢰地籟의 세계다. 장자는 이 글에서 백 아름드리 거목을 예로 들며 대지의 소리들을 설명하고 있다. 만약 한국적 지리 환경 속에서 지뢰를 설명한다면 과연 어떤 수목의 소리가 제격이며 안성맞춤으로 합당할까.

거문고 판이 되어주는 오동도 그럴법하고, 사군자四君子의 하나로 자리를 굳힌 대나무 또한 그럴싸하다. 하지만 오동은 늘 푸르지 않아 지조에서 빠지고, 대나무는 아무래도 죽지사竹枝詞의 악부시를 탄생시킨 죽림 문화의 요람이랄 중국 양자강 유역이 원조가 아닐 수 없다.

그러고 보면 대대로 시인묵객들에게 회자되고 완상되어온 한국 특유의 송림松林이야 말로 한국적 사연의 소리 대지의 음악을 대변할 최적의 적임자가 아닐 수 없다. 자고로 한국의 전통악기 중에서는 거문고를 백악지장百樂之丈이라고 해서 가장 존장자로 취급했다.

거문고, 즉 현금玄琴은 사람이 영위하는 음악, 즉 인뢰人籟의 수장이었던 셈이다. 그러고 보면 일진청풍이 노송을 스쳐가며 빚어내는 송도松濤, 즉 송운松韻은 말할 나위 없이 지뢰地籟 중의 으뜸이요, 따라서 한국의 소나무는 지뢰의 백악지장임에 분명타고 하겠다.

한편 한국의 소나무는 전통음악과 가까이 공유하는 문화소文化素가 있다. 전통문화의 좋은 덕목이랄 풍류문화風流文化가 곧 그것이다. 풍류의 전통은 하도 오래고 넓어서 그 개념을 명료하게 정리하기가 힘들다. 하지만 풍류정신 혹은 풍류적인 기풍이 전래의 고유문화에서 차지하는 비중은 여간 막중하지 않으며, 그것이 우리네 삶을 한층 풍요롭게 보듬어 온 사실은 한국의 음악이 그러했듯이, 소나무 역시 풍류문화의 장에서 빠지는 경우가 드물다.

> 일곡一曲은 어디메요 관암冠岩에 해 비친다. 평무平蕪에 내 거드니 원산遠山이 그림이로다. 송간松間에 녹준綠罇을 놓고 벗 오는 양 보노라.

이이李珥의 고산구곡가高山九曲歌 중의 윗 시조에서도 송림이 어김없이 풍류무대를 설정하는 감초격으로 등장한다. 뿐만이 아니다. 다음과 같은 시조도 있다.

> 아희는 약藥 캐러 가고 죽정竹亭은 비었는데, 흐터진 바둑을 뉘 주어 담을 소니, 취醉하고 송하松下에 져셔니 절節 가는 줄 몰래라.

또한 '장송長松으로 배를 무어 대동강에 띄워 두고……' 라는 시조도 있듯이, 한국의 소나무는 솔밭에 살아서만 풍류에 가담하는 게 아니라, 베어져 죽어서도 풍류판에 가담한다. 지금도 언편言編이라는 가곡선율에 얹혀서 애창되는 다음과 같은 사설은 그 전형적인 예라고 하겠다.

> 한송정寒松亭 자긴 솔 뷔여 조그마치 배 무어 타고 술이라 안주 거문고 가야고 해금 비파 저笛 피리 장구 무고공인工人과 안암산安岩山 차돌 일본 붕쇠 노구산수로老狗山垂露 취며 라전螺鈿 대 궤지삼이櫃指三伊 강릉여기江陵女妓 삼척주탕三陟酒湯년다 모아 실고 달 밝은 밤에 경포대로 가서 대취大醉코 고예승류叩枻乘流하여 총석정 금란굴과 영랑호 선유담仙遊潭으로 임거래를 허리라.

결국 소나무와 한국음악은 풍류라는 공통분모를 매개로 상호 밀접한 인연을 형성하고 있음을 알 수 있다.

한편 한국 예술의 아름다움 중에서 곡선미를 언급하는 것은 하나의 상식이다. 전통가옥에서 배어나는 곡선, 고유한 한복 자락에 흐르는 곡선등이 그러하고, 도자기며 서예며 춤사위 등에 묻어나는 곡선미 역시 한국예술의 남다른 특징들이 아닐 수 없다. 이들 한국적 선의 미감 중에서 가장 대표적인 것을 꼽으라면 아마도 많은 이들이 유장한 전통악곡의 선율선을 앞세울 것이다. 그만큼 '수제천'과 같은 전래의 가락들은 물 흐르듯 자연스런 곡선미의 정수精粹들임을 알 수 있다.

정악의 선율들이 인위적 예술분야에서 곡선미의 백미白眉라면 한국의 소나무는 자연적 생명체 중에서 가장 인상적인 가시적 곡선미의 전형이 아닐 수 없다. 물론 '버들은 실이 되고 꾀꼬리는 북이 되어 ……' 라는 시조시에 등장하는 수양버들도 곡선미를 자랑한다. 하지만 바람결에도 흔들리지 않는 의연한 낙낙장송落落長松의 곡선미와는 그 품위와 격조에서 결코 병치倂置될 수가 없다.

곡즉전曲則全이라는 노자의 글귀처럼 적당히 굽었기에 천수를 누리며 만고상청萬古常靑하는 소나무는, 이래저래 창해의 파도와도 같은 장파長波의 곡선미를 타고 장중한 역동성을 직조해가며 고래古來의 민족정서를 이어내리는 우리의 전통가락과 너무도 흡사한 바가 있다. 그 고고한 기상氣像과 다이내믹한 역동성力動性에 있어서도 사정은 마찬가지다.

선조들의 삶에 끼친 소나무의 물질적 유용성

전영우 국민대학교

서언

지난 수천 년 동안 지속된 농경사회에서 소나무의 역할은 넓고도 깊었다. 문학, 미술과 종교와 민속과 풍수지리사상에 자리 잡은 소나무의 상징성은 독특한 양태로 용해되어 우리들의 정신과 정서를 살찌우는 역할을 감당했다. 조상들은 우주, 생명, 장생, 절개, 지조, 탈속과 풍류 등의 사상思象을 시각적으로 형상화하고자 소나무를 그 매개체로 적극적으로 이용했다.

이 땅에 자라는 일천 여 종류의 나무들 중에 소나무처럼 이런 상징성을 부여받은 나무는 없다고 해도 과언이 아니다. 농경문화를 풍요롭게 살찌운 소나무의 상징성은 오늘날도 여전히 우리의 의식 속에 자리 잡고 있다.

소나무의 역할은 정신적인 측면 못지않게 물질적인 측면에서도 컸다. 소나무를 도외시한 채 궁궐을 비롯한 옛 건축물의 축조는 생각할 수 없었다. 물길에 의존할 수밖에 없었던 지난 세월을 생각하면 소나무의 공덕은 더 크다. 왜적을 무찌른 거북선과 전함은 물론이고, 쌀과 소금을 실어 날랐던 조운선은 모두 소나무로 만들었다. 세계에 자랑하는 조선백자도 영사라고 불리는 소나무 장작이 있었기에 가능했고, 대용품이 없는 소금의 생산도 이 땅의 솔숲이 감당했다.

이처럼 소나무는 농경사회를 유지하는 데 없으면 안 될 중요한 나무였다. 오죽하면 우리네 인생을 '소나무와 함께 태어나 소나무 속에서 살다가 뒷산 솔밭에 묻힌다' 고 표현하기까지 했을까. 이 말은 금줄에 끼인 솔가지, 소나무로 만든 집과 가구와 농구, 그리고 관재棺材로 사용하는 송판을 떠올려보면 금방 이해할 수 있는 구절이다.

우리 문화의 특성을 '소나무 문화' 라고 일컫는 이유도 소나무가 간직한 이러한 물질적 유용성 때문이라고 할 수 있다. 소나무가 끼친 이런 정신적 덕성과 물질적 효용 덕분에 소나무가 나날이 사라지고 있는 오늘날도 우리들은 나무하면 소나무를 가장 먼저 떠올리고 있는지도 모른다.

이 글은 옛 기록을 참조하여 조선시대의 한선韓船 건조와 자염煮鹽 생산에 사용된 소나무의 역할을 살펴보고자 준비되었다.

한선 건조에 사용된 소나무

소나무가 한선 건조에 사용된 시기와 소나무 산지 ——————— 조상들이 재목감으로서 소나무를 본격적으로 사용하였던 시기는 발굴된 고대의 유물이나 문자로 남은 역사적 기록을 통해서 가늠해 볼 수 있다. 고대 유물의 경우, 오래 보존할 수 없는 목재의 성질 때문에 출토품 중 목재로 만들어진 것들은 많지 않다. 몇몇 칠기漆器 목제품들이 출토되고 있지만 그나마 소나무로 제작된 목제품의 출토는 드물다.

경주 천마총에서 출토된 각종 목제품을 분석한 결과 소나무로 만든 제품이 없었다. 즉 목관의 외부는 밤나무, 관은 느티나무, 부장품이 들어 있던 함은 회화나무, 느티나무에 뚜껑은 들메나무, 왕버들, 단풍나무, 칠판장니는 피나무, 참나무, 박달나무, 자작나무 등이 사용되었다는 보고로 비추어 볼 때, 고대에는 소나무보다 주변에서 쉽게 구할 수 있는 활엽수들을 더 많이 사용했을 것으로 추정할 수 있다.

생활용구와는 달리 소나무를 이용한 신라시대의 흔적은 1975년 안압지에서 발굴된 배에서 엿볼 수 있다. 통일신라시대의 것으로 추정되는 안압지 배는 길이 5.9m, 너비 1.5m(船首)-0.6m(船尾), 높이 0.35m의 배로 모두 3개의 소나무 통나무편으로 이루어져 있었다. 한편 1984년 전남 완도군 약산면 어두리 앞 바다에서 발굴된 고려선의 선체도 소나무와 상수리나무로 제작되었음이 밝혀졌다. 안압지와 완도에서 발굴된 배가 모두 소나무로 건조된 것임을 미루어볼 때, 우리 조상들은 선재로서 소나무를 오래 전부터 사용했음을 알 수 있다.

한편 재목으로서의 가치 때문에 소나무를 보호하고 지키고자 노력한 구체적인 기록은 고려 후기에 본격적으로 나타나고 있다. 고려 현종대에 이르러 대대적 소나무의 벌채 이용 사례와 함께 소나무재 확보를 위한 제한적 조치들이 조정에서 시달되고 있음을 역사적 기록으로 찾을 수 있다.

고려 현종 원년(1010)에 과선戈船 75척이 건조되었다는 기록에 비추어볼 때, 많은 소나무들이 선박건조를 위해서 벌채되었음을 알 수 있다. 이 때 이미 현종(1011)은 소나무 벌채 금지령을 내려, 소나무재 사용을 엄격하게 규제하고 있다.

고려사에는 국가의 공적 사용 이외에 소나무 벌채를 엄금하는 규정을 찾을 수 있다. 특히 고종 18년(1231)부터 7차례에 걸친 몽고의 침략은 소나무를 비롯한 산림 이용에 직접적인 규제를 불러왔다.

몽고의 지배기간 동안 몽고 궁실과 사원 건축에 필요한 목재와 1, 2차에 걸친 일본 정벌용 전함건축에 필요한 조선용재를 소나무재로 충당하면서 변산과 천관산의 소나무림이 수탈되었다는 내용도 기록으로 남아 있다. 이를 미루어 중세 고려시대부터 건물의 대형화, 경작지의 확대 따위로 인가 주변에 소나무 숲이 늘어나면서 소나무를 재목으로 적극적으로 활용했을 것으로 추정할 수 있다.

인구가 많지 않던 시절에는 소나무가 잘 자라는 연해 지역 어느 곳에서나 선박을 건조할 수 있었을 것이다. 그러나 그 중에서도 특히 변산과 안면곶은 고려시대부터 질 좋은 소나무 산지였음을 기록으로 알 수 있다. 고려사에는 원종 15년과 충렬왕 7년에 일본 정벌용 전함건조에 필요한 소나무 조선재를 나주도羅州道의 천관산과 함께 전주도全州道의 변산에서 충당했다고 밝히고 있다.

「동국여지지」 권5상 산천조(東國輿地志 卷5上 扶安縣 山川條)에도 '궁실과 배를 만드는 재목은 모두 고려 때부터 변산에서 얻는다(邊山 宮室舟船之材 自高麗 皆取於此)' 고 밝히고 있는 것처럼 변산의 소나무는 예로부터 유명했음을 알 수 있다.

한선 건조에 소나무가 사용된 이유 ——————— 한민족은 예로부터 바다와 함께 살아왔다. 해상활동의 중요성은 나라에서 세금으로 거두어들인 곡물이나 그밖에 진상품을 운반하는 데는 산악지형으로 지세가 험한 육로를 이용하기보다는 강이나 바다를 이용하는 것이 더 쉬웠기 때문이다.

따라서 3면이 바다에 둘러싸인 지정학적 특성을 십분 활용하여 조상들은 강과 바다를 슬기롭게 이용하고자 독특한 선박을 고안했고, 물길을 이용한 운송방법을 일찍부터 발달시켰다. 그 지혜의 산물이 바로 우리 땅에서 쉽게 구할 수 있는 소나무의 특성을 이용하여 조수간만의 차이가 심한 바다의 조건에 맞는 밑바닥이 평평한 배를 창안해낸 것이다.

옛사람들이 조선재로 소나무를 중시했던 이유는 무엇일까. 특히 소나무의 어떤 특성이 조선재로서 유용했을까? 소나무는 일반적으로 강하기는 하지만 굴곡탄성계수가 높은 수종으로 알려져 있다.

굴곡탄성계수가 높다는 의미는 목재를 쉽게 굽힐 수 없다는 것을 의미하며, 따라서 유선형으로 만들어지는 선박에 소요되는 목재로서는 썩 좋은 조건을 갖고 있지 않음을 뜻한다. 또한 소나무는 통직하지 않고 옹이가 많기 때문에 판재로 얇게 제재하여 쓰기도 쉽지 않다.

그러나 소나무는 농경문화의 발전과 함께 이 땅에서 가장 손쉽게 구할 수 있는 흔한 나무였다. 인구증가에 비례하여 개간과 퇴비증산이 더욱 요구되었고, 그 결과 산지 훼손은 심화되었지만 소나무는 이 땅에 자생하는 수목들 중에 드물게 훼손된 산지나 척박한 곳, 그리고 해안가에서도 비교적 짧은 시간(80년 내외)에 재목으로 쓸 수 있을 만큼 잘 자라는 나무였다.

결국 선재로서의 결점을 지니고 있음에도 불구하고 조선소(造船所) 인근에서 가장 손쉽게 구할 수 있는 현실적 이유와 함께 송진성분이 많아서 물 속에서도 잘 썩지 않는 또 다른 특성 때문에 소나무가 선박을 만드는데 없으면 안 될 재목으로 자리 잡게 된 셈이다. 그리고 조상들은 소나무가 선재로서 비록 최적의 조건을 갖추고 있지 못할망정, 그것을 십분 활용할 수 있는 지혜를 갖고 있었다. 바로 굽은 줄기는 굽은 형태 그대로 살려서 만곡재가 필요한 부분에 선재로 활용하는 지혜였다.

한선의 특성 —— 소나무가 가진 이런 특성은 한선의 특성으로 다시 한번 확인할 수 있다. 우리 배는 서양 배와 달리 배 밑바닥底板이 평탄하고 이물船首과 고물船尾이 뭉툭한 평저형선平底型船이다. 우리 배가 이렇게 단순한 형태를 갖게 된 첫 번째 이유는 연안 해역의 지리적 조건을 들 수 있다. 평저형선은 흘수(吃水, 배가 물에 잠기는 깊이)가 낮아 조수간만의 차가 많고 수심이 얕은 우리 연안에서 활동하는 데는 적합한 형태의 선박이다. 단순한 형태에 대한 또 다른 이유는 소나무 외는 조선재로 적당한 재목을 확보할 수 없는 현실에서 찾을 수 있다.

따라서 다른 나라의 배들은 판자를 엷고 세밀하게 다듬어서 이중 삼중으로 외판을 고착시켜 만들어진 것인데 반하여 우리 배들은 치밀하게 가공할 수 없는 소나무의 재질적 특성 때문에 배의 바닥과 외판은 두꺼운 판재(바닥판은 35cm 내외, 외판은 10cm 내외의 두께)의 형태로 이용할 수밖에 없었고, 그 결과 배의 모양도 굽히기 어려운 소나무의 재질특성 때문에 단순할 수밖에 없었다.

우리 배 한선의 특징은 한 겹의 외판을 가진 배이며, 선체의 밑이 홀쭉하지 않고, 고물과 이물이 뾰쪽하지 않아서 서양의 날렵한 선박과는 달리 속도가 빠르지 못했다. 특히 두터운 판재를 씀으로써 선체가 무거웠다. 그러나 강바닥이 깊지 않은 강이나 조수간만의 차가 심한 남서해안에 물자를 운송하는 데는 편리한 구조였다. 견고하고 치밀하지는 못하여 수명은 15년 내외였지만 반면에 나무못을 썼기에 잘 보수하면 오래 쓸 수 있었고, 조선재가 덜 들고 만들기 쉬웠던 장점도 있었다.

조상들이 소나무를 선호한 이유 —— 조상들이 소나무를 주목한 이유는 무엇일까. 먼저 목재로서의 가치를 들 수 있다. 이 땅에 건축용재나 조선용재로 사용할 수 있는 목재의 종류는 예나 지금이나 그렇게 많지 않다. 전나무, 비자나무, 참나무 등 설사 몇몇 수종들은 재목으로서의 특성이 건축용재나 조선용재에 적합할지는 몰라도, 한정된 서식 공간, 소량의 생산량, 육상 운송의 어려움으로 인해 목재로서의 가치를 충분히 발휘할 수 없었다.

반면 소나무는 이 땅 어디서나 비교적 손쉽게 구할 수 있는 목재였다. 특히 운송이 편리한 바닷가 주변의 곶이나 섬에는 소나무가 무성했기 때문에 최종 사용 목적지(개성이나 한양의 궁궐, 조선소)로 쉽게 옮길 수 있는 이점도 있었다.

조상들이 소나무를 선호한 또 다른 이유는 소나무의 재질 특성을 들 수 있다. 소나무는 습기에 강한 송진이 함유되어 있어서 잘 썩지 않고, 기둥이나 보로서 사용할 수 있을 만큼 물리적으로도 강했다. 그리고 소나무는 비교적 입지를 가리지 않고, 베어낸 지 100년 정도 지나면 다시 벌채할 수 있을 만큼 잘 자라는 나무였다. 조상들은 이 땅에 자라는 다른 나무에서는 쉬 찾을 수 없는 소나무의 이런 특성과 실제적 실용성 때문에 일찍부터 소나무를 유용한 목재로 주목했다고 생각할 수 있다.

한선에 사용된 소나무의 양 —————— 우리 배 한선韓船은 일관된 구조로 발전해 왔다. 그것은 평평한 밑바닥과 밑바닥의 양켠에서 외판을 이어 붙인 기본적인 구조를 뜻한다. 이런 구조는 안압지에서 출토된 신라 배로서도 알 수 있다. 안압지에서 출토된 배는 모두 3개의 소나무 통나무로 잇대어 만들어졌다. 이 배의 구조는 밑바닥을 이루는 길쭉한 통나무 양편에 ㄴ과 ┘ 형으로 깎은 통나무에 외판으로 붙인 형태로, 이 기본 양식은 고려나 조선시대의 한선 조립방법과 유사하다.

한선의 외형은 평평한 배 밑바닥을 이루는 저판底板과 좌·우현을 이루는 외판(기록에는 杉板으로 명기되어 있다), 뱃머리가 평평한 평판인 이물船首과 배 꼬리가 각형角形을 이룬 고물(船尾)로 구성되어 있다. 한선의 내부는 대들보의 구실을 해주는 멍에(駕木)와 멍에 밑에 좌우 양쪽의 외판을 잡아주는 게룡(駕龍木)으로 구성되어 있다.

한선의 구조는 대체로 유사하지만, 갑판이 필요없는 어염상선魚鹽商船이나 조운선은 보다 단순한 형태이고, 상부에 구조물을 시설해야 하는 거북선이나 전선은 보다 복잡한 내부 구조를 지니고 있다.

한선 한 척을 건조하는데 들어가는 목재의 양은 조선시대의 기록으로 추정할 수 있다. 먼저 「만기요람」 재용편 조전漕轉의 조선재 조복미포 퇴선(漕船材 漕復米布 退

船)조 양호兩湖의 절목란에는 새로 배를 만들 경우, 중간치 소나무(中松) 14그루, 애소나무(兒松) 45그루, 어린 소나무(稚松) 43그루가 소요된다고 밝히고 있다. 반면 영남의 절목란에는 배를 새로 만들 때, 큰 소나무(大松) 73그루가 소요된다고 밝히고 있으며, 배를 새로 만드는 비용은 쌀 200석, 돈으로는 600량이 든다고 했다.

그밖에 「비변사등록」에는 배를 한 척 만드는데 소요되는 재목의 양이 소나무 3, 4백 그루이며, 이것을 통나무로 계산하면 7-8백 그루에 달하는 양이라고 밝히고 있다. 그러나 「만기요람」에는 대송과 중송과 애소나무와 어린 소나무에 대한 정확한 크기를 밝히고 있지 않으며, 「비변사등록」에도 나무의 구체적인 크기는 설명치 않고 있어서 정확한 목재량을 추정하기가 쉽지 않다.

다행스럽게도 목재의 정확한 수요량을 밝힌 기록은 1972년 경남 고성읍에서 발견된 헌성유고軒聖遺稿의 「조선식도造船式圖」에서 찾을 수 있다. 이 책은 순조 22년(1822) 대마도에 파송된 문위사선問慰使船에 대한 배를 만든(造船)기록이다. 1822년 3월25일부터 윤3월을 거쳐 4월26일까지 61일간에 걸친 선박건조의 내역(船役)을 일기체로 적은 해산경력부터 시작하여, 조선재 175주의 명세를 적은 선재소입, 관계관원과 봉역인원 76명을 분류한 각진봉역선장, 철정류를 내역한 철정소입 등으로 구성된 이 책은 조선후기 선박사 연구에 중요한 자료로 판명되었다.

이 책에서 밝히고 있는 조선재 175주의 구체적 내역은 다음과 같다. 밑바닥판(저판)에 22그루, 굽은 나무 1그루, 선수에 3 그루, 좌우 7 판씩 14 외판에 34 그루, 선미에 3그루, 가룡목에 13그루, 기계목에 9그루 등이 소요되어 모두 작은 소나무(小松) 85그루가 소요되었고, 그밖에 어린 소나무(稚兒松) 11그루가 구랑(拘郎)과 거예(擧栧)에 사용되었다고 밝히고 있다. 또한 배위에 치장한 뱃집(上粧) 제작에 44그루, 그밖에 필요한 송판재로 21그루 등 161 그루의 소나무와 참나무를 비롯한 다른 나무들이 14 그루가 소요되었다고 밝히고 있다.

한편 「단종실록」에는 흥미로운 기록도 찾을 수 있다. 그것은 대·중·소 선박을 망실하였을 때 배상을 시키는 기준으로 대·중·소선의 소요 목재조수(所要木材條數)를 각각 235조, 211조, 114조씩으로 정하고 목재 1조 당 면포 1필씩을 징수한다는 내용이다. 대선의 저판과 외판, 이물과 고물을 만들고, 또 멍에와 게룡으로 모두 235조의 목재가 소요된다는 기록으로 비추어보아 1조의 목재 부피를 알면 선박건조에 소요된 개략적인 목재 소요량을 산정할 수 있음을 알 수 있다.

한선에 사용된 소나무 제목의 구체적 크기 —— 비록 선재용 소나무에 대한 정확한 크기는 구체적으로 알 수 없지만, 헌성유고軒聖遺稿의 「조선식도造船式圖」를 참고하면 개략적인 소나무의 크기를 추정할 수 있다. 「조선식도」에는 저판이 모두 11조로 이루어져 있고, 1조는 2-3토막으로 구성되어 있다. 저판의 폭은 배의 중앙에 해당되는 곳이 가장 넓은 4.8m이고, 선수와 선미는 좁아져 각각 3.5m와 3.2m의 폭을 가지고 있다.

따라서 배의 중앙에 자리 잡은 저판 하나의 길이는 10.5m 내외이고, 너비는 43cm(4.8m/11조=43cm), 두께는 35cm 정도이다. 선수나 선미의 저판 길이는 4.7m로 너비는 32cm-30cm, 두께는 35cm 정도이다. 이러한 내용을 참고하여 저판에 사용된 소나무의 크기는 수고 20m, 가슴높이 직경 50cm 내외의 소나무를 상정할 수 있다.

한편 외판의 경우, 조선식도에는 가장 긴 것이 31.5m, 가장 짧은 것이 20m이며, 두께 13cm 내외, 폭 30cm 정도의 목재가 사용되었다고 나타나 있다. 이러한 내용을 참고하여 외판이나 멍에, 게룡에 사용된 소나무의 크기는 대략 수고 15m, 가슴높이 직경 40cm 정도의 목재를 사용한 것으로 상정할 수 있다. 따라서 「조선식도造船式圖」에 언급한 소송小松은 수고 20m의 흉고직경 50cm 내외의 소나무로 분류할 수 있다.

한선 건조에 필요한 나라 전체의 소나무 량 —— 선재용 소나무가 점차 고갈되어 간 조선후기에 이르러 한 해 얼마나 많은 송재松材가 선박 건조에 필요했을까? 먼저 조선 후기의 선박의 숫자를 파악할 필요가 있는데, 「만기요람」에는 각 수영水營과 진鎭에 배치되어 있던 전선戰船, 구선龜船, 방선防船, 병선兵船, 사후선伺候船, 거도선??船 등이 776척이며, 조창漕倉에 소속된 조운선도 500여 척에 이른다고 기록하고 있다.

따라서 나라에 소속된 선박의 숫자는 1,200여 척 내외로 추정할 수 있다. 그러나 궁가宮家와 내사內司에 소속된 사선私船의 수가 군선이나 조운선의 숫자보다 더 많아, 대략 2,000여 척에 달했다고 한다.

선박의 평균 수명을 최대 15년으로 산정했을 때, 매년 새롭게 만들어야 할 선박의 숫자는 200여 척(3000척÷15년)에 달한다. 1척 당 150그루의 소송小松이 필요할 것을 가상하면, 흉고직경 50cm 내외, 수고 20m에 이르는 30,000 그루의 소나무가 매년 필요하며, 또 척 당 75그루의 소나무를 적용하면 매년 15,000그루의 소나무를 충당해야만 했을 것이다.

조선소가 있는 바닷가 인근의 솔숲에서 이만한 굵기의 소나무를 매년 충당하는 것은 점차 곤란해졌고, 소나무에 대한 금벌정책은 더욱 가혹해져갔다.

자염煮鹽 생산에 사용된 소나무

자염 생산 과정 ——————— 조상들과 가축들이 수천 년 동안 섭취했던 소금은 1907년 주안에 최초의 천일염전이 만들어지기 전까지 모두 바닷물을 가마솥에 끓여서 만들었다. 끓일 자煮와 소금 염鹽에서 유래된 자염이라는 명칭에서 상상할 수 있듯이 소금생산에 사용된 땔감은 이 땅의 숲이 감당했고, 그 중 많은 부분은 화력이 강한 솔숲이 그 역할을 수행했다.

자염 생산은 크게 3 단계로 나눈다. 먼저 조금과 사리 때 바닷물이 들어오지 않는 갯벌을 4-5일 동안 하루에 몇 차례씩 소로 써래질을 하는 과정이다. 이 과정은 바닷물을 증발시켜, 갯벌 흙(鹹土, 함토)속에 소금기를 더 많이 농축시키는 단계라 할 수 있다. 그 다음 단계는 소금기가 농축된 갯벌 흙에 바닷물을 다시 침투시켜 염분 농도가 더 높은 바닷물(鹹水, 함수)을 준비하는 과정이다. 그리고 이 함수를 흙가마(土釜)나 철가마(鐵釜)에 끓여 증발시켜 소금을 생산하는 과정이 마지막 단계이다.

자염 생산의 역사 ——————— 이 땅에서 소금생산이 본격적으로 시행된 시기는 수렵채취의 떠돌이 생활에서 농경으로 정착생활을 시작한 때부터라고 할 수 있다. 암염巖鹽이나 정염井鹽이 없는 우리의 경우, 소금을 만든 방법은 바닷물을 끓이는 방법이었지만 지방에 따라서 그 구체적인 생산방법은 달랐다. 땔감이 흔한 강원도나 함경도의 동해안지방에서는 바닷물을 가마솥에 직접 끓여서 소금을 만들었고, 간석지가 크게 발달한 남서해안 지방에서는 갯벌을 써레로 갈아 말린 함토에 바닷물을 다시 침투시켜 만들어진 함수를 끓여서 소금을 만들었다.

태안의 사례 —— 1908년의 한 보고서에 따르면 충남에서 전국 소금의 12퍼센트를 생산하여, 전남과 경기에 이어 세 번째로 소금을 많이 생산하였으며, 그 중 58퍼센트를 태안에서 생산하였다고 밝히고 있다. 인조 16년에 간행된 「비변사등록」의 '어염魚鹽 서태절목 편' 에도 충청도 소금의 절반 이상을 태안에서 생산했다는 기록이나 '서산과 태안의 소금에서 걷는 세금으로 나라의 경비가 충당된다(瑞泰鹽利 可以辦一國之經費)' 는 기록을 찾을 수 있는 예처럼 태안지방의 자염생산은 활발했다.

자염생산이 태안지방에서 이렇듯 활발하게 전개된 배경은 무엇일까. 가장 먼저 땔감조달이 쉬웠던 지리적 여건을 들 수 있다. 태안 일대는 바닷가 주변에 솔숲이 울창하여 땔감을 쉽게 얻을 수 있었다. 그 다음으로 조석간만潮汐干滿의 차가 심해서 염분 농도가 높은 바닷물을 용이하게 얻을 수 있었고, 대표적 물산 집산지인 강경 포구와 가까운 지리적 이점도 한몫을 했다.

이런 배경 덕분에 태안은 예로부터 전라도 부안, 영광과 함께 자염생산지로 이름을 얻었다. 그런 흔적은 17세기 중반에 호조에서 거두어 들인 태안지방의 염세鹽稅만도 8,500냥이었고, 자염을 생산하던 염분鹽盆의 수가 453좌座에 달했다는 기록으로도 알 수 있다. 조선의 3대 기간산업이 염업, 광업, 면업이라는 주장처럼, 소금생산으로 얻는 재원은 국가의 중요한 수입원이었다.

조선재와 연료 확보에 대한 갈등 —— 염업의 기반이 된 서해안과 남해안 지역은 조선업도 함께 기반을 둔 지역이었다. 따라서 나라의 소나무 정책은 조운선이나 전선 건조에 필요한 선재 확보를 우선할 것인가 또는 자염 생산에 필요한 땔감을 먼저 확보할 것인지를 두고 항상 마찰이 있어왔다. 그러한 마찰은 임진왜란 이후, 왕족과 권세가들이 입안(立案)과 절수(折受)로 나라의 산림을 손에 넣기 시작하면서 더욱 심화되었다.

「인조실록」(4년 1월)에는 '전라도 부안 연해의 땅과 변산 근처에는 소금을 굽기에 좋은 곳이 많이 있고, 위도蝟島, 군산도는 모두 바다의 요지여서 염분鹽盆을 설치하고 소금을 생산하는데, 그 일대의 많은 염분들을 지배계급이 절수, 독점하여 국가에로의 세입이 점차 줄어들고 있으며, 그런 관계로 군량이 넉넉지 못한다' 고 당시의 사정을 밝히고 있다.

재력과 권력을 겸비한 궁방을 비롯한 권세가들은 수익성이 뛰어난 염장을 나라로부터 떼어 받아 자염 생산을 사유화하여 부를 축적하였다. 이들은 더 많은 수익을 올리고자 잡목뿐만 아니고 선박용 소나무까지 소금 가마의 땔감으로 이용했다.

결국 궁방의 염장이 늘어날수록 금산 소나무의 무단 작벌도 더 심해 갔다. 그러한 흔적은 「비변사등록」에서 찾을 수 있다. 숙종 8년 5월17일의 「비변사등록」에는 서산과 태안의 소금가마에 필요한 장작이 안면도에서 조달되고 있음을 다음과 같이 밝히고 있다.

'근래 각처의 배 재목이 더욱 궁핍해지고 있는 것은 소나무의 보호가 엄중하지 못한 소치입니다. 장산곶(長山串) 같은 곳은 황해도의 쇠 만드는 곳이 바로 멀지 않은 경내에 있어서 숯 굽는 자가 사철로 끊어지지 않습니다. 또 안면곶(安眠串)도 서산, 태안의 소금가마가 모인 곳으로 배로 토목(吐木, 장작)을 운반하여 밤낮으로 소금을 구워도 수영의 변장이 금지시키지 못합니다. 이번에 변산의 소나무 재목의 손상도 과반수에 이른다고 하니 참으로 염려스럽습니다.'

흥미로운 점은 조정에서도 염세 확보를 위해 서산과 태안에 소금가마를 직접 운영하면서 솔숲의 훼손에 일조를 한 점이다. 역시 숙종 8년 같은 날의 「비변사등록」에는 '일찍이 인조仁祖 때에 변산과 안면곶에 호조의 염분鹽盆 50여 좌座가 있었는데, 보호하는 소나무를 손상시켰다 하여 그 염분을 혁파시키도록 명한 일이 있습니다. 이번에도 일체 금지시키려고 한다면 반드시 이같이 엄중하게 하여야 될 것입니다' 라고 밝히고 있다.

태안의 소금 가마와 관련된 기록은 숙종 45년 1월 17일자 「비변사등록」에 또 나타나고 있다. '태안의 묵송리墨松里 근처에 있던 호조의 염분 7좌는 이미 헐어내었으나, 그 곁에도 염분 1좌가 있는데 이는 호조의 문서에 올린 것이라 하여 헐어낸 7좌에 포함되지 않았습니다. 묵송리에 있는 염분 1좌도 헐어내도록 해야 하며, 섬 중의 묵은 밭에 소나무 심는 일도 수영으로 하여금 착실히 파종토록 해야 할 것입니다.'

이런 기록을 참조할 때, 나라에서는 송금松禁을 보다 중시하여 호조 소속의 염분을 철파하기까지 하였지만 소금 역시 포기할 수 없는 실정이었다. 소금 자체가 대용품을 구할 수 없는 생활필수품이었기 때문이다. 따라서 송금정책에 대한 국가의 의지는 현실적으로 타협할 수밖에 없었다.

영조대에 이르러 목재로서의 효용가치가 떨어지는 바람에 쓰러졌거나 말라죽은 봉산의 소나무를 사용할 수 있도록 허락을 내리고 있는 기록에 비추어 볼 때, 점차 일정한 한계 속에서 봉산의 소나무가 연료로 사용되었을 것으로 짐작할 수 있다. 결국 이런 궁여지책은 궁방宮房과 아문衙門을 비롯한 권세가들이 송금을 무시하고 봉산의 소나무까지 거침없이 연료로 사용하도록 만들었음은 물론이다.

자염 생산에 들어간 소나무의 양 —— 예나 지금이나 소금은 사람이 살아가는데 공기와 물처럼 없으면 안될 소중한 물질이다. 오죽 소중하면 소금을 농경에 필수적인 가축인 '소'와 귀한 재화인 '금'으로 이름 붙였을까. 오늘날 그 용처가 14,000가지나 된다는 소금은 옛날에도 사람에게 꼭 필요한 물질이었다. 인체는 소금을 자체 생산하지 못한다. 소화와 호흡에 절대적으로 필요한 성분인 소금을 만일 섭취하지 못하면 인체는 영양분을 흡수할 수 없고, 산소를 몸 구석구석으로 운반할 수 없게 되어 결국 죽음으로 이어진다.

더운 지방의 사람들은 추운 지방의 사람들보다, 그리고 채식을 많이 하는 사람이 육식을 많이 하는 사람들보다 소금을 더 많이 섭취한다고 알려져 있다. 그것은 더운 지방에 사는 사람들이 땀으로 염분을 더 많이 배출하고, 그리고 육식의 경우, 고기 속에 염분이 포함되어 있지만 채식의 재료가 되는 곡물과 채소 속에는 염분이 거의 없기 때문이다.

야생육식동물은 인간처럼 다른 동물의 고기를 섭취함으로써 필요한 염분을 충족하지만 야생채식동물은 염분을 섭취해야만 했기에 소금을 찾아다녔다. 따라서 채식 중심의 문화권에서는 소금을 구하는 일은 식량의 생산만큼이나 필수적인 과업이었다.

성인이 일년에 필요한 소금의 양은 학자들마다 제각각 다르게 추정하고 있다. 국내의 경우, 1915년부터 1923년까지 국내 소금생산량으로 1인당 소금 사용량을 추정한 결과 1년에 11kg이 필요하다는 보고가 있다. 이 양은 사람의 섭취량과 함께 염장식품의 원료로, 그리고 소와 말과 같은 가축의 소모량을 모두 합친 양이라고 추정할 수 있다. 그러나 성인 한 사람이 필요한 소금의 양은 한해에 300g에서 7kg 이상이고, 말은 인간의 5배, 소는 인간의 10배나 염분을 더 많이 섭취한다는 외국의 보고도 있다.

태안문화원에서 자염 생산을 재현하면서 발표한 자료에는 1200리터의 함수를 8시간 정도 끓여서 4섬(240kg)의 소금을 생산하는 데는 모두 8짐의 마른 솔가지(8짐×60kg=480kg)가 필요하다고 밝히고 있다. 즉 마른 솔가지 2kg으로 1kg의 소금을 생산하는 셈이다.

조선시대의 인구를 1,000만 명이라고 추산할 때, 일년에 한 사람(가축까지 포함) 당 10kg의 소금을 소비한다면 1억kg의 소금이 필요하고, 그에 필요한 땔감의 무게는 1억kg×2=200,000톤에 달한다.

소나무의 비중을 약 0.5로 잡을 경우, 매년 400,000m³의 나무들이 벌채됐을 것이고, 약 4퍼센트의 연생장량을 대입하면 10,000,000m³의 산림축적이 있어야 가능한 형편이다. 따라서 산림축적이 산림축적 50m³로 대입하면 20만ha의 산림이 필요한 실정이다. 땔감의 절반은 활엽수로 충당하고 나머지 절반은 소나무로 충당한다고 가정하면 100,000톤의 소나무가 매년 필요했던 셈이다.

결어

한선 건조와 자염 생산에 기여한 소나무의 역할을 통해서 한민족의 삶에 자리 잡았던 소나무의 위상을 살펴보았다. 선박 건조와 소금 생산이라는 단 두 가지 사항을 통해서도 지난 1천여 년 세월 동안 소나무가 조상들의 일상적 삶에 얼마나 밀접하게 관련되어 있었던 지를 상상할 수 있다.

소나무의 물질적 효용가치는 농경사회에서 상상 이상으로 컸다. 소나무의 이런 물질적 유용성은 세월이 지남에 따라 기개와 지조, 생명과 장생, 은일과 풍류를 상징하는 정신적 덕성으로까지 승화될 수 있는 계기가 되었으며, 종국에는 농경문화를 꽃피우는데 기여했음은 물론이다.

그러나 소나무 문화로 대표되는 농경사회는 지난 한 세대 만에 이 땅에서 사라졌다. 궁궐재와 조선재를 제공해 왔던 이 땅의 소나무 숲은 산업화에 따라 농촌인구가 줄어들면서 하루하루 불안정한 상태로 변하고 있다.

지난 일천 년 동안 소나무 숲은 인간들의 적당한 관심과 간섭으로 안정상태를 유지할 수 있었다. 맨땅에 씨앗이 떨어져야 싹이 트고 활엽수 속에서는 옳게 자라지 못하는 소나무의 생육 특성상 땔감용으로 숲 바닥의 낙엽들을 긁어내고 활엽수를 제거했던 인간의 관행이 소나무에게는 좋은 생육공간을 만들어주었기 때문이다.

오늘날 소나무 숲에 대한 인간의 관심과 간섭이 사라지자 참나무류를 비롯한 활엽수들이 식생천이의 질서에 따라 소나무의 생육공간을 차츰 잠식하고 있다. 설상가상으로 솔잎혹파리, 소나무 재선충 같은 외래 병해충의 창궐은 이 땅의 소나무에게 엄청난 재앙이 되고 있다. 한때 우리 산림의 60% 이상을 차지하던 소나무 숲이 인간의 간섭이 사라지고, 병충해와 산불, 수종 갱신으로 급격히 줄어들어 요즘은 겨우 산림면적의 25%만을 차지하고 있다. 앞으로 100년 뒤에는 이 땅에서 소나무가 사라져 가리라는 보고도 있다.

소나무를 주제로 10년 만에 다시 학술토론회를 개최하는 이유는 조상들의 삶에 지대한 영향을 끼친 소나무의 역할을 다시 한번 정리하는 한편, 이 땅에서 점차 사라져가는 소나무를 지킬 수 있는 방안을 모색하고자 원하는 바람 때문일 것이다. 이 토론회를 계기로 그 바람이 구체적인 행동으로 옮겨지길 빈다. 이 글은 졸저 '우리가 알아야 할 우리 소나무'(현암사)의 내용 중 일부를 발췌 정리한 것임을 밝힌다.

참고문헌

경향신문 2003. 10. 11일자 기사. 청자 1만여점 '천년의 신비' 를 벗다

「고려사」

국립해양유물전시관. www.seamuse.go.kr

김재근. 1975. 도해선조선식도고渡海船造船式圖攷-조선후기 선박의 구조- 학술원논문집 제14집 65-90. 대한민국학술원

김재근. 1984.「한국선박사연구」. 서울대학교 출판부

김재근. 1989.「우리배의 역사」. 서울대학교 출판부

김재근. 1994.「속한국 선박사연구」. 서울대학교 출판부

「동국여지지」

마크 쿨란스키. 2003.「소금: 인류사를 만든 하얀 황금의 역사」. 이창식 역. 세종서적.

문화일보 2003. 10. 11일자 기사. '고려청자 보물선' 신안 규모 육박

배재수. 2002. 조선후기 송정변천사. 조선후기 산림정책사. 연구신서 제3호. 임업연구원

「비변사등록」 5책

오 성. 1989.「조선후기 상인 연구」. 일조각

이원식. 1990.「한국의 배」. 대원사

이종석. 1986.「한국의 목공예」. 열화당

전영우. 2004. 풍수사상에 원용된 소나무. 서울대학교 환경대학원 제7회 전통생태 세미나 발표 논문.

전영우. 2004.「우리가 정말 알아야 할 우리 소나무」. 현암사(근간)

정낙추. 2002.「태안 지방 소금 생산의 역사」. 태안문화원.

「조선왕조실록」

왕릉王陵의 소나무

이선 한국전통문화학교

우리의 선조들은 예로부터 자연을 커다란 '생명체'로 인식하여, 생명을 가지고 호흡하는 공간으로 해석하였다. 또한 인간과 자연, 인간과 만물을 근원적으로 동일시하였으며, 자기가 거처하는 주변의 자연과 조화롭게 살고자 하는 사상이 기본이었다. 따라서 살고 있는 주변의 입지환경은 매우 중요한 기준이었으며, 생활을 위해 자연을 훼손하거나 특별히 변형시키지 않았다.

사람이 살아가는 공간을 위해서는 이처럼 주변 자연환경을 중요시하였고, 땅의 힘과 생기인 지덕地德의 힘을 빌렸다. 죽은 후에 묻히는 공간 또한 중요시하여 사후死後에도 좋은 땅吉地을 찾아 시신을 매장하였다. 이처럼 산 자나 죽은 자를 위해 명당을 찾는 것은 풍수風水의 영역인데 전자前者를 양택풍수陽宅風水, 후자後者를 음택풍수陰宅風水라고 한다.

왕릉王陵은 음택陰宅의 가장 대표적인 사례라고 할 수 있다. 사자死者의 공간인 묘지는 인류가 인위적으로 만들어 놓은 공간 중 가장 원형대로 보존되어 있는 공간으로, 특히 죽은 자가 왕이나 왕비일 경우에는 그 보존과 관리가 수백 년 동안 철저하게 이루어지고 있다. 이러한 능역 공간은 당시의 자연관이나 정치·역사 및 사상적 배경을 밝히고 이해하는데 중요한 역할을 한다.

고대의 능침陵寢 조성 및 식재사실植栽史實

죽은 후에도 호화롭고 방대한 능역을 조성하는 것은 생전의 권위와 위상을 뜻하는 것으로 중국의 여러 능묘陵墓에서 그 유래를 찾아 볼 수 있다.

중국의 능묘 가운데 전무후무한 곳은 진시황릉秦始皇陵이다. 진시황릉은 중국 산시성陝西省 린퉁현臨潼縣 여산驪山 남쪽 기슭에 위치한 시황제始皇帝의 구릉형 묘로서, 동서 485m, 남북 515m, 높이 약 76m이다. 이 능묘는 돌로 묘墓를 쌓고 흙으로 분墳을 만들었으며, 풀과 나무를 심어 산과 같이 하고 침전에 제사를 지내도록 하였기 때문에 '능침陵寢'이라는 칭호가 붙었다고 한다(한동수, 1997). 진시황릉 동문 밖의 거대한 병마용은 세계적인 관심거리가 되었고, 1987년 유네스코UNESCO 세계문화유산으로 지정되었다.

중국 한漢나라 때에는 묘소를 조성한 후에 송백松柏을 열을 지어 식재하였다는 기록이 있어 당시에 무덤 주변에 소나무와 잣나무(측백나무)[1]를 심었으며, 잣나무(측백나무)는 중국의 신화와 전설에서 곤륜산의 상서로운 나무 가운데 하나로 간주하기도 하였다(전호태, 2000). 중국 당대나 송대에는 전체 능원(조성: 兆城) 안에 대량의 소나무와 측백나무를 심고 벌채를 금지하였으며 경비가 매우 삼엄했다고 한다.

중국 명나라 때에도 능원에 소나무를 식재하였는데, 명대의 대표적 능인 주원장朱元璋의 능인 효릉孝陵에는 소나무 10만 주를 심고 장수의 상징인 사슴梅花鹿 1000마리를 풀어 길렀으며, 식재된 소나무 관리는 물론 이거니와 사슴을 상해하는 자에게 중형을 처했다고 한다(한동수, 1997).

우리나라에서는 고구려인들이 무덤 주변에 소나무 등을 심었으며 고분 벽화에도 나무를 주제로 하여 한 벽면을 장식하기도 하였다. 서기 5세기 초에 조성된 것으로 추정되는 집안지역의 각저총 벽화에는 나무가 중요한 벽화 제재였다. 또한 진파리 1호분의 북쪽벽에 그려진 산악도에는 현무玄武를 중심으로 좌우에 바위와 나무가 그려져 있다.

이 두 그루의 나무인 쌍수도雙樹圖는 소나무나 또는 박달나무로 추측하고 있다(민경현, 1991). 고구려인들이 이처럼 고분 벽화에 나무를 표현했던 것은 수목이 생육할 만한 주변 환경과 전통 신앙의 영향으로 파악하고 있다. 고구려인들이 무덤 주위에 송백松柏을 심었다는 기록은 「삼국지」[2]에도 나타나고 있다.

신라시대에도 능역 공간에 소나무를 식재한 기록이 나타나는데, 고운孤雲 최치원(崔致遠: 857-?)의 「사산비명四山碑銘」[3]이 그것이다. 그는 「사산비명」에서, '…그 왕릉九原

1. 백(栢, 또는 柏) 이 수종명은 국내에서 주로 잣나무로 번역되는 경우가 많다. 그러나 중국에서는 원래 측백側柏나무에 사용되었던 것이지만 우리나라에서는 잣나무로 자주 인용되는 것으로 판단된다. 강판권(2003)은 최소한 「논어論語」에 나오는 '백'은 잣나무가 아닌 측백나무라고 주장하고 있다. 잣나무Pinus koraiensis는 중국에서 '홍송紅松'으로 불리며 한반도의 국경지대나 만주지역에 다소 분포하며, 북경이나 중국 남부지방에서는 자생하지 않는다.

2. '男女已嫁娶, 便稍作送終之衣. 厚葬, 金銀財幣, 盡於送死, 積石爲封, 列種松柏 (「三國志」, 권30, 魏書).

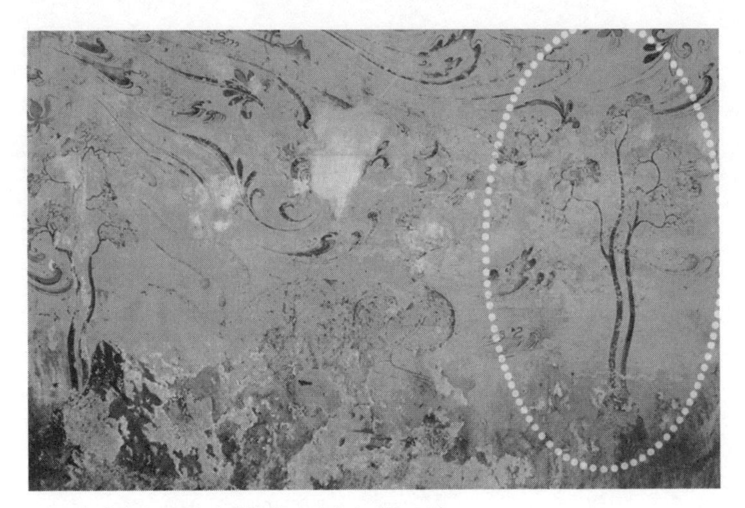
고구려 진파리 1호분의 벽화에 나타난 소나무 그림

을 이룩함에 있어, 비록 왕토王土라고는 하나 실은 공전公田이 아니었다. 이에 부근의 땅을 모두 좋은 값으로 구하여 구롱(丘壟, 왕릉)에 1백여 결結을 사서 보태었는데, 값으로 치른 벼(稻穀)가 모두 2천 점(苫, 1苫은 곡식 15말)이었다. 곧 해당 관사官司와 기내畿內의 고을에 명하여, 다함께 길에 무성한 가시나무를 쳐서 없애고, 분산하여 능역 둘레에 소나무를 옮겨 심도록 하였던 것이다(최영성, 1998)'라고 하여 이미 오래 전부터 묘역 주변에는 소나무, 또는 잣나무(측백나무)가 식재되었던 것을 확인할 수 있다.

「삼국사기三國史記」에도 능역 공간에 소나무를 식재한 기록이 나타난다. 고국천왕故國川王이 죽은 후에도 무당에게 나타나 능 앞을 가려줄 것을 부탁하는데, 그 내용은 이렇다.

9월에 태후太后 우于씨가 돌아갔다. 태후가 임종에 유언하기를, '내가 일찍이 행실(절개)을 잃었으니 무슨 면목으로 국양(國壤, 故國川王)을 지하에서 보랴. 만일 여러 신하가 차마 나를 구학(溝壑, 구렁텅이)에 버리지 아니하려거든 나를 산상왕릉山上王陵 곁에 묻어 주기를 바란다' 하였다. 드디어 그의 말과 같이 장사하였다. 무당이 말하기를, "국양왕國壤王이 나에게 강림하여 말하기를, 어제 우于씨가 천상天上에 온 것을 보고 내가 분함을 이기지 못하여 드디어 싸움을 하였는데 물러와 생각하니 낯이 뻔뻔하여 차마 나라 사람을 볼 수 없으니 너는 조정에 고하여 무슨 물건으로 나를 가려 주게 하라' 하였습니다"하므로 능(陵, 故國川王) 앞에 소나무를 일곱 겹으로 심었다.(秋九月 太后于氏薨 太后臨終遺言曰 妾失行 將何面目見國壤於地下 若群臣不忍擠於溝壑 則請葬我於山上王陵之側 遂葬之

---

3. 사산비명四山碑銘 통일신라 말기에 최치원이 지은 4개의 비문碑文으로 지리산의 쌍계사 진감선사 대공탑비, 만수산의 성주사 낭혜화상 백월보광탑비, 초월산의 대숭복사비, 희양산의 봉암사 지증대사 적조탑비에 적혀 있는 금석문이다. 이 중 대숭복사비는 현재 비문만 전한다. 신라말과 고려초의 불교·역사·문학·정치·사상을 살필 수 있는 귀중한 문헌이다.

如其言 巫者曰 國壤降於予曰 昨見于氏歸于川上(川 當作山 通鑑亦作山) 不勝憤恚遂與之戰 退而思之 顔厚不忍見國人 爾告於朝 遮我以物 是用植松七重於陵前)(「삼국사기」 권 제 17, 고구려 본기 제 5, 東川王 8년).

통일신라시대 원성왕의 능으로 추정되는 경주 괘릉의 전경

고국천왕의 왕비 우씨는 시동생인 산상왕山上王과의 불륜을 후회하면서도 사후에도 그의 곁에 묻히기를 원하였다. 이에 고국천왕은 분노하면서도 왕비를 더 이상 책하지 않고 자기의 무덤을 무엇으로라도 둘러쌓아 왕비 우씨를 보지 않도록 당부하였다. 고국천왕은 세상의 험한 꼴들을 보고싶지 않아 죽은 뒤에도 자기 무덤 주위에 늘푸른 휘장揮帳을 부탁하였던 것이다. 이 기록은 능 주변에 차폐遮蔽를 위해 소나무를 식재植栽한 '기능적 식재(차폐식재)'의 최초 기록이라고 할 수 있다.

또한 고려시대 공양왕 때인 1389년과 1390년에는 시조 묘 침원寢園의 소나무가 큰바람의 영향으로 뿌리채 뽑혀 나갔다는 기록이 「고려사」에 나타나는 것으로 보아 고려시대에도 능역 공간에 소나무를 식재하였음을 알 수 있다.

「조선왕조실록朝鮮王朝實錄」에 나타난 능침陵寢의 식재植栽 기록

「조선왕조실록」에는 봉식封植(능묘陵墓를 분묘墳墓하고 나무를 심음.)에 관한 기록은 자주 나타나지만 능침陵寢에 식재植栽한 수목이나 주변에 생육하던 수목에 관한 직접적인 서술은 그리 많지 않다. 능침에 봉식封植하는 일은 매우 중요하여 「조선왕조실록」 곳곳에 기록되어 있다. 「현종실록」에는 '고려조의 능침陵寢을 봉식封植토록 명하였는데, 태조太祖의 능은 2백 보步를 한계로 하고 7개 능은 1백 50보를 한계로 정하였다. 그리고 이 보수步數 안의 지역에 몰래 장사지낸 것들은 모두 파내어 나가도록 하고, 집을 짓고서 경작하는 자들 역시 추치推治하게 하였는데, 예조의 계사에 따른 것이었다 (「현종실록」, 현종 3년 6월 12일)' 라고 기록되어 있다.

또한 「선조실록」에는 선조께서 전대 임금의 능묘에 관해 의논하면서, '전대前代

임금들의 능묘陵墓는 변란을 겪은 뒤이므로 각각 그 고을로 하여금 편의에 따라 훼손된 곳을 수리하고 초목樵牧을 금해야 할 듯하다. 전대의 충신으로 신라의 김유신金庾信·김양金陽과 백제의 성충成忠·계백階伯 및 고려의 강감찬姜邯贊·정몽주鄭夢周 같은 이의 묘소도 봉식封植하고 초목을 금해야 할 듯하다 (「선조실록」, 선조 36년 9월 9일)' 라는 내용이 나와있다. 이러한 기록으로 보아 능묘 주변 약 300-400m를 한계로 하여 나무를 식재하였을 것이며, 봉식한 주변에는 경작이나 땔감 채취를 금하고 가축 먹이는 일을 금지하는 등 철저한 능묘관리가 시행되었을 것으로 추정된다.

한편, 「조선왕조실록」에는 능역 공간의 식재 현황이나, 수목 피해 상황 등에 관한 사실도 기록되어 있다. 주요 내용으로는 임금이 능역 공간의 수목의 중요성을 강조하며 손수 식재한 사실이나 식재를 명한 사실, 필요시에는 소나무나 젓나무 등과 같은 상록수 뿐 아니라 낙엽활엽수(잡목)도 식재한 사실, 또는 참나무류는 종자를 직접 뿌려 조림하는 파종조림播種造林을 주로 한 사실, 수목 벌채를 엄격히 금하고 피해 수목에 관한 현황보고 등을 들 수 있다.

「조선왕조실록」중에서 능역 공간에 식재를 하교下敎한 가장 최초의 기록은 「태종실록太宗實錄」이다.

> 임금이 상왕上王과 더불어 건원릉健元陵에 나가 동지제冬至祭를 행한 후, 공조 판서 박자청朴子靑에게, '능침에 소나무와 잣나무가 없는 것은 예전의 법이 아니다. 하물며 전혀 나무가 없는 것이겠는가. 잡풀을 베어버리고 소나무와 잣나무를 두루 심으라' (「태종실록」, 태종 8년 11월 26일).
>
> '창덕궁과 건원릉에 소나무를 심도록 명하였다' (「태종실록」, 태종 10년 1월 3일).

능침에 식재하거나 생육하는 수종에 대한 기록 중, 「정조대왕 행장」에는 임금이 손수 식재한 기록도 나타난다.

> 13년 봄에 영릉永陵·순릉順陵·공릉恭陵을 배알하고 또 장릉長陵을 배알 한 후 하교하기를, '조상의 고향조차도 조심하고 존경하는 것인데 하물며 손때가 묻어 있는 것이겠는가. 선왕조 신해년에 본릉으로 옮겨 심은 것은 효묘(孝廟, 효종)가 손수 소나무와 삼나무(杉)를 심었던 고사를 따른 것으로서 지금 저렇게 푸르른데 만약 표를 해두지 않으면 후세사람들이 어떻게 알겠는가' 하고, 영종(영조)이 손수 심은 잣나무를 구리로 에워싸게 하고서 '수식手植' 두 글자를 새겨두었다' (「정조실록」 권54, 부록, 정조대왕 행장).

여기서 언급된 삼나무(杉)는 동일한 내용을 기록한 「영조실록」(영조 7년, 8월 17일)으

조선 태조의 5대조 양무장군의 묘인 삼척의 준경묘 입구

로 보아 회나무(젓나무)로 판단된다. 정약용의 「아언각비雅言覺非」에는 '삼나무(杉)란 층層을 거듭하면서 바르게 자라 오르는 나무를 말한다.' …이시진李時珍[5]이 말하기를, '삼나무 잎은 단단하고 작은 모가 져 바늘과 같고, 열매는 단풍나무[6] 열매와 같다. 강남江南 사람들은 경칩驚蟄을 전후하여 이 나무가지를 땅에 꽂아 심어 싹을 내어 가지고 왜국(倭國, 일본)에 보내는 것을 왜목倭木이라고 하였는데, 아울러 촉금지방 것에 미치지 못하였다…, …중략…이 여러 글을 살펴보면, 삼나무(杉)란 세상에서 말하는 이른바 젓나무(檜)이다' 라고 하여 그 당시에도 삼나무의 명칭에 대해 다소 혼란이 있었음을 알 수 있다. 그러나 이시진의 표현을 인용하여 설명한 삼나무는 현재의 삼나무Cryptomeria japonica가 거의 확실하지만 정약용은 최종적으로 삼나무를 회나무(젓나무)라고 결론짓고 있다.

또한 세조 때에는 경상도 관찰사가 소나무를 식재하고 표석을 세워 신라 수로왕 능침의 경계를 정할 것을 청하기도 하였다.

경상도 관찰사 이선李宣이 김해 읍성에 있는 수로왕 능침에 표석을 세우기를 청하면서, '…비옵건대, 신라시조를 숭앙하던 예전禮典에 의하여 그 제도와 예절을 참작하여 능 옆

5. 이시진(李時珍: 1518-93) 중국 명明나라 말기의 박물학자·약학자. 후베이성湖北省 치춘春출생. 『본초강목本草綱目』(전52권)을 저술하였음.

6. 여기서 단풍나무란 현재의 단풍나무속(屬, Acer)을 말하는 것이 아니라, 수형과 나뭇잎, 열매 등의 형태로 볼 때 풍나무(楓木, Liquidambar formosana)일 가능성이 높다.

사방 50보 안에 있는 밭은 모두 묵히게 하여 갈고 심는 것을 금지하고, 소나무를 심어서 구역의 경계를 정하고 표석을 세우게 하옵시되, 수호하는 1, 2호戶를 선정하여 때때로 소제하게 하와 포장하는 예절을 베풀게 하옵소서' (「세조실록」, 세종 21년 10월 4일).

능침 주변에 생육하던 소나무와 잣나무가 방목으로 인하여 피해를 보았다는 기록도 나타난다.

신하 정백창鄭百昌이 아뢰기를, '유림柳琳이 태릉泰陵의 계하階下에서 말을 방목하고 정릉靖陵의 재각 주변에서 나무를 베내어, 선왕의 능침으로 하여금 소나무와 잣나무에 가지가 없게 만들었으니, 어찌 이렇게 하고서도 장수가 되는 사람이 있을 수 있겠습니까' (인조실록, 인조 5년 2월 5일).

또한, 상록수인 소나무·젓나무 등이 능역 공간에 자주 심겨졌으나, 사태沙汰 방지 등과 같이 필요한 때에는 잡목(雜木, 대부분 활엽수)도 식재하였으며, 참나무류는 파종조림播種造林도 실시하였다.

예조 판서 이 은이 두 능(명릉과 익릉)의 사태沙汰는 나무가 적기 때문이라 하여 이제부터 각 능침陵寢에 봄·가을을 기다려 잡목雜木을 많이 심게 하되, 심은 그루의 수를 본조에 보고하고, 본조에서는 낭관을 보내어 적간摘奸하게 할 것을 청하니, 임금이 그대로 따르고, 정식定式을 삼게 하였으며, 그 많고 적은 것을 조사하여 고적考績하는 바탕으로 삼게 하였다(「영조실록」, 영조 45년, 9월 11일).

승지 채홍원蔡弘遠이 능원陵園의 봉심奉審 후 이식한 수목의 활착이 불량하고 관리도 소홀한 것 같다고 아뢰자, 하교하기를, '이는 재랑齋郎 등이 성실히 근무하지 못해 빚어진 것으로서 매우 놀라운 일이다. 무릇 소나무를 심고 상수리나무를 씨뿌리는 법을 보건대 봄에는 파종해야 하고 가을에는 심어야 하는데, 구역 안의 여러 곳을 수시로 순찰하여 조금 성긴 곳에는 소나무를 심고 너무 공허한 곳에는 상수리나무를 씨뿌리면서 재배에 노력해야 할 것이니, 이 방법대로만 해 나간다면 아무리 소모시키려 한들 그렇게 되겠는가… 씨뿌리고 심을 때 주위의 나뭇가지와 잎을 충분히 잘라주면 오히려 싹트고 자라는데 도움이 된다고 하는데, 하인배의 입장에서도 충분히 혜택을 받는 일이 될 것이니, 이 어찌 공사公私 양쪽 모두에 편리한 일이 아니겠는가' (「정조실록」, 정조 22년 7월 9일).

광주廣州 유생 이의가李義可가 헌릉獻陵에 능역의 나무를 몰래 베어가는 폐단을 상소하면서, '…무엇보다 대무산大姆山은 본릉 안의 주봉主峰으로 중대하기 이를 데 없는데 한 그루도 남은 것이 없다하니 너무도 놀랍습니다. 각 능침에 봄가을로 나무를 심는 일은 무오년부터 규정을 정해 문서를 작성하여 보고하고 있는데, 본릉이 무오년 10월에 보고한 것에 의하면 대무산 왼쪽 기슭의 나무가 드문 곳에 회나무(젓나무) 1만 그루를 심었다 했고 기미년 3월 보고한 것에서는 주봉主峰 동쪽 뒷기슭에 상수리 4백 말을 뿌렸다 했으나 유생의 상소에서 말한 것과는 서로 크게 다릅니다'(「정조실록」, 정조 24년 5월 9일).

이처럼 능역 주변에서 소면적의 빈 공간에는 소나무를 식재하고 대면적의 빈 공간에는 상수리나무를 파종조림播種造林하는 것을 원칙으로 삼았다. 특히 정조대왕은 파종播種과 식재植栽시 주위 사항도 파악하고 있어 농정農政과 생물生物에 대한 관심과 생태적 지식이 지대했음을 간접적으로 파악할 수 있다.

능침에 심겨진 수목은 철저하게 관리하였으나, 때로는 능침 경내의 수목을 몰래 벌채하거나, 풍해, 병충해 등의 피해가 발생되기도 하였다.

광주廣州 유수留守 박기수는 헌릉獻陵 경내의 몰래 벌채된 수목은 소나무, 회나무(젓나무), 잡목雜木을 합하여 2,124주株라고 임금께 보고하였다(「순조실록」, 순조 33년 1월 15일).

옛 장릉長陵의 나무를 벤 사람 가운데 소나무와 회나무(젓나무) 열 그루 이상을 벤 자는 효시梟示하는 형률을 감정減定하여 3차의 엄중한 형신刑訊을 가한 뒤, 먼 변방에 정배定配하라고 명하였다(「영조실록」, 영조 9년 3월 4일).

능침 주변의 수목들은 함부로 벌채된 피해 외에도 바람이나 해충, 또는 벼락에 의한 피해도 발생하였다. 명종때에는 의릉義陵의 주산主山과 능실淩室 근처의 큰 소나무 75그루가 거센 바람에 의해 부러졌으며(「명종실록」, 명종 1년 7월28일), 또한 능침의 소나무에 벼락이 떨어져 치제致祭를 올리거나(「중종실록」, 중종 28년 3월18일), 능침의 소나무들은 송충이의 피해를 받기도 하였다(「중종실록」, 중종 31년 4월3일).

효성이 지극한 것으로 알려져 있는 정조는 원침에 심겨진 묘목墓木과 벼를 손상시키는 벌레를 제거하기 당부하면서, '…근자에 원침園寢의 뽕나무, 가래나무에도 충해蟲害가 있어, 나무를 심은 10읍의 수령들로 하여금 관속들을 거느리고 벌레를 제거하게 해서 잠시 수고로움이 길이 안일하게 될 수 있다는 뜻을 부쳤다…(「정조실록」, 정조 22년 4월 25일)' 라고 하여 능침에는 소나무, 젓나무, 잣나무 등의 상록침엽수 외에도 이처럼 뽕나무, 가래나무, 상수리나무 등과 같은 유용 활엽수가 생육하였던 것으로 추측할 수 있다.

한편, 「중종실록」에는 시강관 김희열이 사대부와 서인의 장례에 대하여 건의하면서, 다음과 같이 언급한 것을 보면, 예로부터 산소 주변에 심는 수종樹種도 신분에 따라 차이가 있었음을 알 수 있다.

예기禮記에는 '서인庶人은 그냥 하관下官하고 봉封하지도 않고 심지도 않는다'고 했습니다…여기에서 봉封이라는 것은 구롱丘壟이라는 것이고, 심는다는 것은 나무를 심는 것을 말합니다. 천자는 소나무를, 제후는 잣나무를, 대부는 밤나무를, 사士는 느티나무를 심고, 서인은 나무를 심지못하는 등 장사 지내는 등급이 이같이 엄격합니다'(「중종실록」, 중종 24년 11월 14일).

기타 사료史料에 나타난 묘소墓所의 식재 기록

이익(1681-1763)의 「성호사설星湖僿說」 제5권 만물문 '회백檜柏' 조條에는 '지금 사람은 조상 무덤 앞에다 젓나무를 많이 심는데, 젓나무는 오래 묵으면 벼락을 많이 맞기 때문에 심지 말도록 서로 경계를 한다. 동방 삭東方 朔이 이른, '잣나무는 귀신이 모인 데다(柏者鬼之廷)' 라는 말을 사람들이 인용하여 드디어 증거로 삼는 때문이다. 그러나 동방 삭이 말한 잣나무는 지금의 측백側柏인데, 그 일을 자세히 살펴보면 잎마다 모두 기울어졌으니, 이 잎만 보아도 증거할 만하다…' 라고 하여 무덤 앞에 젓나무를 흔히 심었으나 젓나무의 형태적 특성상 벼락을 자주 맞는 폐단을 지적하였다. 또한 '백양白楊' 조條에는, …백호통(白虎通, 글 이름)에는, '산소에 심는 나무가 여러 종류인데, 서인庶人은 양류楊柳를 심는다. 백양도 버들이라고 하는 까닭에 후세에 와서 모두들 백양을 심게 되었다' 하였으니, 어떤 이를 이르기를, '지금의 이른바 백양이라는 것은 뿌리가 아주 깊이 들어가고 멀리 뻗는 때문에 산소에 심으면 해가 된다' 하니, 이는 몰라서는 안 될 것이다' 라고 하여 서인의 산소에는 백양나무도 심은 것으로 보인다.

한편, 권별權鼈이 저술한 「해동잡록海東雜錄」의 김시습 편에는, '…옛 사람은 어버이를 그리워하는 마음을 잠깐 동안도 잊어 본 적이 없다. 그러므로 명일名日에는 배례하고 소분掃墳하며, 제삿날이면 추천追薦한다. 산소山所에서는 초화를 금하고, 소나무나 가래나무를 심는 것이 모두 추모追慕의 정을 다하는 마음이 있기 때문이다 …중략… 어버이가 죽자 그 무덤자리를 가려 편안히 장사지내는 데, 풍수에 구애되지 않았다. 대개 편안한 곳을 가리되, 첫째는 흙의 두께를 가리고, 둘째는 물의 깊이를 가리고, 셋째로는 소나무나 가래나무가 자랄만 한가, 넷째는 세상이 바뀌어도 갈아서 밭을 만들 수 없고, 다섯째는 가까워서 시제時祭를 지내기에 편리한가. 이 다섯 가지 조건이 갖추어진 뒤에 장사지내는 것이 군자의 행할 바이다(「대동야승」제20권, 「해동잡록(海東雜錄)」2, 김시습 편).' 라고 하여 산소 옆에 소나무와 가래나무楸木를 심었다. 이처럼 산소 옆에 가래나무를 심은 연유로 옛 사람들은 산소 찾는 일을 추행楸行이라 하였다.

주요 능지陵誌에 나타난 왕릉王陵의 식재사실植栽史實

조선시대에는 능역 공간을 조성하면서 능침 주변에 나무를 식재한 사실이나, 기타 중요한 관리사항, 관리 인원과 규정, 건조물의 배치와 규칙 등을 상세히 기록한 능지陵誌에는 식재植栽와 수목에 관한 사항들이 기록되어 있다.

능지에는 여러 절차와 의식에 관한 사항 외에도, 그 당시의 관리사항과 피해사항까지 상세히 수록되어 있다. 조선시대의 대표적 능인 서오릉西五陵의 각 능지 내용 중 소나무나 기타 수종의 식재에 관한 사항들을 발췌·종합해 보면 아래와 같다.

명릉明陵은 조선왕조 제 19대 숙종(肅宗, 1674-1720 재위)과 그의 계비 인현왕후仁顯王后 민씨閔氏, 그리고 제2계비 인원왕후仁元王后 김씨金氏의 능이며, 명릉지는 고종 광무연간에 필사된 능지陵誌이다. 「경릉지敬陵誌」에는 다음과 같은 능역 관리에 중요한 사항이 기록되어 있다.

능침에 소나무와 잣나무가 우선 식재되었지만 상황에 따라 기타 활엽수(잡목)도 중요시 되었음은 다음의 기록으로 알 수 있다.

> 능안의 잡목을 배양하는 절목(陵內雜木長養事目): 갑신년 5월, 예조판서 민진후閔鎭厚가 아뢰었다. "능침의 송백松柏들이 벌레가 먹은 뒤, (능침을) 수호하는 길은 오직 잡목을 배양하는 데 있습니다. 그러나, 능관陵官들이 잡목을 송백松柏보다 가볍게 보는지라, 잡목雜木이 무성할 리 없습니다. 각별히 신칙申飭(알아듣도록 거듭 훈계함)함이 어떠하오리까?" 주상께서 다음과 같이 말씀하시었다. "수목이 무성하기로는 광릉光陵만한 데가 없다. 일찍이 능행陵幸할 적에 그곳의 온 산이 울창한 것을 보았는데, 모두 다 잡목이었다. 능침을 수호하는 길은 송백松柏과 잡목雜木을 막론하고 오직 '무성한 것' 으로써 주를 삼는 것이다. 지금부터 각별히 잡목을 수호하고 기르도록 하는 문제를 거듭 이르도록 하라!" (甲申五月, 禮曹判書閔鎭厚所啓: 「陵寢松柏, 蟲損之後, 守護之道, 惟在培養雜木, 而陵官視雜木差輕於松柏, 故雜木不能茂盛. 各別申飭何如?」上曰: 「樹木之茂密, 無如光陵. 曾於陵幸時, 見其滿山叢鬱者, 皆雜木也. 守護陵寢之道, 無論松柏與雜木, 惟以茂盛爲主. 自今各別

護養雜木事, 申飭!」)

또한, 「경릉지敬陵誌」에는 능관의 책무를 명확히 지적하고 능침에 참나무의 파종조림과 소나무 어린 묘목의 이식, 능침 주변의 내안산과 외안산 등 산사태가 난 곳부터 조림을 지시한 사항 등이 열거되어 있다.

능관의 직책은 수목을 키우고 능침陵寢을 깨끗이 청소하는 데 있을 뿐이다. 매달 5일에는 간단지폐間斷之弊(일을 하다 중간에 끊어지는 폐단)가 없는지 근무 태도를 점검한다. 매년 10월 얼음이 얼기 전과 1월 얼음이 풀리기 시작할 무렵에는 반드시 수호군을 한꺼번에 번番을 들게 하여 떡갈나무 종자〔種子〕를 파종토록 하고(원주: 떡갈나무는 10월에 파종하는 것이 좋다), 어린 소나무〔稚松〕를 옮겨 심도록 하기도 한다. 옮겨 심은 뒤에는 반드시 (수호군에게) 소나무를 지정해 주고 빈빈頻頻하게 흙을 북돋아 밟아줌으로써 꼭 살도록 해야 한다. 만약 태만하여 심은 나무가 많이 죽을 경우 그 죄를 다스린다. (陵官職責, 只在長養樹木, 灑掃寢園而已. 每五日脩勤無間斷之弊. 每十月未凍之前, 及正月解凍之初, 必使軍合番, 或播槲子(播槲, 宜在十月), 或移種稚松. 移種後, 必定分松, 使之頻頻培踏, 期於必生. 如或怠慢, 多致不生者治罪事)

긴급하게 나무를 심어야 할 곳으로는 백호白虎 줄기의 여러 기슭, 내안산內案山 꼭대기와 그 바깥면, 외안산外案山인 망산望山(망월산) 사태沙汰가 난 곳이다. (種木處緊急, 在白虎諸麓, 及內案山頂及外面, 及外案望山沙汰處)

한편, 능역 공간에 소나무와 젓나무, 잣나무 등 상록침엽수가 주로 식재되었지만, 특별한 기능이나 목적이 있을 때에는 낙엽활엽수도 식재하곤 하였다. 그 예로 오리나무를 식재한 기록이 「경릉지敬陵誌」에 나타난다. 조선시대의 능역 공간에는 현재 오리나무가 소면적을 형성하며 생육하고 있는 경우가 많다(문화재청, 2001, 2003). 그동안 전문가들의 비공식적인 의견으로는 최근의 식재植栽 가능성과 원래부터 자생自生하였을 가능성 등, 서로 엇갈린 두 가지의 가능성을 제시하였다.

두 가지의 가능성이 모두 합당할 수 있으나, 분명한 것은 조선시대에 속성수速成樹인 오리나무를 정해진 목적에 따라 식재하였다는 사실이다. 따라서 현재 능역 공간에 생육하고 있는 오리나무는 오래 전에 식재하였던 오리나무의 후손으로, 생육에 적합한 입지에 아직까지 남아있어 그때의 명맥을 유지하고 있는 것으로 판단된다. 다음은 오리나무를 특별한 목적하에 식재한 「경릉지敬陵誌」의 기록이다.

임자년(정조 16년, 1792)에 홍릉령弘陵令 이영유(李英裕: 홍릉지의 編者)의 『식목완의植木完議』에는 다음과 같이 되어 있다. '본릉의 지세地勢가 고원高遠하여 재실 및 동구의 어로御路, 창릉의 재실까지 내려다보도록 되어 있어 볼 때마다 몹시 민망하였다. 그런 까닭에 이번 가을에 홍살문 왼편과 재실의 동쪽 담장 밖에 송회松檜를 촘촘하게 심고 담장 안에는 두견화杜鵑花를 심었으며, 어로御路를 수축修築한 뒤 그 왼쪽 곁으로 계속 잇대어 오리나무〔皃木〕와 잡목을 촘촘히 심어 은폐차장隱蔽遮障하는 방편으로 삼았다. 앞으로 혹여 심은 나무가 말라죽거나 띄엄띄엄 자라는 일이 있거든, 매년 봄, 가을로 지체없이 보식補植 하는 것을 영원히 지켜야 할 정식定式으로 삼아, '나무들이 떼를 지어 즐비한 땅' 이 되기를 기약하라! 그리고 만일 번番을 드는 군사들 가운데 일지일엽一枝一葉이라도 잘못

조선 제8대 예종과 계비 안순왕후安順王后 한씨韓氏의 능인 창릉 서오릉 정자각丁字閣

다루는 경우가 있을 때에는 즉시 예조에 보고하고 법에 따라 조치토록 하라!'. (壬子令李英裕植木完議曰:「本陵地勢高逈, 齋室及洞口御路昌陵齋室, 無不俯臨, 所見切悶. 故今秋, 紅箭門左邊, 及齋室東墻外, 植密松檜, 墻內植杜鵑花, 御路修築後, 其左邊傍連絡, 密種皃木及雜木, 以爲隱蔽遮障之計. 而日後或有枯死稀疎之弊, 則每年春秋, 隨卽補植, 以爲永遵定式, 期於攢簇櫛比之地. 而番軍輩萬一有誤犯其一枝一葉, 則卽爲報禮曹, 依法照律事」.

각 능지에 언급된 식재 및 수목에 관한 사항을 종합하면, 다음과 같은 사항들을 유추해 볼 수 있다.

능침을 보호하는 관리방안으로 수목이 울창한 것을 가장 우선시하여 소나무나 잣나무 외에 잡목의 중요성을 강조한 당시의 생태관을 간접적으로 엿볼 수 있다. 또한 능역 공간에 심겨진 수목은 매우 세밀하고 신중하게 관리하였다. 설해雪害나 풍해風害 등과 같은 물리적 피해와 병충해病蟲害와 같은 생물학적 피해를 받은 수목에

관해서는 한 그루라도 공문으로 보고하고 절차에 따라 처리하였다. 피해목에 대한 처리도 중요시하였지만, 수목의 벌채는 매우 엄하게 다스렸음을 알 수 있다. 뿐만 아니라 능관陵官의 책임을 정확히 밝히고 그에 따라 관리할 것을 명시하였다.

소나무를 능역 공간에 심은 이유

각종 능지陵志와 기타 사료史料를 분석해보면, 능침 주변에는 예부터 소나무를 가장 많이 심었다. 능침 주변에 소나무를 주로 심었던 근본적이고 직접적인 이유에 대하여 활자活字로 정확히 기록된 사료史料는 아직 찾지 못하였지만, 여러 가지 자료를 종합해 볼 때, 다음과 같은 이유에서 그 근거를 유추할 수 있을 것으로 판단된다(이선·김영모, 2004).

첫째, 소나무가 가지고 있는 생리·생태·형태적 특징을 우선적으로 꼽을 수 있다. 소나무가 늘 푸른 상록수라는 것과 은행나무나 느티나무처럼 장수長壽한다는 점, 낙엽활엽수처럼 가지가 옆으로 뻗는 성질보다도 위로 곧게 뻗는 수형樹形과 뿌리도 지하로 곧게 뻗는 형태적 특징 등은 중요한 의미가 될 수 있다. 또한 봉분封墳을 중심으로 후면부의 주산主山 및 내맥來脈은 대부분 능선이나 구릉을 중심으로 형성되므로 소나무의 생육적지가 될 수 있다는 것 등을 들 수 있다.

중국의 「예기禮記」에는 '군자가 비록 가난해도 도래솔을 베서 집을 지을 수는 없다(君子雖貧 爲宮室 不斬於丘木)' 는 말이 나오는데, 여기서 '구목丘木' 이란 무덤가에 심은 나무, 즉 도래솔을 말하는 것이다. 또한 '구목丘木' 이란 구릉丘陵에서 자라는 소나무이니, 「예기」에서도 소나무가 구릉에 자라는 나무임을 알려 주고 있는 것이다.

한편, 소나무는 선사시대부터 이 땅에 생육해온 주요 수종으로 한반도의 자연환경이 소나무의 생육에 적합했던 것도 주요 요인으로 사료된다. 이러한 소나무의 생리 및 생태적 특징과 형태적 특징은 상징성과 용도에 밀접한 관계가 있다.

둘째, 소나무의 생리 및 생태적인 특징을 근거로 한 상징성을 들 수 있다. 오래 사는 생리적 특징에 근거하여 소나무는 십장생의 하나로 상징되었으며, 늘 푸른 나무이므로 절개의 상징이기도 하였다. 공자孔子의 「논어論語」 〈자한子罕〉편에 추운 겨울이 되어서야 송백松柏의 푸르름을 알 수 있다는 '세한연후지송백후조야(歲寒然後知松栢之後凋也)' 라는 글귀는 예전부터 소나무가 절개를 상징하는 대표적인 수목이었음을 말해주고 있다.

사마천의 「사기私記」에는 '송백松柏은 백목의 장으로서 황제의 궁전을 수호하는 나무' 라고 하였으며, 왕안석王安石의 「자설字說」에는 '소나무는 공公의 작위를 잣나무에게는 백伯의 작위를 주었다' 라고 하여 소나무는 매우 귀한 나무로 여겨졌다.

또한 소나무는 하늘과 땅을 이어주는 매개수단으로 여겨져 성주맞이(성주풀이)에도 소나무가 이용되었다. 소나무 줄기를 하늘을 오르는 용으로 보기도 하여 소나무를 적룡赤龍, 소나무 껍질을 일명 적룡피赤龍皮라고도 하였다(한국정신문화연구원, 1992, 「한국민족문화대백과사전」). 뿐 만 아니라 무덤가에 심어놓은 도래솔은 정화와 벽사의 의미를 지니고 있다(동아출판사, 1996).

최창조는 능의 배후와 측면에 심겨진 소나무의 상징성에 대하여 강희안(姜希顔, 1417-64)의 「양화소록養花小錄」에 언급된 소나무 식재의 중요성을 예로 들며 소나무 경관이 명당의 요소로서 인간에 의해 인위적으로 유지되었을 것이라는 추측과 음양오행陰陽五行의 의해 소나무가 모든 나무 중에서 특별히 오행五行의 목木을 차지했다는 것은 소양小陽을 의미하며 봉분 주위의 음陰의 내용과 조화되도록 하기 위한 것으로 추측하기도 하였다(문화공보부 문화재관리국, 1989, 한국민속종합조사보고서-묘지풍수편). 또한 그는 큰 소나무는 천년이 지나면 그 정기가 청우靑友가 되고 거북 모양이 된다고 하는 의미에서, 거북은 현무玄武를 의미하고 현무는 북쪽 방위를 표현하는 것이어서 능의 후방에 심은 것이 아닌가 추측하기도 하였다.

셋째, 소나무는 다양한 쓰임새가 있다. 소나무는 건축재, 가구재, 조선용재造船用材 등과 왕실 또는 귀족들의 관곽재棺槨材 등으로 매우 유용하게 사용되었으며, 이를 위해 소나무 숲을 보호하였고, 특히 굵고 안쪽의 심재心材가 황적색을 띤 고급관재는 황장목黃腸木이라 하여 귀하게 여겼다. 소나무의 이러한 여러 특징에 따라 왕릉 주변이나 궁궐, 또는 야산에도 소나무를 집중적으로 식재하였으며, 특히 조선시대 이후에는 집중적인 관리하에 소나무의 조림, 벌목, 무육 등의 산림시업이 시행되었다.

그것을 뒤받침하는 것은 소나무를 위한 조선시대의 여러 산림시책山林施策이다. 정조 12년(1788) 소나무 보호육성을 위해 제정된 규정인 〈송금사목松禁事目〉, 정조 24년인 1800년 경에 송금사목에 규정된 내용을 구체적으로 실천하기 위하여 지금의 하동군에 제정한 절목인 〈송계절목松稧節目〉, 그리고 1838년으로 추정되는 헌종 4년에 현 경기도 이천군의 마을 사람들이 금송계를 조직하고 내규 등을 정리한 〈금송계좌목禁松契座目〉 등이 그것이다.

또한, 소나무를 심고 가꾸는 것에 관한 정책인 송정松政은 순조 8년(1808) 서영보

중국 산동성 곡부의 공자묘

와 심상규 등이 저술한 「만기요람萬機要覽」에 서술되어 있다(만기요람, 1971, 민족문화추진위원회). 이처럼 조선시대의 산림정책의 대부분이 '소나무 관리'에 중점을 두고 있음을 알 수 있다.

한편, 중국에서는 능침 주변에 소나무를 심기도 하였지만 측백나무를 더 빈번히 식재하였던 것으로 보인다. 대표적인 사례가 중국 산둥성 공자의 묘인 공묘孔廟주변 측백나무이다. 그러나 우리나라의 능침 주변에는 측백나무는 거의 찾아 볼 수 없으며 측백나무를 식재하였다는 기록 또한 나와 있지 않다. 그 이유는 수목의 생육환경 차이에서 오는 것이 아닐까 한다.

우리나라에서도 측백나무가 자생하고 있으며 천연기념물(제1호, 제62호, 제114호 등)로 지정되어 있다. 그러나 측백나무는 주로 석회암지대를 중심으로 분포하기 때문에 화강암이나 화강편마암이 대부분을 차지하는 우리나라에서는 자생하는 곳이 극히 한정되어 있다. 반면에 소나무는 우리나라의 입지에서 전국 어디에서나 잘 자랄 수 있으며 오랫동안 우리 민족을 대표하는 나무이기 때문에 즐겨 심고 가꾸어 온 결과라고 할 수 있다.

현재 대부분의 능역 공간에는 소나무가 가장 많이 생육하고 있어 군락群落을 이루고 있다. 하지만 생태적인 천이遷移과정이나 관리상의 문제 등으로 능역 공간의 소나무 숲은 그 면적이 점점 줄어들고 있는 실정이다. 봉분을 중심으로 한 최소한의 면적만이라도 조림과 무육 등을 통한 소나무의 집중관리가 필요한 시점이라 하겠다. 완만한 곡선을 이루고 있는 구릉과 그 한가운데 봉긋이 올라온 봉분封墳, 후면에 병풍처럼 둘러처진 곡장曲墻, 그리고 주변의 낙락장송落落長松 등으로 이루어진 왕릉은 화려하거나 위압적이지 않으면서도 자연스럽고 편안하여 우리 선조들의 자연관을 보는 듯하다.

사사謝辭 주요 능지陵誌의 해석을 도와주신 한국전통문화학교 문화재관리학과 최영성 교수님께 감사드립니다.

참고문헌

「敬陵誌」, 李王職 編, 寫本(1910년 寫).
「明陵誌」, 韓國精神文化研究院 藏書閣.
「弘陵誌」, 李英裕(朝鮮)編, 寫本(寫年未詳).
「星湖僿說」(국역), 1985, 민족문화추진회.
「萬機要覽」(국역), 1994, 민족문화추진회.
「大東野乘」(국역), 1985, 민족문화추진회.
「三國史記」(국역), 이병도 역, 1996, 을유문화사.
강판권, 2003, 「공자가 사랑한 나무, 장자가 사랑한 나무」, 민음사.
동아출판사, 1996, 「한국문화상징사전 1」
문화재청, 2001, 동구릉산림생태조사연구보고서.
문화재청, 2003, 서오릉산림생태조사연구보고서.
민경현, 1991, 「한국정원문화-시원과 변천론」, 예경산업사.
이선·김영모, 2004, 朝鮮時代 陵域 空間의 植栽 및 管理 史實에 관한 研究, 한국전통조경학회지, 22(1) : 88-101.
조선왕조실록, CD롬, 서울시스템주식회사.
전호태, 2000, 「고구려 고분벽화 연구」, 사계절.
정약용 著·김종권 譯, 2001, 「아언각비雅言覺非」, 일지사.
최영성, 1998, 「역주 최치원 전집 1, 사산비명」, 아세아문화사.
한국정신문화연구원, 1992, 「 한국민족문화대백과사전」.
한동수, 1997, 「중국 고건축·원림 감상입문」, 세진사.

안면도 소나무림 그 이용과 보전의 역사

배재수 국립산림과학원

왜 안면도 소나무림인가

나는 우리나라의 오랜 역사 가운데 국가를 위해 가장 중요했던 산림을 꼽으라면 주저 없이 안면도 소나무림이라 말하겠다. 당대가 아닌 역사의 눈으로 볼 때 안면도 소나무림만큼 국가를 위해 중요한 역할을 담당했던 산림은 그리 많지 않기 때문이다. 지금까지 잘 알려진 것처럼 안면도 소나무림에서 장기간 국용목재를 조달했다. 그러나 내가 주목한 것은 안면도 소나무림에서 천년 동안 국용목재를 공급했다는 결과 만은 아니었다. 어떻게 그렇게 오랫동안 안면도 소나무림에서 국용목재를 조달할 수 있었을까? 즉, 국용목재의 조달이라는 결과를 낳게 한 원인은 무엇일까에 더욱 주목하였다. 나는 그 원인을 안면도 소나무림의 이용과 함께 보전을 중요하게 생각하고 실천에 옮겼던 국가적 노력이었다고 생각한다.

4, 5년 전 나는 이런 생각을 정리하여 녹색칼럼[1]을 통해 소개한 적이 있다. 그러나 그 때는 안면도 소나무림의 이용과 보전의 역사를 설명하는 근거를 명확히 제시하지 못하였다. 무엇보다 폭넓은 자료를 수집하고 정리하려는 나 자신의 노력이 부족하였기 때문이다. 그 이후 조선후기 소나무 정책松政의 체계와 특성을 정리[2]하고 조선후기 궁궐 신축 및 수리 과정을 기록한 몇 편의 「영건도감營建都監[3]」을 보면서 안면도 소나무림의 관리와 국용목재의 조달 기능을 설명할 수 있는 관련 자료를 모

1. 1999-2000년 네이처조선 녹색칼럼 "역사가 있는 숲"에 연재되었으며 현재는 on-line 서비스가 중지되었다.

2. 조선후기 송정에 대해서는 〈졸고, 2002, 조선후기 송정의 체계와 변천 과정, 산림경제연구 10(2): 22-50〉를 참조하기 바란다.

3. 조선후기 창덕궁 인정전 신축 및 중수, 수원성역 신축에 필요한 국용목재의 조달처를 안면도와 관련지어 살펴본 것으로 〈졸고, 2000, 조선후기 국용 영선 목재의 조달체계와 산림관리 —창덕궁 인정전 중수를 중심으로—, 숲과 문화총서 8, 171-87쪽〉을 참조하기 바람.

을 수 있었다.

특히 서울대학교 규장각에 소장된 호서지도湖西地圖의 서산瑞山 지도를 보면서 안면도의 소나무림이 당시 사람들에게 얼마나 중요하게 인식되었는가를 확인할 수 있었다. 최근에는 조선시대 국용임산물의 종류 및 지방별 분포 자료(배재수·이기봉·주린원, 2004, 조선시대 국용임산물, 국립산림과학원 연구자료 제215호, 315쪽)를 보면서 국용목재를 공급했던 안면도 소나무림의 중요성을 다시 한번 느낄 수 있었다. 조선전기 대표적인 전국지리지인 「세종실록지리지」에는 국용목재를 조달하기 위해 각 도로 분담시킨 기록이 있다. 당시 국가는 가장 다양한 용도의 목재를 충청도에서 거두어 들였는데, 이는 국용목재의 대표적인 산출지인 안면도가 충청도에 있었기 때문에 가능하였다.

나는 앞서 예로 들었던 녹색칼럼을 바탕으로 하고 최근의 연구결과와 자료를 덧붙여 이 글을 썼다. 무엇보다 장기간 국용목재를 안정적으로 공급할 수 있었던 안면도 소나무림의 이용과 보전의 역사성을 당대의 사람들에게 말해보고자 하는 데 이 글의 목적이 있다. 이와 더불어 조선전기 금산, 조선후기 봉산, 일제강점기 국유화, 1927-1945년에는 일본인 소유 산림, 해방 이후 귀속재산의 처리로 다시 국유화, 1966년 충청남도 도유림으로 무상 양여되는 소유권의 변천 과정을 되짚어보면서 안면도 소나무림의 굴곡 많은 발자취를 살펴보고자 한다.

고려시대의 안면곶 산림 이용

원래 안면도는 섬이 아니라 육지와 연결된 곶이었다. 1578년에서 1713년 사이에 삼남지역의 세곡 운반의 편의를 도모하고자 지금의 태안군 안면읍 창기리와 남면의 신온리 사이를 뚫은 후 섬이 되었고(김의원, 1983, 한국국토개발사연구, 213쪽) 이후 안면곶이 아닌 안면도로 불리어지게 되었다. 그렇다면 고려시대에는 당연히 안면곶[4]으로 불러야 할 것이다. 고려조는 안면곶의 소나무림에서 궁궐 건축과 선박 제조에 필요한 목재를 공급했다. 19세기 중반 김정호가 지은 「대동지지」를 보면 '안면곶 내 신여리, 중장, 의점 등에서 고려조 이후 지금까지 궁궐 건축과 선박 제조용 목재를 얻었다(串中有新輿里·中場·衣店等處 自高麗至于今宮殿舟船之材 皆取於此, 김정호, 대동지지, 충청도 서산, 산천조)' 고 되어 있고 「증보문헌비고」에는 '고려조부터 재목

4. 이 글에서는 지명의 혼란을 막고자 조선시대는 안면도로 통일하여 지칭하였다.

을 길러 궁궐 건축용 및 선박 제조용 목재를 모두 이곳에서 이용하였다(自高麗養木宮室舟船之材 皆取於此, 증보문헌비고, 제21권 충청도 서산)' 고 기록되어 있다.

이러한 기록으로부터 고려조 이후 안면곶의 산림은 궁궐건축과 선박제조를 위해 특별히 관리되었음을 알 수 있다. 특히 이후 살펴보겠지만 안면도 소나무림은 「증보문헌비고」의 기록처럼 고려조부터 길러 조성된 숲이었다는 데 주목해야 할 것이다.

그러나 한때 안면곶의 산림을 위협하는 사건이 있었다. 바로 몽고군의 잇따른 침입이었다. 고종 18년(1231)부터 시작된 몽고군의 6차례 침입으로 인명피해는 물론 초조대장경과 황룡사 구층목탑 등 뛰어난 문화유산이 대량 소실되었다. 몽고군의 침입기간 중 전국의 산림은 황폐화되었다. 특히 원종 5년(1274) 원나라의 일본정벌용 선박 900척을 제조하기 위해 전북 부안의 변산반도, 전남 나주의 천관산, 제주도의 산림이 무참히 베어져 나갈 때(『고려사』 권27, 世家 27, 원종 15년 6월 辛酉條) 안면곶의 산림은 다행히도 도끼와 자귀의 광란을 피할 수 있었다.

우리 민족은 왜 천년동안 안면도를 선택했을까?

그렇다면 왜 안면도가 고려조 이후 계속 국용목재의 공급처로 자리 잡을 수 있었을까? 가장 큰 이유는 안면도에 울창한 소나무림이 존재했다는 자원적 특성에 있을 것이다. 안면도에 얼마나 좋은 소나무가 있었는지를 비교적 자세한 자료가 남아 있는 화성(지금의 수원성) 건축과 당시 고지도를 통해 유추해 보자.

지금도 거의 원형을 유지하고 있는 화성의 건축은 경복궁의 중건과 함께 조선후기 최대의 건설공사였다. 총 원목 9,680주, 판재 2,300립, 서까래용 원목 14,212개가 소요되는 대형공사로 약간의 느티나무와 전나무를 제외하고는 전량 소나무를 이용하였다(서울대학교 규장각, 1994, 華城城役儀軌 상·하, 규장각자료총서).

이러한 대규모 공사인 수원성을 건조하는 데 필요한 목재는 대부분 봉산으로 지정된 안면도, 장산곶, 관동(강원도), 전라좌·우수영 등지에서 조달되었고, 이곳에서 조달하지 못한 목재는 민간 상인에게서 돈을 주고 매입하였다.[5] 이 중 기둥이나 대들보로 사용되는 대부등大不等은 길이 30척(9m), 말원경(末圓徑, 원목의 양 끝 중 좁은 곳의 지름) 2척2촌(67cm)의 규격을 갖는 큰나무였다. 화성을 건설하는 데 현재 우리가 사용하고 있는 부피 단위로 환산하여 약 4m³짜리 원목이 344주나 필요하였는데, 모두 수원과 인접한 안면도에서 조달되었다. 원목으로 4m³짜리 나무를 상상하기란 어려운 일이다. 서 있는 나무라고 생각하면, 대략 수고 25m, 가슴둘레 직경 80㎝의 거대한 나무를 잘라야만 하나의 대부등이 나온다. 이러한 소나무를 344주나 생산할 수 있는 안면도를 생각해 보라. 19세기까지 안면도 소나무림은 지금의 울진 소광리 소나무림을 연상시킬 만한 그런 곳이었다.

안면도 소나무림이 당시 사람들에게 얼마나 중요하게 인식되었는가를 보여주는 또 하나의 증거가 있다. 바로 조선후기 「동여도」와 「호서지도」다. 알려진 바대로, 「만기요람」(萬機要覽, 1808, 財用編五, 松政)엔 공충도(지금의 충청도)에 73처의 봉산이 있다는 기록이 있으며 「동여도」(김정호, 2003, 동여도, 서울대학교 규장각, 그림1 참조)에는 73처의 봉산 모두가 안면도에 존재하였다는 것을 잘 보여준다. 그러나 최근에 밝혀진 것처럼 충청도의 봉산이 안면도에만 있었던 것은 아니다. 「대동지지」와 「호서지도」에서 볼 수 있는 것처럼 충청도의 많은 군현에 봉산 또는 의송산이 지정되어 있었다.

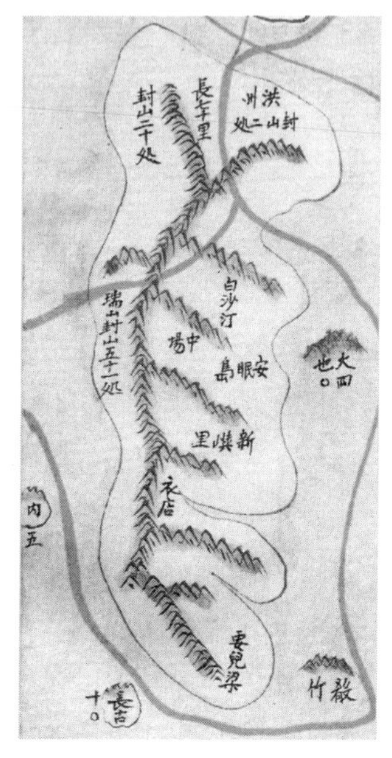

그림 1—「동여도」의 안면도

그럼에도 「만기요람」에 안면도의 73처 봉산 만을 기록한 것은 '충청도는 전라도와 경상도에 비해 선재 필요량이 훨씬 적다. 따라서 선재 조달을 위한 봉산의 지정이 더 많을 필요가 없다. 아울러 오랫동안 잘 보전되어 선재를 충분히 공급할 수 있었던 안면도가 건재하고 있었다. 이럴 경우 안면도 이외에도 봉산을 지정하여 운영하였지만 중앙에 보고할 때는 굳이 그런 곳까지 보고할 필요는 없었을 것이다' 라는 이기봉의 주장[6]처럼 국가가 충청도에 요구하였던 국용 목재는 안면도의 소나무림이면 충분하였을지도 모른다. 그렇다면 안면도에는 얼마나 많은 소나무림이 있었을까? 조선시대 안면도 소나무

5. 화성 건축에 필요한 목재의 조달은 〈김동욱, 1996, 18세기 건축사상과 실천 —수원성—, 277-83쪽〉을 참조하기 바람. 김동욱은 길이材長 30자에 굵기末圓徑 2자짜리 회목(전나무) 4주에 대해, 회목은 결이 바르고 나무가 단단하여 2층 건물의 고주에 주로 쓰이는 귀한 재목이라고 평가하였는데, 나는 당시 대부분의 궁궐 건축재가 소나무였으며 소나무가 전나무에 비해 종압축강도가 1.5배, 휨강도가 1.4배 크다는 사실로부터 소나무자원의 고갈로 어쩔 수 없이 전나무로 대체하였다고 생각한다. 이런 주장에 대해서는 〈졸고, 2000, 184-5〉를 참조하기 바란다.

6. 〈배재수·김선경·이기봉·주린원, 2002, 조선후기 산림정책사, 임업연구원 연구신서 제3호〉 중 제Ⅲ장 〈이기봉, 조선후기 봉산의 분포에 대한 지리적 고찰, 124-5쪽〉을 참조하기 바란다.

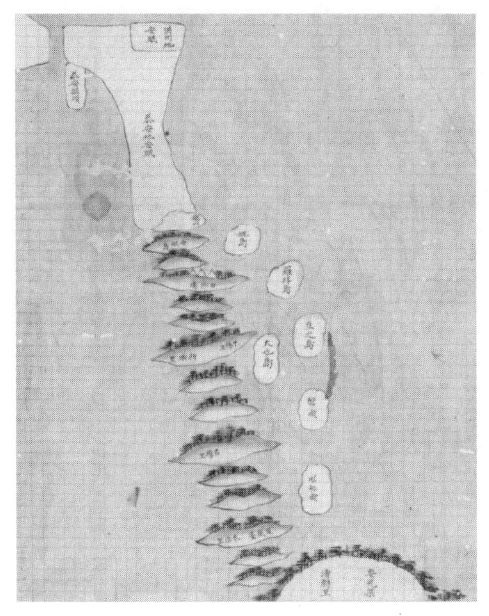

그림2—「호서지도」 서산의 안면도

림에 대한 정량적인 자료가 없지만 당시 고지도를 통해 간접적으로 확인할 수 있다.

조선후기 안면도는 태안에 소속된 섬이었을 뿐만 아니라 서산과 홍주의 월경지越境地[7]였다. 이런 이유로 「동여도」에도 하나의 안면도에 홍주 2처, 태안 20처, 서산 51처의 봉산이 나누어져 있었던 것이다. 〈그림 2〉는 「호서지도」의 서산편 중 안면도만을 나타낸 것이다.

18세기 초·중반에 만들어진 것으로 추정되는 이 지도(호서지도, 서울대학교 규장각, 규12158)는 안면도를 '태안지안면泰安地安眠', '홍주지안면洪州地安眠', '서산지안면瑞山地安眠'으로 구분하였는데, 이는 「동여도」에서 볼 수 있듯이 안면도를 3개 군현이 나누어 관리했다는 것을 명백히 보여주는 것이다.

특이한 것은 서산군이 관리하는 안면도를 중요한 소나무림이 존재하는 구역 단위마다 울창한 소나무림을 그려 표현한 것이다. 해안사구로 유명한 백사장白沙場, 국용 소나무 목재 생산지인 신여리·중장리, 고장리, 봉황대·의점리 등을 마치 각각 나누어진 하나의 섬처럼 표현하였다. 「호서지도」의 태안과 홍주의 안면도는 이와 다르게 안면도 전체를 하나의 섬으로 표현하였는데, 이런 점에서 본다면 서산의 안면도 표현은 서산이 느끼는 안면도 소나무림의 중요성을 강조하여 표현한 것으로 볼 수 있다. 안면도가 하나의 섬일지라도 소나무림의 생산지에 따라 구분하여 표현할 필요가 있었다는 것이다.

즉, 지금의 영림계획구처럼 각각의 경영구역 또는 생산구역을 구분하여 표현한 것으로 볼 수 있는데, 서산에 지정된 51처의 봉산과 관련이 있었을 것이다. 이처럼 안면도는 울창한 소나무림의 존재, 국가의 집약적인 관리로 인해 국용목재를 오랫동안 공급할 수 있었다.

그러나 아무리 울창한 소나무림을 보유했다고 할지라도 당시 최대 목재 수요처

7. 소속 고을의 구역 내에 있거나 접경해 있지 않고 중간에 게재하는 다른 고을의 영역을 뛰어넘어 따로 위치하면서 소재 고을의 지배를 받지 않고 멀리 떨어져 있는 소속 고을의 지배를 받는 특수구역을 뜻한다.

인 개경과 한양에 인접한 곳이 아니었다면 수송에 많은 어려움이 있었을 것이다. 인정전 중수에 필요한 국용목재의 조달과정에서도 알 수 있듯이 전근대 사회일수록 공사 기간을 좌우하는 것은 벌채 과정의 노동생산성보다는 운송력에 있었다(〈졸고, 2000, 전게서, 181쪽〉을 참고하기 바람). 이런 점에서 안면도는 서해안에 인접한 개경과 한양까지 비교적 쉽게 목재를 운반할 수 있는 지리적 장점이 있었다.

다음으로 안면도의 대부분이 구릉지에 해당하여 나무를 베고 운반하기가 수월하였다는 지형적 특성을 들 수 있다. 가장 높은 국사봉조차 백미터를 겨우 넘어설 정도다. 더군다나 벌채된 목재를 바로 바닷길을 이용하여 운반할 수 있었다. 추운 겨울 경사진 땅을 딛고 벌채하여 인력이나 축력으로 큰 물줄기까지 운반한 후 날이 풀리고 비가 오기를 기다려 유벌流筏하는 것과 비교해 보라. 바로 이런 점 때문에 조선초기부터 다양한 용도의 국용목재를 안면도가 존재하는 충청도에서 조달하였던 것이다.

울창한 소나무림의 존재, 수운의 편리함, 평탄한 지형 등 환경적 장점은 고려·조선 양조가 오랜 동안 안면도 소나무림을 주목한 이유였다. 하지만 이러한 환경적 요인만으론 설명할 수 없는 것이 있다. 안면도 소나무림이 천년 간 국용목재의 공급 기능을 유지할 수 있었던 이유가 아무리 베어도 저절로 빨리 자라나는 신비한 자연력 때문만은 아니었기 때문이다.

조선전기 안면도 소나무림 이용과 보전

조선전기 국용목재는 경기도, 충청도, 강원도에 분담시켰다(世宗實錄地理志, 1981, 韓國地理志叢書, 全國地理志 壹, 韓國學文獻硏究所編, 서울 亞細亞文化社刊). 목재는 부피가 크고 중량이 무겁기 때문에 생산지는 소나무자원이 풍부하여야 할 뿐만 아니라 최종 수요처인 한양까지 목재를 쉽게 운반할 수 있는 곳에 위치하여야 했다.[8] 경기도는 한양에 가장 가깝다는 지리적 이점을 살려 영선잡목營繕雜木, 자작목自作木[9], 은행나무, 피나무, 뽕나무, 은행나무, 앵두나무, 장작을 조달하였다. 충청도는 건축 및 토목에 필요한 영선대목營繕大木, 연목(椽木, 서까래), 판재 및 군사용 목재인 궁간목弓幹

8. 〈졸고, 1995, 조선후기 봉산의 위치 및 기능에 관한 연구-만기요람과 동여도를 중심으로—산림경제연구 3(1): 29-44〉 및 〈이기봉, 2002, 조선후기 봉산의 등장 배경과 그 분포, 문화역사지리 14(3): 1-18〉를 참조하기 바람. 특히 이기봉은 봉산의 중요한 기능이 선박제조라는데 착안하여 도별 전함 및 조운선 제조수와 봉산 분포의 관련성을 해석하였다.

표1—「세종실록지리지」의 도별 공물용 목재

도	공물용 목재
경기도	영선잡목(營繕雜木) 자작목(自作木) 은행나무(杏木) 피나무(椵木) 뽕나무(黃桑木) 앵두나무(櫻木) 장작(燒木)
충청도	애끼찌(弓幹木) 나무활(木弓) 자작목(自作木) 장작(燒木) 영선대목(營繕大木) 서까래(椽木) 잣나무(栢木) 회양목(黃楊木) 대추나무(棗木) 피나무(椵木) 가래나무(楸木) 넓은널대중목(廣板大中木) 피나무널(板) 잣나무널(栢板) 고을박선(仍邑朴船) 숯(炭)
강원도	자작목(自作木) 장작(燒木) 나무활(木弓) 관곽재(梓木) 재목(材木) 숯(炭)

木, 목궁과 선박재를 공급하였다.

또한 자작목, 황양목黃楊木 등 특수재와 연료용 목재인 장작과 숯을 공급하는 등 거의 모든 용도의 목재를 충청도에서 공급하였다. 조선시대 충청도가 주요 목재공급지가 될 수 있었던 것은 조선후기에 73처의 봉산이 설정될 정도로 풍부한 소나무자원을 간직한 안면도의 입지와 경기도를 제외하고는 해운이 가장 편리한 지리적 장점 때문이었다.

반면 강원도는 충청도의 안면도와 달리 남한강, 북한강의 내륙 물길을 이용하여 목재를 운반하여야 했다. 물량이 풍부한 지역 주변의 소나무림은 비교적 손쉽게 뗏목을 이용하여 한양으로 운반할 수 있었지만, 기타 지역은 수량이 부족하여 벌채 후 여름 장마 등 큰비를 기다려 운반할 수밖에 없었다. 따라서 강원도는 풍부한 소나무자원을 바탕으로 재목, 장작, 숯 등을 공급할 수는 있었지만 배로 운반하는 다른 지역과 달리 운반력의 한계가 있었다.

그러나 도별로 국용 목재를 나누었던 조선초기 공물 정책은 금산제도로 바뀌었다. 즉, 국용목재의 경우 쌀과 종실류와 달리 오랜 기간 길러 생산하는 품목이었으므로, 다른 국용 산물과 달리 특정 지역을 국가 직속의 용도림으로 지정하여 관리하는 제도로 변화한 것이다. 안면도 역시 조선초기 의송지宜松地(『세종실록』 권121 세종 30년 8월 庚辰條)로 지정되었다. 이로부터 안면도는 조선초기부터 가장 대표적인 국용 목재 생산지였음을 확인할 수 있다.

---

9. 자작목은 資作木 또는 字作木으로도 쓰였으며, 7품 이하의 호패 또는 5품 이하가 사용하는 황양목(黃楊木, 즉 회양목임)을 대신하여 호패 재료로 사용되었거나(『태종실록』 26권 13년 9월 1일 丁丑條), 전죽箭竹의 재료 등 군사용으로 사용되었거나(『세종실록』 110권 27년 11월 15일 丙戌條) 목판 재료로 사용되었다(『성종실록』 110권 10년 10월 4일 丙辰條). 그러나 수종명은 확실하지 않다.

조선조는 초기부터 안면도를 의송지로 지정하고 수군이 직접 관리하였다. 「경국대전」(1485) 공조 재식조栽植條를 보면 '안면곶 및 변산반도는 해운판관이, 해도는 만호가 자세히 살피고' '해마다 봄에 어린 소나무를 재식하거나 혹은 종자를 심어서 기르고 연말에 재식하거나 종자를 심은 숫자를 갖추어 왕에게 보고한다. 어긴 자는 산직은 장 80, 당해 관원은 장 60에 처한다' 고 되어 있다. 이런 조치야말로 안면도 소나무림이 천년동안 이어져 내려올 수 있었던 중요한 이유였다. 과거처럼 무분별하게 좋은 나무를 자르고 후계림을 조성하지 않는 행위는 목재 수요가 적었을 때나 가능하였다. 벌채된 땅에 어미나무가 떨어뜨린 씨앗을 틔우려면 자연의 시간이 필요하다. 더군다나 많은 비로 땅의 자양분이 쓸려나가거나 농지나 초지 등 다른 용도로 전환된다면 영원히 과거의 울창한 산림을 볼 수 없을지도 모른다.

그러나 조선시대는 자연력에 모든 것을 맡기기에는 이용 가능한 산림이 부족하였다. 그러기에 벌채하였거나 벌거벗은 땅을 골라 인간이 직접 어린 나무를 심거나 씨앗을 파종하는 적극적인 자원조성 정책으로 전환한 것이었다. 물론 이러한 지혜는 고려시대의 산림황폐로 겪은 반성의 결과였을 것이다.

특히 안면도, 변산과 같이 중요한 소나무림은 적극적인 관리가 필요하였다. 「경국대전」에서 명시한 것처럼 안면도의 산림은 조선초기부터 어린 나무를 심고 종자를 파종하여 길러낸 숲이었다. 그것도 지방 수령이 관리한 것이 아니라 전함을 만들어 전쟁을 수행하고 조운선을 만들어 물자를 수송해야 하는 해운판관이 관리한 것이다. 이런 기록으로부터 안면도의 산림은 국용목재, 특히 조선용 목재를 조달하기 위해 특별히 관리해야 할 산림이었고 이를 위해 국가는 조림 규정을 설정하고 지키지 않을 경우 처벌 조항을 두는 등 엄격한 관리를 하여 보전하려 했음을 알 수 있다.

조선후기 안면도 소나무림의 이용과 보전

사실 안면도 산림관리에 대한 전반적인 기록은 보이지 않는다. 그러나 지금까지 남아있는 단편적인 기록을 바탕으로 어느 정도 이용과 보전의 역사를 짜 맞출 수 있다. 정조의 화성 건축을 예로 살펴보자. 정조는 국왕 중심의 왕도정치를 이념으로 화성에 신도시를 건설하려는 계획을 갖고 있었다. 정조의 관심만큼이나 화성의 규모는 엄청났고 이를 현실로 옮기기 위해서는 재정적으로 많은 어려움이 존재했다.

그 중에서도 화성의 주요 부재인 석재와 목재의 조달은 화성공사의 성패를 좌우하는 큰일이었다. 무거운 돌을 나르기 위한 지혜가 거중기로 표출되기도 하였다.

아무리 고민해도 역시 믿을 만한 곳은 안면도 뿐이었다.[10] 서까래용이나 간단한 부재는 다른 지방의 소나무를 사용해도 괜찮았지만 대부등 만큼은 안면도 산림이 아니면 곤란하였다. 더군다나 수원은 안면도와 인접한 곳으로, 배를 이용하면 열흘 이내에 수원과 인접한 구포항(지금의 안산 시화지구)에 도착할 수 있는 이점이 있었다. 이렇듯이 화성 건설과 같은 대규모 공사가 2년 만에 끝날 수 있었던 데에는 안면도 소나무림의 공로를 빼놓을 수 없다. 서까래나 작은 부재는 공사기간 중이라도 언제나 공급이 가능했지만 초석 위에 기둥을 세우지 않고서는 다음 공사를 진행할 수 없기 때문이다.

궁궐 건축에 안면도의 소나무를 이용한 기록은 화성 성역 이후 창덕궁 인정전 개축과 중수에도 보인다. 창덕궁 인정전을 개축(1803-1804)할 때는 안면도 중장리, 승언리, 창기리의 소나무림에서 풍판風板 등 소부재를 조달했고 인정전을 중수(1854-1857)할 때도 추녀, 풍판 등에 쓰일 다양한 소나무 목재를 조달하였다.

안면도의 소나무림 이용의 이면에는 보전의 역사가 숨어 있다. 당시 안면도 봉산을 관리하기 위해 국가는 이 곳이 봉산이니 지역주민들은 들어오지 말라는 표시로 봉표를 설치하여 관리하였다. 산지기가 관할 구역을 둘러보고 봉표 내에 나무가 없는 희소처稀少處를 발견하면 즉시 파종을 하여 후계림을 조성하였다. 이러한 결과에 대해 안면도의 각 관할 책임자는 관리지역과 조림면적, 조림방법 등을 기록하여 조정에 보고해야만 했다.

안면도 봉산의 산림 관리를 구체적으로 살펴보기 위하여 안면도가 포함된 충청수영 소관 송전松田의 조림 사례를 보도록 하자.[11] 앞에서 말하였듯이 조선초기부터 외방 금산에서는 소나무의 조림 및 파종 실적을 중앙에 보고토록 하였으며 그 규정

10. "누각(漏閣, 조선조 때 누각에 관한 일을 맡아본 관청인 보루각을 뜻함 —논자 주)을 수리하고 단장할 나무는 적어도 대부등大不等 2백여 개는 있어야 된다고 합니다. 수상水上에서 베어 오려고 하니, 본도의 물력이 잔박할 뿐만 아니라 한 그루를 베어오는 데에도 비용과 공력이 적지 않게 드는데, 2백 그루를 상납하는 일은 달이나 날로 기약을 할 수가 없습니다. 호남의 완도莞島 등은 쓸만한 재목들을 선수 도감에서 거의 다 베어왔고, 또한 전선戰船의 재목을 생산하는 지역이니 한 그루도 남김없이 모두 베어오는 것은 곤란합니다. 황해도는 합당한 큰 재목이 이전부터 전혀 없었고 나무의 품질도 매우 나쁩니다. 할 수 없이 공홍도公洪道의 안면도安眠島에서 낱개로 가려서 베어 와야 하는데, 그렇게 하면 구할 수 있을 것이라고 합니다."(『광해군일기』 103권 8년 5월 4일 癸酉條)

은 조선후기까지 존속되었다.

조선후기 충청수영 소관의 12개 목牧·부府·현縣 및 4개 진鎭·영營의 송전[12]에서 수행한 식송 및 파종 기록을 통해 당시 국용목재를 생산하는 산림을 어떻게 관리하였는가를 살펴보도록 하자.

1873년(고종 10년) 충청수영은 소관 각 군진郡鎭의 전년도 식송植松 수효와 산명山名, 둘레周回 등을 조사·기록한 보고서를 작성하였다(忠淸水營所管島陸沿海邑鎭松田標內壬申條植松數爻及山名周回竝錄成冊, 서울대학교 규장각, 규16379). 이 보고서에 의하면, 충청수영에서 관리하고 있는 송전 중 1872년(고종 9년) 한해 동안 파종 또는 식송한 송전이 16개 읍진 230처에 달하였다는 것을 알 수 있다. 이 자료는 충청도에 봉산만 73처가 있다는 「만기요람」의 기록을 뛰어넘는 것으로, 당시 충청수영에서 매우 방대한 산림을 송전으로 지정·관리했다는 것을 보여준다.

〈표 2〉에서 알 수 있듯이 송전 중 안면도의 의송산은 다른 군현 및 진영의 의송산과 구별하여 적고 있을 정도로 특별한 관리 대상지였다. 이 보고서에는 송전을 의송산과 가금산可禁山으로 2분하고 있으며, 심지어 홍주목은 개인이 금양하는 사양산私養山 13처에까지 파종 또는 식송하였다.

표2 — 충청수영 소관 군진별, 종류별 송전 개수

도	송전 종류	송전 치수	군현별 총치수
서산군	안면도 의송산	50	57
	육산 의송산	4	
	가금산	3	
태안군	안면도 의송산	18	22
	육산 의송산	2	
	가금산	2	
홍주목	안면도 의송산	2	24
	육산 의송산	8	
	가금산	1	
	사양산	13	
결성현	의송산	3	7
	가금산	4	
해미현	의송산	2	2
당진현	의송산	2	15
	가금산	13	
면천군	의송산	2	11
	가금산	9	
보령부	의송산	6	28
	가금산	22	
남포현	의송산	4	14
	가금산	10	
비인현	의송산	4	30
	가금산	26	
서천군	의송산	1	5
	가금산	4	
임천군	의송산	4	4
마량진	의송산	2	2
평신진	의송산	2	2
안흥영	의송산	2	3
	가금산	1	
소근진	의송산	4	4

총 230개 송전에서 파종 또는 식송하였던 원인 및 처수處數를 정리하여 보면, 1. 헐벗은 자리(童濯處) 52처, 2. 선재용 목재를 벌채하고 남은 자리(船材斫取處) 10처, 3. 토끼가 어린나무를 훼손한 자리(兎損處) 7처, 4. 바람으로 인해 피해를 입어 나무가 말라죽은 자리(風落自枯處) 8처, 5. 나무가 드문드문 있는 자리(稀少處) 153처로 나

11. 이 사례는 〈졸고, 2002, 朝鮮後期 松政의 體系와 變遷 過程, 산림경제학회 10(2): 43-5쪽〉를 참조하여 작성하였다.

12. 여기서 말하는 송전은 「만기요람」에서 제시한 송전이 아닌 의송지宜松地, 가금산可禁山, 사양산私養山을 포함한 광의의 용어이다.

와 있다. 각각의 용어가 어느 정도의 산림황폐를 뜻하는지는 명확하지 않지만 피해 정도와 그 원인에 따라 비교적 자세한 구분을 하고 있음을 알 수 있다. 조림 방법은 파종 122개 소, 식송 108개 소로 큰 차이를 보이지 않고 있으며 식송 역시 면적에 따라 일정한 식송수가 있는 것이 아니라 피해 정도에 따라 매우 다양하였다.

표3 — 충청수영 소관 송전의 파종·식송 비율

파종		식송		합계	
處數	비율(%)	處數	비율(%)	處數	비율(%)
122	53.0	108	47.0	230	100.0

1872년 한해 동안 파종 또는 식송한 면적은 둘레(周回) 1,020리였다(1리는 540m, 1보는 1.8m로 가정). 주회 1리를 정사각형으로 보고 계산할 경우 1872년 당시 충청수영 소관 송전에서 재식한 면적은 최대 18,948ha라고 추정된다. 이는 당시 조림이 얼마나 광범위하게 진행되었으며 집약적인 산림관리가 이루어지고 있었는지를 보여주는 좋은 예라고 생각한다.

이 정도 규모의 조림이 이루어지기 위해서는 종자채취, 묘목생산, 조림 기술, 기술자 양성, 관리방안 등이 체계적으로 정립되어 있지 않고서는 거의 불가능한 일이었다고 보아야 한다. 특히 벌채 적지에 대한 인공조림이 수행된 것을 볼 때 조선후기 국가는 지속적인 목재이용과 산림조성을 함께 도모하고자 하였음을 알 수 있다. 이로부터 19세기는 안면도와 같은 대표적인 임업지역을 중심으로 채취임업에서 육성임업으로 전환하는 시기라고 할 수 있다.

이뿐만이 아니었다. 1884년 정월에 바람에 넘어진 안면도 소나무를 조사하여 보고한 기록을 보면, 윗가지가 부러진 소나무 한 그루(上折壹株), 허리가 부러진 소나무 한 그루(腰折壹株) 등, 나무 한 그루 한 그루마다 산지기를 배치하여 관리하였음을 확인시켜 준다(忠淸水營所管安眠島甲申條風落松用遺在區別成冊, 서울대학교 규장각, 규17030). 국가는 안면도 산림에 대해 나무 한 그루마다 집약적인 관리를 하였던 것이다. 그러나 안면도의 소나무림은 국가 만의 것은 아니었다. 명례궁明禮宮처럼 왕실의 보호를 받는 권세가들은 안면도 소나무림을 힘으로 이용하였고(安眠島鹽盆復設節目, 규18288의15) 주민들은 소금을 굽기 위한 연료원으로 소나무를 이용하고자 하였다. 한정된 소나무림을 많은 수요처에서 이용하고자 할 때 흔히 갈등이 발생하듯이 한정된 안면도 소나무림을 둘러싼 국가와 지방민의 갈등이 잦았다. 국가는 안면도의 주민을 모두 육지로 이주시키는 극단적인 방안[13]에서부터 연료에 필요한 소나무를 집집마다 기준을 정하여 제공하는 합리적인 대안(安眠島民戶及員役擧行節目, 규18937)에 이르기까지 다양한 수단을 동원하여 그 갈등을 해결하려 하였다.

그렇다고 하여 안면도 소나무림을 위협하는 요소들이 제대로 해결된 것같지는 않다. 태안문화원이 조사한 바(정낙추, 2002, 태안 지방 소금 생산의 역사, 19쪽, 태안문화원 발행)에 따르면 안면도 소나무림이 주로 분포하였던 창기리, 정당리, 중장리, 고남리 등 갯벌에서 자염을 생산하였다고 한다. 〈그림 3〉에서 볼 수 있듯이 안면도의 내륙 방향 갯벌의 대부분이 자염 생산지라고 해도 좋을 정도였다.

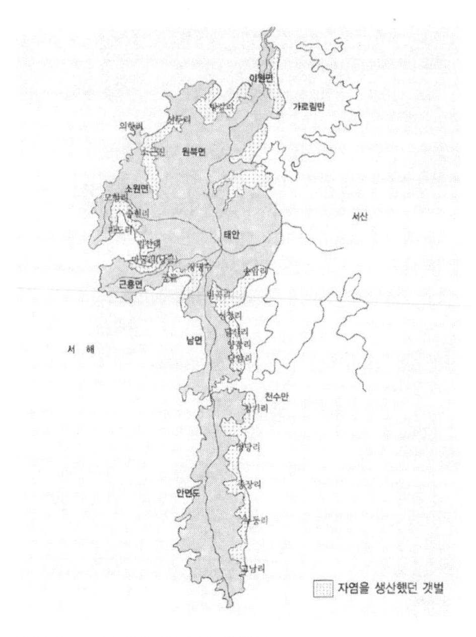

그림3— 태안반도 자염생산지

안면도의 해안선은 굴곡이 심하고 조수간만의 차이가 심하여 넓은 갯벌이 형성되는 지형적 특성을 갖고 있었다. 넓은 갯벌에서 봄부터 가을까지 매달 2번씩 생산할 수 있는 소금은 안면도 주민에겐 주요한 소득원이었을 것이다.

그러나 바닷물을 끓여 소금을 만들기 위해서는 연료원이 필요하였는데, 당시로서는 연료로 이용할 안면도 소나무림이 대부분 봉산으로 지정되어 있었다는데 문제가 있었다. 국가는 안면도 소나무림을 국가 용도로 사용하려고 하였고 안면도 주민들은 자염용 연료원으로 이용하려 하였다. 이런 갈등이 심해질수록 안면도 소나무림은 황폐되어 갔을 것이다.[14] 이런 이유로 18세기 말 화성 성역의 건설과 같은 대규모 공사 이후 안면도의 목재 공급기능이 축소되었을 것으로 생각된다. 19세기 중반까지 궁궐의 건축에 필요한 목재 중 대경목보다는 풍판과 같은 소부재를 공급하다가 20세기 초반에는 안면도에서 전혀 조달하지 못하였다는 점(慶運宮重建都監儀軌 및 中和殿營建都監儀軌, 2002, 서울대학교 규장각)에서 19세기 말에 점차 안면도 소나무

13. "충청도의 안면곶〔安眠串〕은 (중략) 또 소나무가 있는데, 염부鹽夫와 잡인雜人이 작벌斫伐하여 거의 없어질까 염려되니, 청컨대 거주하는 백성을 쇄출刷出하고, 태안泰安·서산瑞山 등의 고을과 처치사處置使로 하여금 소나무의 작벌斫伐을 금하게 하소서."(『세조실록』 6권 3년 1월 16일 辛巳條)

림은 그 모습을 잃어가고 있었다.

천년 산림 고도古島 안면도 소나무림은 사라지고

일제가 우리나라의 산림자원분포를 파악하고자 시도했던 임적조사사업(1910)이 시작되기도 전에 안면도의 산림조사는 착수되었다. 1909년에 조사된 기록을 보면, 안면도 산림은 국가 산이고 주요 수종은 소나무였으며, 7,156정보의 산림면적 중 4,864정보가 입목지로 조사(朝鮮總督府統計年報, 1910, 林業及狩獵)되었다. 안면도 산림조사는 다른 조사지역과 다른 점이 있었다.

안면도 산림만 유일하게 임적조사사업이 시작되지도 않은 1909년에 조사되었다는 점과 '국가 산(官山)' 이라는 소유구분을 명확히 사용했다는 것이다. 이것은 안면도 산림이 명확히 대한제국 소유의 산림이라는 점을 파악했으면서도 완도 산림과 마찬가지로 일본인에게 매각하려는 의도가 엿보여지는 대목이다.

이런 의구심은 곧 현실로 나타났다. 조선시대 대부분의 봉산은 일제의 강점 이후 국유림으로 변하였다. 일제강점기 국유림이란 무엇인가? 총독의 권한에 의해 얼마든지 사용, 수익, 처분될 수 있는 산림이었다. 국가가 국민을 위해 관리하도록 위임받은 산림을 총독부의 재정충당과 일본인 자본가의 이윤을 위해 처분되었던 사례는 셀 수 없이 많았다. 대표적인 예로, 안면도 산림 6,400정보는 1927년 3월27일 일본인이 경영하는 마생상점麻生商店에게 82만3천 원에 매각되었다(林省三, 1933, 安眠島, 5쪽).

이미 밝혀진대로, 조선총독부는 필요한 식민 재정을 충당하기 위해 국유림에서 벌채량을 증가시키고 요존국유림要存國有林을 매각하려는 조선임정계획을 수립하였다. 요존국유림은 이름 그대로 국가가 꼭 필요한 산림으로, 민간에게 처분할 목적의 불요존국유림과 구별되는 것이었다. 하지만 조선총독부는 식민 재정을 충당하기 위해 조선시대의 대표적인 봉산이었던 안면도와 변산반도의 국유림을 불요

14. "안면도安眠島는 선재船材의 봉산封山인데도 도끼와 자귀가 날마다 드나들어 도벌盜伐이 갈수록 심해지고 있는데다가, 함부로 일구는 폐단이 있기까지 하여 극도에 달하게 되었다. 아름드리 목재가 이미 남김없이 다 되어버렸고 파식播植하는 규정도 방치하고 거행하지 않았으니, 당초에 거듭 금단하지 않은 수신帥臣과 수령은 의당 죄가 있게 되거니와, 도벌한 사람이나 개간한 사람도 또한 당률當律이 있으니, 반드시 염탐하고 검찰하여 준엄하게 감단勘斷해야 한다."(『정조실록』 16권 7년 10월 29일 丁亥條)

존국유림으로 전환하여 매각하였다.

당시 안면도 산림을 사고자 입찰했던 많은 기업 중 마지막까지 경쟁을 벌였던 기업은 마생상점과 동양척식주식회사(이하 東拓이라 줄여 말함)였다(林省三, 1933, 安眠島, 6-7쪽).[15] 그러나 동척은 1925년 발생한 나주군 궁삼면 토지수탈사건과 연관되어 여론이 좋지 않았던 데다가 일본 자본을 대표하는 국책기업이라는 인상 때문에 마생상점에게 낙찰된 것으로 보인다.

마생상점은 곧바로 임업소와 파출소를 설치하고 지역 주민의 이용을 금지하였다. 조선후기부터 시작된 안면도 소나무림의 위기는 더욱 가속화되었다. 벌채는 계속되었고 안면도 소나무림은 급속히 사라지기 시작하였다. 마생상점의 안면도 산림의 매수는 단순히 국유림 하나가 일본인의 소유로 변화된 것을 뜻하는 것은 아니다. 천년간 이어온 안면도 소나무림의 역사성, 즉 국용목재의 공급 기능이 사라졌다는 것을 의미한다.

그러나 안면도 소나무림의 복원 문제는 광복 이후에도 쉽게 해결되지 않았다. 광복 이후 일본인의 귀속재산 처리로 안면도 산림은 다시 국유화되었다. 그러나 황폐된 국유림을 대부받아 조림에 성공할 경우 소유권까지 무상 양여한다는 조림대부제도로 인해 1966년 10월 안면도 산림을 충청남도로 무상 양여하였다. 천년간 이어온 안면도 산림의 관리권은 일제강점기를 제외하고는 처음으로 국가로부터 벗어나 도로 이전되었다. 그 후 875ha의 산림을 목야지 조성을 위해 기업에 대부해 주었다. 안면도 자연휴양림 부근의 넓은 초지는 그렇게 형성되었다. 그뿐만이 아니었다. 지금은 아니지만 과거 소나무가 베어진 땅에 외국에서 들여온 리기다소나무를 심었다. 안면도 소나무림의 역사성은 우리들의 무관심 속에서 그렇게 사라져 간 것이다.

천년 산림고도 안면도 소나무림의 역사성을 복원하자

최근 FAO는 아시아·태평양 지역에서 31개의 우수 산림경영 사례를 선정하였다. 이 중 우리나라는 안면도의 산림경영 사례가 유일하게 포함되었다. 우리 정부가 광릉 숲, 장성 편백림, 대관령 특수조림지, 안면도 소나무림, 운두령 경제림, 울진 금강소나무림 등 6개 우수 산림경영 사례를 FAO 아태산림위원회에 추천하였는데,

15. 林省三은 마생상점의 안면도 산림을 실제 경영한 인물이다.

위원회는 그 중 안면도 소나무림을 선정하였다.[16] 그 이유는 안면도 소나무림이 천년 동안 잘 관리되어 왔다는 역사성을 높이 인정하였기 때문이다. 안면도 소나무림의 역사성이 단지 우리에게만 한정된 것이 아니라 국제 사회에서도 인정받을 수 있음을 확인시켜주는 사례라고 생각된다.

그러나 지금의 안면도는 천년동안 양질의 국용목재를 공급해 왔던 그때의 안면도가 아니다. 아름드리 소나무는 눈에 띄게 줄어들었고 이 곳이 봉산이었는지를 기억해내는 사람은 더더욱 적다. 국민들의 관심 속에서 사라져 버린 안면도의 봉산, 몇 몇 사람들에게만 여전히 역사 속의 소나무림으로만 인식되고 있다.

우리는 일제시대의 단절을 넘어 현실의 장에서 살아 숨쉬도록 안면도 산림의 의미를 부여하고 과거의 명성을 복원할 수 있도록 노력해야 한다. 푸른 바다와 모감주나무 천연보호림으로 유명한 안면도의 소나무림이 지난 천년간 우리 민족의 소중한 문화유산을 건설하였던 보이지 않는 공신이었다는 것을 알려내고 복원해야 한다. 우리 민족문화를 계승한다는 것은 단순히 살아남아 있는 문화재의 원형을 이어간다는 것만은 아닐 것이다. 남아 있는 문화재의 원형과 함께 문화유산을 생성한 정신을 계승해야 한다. 이점에서 잘 가꾸어진 산림은 우리 민족이 오랜 동안 기다릴 줄 아는 민족임을 보여주는 가장 좋은 문화유산이라 생각한다.

안면도의 산림이 제 모습을 잃은 지 일세기가 지나고 있다. 어찌 보면 긴 시간이지만 아직 늦은 것은 아니다. 남아 있는 승언리, 정당리의 소나무림을 중심으로 체계적인 관리를 다시 시작해야 한다.[17] 당시 안면도의 땅 힘이 모자라 임시방편으로 리기다소나무와 같은 사방수종을 심었다면, 지금 어느 정도 땅 힘을 회복했다고 인정하는 지역부터 소나무로 갱신해야 한다.

또한 안면도에 살고 있는 지역민들에게 안면도 소나무림의 역사성을 교육시켜야 한다. 아는 것만큼 애정이 생기게 되고 애정만큼 지속적인 산림관리를 가능케 하는 것은 없기 때문이다. 이들이 주체가 되어 안면도 소나무림의 이용과 보전의 역사성을 안면도를 찾아오는 이에게 전파시켜야 한다. 이런 노력이 기울여진다면 백년이

16. 자세한 과정은 〈국립산림과학원 보도자료, 안면도 소나무림, FAO가 산림경영 우수사례로 선정(담당자 정세경)〉을 참조하기 바란다.

17. 이러한 면에서 〈고려대학교 자연환경보전연구소·한국수목연구회, 2000, 우량(안면)소나무림 보존 기초조사용역 최종보고서, 278쪽〉은 안면도 소나무림에 대한 생물, 환경적 기초 조사로, 향후 안면도 소나무림의 관리에 필요한 기본 정보를 제공하고 있다.

지나지 않아 다시 천년간 이어져온 안면도의 울창한 소나무림을 볼 수 있을 것이다. 당대가 아니라 섭섭할지 모르지만 우리 후손들이 누릴 수만 있다면 그만이다.

참고문헌

CD-ROM 국역조선왕조실록, 서울시스템주식회사.

「經國大典」(www.dlibrary.go.kr/NCL/index.html)에서 원문서비스 이용.

「高麗史」(www.dlibrary.go.kr/NCL/index.html)에서 원문서비스 이용.

「大東地志」(www.dlibrary.go.kr/NCL/index.html)에서 원문서비스 이용.

「增補文獻備考」(www.dlibrary.go.kr/NCL/index.html)에서 원문서비스 이용.

「萬機要覽」(www.dlibrary.go.kr/NCL/index.html)에서 원문서비스 이용.

고려대학교 자연환경보전연구소·한국수목연구회, 2000, 우량(안면) 소나무림 보존 기초조사용역 최종보고서, 278pp.

「慶運宮重建都監儀軌」, 2002, 서울대학교 규장각, 규장각자료총서 의궤편.

김동욱, 1996, 「18세기 건축사상과 실천-수원성-」, 도서출판 발언, 372pp.

김의원, 1983, 「한국국토개발사연구」, 대학도서, 911pp.

김정호, 2003, 「동여도」, 서울대학교 규장각.

미간행, 안면도 소나무림, FAO가 산림경영 우수사례로 선정(국립산림과학원 보도자료)

배재수, 1995, 조선후기 봉산의 위치 및 기능에 관한 연구-「만기요람」과 「동여도」를 중심으로-산림경제연구 3(1):29-44.

배재수, 1999-2000, 네이처조선(nature.chosun.com) 녹색칼럼 '역사가 있는 숲'. 현재는 서비스가 중지됨.

배재수, 2000, 조선후기 국용 영선 목재의 조달체계와 산림관리-창덕궁 인정전 중수를 중심으로-「숲과 임업」배상원편), pp.171-187.

배재수, 2002, 조선후기 송정의 체계와 변천 과정, 산림경제연구 10(2) : 22-50.

배재수·김선경·이기봉·주린원, 2002, 「조선후기 산림정책사」, 임업연구원 연구신서 제3호, 278pp.

배재수·이기봉·주린원, 2004, 조선시대 국용임산물, 국립산림과학원 연구자료 제215호, 315pp.

「世宗實錄地理志」, 1981, 韓國地理志叢書, 全國地理志 壹, 韓國學文獻硏究所編, 서울 亞細亞文化社刊.

「安眠島民戶及員役擧行節目」, 서울대학교 규장각, 규18937.

「安眠島鹽盆復設節目」, 서울대학교 규장각, 규18288의15.

이기봉, 2002, 조선후기 봉산의 등장 배경과 그 분포, 문화역사지리 14(3):1-18.

林省三, 1933,「安眠島」, 行政學會印刷所, 135pp.

정낙추, 2002,「태안 지방 소금 생산의 역사」, 19pp, 태안문화원 발행.

朝鮮總督府統計年報, 1910.

「中和殿營建都監儀軌」, 2002, 서울대학교 규장각, 규장각자료총서 의궤편.

「忠清水營所管島陸沿海邑鎭松田標內壬申條植松數爻及山名周回竝錄成冊」, 서울대학교 규장각, 규16379.

「忠清水營所管安眠島甲申條風落松用遺在區別成冊」, 서울대학교 규장각, 규17030.

「湖西地圖」, 서울대학교 규장각, 규12158.

「華城城役儀軌」(상, 하), 1994, 서울대학교 규장각, 규장각자료총서.

소나무와 우리 문화재

장영록 인천대학교

서론

지난 5월12일, 문화재청은 제주도 북제주군 애월읍 수산리 소재 곰솔을 천연기념물 제441호로 지정했다고 발표했다.(www.cna.info/menu1/2004/may/0512_2html) 수령 400년 정도로 추정되는 수고 12.5m, 수관 폭 24.5m의 이 나무가 천연기념물이 됨으로써, 천연기념물로 지정된 곰솔은 기존의 7개를 포함해서 모두 8개가 되었다는 보도가 있었다.

필자는 문화유산 시민단체인 '한국의 재발견' 후원회 회원으로 있는데, 어느 날 이 단체로부터 후원에 감사한다는 편지와 함께 「궁궐지킴이와 떠나는 궁궐나들이」라는 제목의 책을 받았다. '궁궐문화여행' 이라는 부제가 붙은 이 책은 '어린이 궁궐지킴이 체험학교' 과정의 보조교재로 쓰이는 책으로, 경복궁, 창덕궁, 창경궁, 경운궁 등 여러 궁궐과 종묘에 대한 간단한 소개를 담고 있었다.

그런데, 책을 대충 넘겨보던 나는 종묘에 대한 설명 중에서 중지당中池塘이라는 연못 사진 아래에 있는 사진설명 중에서 다음 글귀를 발견하게 되었다(「궁궐지킴이와 떠나는 궁궐나들이」, 한국의 재발견, 비매품, 2004). '…궁궐에서는 섬에 주로 소나무를 심었으나, 이 곳은 제례를 지내는 곳이므로 향나무를 심었습니다' 평소에 전혀 주목하지 않았던 사실에 대해서 확인하고자 다른 책을 찾아보았더니(「궁궐의 우리 나무」, 박상진, 눌와, 서울, 2001), 정말로 경복궁에 있는 경회루 못에 있는 두 개의 섬에는 모두 소나무가 있었고, 덕수궁 함녕전 앞 연못 가운데 있는 섬에도 소나무가 있는 것을 확인할 수 있었다.

소나무는 우리의 삶과 밀접한 관계를 가지고 있다. 태어날 때부터 죽을 때까지 여러 단계마다 소나무와 연관된 물건을 사용하고 있는 것이다. 필자는 우리의 선조들이 이 땅에 살면서 남겨 놓은 소나무로 만든 문화재들을 살펴봄으로써, 우리의 삶과 소나무가 어떻게 연관을 가지고 있었는가를 알아보고자 한다.

먼저 우리가 잘 알고 있는 문학 작품과 그림 속에서 다루어진 소나무에 대해서 간단하게 살펴보고, 살아있는 소나무 자체가 문화재인 천연기념물 소나무들에 대해서 정리하고, 건축물, 선박, 목관, 유적지, 생활용품 등에 사용된 소나무에 대해서 체계적으로 알아보고자 한다.

문학 작품과 그림 속의 소나무

조선 중기의 문인으로 유배와 은거 생활을 통해서 많은 작품을 창작했던 고산孤山 윤선도(尹善道, 1587-1671)의 '오우가五友歌'에서는, 물水, 돌石, 소나무松, 대나무竹, 그리고 달月 등 다섯 가지에 대해서 좋아하는 점을 설명하고 있다. 소나무의 경우에는 '더우면 꽃이 피고 추우면 잎이 지는데, 소나무는 어찌 눈서리를 모르고 늘 푸른가, 이를 통해서 소나무의 뿌리가 곧은 것을 알 수 있다' 고 소나무의 사철 푸르름을 곧은 품성과 연관시켜 노래하고 있다.

조선 후기에 실사구시實事求是를 추구했던 실학파實學派 학자들 중의 한 사람인 연암燕巖 박지원(朴趾源, 1737-1805)이 1780년 청淸나라 건륭제乾隆帝의 70세 생일을 축하하기 위해서 가는 사신 일행을 따라서 청나라의 여름 별궁이 있던 열하熱河까지 갔다가 오면서 썼던 기행문인 「열하일기熱河日記」에서, 연암은 청의 발달된 문물에 접하면서 조선의 낙후된 현실과 그로 인한 민중들의 고통에 대해 울분을 토로하는 글을 여러 곳에 남기고 있다.

그 중에서 소나무와 관련된 부분이 하나 있는데, 청의 벽돌 가마와 우리의 기왓가마를 비교하면서 '…솔을 때서 불꽃을 세게 하므로… 송진의 불광이 다른 나무보다 훨씬 세다. 그러나 솔은 한 번 베면 새 움이 돋아나지 않는 나무이므로, 한 번 옹기장이를 잘못 만나면 사면의 뫼가 모두 벌거숭이가 된다. 백년을 두고 기른 것을 하루 아침에 다 없애 버리고, 다시 새처럼 사방으로 솔을 찾아서 흩어져 가 버린다.

이것은 오로지 기와 굽는 방법 한 가지가 잘못되어서 나라의 좋은 재목이 날로 줄어들고…' 라고 기술하고 있다. 당시에 가마에서 그릇을 구울 때 소나무를 연료로 이용했음을 알 수 있고, 이로 인해서 숲이 황폐화되는 것을 안타까워하고 있음을 엿볼 수 있다.

조선 후기의 유명한 서화가인 추사秋史 김정희(金正喜, 1786-1856)가 1844년 제주도 유배 시절에 그린 '세한도歲寒圖' (국보 제180호)에는 네 그루의 나무가 있는데, 이 그림이 상상도인가 아니면 실경산수화인가 하는 논란이 있기는 하지만, 만일 실경산수화라고 본다면 구부정한 노목은 소나무이고 나머지 세 그루는 바닷가에서 흔히 자라는 곰솔이라고 추정된다는 주장이 있다(「역사가 새겨진 나무이야기」, 박상진 김영사, 서울, 2004). 이 그림의 제목은 「논어論語」자한편子罕篇에 나오는 글귀인 '歲寒然後 知松柏之後凋' 즉 '날이 차가워진 추운 겨울을 당한 후에야 소나무와 잣나무가 늦게 시드는 것을 알게 된다'는 것에서 따온 것으로, 어려운 자신의 유배생활을 세한에 비유하고 그 가운데서도 송백과 같은 꿋꿋한 기상을 잃지 않으려는 자신의 굳은 의지를 표현하고 있다고 볼 수 있다.

천연기념물인 살아 있는 소나무

우리나라에는 218건의 식물 천연기념물이 지정돼 있고, 그 중에서 고목은 141건이나 된다. 이 중에서 소나무는 모두 39건으로서, 여기에 소나무(17건)는 물론이고 처진소나무(3건)와 백송(6건), 그리고 곰솔(8건), 반송(5건) 등 여러 소나무들을 포함하고 있다.

문화재청 홈페이지에서 찾아보면(www.ocp.go.kr) 여러 천연기념물들에 대해서 상세하게 알 수 있는데, 천연기념물인 살아 있는 소나무들을 소나무의 종류에 따라 분류한 내용을 표로 정리하면 〈표 1〉과 같다. 우리에게 잘 알려진 속리 정이품송, 예천 석송령, 영월 관음송, 장흥 효자송, 백사 반룡송 뿐만 아니라 다른 여러 소나무들이 천연기념물로 지정되어 있음을 알 수 있다.

천연기념물 소나무들의 지역별 분포를 표로 정리하면 〈표 2〉와 같다. 경북에 전체의 4분의 1 이상이 있으며, 전북, 전남, 경북, 경남, 제주 등 우리나라의 남쪽 지방에 전체의 60퍼센트 이상이 있음을 알 수 있다.

건축물의 재료로 쓰인 소나무

오래된 나무의 나이테 간격과 변화 패턴을 비교해서 나무의 나이와 생장 환경 등을 연구하는 연륜연대학Dendrochronology 방법을 이용한 충북대 연륜연구센터의 연구결과(news.media.daum.net/digital/science/200406/15/hani/v6833482.html)에 의하면, 경복궁景福宮 북문인 신무문神武門을 해체 수리할 때 나온 소나무가 1871년에 베어온 것임을 알아냈다.

또한 왕비의 침전인 창경궁昌慶宮 통명전通明殿이 독특하게도 온돌이 아닌 마루로 지어진 것을 두고 일제가 개조한 것이라는 추정이 있었는데, 마루 목재의 나이테를

표1— 천연기념물 소나무

종류	번호	천연기념물의 명칭	소재지	지정일	나이(년)	높이(m)	둘레(m)
소나무	103	속리의 정이품송	충북 보은	1962.12.03	600	14.5	4.77
	289	합천 묘산면의 소나무	경남 합천	1982.11.04	400	17.5	5.5
	290	괴산 청천면의 소나무	충북 괴산	〃	600	13.5	4.91
	294	예천 감천면의 석송령	경북 예천	〃	600	10	1.96
	349	영월의 관음송	강원 영월	1988.04.30	600	30	5
	350	명주 삼산리의 소나무	강원 강릉	〃	450	21	3.58
	351	설악동 소나무	강원 속초	〃	500	16	4
	352	속리 서원리의 소나무	충북 보은	〃	600	15.2	5.0
	354	고창 삼인리의 장사송	전북 고창	〃	600	23	3.07
	359	의령 성황리의 소나무	경남 의령	〃	300	11	4.7
	381	백사 도립리의 반룡송(뱀솔)	경기 이천	1996.12.30	850	4.25	1.83
	383	연풍 입석의 소나무	충북 괴산	〃	500	21.2	3.48
	399	영양 답곡리의 만지송	경북 영양	1998.12.23	400	12	3.8
	410	거창 당산리의 당송	경남 거창	1999.04.06	400	18	4.05
	424	지리산 천년송	전북 남원	2000.10.13	500	20	4.3
	425	문경 존도리의 소나무	경북 문경	〃	500	9	
	426	문경 대하리의 소나무	경북 문경	〃	400		
처진 소나무	180	운문사의 처진소나무	경북 청도	1966.09.25	600	6	2.9
	295	청도 매전면의 처진소나무	경북 청도	1982.11.04	200	14	1.96
	409	울진 행곡리의 처진소나무	경북 울진	1999.04.06	350	14	2
백송(6)	8	서울 재동의 백송	서울 종로	1962.12.03	600	17	3.82
	9	서울 수송동의 백송	서울 종로	〃	500	14	1.85
	60	송포의 백송	경기 고양	〃	230	11.5	2.39
	104	보은의 백송	충북 보은	〃	200	11.8	2.16
	106	예산의 백송	충남 예산	〃	200	14.5	4.77
	253	이천의 백송	경기 이천	1976.06.23	230	16.5	1.92
곰솔(8)	160	제주시 곰솔(흑송)	제주 제주	1964.01.31	500	28	5.8
	188	익산 신작리의 곰솔	전북 익산	1967.07.11	400	15.0	3.77
	270	부산 수영동의 곰솔	부산 남구	1982.11.04	400	22	4
	353	서천 신송리의 곰솔	충남 서천	1988.04.30	400	17.4	4.48
	355	전주 삼천동의 곰솔	전북 전주	〃	250	14	3.92
	356	장흥 관산읍의 효자송	전남 장흥	〃	150	12	4.50
	430	해남 성내리의 수성송	전남 해남	2001.09.11	400	17	3.38
	441	제주 수산리 곰솔	제주 북제주	2004.05.12	400	12.5	
반송(5)	291	무주 설천면의 반송	전북 무주	1982.11.04	350	14	6.55
	292	문경 농암면의 반송	경북 문경	〃	200	24	5
	293	상주 화서면의 반송	경북 상주	〃	400	16.5	4.3
	357	선산 독동의 반송	경북 구미	1988.04.30	400	13	3.5
	358	함양 목현리의 구송	경남 함양	〃	260	12	3.5

표2 — 천연기념물 소나무의 지역별 분포

지역	서울	부산	대구	인천	광주	대전	울산	경기	강원	충북	충남	전북	전남	경북	경남	제주	합계
개수	2	1	-	-	-	-	-	3	3	5	2	5	2	10	4	2	39

조사한 결과 이것이 일제 강점기인 1913년에 벌채된 소나무로 만들어졌음이 확인됐다고 한다.

창덕궁昌德宮 신선원전新璿源殿에 쓰인 목재들도 그 벌채 시기가 철거된 다른 여러 전각들의 벌채 시기와 일치하는 것으로 드러나, 일제가 다른 전각을 허물어 생긴 (대부분 1896년에 벌채된) 목재들을 재활용한 사실이 밝혀졌다.

두 가지 기둥 양식을 지녀 나중에 증축된 것이라는 논란을 낳은 대전의 송시열宋時烈 고택은 기둥의 나이테를 조사한 결과 기둥들이 모두 같은 1653년의 벌채목인 것으로 나타나, 증축 건물이 아니란 사실도 재확인했다.

삼국시대의 나무 건축물 중에서 지금 남아있는 것은 없으나, 「삼국사기三國史記」의 기록에 의하면 고구려의 시조인 주몽朱蒙이 부여를 떠나면서 일곱 모가 난 돌 위의 소나무 기둥 아래에〔七稜石上松下〕 부러진 칼 한쪽을 묻어 둔다. 훗날 태어난 아들 유리琉璃는 자기 집 소나무 기둥 밑에서 부러진 칼 한 쪽을 찾아내 아버지가 있는 졸본으로 달려가서 아버지를 이어 임금이 된다는 기록이 있는 것으로 미루어 보면 당시에 이미 소나무가 많이 있었다고 생각할 수 있다.

신라시대의 유적지인 경주박물관 본관 신축 부지에서도 소나무를 비롯한 25종의 나무가 나왔고, 대구 칠곡아파트 단지에서 발굴된 수중보水中洑에서도 역시 참나무와 소나무 등 32종의 나무가 발견되었다. 백제시대의 유적지인 익산 미륵사지彌勒寺址와 부여 궁남지宮南池에서도 소나무 등 여러 나무가 출토되었다(「미륵사」, 부여문화재연구소, 1996; 「궁남지 2」. 2001). 삼국시대에 소나무가 건축재로 두루 쓰였음을 짐작할 수 있다.

우리 생활에 큰 영향을 끼쳤던 종교인 불교佛敎와 관련된 사찰건축寺刹建築에서도 소나무를 발견할 수 있는데, 산지환경에서 쉽게 얻을 수 있고, 겨울철 방한防寒에 유리한 소나무와 떡갈나무를 주된 건축 재료로 선택했던 것이다. 여기에다 이들 나무의 재질이 연하므로 공정과 취급상의 이점이 있고, 그런 까닭에 사찰건축의 보편적 재료로 이용되어 왔다. 예를 들면, 공주에 있는 마곡사麻谷寺의 보물 제801호 대웅보전 본존불 앞의 기둥 4개가 싸리나무라고 알려졌었으나 실제로는 소나무로 만든 것으로 밝혀졌다(「역사가 새겨진 나무이야기」, 박상진 김영사, 서울, 2004).

선박과 목관의 재료로 쓰인 소나무

조선시대의 싸움배에 관한 기록과 당시 숲의 구성을 추정해볼 때 거북선의 몸체를 대부분 소나무로 만들었다고 주장하는 연구 결과가 있는 것처럼(「목선의 해저 잔존가능성에 관한 조사 연구」, 박상진, 해군사관학교, 1995) 우리 선조들은 선체의 대부분은 소나무로 만들고 중요한 부위만 다른 더 강한 나무들로(참나무, 가시나무, 녹나무 등) 보강했다고 한다.

경주 안압지雁鴨池에서 1975년 발굴된 나무배인 평저선平底船은 통나무를 세로로 반으로 갈라 가운데를 파내고 가운데 판자를 넣어 3쪽으로 만들었는데, 사용한 나무는 3쪽 모두 소나무이고 함께 출토된 노櫓도 같은 소나무였다(「안압지 발굴보고서」, 문화재관리국, 1987).소나무를 쓴 이유는 가공하기 쉬우면서 물 속에서 오래 버티기 때문일 것이라고 추정하고 있다.

1984년 강진반도 근처에서 발굴된 화물 운반 완도莞島 배의 바깥을 두른 외판과 밑바닥 판은 대부분 소나무였다(「완도 해저 유물 발굴보고서」, 문화재관리국, 1985). 1995년 목포 근처 달리도達里島에서 발굴된 배의 몸체도 역시 소나무를 사용하였다(「목포 달리도 배」, 국립해양유물전시관 학술총서 3, 목포시, 1999).

삼국시대 이전의 목관木棺은 주목, 상수리나무, 금송, 느티나무 등으로 만들어졌는데, 고려시대를 거치는 동안에 급격히 산림이 파괴된 탓에 쓸 만한 나무로는 소나무만 남게 되었고, 조선시대의 목관은 중요민속자료 제109호인 목관에서 보는 것처럼 왕에서부터 이름 없는 선비에 이르기까지 대부분 소나무로 만들었다(「역사가 새겨진 나무이야기」, 박상진 김영사, 서울, 2004).

소나무 원목의 가운데 부분으로 색깔 짙은 노란 속고갱이인 황장黃腸을 사용했는데, 이 부분은 각종 화합물이 쌓이고 수분이 적어서 잘 썩지 않고 버티는 힘도 좋기 때문에, 주로 임금의 관이나 궁궐 건축에 쓰이다가 차츰 왕족과 고급관료들은 물론 나중에는 양반과 일반 백성들도 황장 관재를 즐겨 쓰게 되었다. 이런 추세는 결국 소나무 부족을 가져오는 한 원인이 되었다. 일제 강점기와 광복 후의 혼란기를 거치면서 우리나라의 산에 있던 황장 관재를 만들 만한 소나무는 아쉽게도 거의 없어졌다.

유적지에서 발견된 소나무와 생활용품 재료로 쓰인 소나무

옛날에 사람들이 모여 살았던 곳에서도 여러 나무의 잔해들이 발견되었는데, 공주 석장리石壯里 구석기 유적지에서는 참나무, 느티나무, 단풍나무, 소나무 등이 발견되었고(「석장리 선사유적」, 손보기, 동아출판사, 1993), 단양 수양개 유적의 경우에는 참나무, 오리나무, 소나무가 출토되었다(「선사유적 발굴도록」, 이융조, 충북대학교박물관,

1998). 울산 옥현의 청동기시대 유적에서는 참나무, 굴피나무, 느릅나무, 소나무 등이 발견되었다.

이들 나무들이 모두 건축재로 쓰였던 것은 아니었겠지만, 나무의 성질과 연관해서 살펴볼 때 아마도 참나무는 힘을 많이 받는 부분인 기둥에 사용했고 소나무를 포함한 그 외의 나무들은 서까래 등 보조 재료로 사용되었으리라 추정할 수 있다.

소나무로 만든 생활용품들도 많이 찾아볼 수 있다. 예를 들면, 뒤주는 쌀이나 곡식을 담아두던 저장구로서 안쪽에 담긴 곡식의 양을 측정할 수 있도록 그 크기가 어느 정도 규격화되어 있었다. 소나무를 주재료로 하며, 튼튼하게 만들기 위해 네 기둥에 홈을 파서 두꺼운 널이 껴 물리도록 짠다.

요약 및 결론

우리는 소나무로 지은 집에서 태어나서, 소나무 가지로 만든 금줄을 치고, 소나무로 불을 지펴서 밥을 지어먹고, 소나무로 만든 농기구와 생활용품들을 사용하면서 살다가, 죽어서 소나무로 만든 관에 들어가는 등 소나무와 깊은 관련을 가지면서 살아왔다.

우리 땅에는 살아 있는 소나무 자체가 문화재인 천연기념물 소나무도 있고, 이 땅에 살았던 우리 조상들이 소나무로 만들었던 건축물, 선박, 목관, 유적지, 생활용품 등 여러 문화재가 남아있다. 우리의 선조들이 남겨 놓은 이들 문화재들을 살펴보고, 한 번 더 생각해 볼 기회를 가짐으로써, 소나무가 우리의 삶과 매우 밀접한 관계를 가지고 있었음을 재차 확인할 수 있었다.

백두대간의 소나무
백두대간 고리봉에서 여원재 구간을 종주하며

이수용 수문출판사

약속되었던 백두대간 종주대원이 3명 빠지자 나는 갑장인 김학성씨와 단 둘이서 10시발 남원행 심야 버스에 올랐다. 버스 안은 놀라우리 만치 많은 사람으로 대만원이다. 주 5일 근무제가 실시되어 금요일 밤늦게까지 사람의 이동이 많다.

7월24일 새벽 1시30분에 남원터미널에 내렸지만 막막함이다. 우선 요기를 하고 택시로 성삼재까지 이동하기로 하고 길 건너 골목 안 식당으로 들어가 콩나물국밥을 시켰다. 운행 중에 필요한 물과 뜨거운 물을 부탁해 보온병을 채웠다. 택시를 탔으나 운전기사가 3개월 된 젊은 신참이라 길을 잘 모른다. 정령치 길이 더 빠를 것 같은데 길을 몇 번 물어 어렵게 구례 광희로 해 천은사 옆을 경유, 3시반에 성삼재에 올랐다. 성삼재는 많은 사람과 차량으로 혼잡을 이루고 있다. 지리산 종주를 할 참인지 모두가 노고단 쪽으로 올라간다. 우리는 신발 끈을 바싹 죄고 플래쉬를 준비하고 만복대쪽으로 내려가 출입구를 들어갔다. 바로 바위가 길을 막아서며 까탈을 부린다. 언제나 산행의 시작은 쉽지가 않다. 언덕을 슬쩍 넘어 헬기장에 도착하니 시원하고 하늘이 맑다. 시트를 깔고 침낭 커버를 펴 노숙하기 위해 비박 자세로 들어갔다. 누워서 하늘을 보니 크고 맑은 하늘에 온갖 보석을 푸른 천에 뿌려 놓은 것같이 아름답다. 은하수가 바로 머리맡에 흐르고 별똥별이 수 없이 떨어진다. 이 또한 아름답다.

6시반에 일어났다. 일찍 일어나야 하는데 4시경에 눈을 붙였으니 2시간 여 겨우 토끼잠을 잤다. 가파른 절벽 그 아래로 산동마을이 잠에서 깨어나 기지개를 펴며 안개 속에 평화스러워 보인다. 옷을 모두 입고 잤는대도 깔개를 준비하지 않아 잠자리 바닥이 차가웠다. 7시에 산동마을 전망이 좋은 곳에 당동마을 이정표가 있다. '성삼재 0.3km, 당동마을 3.0km, 만복대 5.7km'라 말해주며 풀 속에 '조국통일 기원제' 표식돌기둥이 있다. 누구 하나 아니라고 조국통일을 마다하겠는가 만은 그저 행동없는 말로만 하는 것같아 속이 씁쓰름하다. 주변에 많은 긴꼬리까치수염이 흰 꽃을 길게 피워 꼬리를 흔들며 반긴다.

7시35분에 이번 코스의 첫 봉우리인 고리봉 정상에 섰다. 오르는 길에 흰꽃의 까치수염이 많고, 노란색의 바위채송화가 바위 위에 신기할 정도로 뿌리를 내려 곱게 꽃을 피우고 있다. 애처롭도록 붉은 꽃에 흰 혀를 내민 듯한 며느리밥풀꽃이 곳곳을 화려하게 장식하고 있다. 고리봉 정상에서는 종석대가 크게 들어오며 반야봉 위에 태양이 아침부터 뜨겁게 이글거린다. 앞의 만복대가 배를 쭉 내밀고 그 한가운데로 뱀 모양의 길이 꼬리를 끌고 올라간다. 잠깐 쉬고 내려갔다 다시 오른다. 이번에는 보라색의 붓꽃과 하얀꽃을 많이 달고 있는 박새가 한참 경쟁을 벌이고 있다.

만복대 정상. 이정표와 케른이 조화를 이루고 있다.

산에 들면 모든 일상의 습관이 약간의 변화를 가져온다. 아침 치르는 행사를 넘겨 속이 더부룩해 걷기가 불편하다. 등로에서 멀리 벗어나 스틱으로 구덩이를 깊숙이 파고 나무를 붙잡고 사정을 한다. 조그만 방심하면 굴러 지리산 온천이 있는 상동마을로 떨어질 참이다. 어디서 왔는지 쇠파리들이 소란을 피운다. 금색이 반짝반짝한 놈, 덩치는 크고 털이 북실북실한 놈, 의외로 적은 놈도 지지 않고 덤빈다.

만복대 오르는 길은 가을이 최고다. 갈대밭에 아고산대라 나무가 없고 노랑색, 보라색, 자주색, 흰색의 가지각색 꽃이 낙원을 이루고 있다. 아고산대는 한 번 파괴가 되면 원상복구하기가 여간 어렵지 않다. 세석산장 부근이 캠프장과 각종 산악행사로 모두 맨살을 드러 내놓았었다. 노고단 정상과 산장 부근이 지금의 전망대지역과 같은 운명이었다. 지금은 복원되어 노고단 정상은 안내인 인솔로 1시간반의 시간차를 두고 조심스럽게 입장시키며 인원도 철저히 제한하여 공개하고 있다.

10시5분, 만복대(1,433m) 정상에 섰다. 정상에는 거무튀튀한 나무기둥 이정표가 케른을 대동하고 친절하게 '성삼재 6km, 정령치 2km'라고 한다. 돌로 쌓은 케른은 동쪽이 조금 무너졌다. 햇볕이 따가워 이 돌무덤 그늘에 몸을 숨기고 간식을 취한다. 두 젊은 친구가 미수가루를 타서 시에라컵에 한 잔 듬뿍 건네준다. 마음이 넓어지고 기쁜 것은 이렇게 산에서 남을 배려하는 인간적인 젊은이가 있어서다. 그래서 우리에게 앞으로 희망이 있다고 크게 자랑해도 좋다. 그들은 최소 3 시간을 힘들여 올라왔고, 가져온 산에서의 물은 바로 생명이기 때문에 황금보다 더 귀한 것이다. 그래서 나는 다시 산에서의 행복에 젖는다.

겁이 나도록 가파른 서쪽으로 산동마을 저수지가 거울같이 반짝이고 이어 마을이 풀려나가고 건너 산으로 새로운 길이 뻗어 올라가고 있다. 어디로 가는 길일까. 동으로 건너보면 지리산이 멀리 천왕봉에서부터 앞의 반야봉, 노고단 종석대, 북쪽으로 정령치를 건너 큰고리봉에서 줄기는 세걸산, 바래봉으로 이어진다. 큰고리봉에서 북서로 흘러내리는 푸른 줄기는 끊어지고 대신 하얀 거미줄이 도로가 되어 간신히 산 기운을 몰아 논밭을 가로질러 가재마을 뒷산으로 달려들어간다. 마을 우측으로 덕산저수지에 물이 넘친다.

20여분이 눈 깜짝할 사이에 흘러 정령치를 향해 부지런히 내려간다. 하지만 대간 길은 수없이 내려갔다 다시 올라가야 하는 반복이 아니던가. 정령치가 내려다보이는 산불초소가 있는 봉우리에 올랐다 바로 정령치로 줄달음쳐 내려간다. 11시30분, 아침 겸 점심을 해결 할 요량으로 정령치휴게소로 들어갔다. 산에 들면 유난히 먹고 싶은 짭짤한 김치찌개와 된장찌개를 주문했으나, 이는 없고 요기가 될 만한 것은 겨우 우동과 자장면 뿐이다. 찌개는 산행에서 많이 흘린 땀의 보충으로 자연스럽게 염분을 섭취하기 위한 자연섭리라 하겠다.

3,000원씩 주고 우동을 먹고 물을 얻어 수통을 채웠다. 전망이 좋아 지리산 끝 천왕봉이 들어오고 발 밑은 관광객으로 주차장을 꽉 메웠다. 같이 간 김학성씨가 자장면을 먹고 바로 그곳으로 달려간다. 여름에는 음식에 조심해야 하는데 —더군다나 손님이 자주 찾지 않는 식당 음식은 더욱 그렇다.

12시에 정령치휴게소를 출발해서 계단을 올라간다. 30여분만에 고리봉에 올랐다. 해발 1,305m로 이정표가 '바래봉 8.6km, 고기삼거리 3.0km, 정령치 0.8km'라고 말해주며, 정상에는 2등 삼각점이 있다.(운봉 25, 1991. 재설, 건설부) 밑으로 산불초소가 있고 바로 건너 만복대를 마주하고 있다.

이제부터 줄기차게 내려가는 길이다. 복중 한낮 제일 뜨거운 시간대라 무척이나 덥고 힘겹다. 1시반 넓은 공간이 열리는 묘지 옆에 털썩 주저앉아 휴식을 취하며 초콜릿, 토마토로 간식을 한다. 이 높은 곳에 엉컹퀴 붉은 색깔이 곱다. 아마 묘지

조성 때 따라 올라 왔나보다. 묘지에서 15분 하산하니 고기리와 고리봉 중간에 위치한 이정표가 고기리와 고리봉이 모두 1.5km 거리에 있다 한다. 이곳까지 내려오는 등산로 좌측은 일본잎갈나무, 우측에는 잣나무가 밀생되어 있다. 초기에 심고 한 번도 손을 대지 않은 것이 역력하다.바닥에는 하늘대는 풀이 장관이다.

2시10분까지 내려갔다올라가니 마루턱에서 철망을 우측으로 끼고 대간길이 내려가는데 형편없는 소나무 숲을 함께 따라가자니 오히려 나무에게 죄송스럽다. 철망 넘어 목장에 드문드문 서있는 소나무는 건장하다. 반면 철망 밖의 소나무는 너무 개체수가 많아 설자리가 비좁아 비명을 지르고 있다. 빼곡이 들어선 나무의 앙상한 가지는 마치 미친 여자가 풀어헤친 머리칼처럼 정신 없도록 뻗쳐 혼란스럽다. 푸른 잎 하나 없이 여리고 가냘픈 가지들은 이미 삭정이가 된지 오래되어 죽음이 지나간 처절한 양상이다. 산주나 정부관리자의 귀나 눈에는 들어오지 않으니 이래저래 비명횡사하게 되어 결국 녹색 사막이 되지않을까 걱정스럽다.

치열한 경쟁을 벌이는 소나무들.

'고기삼거리 0.5km'라는 이정표가 있는 바로 밑으로 묘가 3기 자리하고 주변에 무참 하도록 소나무를 쳐냈다. 하지만 이 바람에 묘 주변 소나무는 오히려 마음껏 햇빛을 받아 푸르르고 건장한 빛으로 힘이 넘친다. 얼마나 고마운 태양이었겠는가. 나무는 두 손과 가슴을 활짝 열고 '오! 태양이시여' 하겠지. 여전히 그 안쪽의 소나무는 아비귀환을 이루며 죽어가고 있다. 나무가 생명을 다하려 할 때 열매를 많이 단다고 한다. 이곳의 소나무는 크지도 않고 볼품도 없는데 수많은 솔방울을 달고 서둘러 땅에 지천으로 깔아놓아 소나무의 지옥을 헤매는 것같다.

간신히 미로같이 어수선한 소나무숲을 빠져 나와 땀 범벅이 되어 지친 몸으로 고기리 삼거리에 내려왔다. 정령치로 올라가는 길목의 고촌마을이다. 바로 개울에 물이 넘쳐 물로 뛰어 들어간다. 상부에서 댐 공사로 흙탕물을 만들고 있지만 개의할 염두도 없다. 여기부터는 백두대간이 마을로 내려와 마을과 지역을 연결하는 길이 되어 지방도 60호로 1,5km여를 건너간다. 대간인 도로를 따라 좌측으로 리기다

마을과 지역을 연결하고 초라한 마을길이 된 백두대간.

소나무가 심어져 검푸른 비탈을 이루고 아래로 논이 펼쳐진다. 반대쪽 주변 밭에는 옥수수가 많다. 이는 운봉이 우리나라 면양 농축장의 시원지로 그 가축사료로 쓰기 위함인가.

버스정류장을 지나면 도로는 바로 좌로 시멘트길이 갈라져 나가며 이 연계점에 운천교회가 있다. 앞마당에는 온갖 나무 종류가 심어져있고 나무도 커 좋은 그늘을 만들어주고 밑에는 나무 탁상도 있어 그냥 지나칠 수가 없다. 염치 불구하고 더위를 피해 교회마당에서 한시간여 쉬고 4시반에 출발해 가제마을로 들어갔다.

백두대간 도로에서 마을을 보면 수정봉을 배경으로 산 밑에 붙어 뒤로 푸른숲이 유별나다. 지리산자락의 큰고리봉과 만복대를 앞으로 밀어내고 앉아 있는 아늑한 시골 정취가 물씬 나는 농촌마을이다. 동네를 들어서면 먼저 돌탑이 맞이한다. 이는 당산목이었던 소나무가 없어지고 그 자리에 돌탑을 쌓고 꼭대기 중앙에 돌기둥을 세워 예사롭지 않은 물건임을 말해준다. 예전 당산할머니나무로 큰 소나무가 있었으나 태풍으로 부러져 그 자리에 수구막이로 돌무덤을 만들었다고 한다. 옆으로 분리수거를 위한 그물망태기가 쇠 4개로 만든 틀에 걸려있다. 도시나 농촌이나 생활쓰레기로 고민스러움이 내보인다. 좌로 길이 열리고 다시 마을 중앙으로 올라가는 길과 마을회관으로 가는 길이 갈린다.

대간은 올라가다 다시 좌로 꺾이면 바로 노치샘이 들여다보이며 산림청 서부지방관리청에서 세운 이정표가 샘 앞에 있다. 백두대간에서 제일 물맛이 좋고 풍부하게 솟는 샘이다. '여원재 6.6km, 정령치 6.0km'라 한다. 3년 전에 왔을 때는 오래된 향나무가 샘을 지켰는데 지금은 돌로 울을 쳐서 뒤로 밀려나 자연스러움이 없어졌다. 대간은 마을을 벗어나 대나무숲 사이 나무계단을 따라 바로 산으로 올라가면 언덕에 잘 생긴 커다란 노송 2쌍이 마을을 내려다보고 있다. 어깨둘레 80에서 100여cm로 건강미가 넘치는 거대한 나무다.

백두대간에서 제일 우람하고 건강한 소나무 두쌍.

백두대간 도로에서 건너다 보이는 아름다운 숲의 실체다. 조금 뒤로 떨어져 자목이 있으나 아직 관리가 되지 않고 마구 자라는 소나무들과 리기다소나무들 하고 자리다툼을 하고 있다. 당산나무에서 우측 밑으로 속성수인 리기다소나무 군락이 왕성하게 자라고 있어 당산나무숲을 망치지 않을까 염려된다. 당산나무숲은 마을 주변에 흔한 묘가 보이지 않아 정갈해서 좋다.

이 당산나무에서부터 마을 입구의 옛 당산나무터까지 나무가 선을 이루고 있다. 대나무 울에서 나와 뽕나무, 산수유, 은행나무, 감나무에서 노치샘의 향나무로, 물길 따라 때죽나무, 쉬나무에서 다시 감나무, 중키의 느티나무가 두 그루 나란히, 마을 정자목인 느티나무에 건너간다. 거대한 정자나무는 마을 앞에 벼가 한참 패는 논을 내려다보며 마을에 시원한 그늘의 휴식처를 만들어 준다. 어른 세 아름이나 되는 거목이다. 뿌리가 크게 드러나 건장하고 힘이 넘쳐나는 울퉁불퉁한 근육질이 마당을 가득 메웠다. 옆으로 최근에 가설된 백두대간 지도와 설명문이 화강암에 새겨져 있다. 다시 마을회관 앞에 중키의 느티나무 두 그루가 회관을 지키고 옆으로 은행나무, 단풍나무에서 길 건너 감나무, 전나무 끝으로 은행나무 두 그루가 호위하고 있는 옛 당산나무터로 연결되어 백두대간을 맞이한다. 마을회관 앞은 노란 개나리, 붉고 흰 무궁화가 울로 심어져 지금은 무궁화가 흐드러지게 피어 있다.

이 지역은 아주 옛날 드넓은 바다로 고리봉에 배를 매고, 산 밑 주촌에 배를 대고 이 마을은 갈대밭이었다고 한다. 그래서 갈대가 많아 갈재라 하였으나 지금은 노치마을이라 한다. 경주 정씨와 경주 이씨 집성촌으로, 백두대간이 국내 유일하게 통과하며 마을에 분수령을 이루어 행정구역이 둘로 나누어져 있다. 동쪽은 운봉읍 주촌리이고, 서쪽은 남원시 주촌면 덕치리이나, 마을 이름은 그냥 노치 또는 가제마을로 부르고 있다. 마을의 한 빗방울은 대간에 떨어지는 순간 둘로 갈라져 마을의 동쪽 물은 낙동강으로, 서쪽의 물은 섬진강으로 흘러들어 간다한다.

한국전쟁시는 지리산이 가까워 밤낮으로 행정통치가 달라 많은 피해를 당하기도 했다 하며 지금도 당산목에 총질한 탄흔이 남아, 정자목인 느티나무도 불에 탄 많은 상처가 남아 이를 대변하고 있다. 예부터 신라 백제의 변방으로 격전지라 뒷산에 노치산성이 남아 있다.

4대명절의 하나인 7월 백중에 당산제를 지낸다.

민족정기를 꺾기 위해 목부위에 석침과 뜸을 떴다는 석침.

마을에서는 7월 백중에 당산제를 지내고 있다. 전에는 음력 정월 초3일 자시에 시행했으나, 우리나라 전국 농촌이 그러하듯 고령화하여 가제마을도 60세 미만이 단 두 명뿐이란다. 63세인 유복수 이장이 청년이라며 주민 대부분이 70, 80세라 한다. 지금은 추위도 피하고 농촌에서 논일을 잠시 끝내고 호미를 씻어 건다는 한가한 백중에 마을행사로 당산제를 지내고 있다. 마을이 생기고 당산제를 한 번도 거른 적이 없다 한다. 예전에는 지리산 자락이라 호환이 많았다고.

가재마을은 신라 초에 생겼으며, 고려 때는 사하촌으로 융성하였으며 지금의 노치샘도 그때부터 있었다고 한다. 샘은 서에서 나와 남으로 흘러내리고 지금도 한 달에 2, 3번 정성으로 품는다고 한다.

뒷산인 덕은봉은 지리산과 하나의 산으로 머리 부분이라고 주민들은 믿고 있다.

이는 일제 강점기에 민족혼을 말살하려고 지맥을 끊기 위해 마을입구 목 부분에 길이 100m, 폭 20m 구덩이를 파고 석침石針을 놓기 위해 큰돌 6개와 숯을 묻어 뜸을 떠 지맥을 끊어 불구로 만들었다고 한다. 1976년에 농지정리를 하면서 5개를 수거하여 마을 신수일씨 집 정원에 보관하고 있는데, 마치 목뼈의 마디같이 정교하게 다듬어져 돌을 5개씩이나 눈으로 확인하고 보니 과연 떠도는 말이 허언이 아니였음을 알겠고 일제의 잔학상에 가슴 섬뜻하다. 지금도 백두대간 그 자리가 웅덩이로 남아 있어 수난의 역사를 말해주고 있다.

인간의 사랑이 없으면 자연은 한낮 그루터기로 남게 된다.

당산나무는 논에 모를 심고 뒤돌아보면 송충이가 먹어 나무 색이 붉어지면 흉년이 들고, 푸르르면 풍년이 드는 예시를 해주는 신통력이 있다고 한다. 샘 바로 앞의 가제구판장이 마을 소모품을 공급하며 마당이 넓어 붉은 고추를 멍석에 말리고 있다. 다래나무로 아치형 대문을 만들어 이색적이며 봄가을 달콤한 향기를 마을 안에 뿌려주고 있다. 넉넉한 주인아주머니와 동네 제일 젊고 사람 좋은 서민호씨(47)의 권유로 시골 정취를 느끼기 위해 하루 밤 유숙하기로 했다.

마을 정자목인 느티나무 옆에 정자가 있으며 건물 외곽은 겨울에도 사용할 수 있도록 유리로 창문을 만들고 밖에 모기장마저 덧창을 만들어 붙여 여름에도 시원하게 밤을 지낼 수 있다. 마을에서는 백두대간 종주자들을 위해 자리로 사용할 수 있도록 배려하고 있다.

당산목인 소나무는 지난 2000년 3월 백두대간 종주 때만 해도 옆으로 나란히 4그루와 이 줄에서 대장처럼 앞으로 불쑥 나섰던 한 그루의 소나무가 있었다. 그 중 앞에 장군처럼 위세가 당당하던 큰 나무가 태풍 피해를 받아 지금은 초라한 그루터기로 남아 과거를 말해줄 뿐이다. 당산목 3, 4번 나무 사이에 직사각으로 된 묘가 있고 그 앞 직사각형 석주 화강암에 '천용도선지신위'라 쓰인 묘비명이 세워져 있다. 또 2, 3번 나무 사이 아래로 4각 비석에 찬조금을 낸 명단이 붉은 철주로 울을 쳐 아주 볼썽사납다.

마을에서 말하는 덕은봉을 올라가는 산길 역시 크지 않은 소나무가 뒤엉켜 혼돈을 이루고 있다. 정말이지 강도 높은 숲가꾸기 간벌을 해줘서 숨통을 터 줘야겠다. 이곳의 나무 역시 심어 가꾼 것같지는 않다. 자연발아로 어지럽게 흩어져 정신이 없다. 덕은봉에서 옆으로 빨래줄처럼 뻗어나가는 능선의 대간 마루금은 수정봉까지 솔향 그윽한 소나무 숲길로 쿠션을 이루어 백두대간 걷기가 가장 즐거운 구간이기도 하다. 수정봉 정상은 소나무로 사방이 막혀 시야가 가리워져 있다. 여원재까지는 점점 더 심한 소나무 난립상을 이루고 있어 작은 짐승도 빠져나갈 수 없을 정도로 뒤엉킨 나무가 마음을 아프게 한다. 동쪽 소나무 사이사이로 덕산저수지와 공안저수지가 거울같이 반짝이며 질펀하게 논이 펼쳐져 있다. 이곳이 고려 우왕 6년(1380년) 이성계 장군이 왜군 아지발도를 죽이고 크게 이긴 황산대첩의 황산벌이기도 하다. 벌판 중간 뒤로 솟아 보이는 봉우리가 황산이다.

백두대간 종주는 구간종주이거나 일시종주이거나 힘이 들고 보람되기는 마찬가지다. 본인의 구간종주는 국토의 개념을 확실하게 부각시키는 계기가 되었다. 구간종주는 한 달에 한 번 이틀씩을 해서 대략 3년이 걸린다. 이는 대간의 사계를 맛볼 수 있어 좋다. 폭염과 폭우의 난타, 깊은 눈에 빠져 허우적거리기, 길이 뻥 뚫렸다지만 길을 잃고 헤매는 경우도 여러 번 있었다. 여기서 만나는 나무와 숲의 자연세계는 힘이 되고 좋은 추억으로 국토사랑이 된다. 특히 이 백두대간 구간에서는 벌어진 소나무가 관리되지 않아 푸른 사막을 이루고 있는가 하면, 가제마을 당산목처럼 온 마을이 정성스럽게 보살피는 나무도 있어 극명하게 다른 세계의 숲 형성을 볼 수 있다.

큰고리봉에서 하산 구간과 가제마을에서 여원제 간의 수많은 소나무영혼들이 어서 와 살려달라고 애절하게 몸부림침을 한시도 잊을 수가 없다. 이 모두 사유지라 산주 누구도 손도 안대고 국가마저 손을 놓고 있다. 그들이 가슴 미어지게 불쌍할 뿐이다. 오호, 이를 어찌할꼬!

솔숲에 머물다

이천용 국립산림과학원

소나무는 전국 산과 들 그리고 집 주변 등 어디서나 볼 수 있는 나무이다. 최근에는 도시에서도 콘크리트 구조물의 딱딱함을 완화시켜주기 위하여 많이 식재되어 있어서 그 어떤 나무보다 친숙하다. 구부러진 소나무가 보이는 부드러운 곡선과 붉은 껍질은 숨막히는 도시를 자연미가 넘치게 한다. 소나무는 나무 중의 왕이요 으뜸이다. 솔잎혹파리라는 무서운 해충으로부터 의연히 견디고 수천 년을 살아온 탓인지 꿋꿋하다. 이 나무는 쓸모도 많지만 목재가치가 우수하여 요즈음 복원되고 있는 조선의 정궁正宮 경복궁에 쓰이고 한 그루에 수백만 원을 호가하는 최상의 건축재이다.

소나무 숲. 특히 낙락장송으로 우거진 숲에 들어서면 속세를 떠나 자연에 몰입하고 자신을 잊는다. 최근 한 신문이 여름휴가 장소로 가장 좋은 곳을 물었더니 3분의 1 이상이 숲에서 산림욕을 하는 것이라고 하였다. 인파로 산을 이룬 땡볕의 해수욕장보다 더 인기가 있다.

그래서 소나무숲은 인간에게 쾌적한 안식을 제공하는 가장 좋은 장소이다. 초록의 잎과 붉은 수피를 입고 우람하게 하늘로 솟은 소나무는 강직한 민족의 기상을 그대로 나타내는 한민족의 상징이다. 문학과 예술분야에서 가장 사랑받고 있는 자연소재로서 우리나라 미술작품 중 최고 걸작의 하나인 추사 김정희의 세한도의 배경이 된 나무이기도 하다.

그러나 원래 척박한 곳을 좋아해서 황폐한 곳에서도 유일하게 자태를 뽐내던 소나무가 숲이 점차 우거짐에 따라 활엽수와의 경쟁으로 점차 쇠퇴하거나 해충의 피해로 그 자리를 잃어가고 있다. 한민족의 문화적 배경이나 생활전통 속에 뿌리내리고 있는 소나무의 비중을 감안할 때 소나무숲의 보전대책은 가장 시급하다. 전국에는 수없이 좋은 소나무숲이 있지만 그 중 몇 곳을 소개하여 소나무 사랑의 계기로 삼고자 한다.

강원 명주 대관령 소나무 숲

대관령 휴양림은 가장 잘 알려진 소나무 숲 휴양림이다. 대관령을 거의 다 내려와서 고개 아래 처음 닿는 마을 어흘리 버스정류장을 끼고 오른쪽으로 접어드니 대형버스는 다닐 수 없게 좁고 구부러진 길이 수년 전과 조금도 변함없이 나타나고 수없는 과속방지턱을 넘다보면 통나무로 멋지게 지은 매표소가 보인다. 입구에서 둘로 갈라진 길 중 먼저 윗길로 갔다. 상당히 가파른 길은 반대편에서 오는 차를 피할 곳도 없어 긴장을 하며 달린다.

울창한 소나무 숲 길 주변에는 군데군데 솎아 벤 아름드리 나무가 쌓여 있었으며 그런 덕분에 숲 안은 상당히 환하였다. 헥타르당 450㎥이상 목재가 들어 있다는 소나무 숲은 수년 전 와서 보았던 그것과는 다르게 조금은 노쇠한 듯하고 더구나 참나무류가 소나무 사이로 우뚝 솟아 찬란한 햇빛에 잎을 살랑거리는 모습이 늙음과 젊음의 대조를 이루는 것 같았다.

멋진 소나무 숲을 찍으려고 수련장 부근의 숲을 카메라 렌즈에 이리저리 담아 보았지만 소나무 아래에는 다른 나무가 침입하여 절반쯤을 가리고 있어 소나무 전체를 찍기가 어려웠다. 끊임없이 변하는 숲이 실감난다.

매표소로 돌아 나오는 길에 베어놓은 소나무를 보고 좀 늦은 감이 있지만 얼마나 시원하겠냐 하는 생각이 들었다. 왜냐하면 수년 전 동해안 해안도로를 따라 북상할 때 소나무가 얼마나 빽빽하던지 한여름에 오히려 내가 더울 지경에 있었던 기억이 나기 때문이다. 그 때의 답답한 심정은 나무와 대화를 하지 못한 사람은 모른다.

곧게 뻗어 하늘을 찌를 듯한 소나무는 사람 키 높이부터는 황토를 뒤집어 쓴 것 같이 붉은 광화光華를 내뿜고 있다. 그 붉은 빛이 강렬하게 와 닿는 이유는 무엇일까. 그 빛이 소나무 전체를 휘감고 있어야 더욱 소나무답다는 욕심은 왜 생길까. 나무와 대화를 하면서 숲과 나무에 정신과 육체가 몰입된다.

입구로 내려와 대관령 옛길로 들어서니 통나무집이 계곡을 따라 줄줄이 자리잡고 있다. 주변은 아직 소나무가 주인이지만 상당히 많은 활엽수가 틈을 엿보며 주인이 되려고 주위에서 힘을 모으며 대기한다. 어떤 이가 흘린 열쇠를 주어 통나무집을 구경한다. 넓지는 않으나 이곳에 하루 머물며 물소리를 벗하고 잠을 청하면 부족한 것이 없을 것같다. 아쉬운 감정을 달래려 선비걸음으로 천천히 숲을 거닌다. 어슬렁거리며 나무를 보고 낙엽을 보며, 돌을 보고, 또 나무를 본다. 자연의 포근함을 맛본다.

강원 삼척 미로면 활기리 준경묘 왕송림

준경묘 부근의 소나무숲은 정말 장관이다. 속리산 정이품송과 교배를 하여 유명해진 숲이지만 나는 이 숲처럼 극적으로 경관미를 자아내는 숲을 본 적이 없다. 이 숲은 황장목이라는 별명이 있으며 경복궁 중수重修 때 재목이 되었다. 준경묘는 조선 태조의 5대조인 목조穆祖의 부 양무의 묘로서 1899년 묘를 만들고 제각과 비각을 세웠다. 목조가 도승의 예언을 듣고 百牛金棺으로 부모를 안장한 뒤 5대 후에 조선을 창업했다는 이야기가 전해진다. 매년 한번씩 후손이 모여 제사를 지내는데 그 규모가 상당하다.

동해시에서 7번 국도를 따라 남하하다가 38번 국도로 바꾸어 15km 가다 보면 오른쪽에 준경묘 안내판이 보인다. 그 길을 따라 마을로 지나서 오른쪽으로 퇴색한 준경묘 안내판이 작게 보인다. 외길 포장도로가 가파르게 산 위로 나 있지만 경사가 급하고 외길이며 산중턱에 차단기가 있어 걸어 올라가는 것이 훨씬 좋다. 가파른 길을 10분쯤 오르면 곧 편평한 길이 나오고 아주 호젓한 숲길 양쪽 풍경이 다르다. 왼쪽에는 아름드리 소나무가 활엽수와 함께 살며 오른쪽에는 오래된 활엽수들이 쓰러져 있어 숲의 역사를 짐작케 한다. 숲길 끝이 갑자기 환해지면서 지상 천국같은 소나무 비경이 한 눈에 펼친다. 무릉도원이 아닌가 할 정도로 온 몸에 전율을 느낀다.

좁은 숲길이 끝나는 곳에 어찌 이리 넓은 소나무숲이 나타날까. 소나무 숲의 모습은 또 어떤가. 숲을 본 이래 가장 좋고 멋진 광경이 길 끝에서 극적으로 연출되고 있어 감동은 더욱 끝이 없다. 솔숲 사이의 길과 멀리 보이는 왕릉 그 주변을 싸고 있는 산과 소나무 숲이 조화된 준경묘숲. 100년을 넘었을 나무집단이 전후좌우를 둘러보아도 가득하다. 친절하게도 걸어오느라 목마른 나그네를 위해 묘옆에 샘물을 만들어 놓았는데 그 물맛 한번 기막히다. 제각 난간에 앉아 다른 방향의 소나무 숲을 감상해 본다. 어찌 저렇게 잘 생겼을까. 석양에 따라 변하는 경관은 선계를 가리키는 듯하다. 일행은 말이 없다. 온 몸으로 소나무의 정기를 받아들이고 오감으로 숲을 안다. 소나무 앞자락 공간에는 활엽수가 침입하여 소나무 무릎을 가린다. 다른 나무가 침범하여 소나무를 대신하기 전에 아름다운 솔숲을 보호해야 할텐데 하는 우려를 가져보기도 하지만 그것이 기우이기를 바라며 숲을 뒤로 한다.

강원 삼척 미로면 하사전리 永慶墓 왕송림

영경묘는 조선 태조의 5대조이며 목조의 어머니 李씨의 묘로서 100여년 전인 고종 광무 3년(1899)에 태조의 5대조 묘인 준경묘와 함께 묘소를 修築하고 제각과 비각을 세웠다. 매년 4월20일 전주 이씨 문중에서 제례를 올리고 있다. 환선굴로 유명한 삼척에서 세계동굴박람회가 개최되었을 때 이를 알리는 관광안내서를 보면 관광코스로 영경묘가 포함되어 있었는데 한편으론 기쁘기도 하고 한편으론 훼손될까봐 심히 걱정도 되었다.

삼척시에서 태백으로 가는 38번 국도에 예쁘게 영경묘 간판이 서 있고 우회전하여 최근에 포장한 길을 3km 들어가면 좌측 산 능선에 심상치 않게 생긴 소나무가 산을 방어하는 병사모양 줄로 서 있고 도로 오른쪽에 색 바랜 작은 이정표가 나타난다. 길에서 보이는 새로 만든 기와집이 왕족의 묘지기가 사는 곳이며 그 뒷산 위로 좁은 길이 나 있다.

길옆에 정말 오래된 뽕나무가 자라고 있어 혹시 상황버섯이라도 볼 수 있지 않을까 하며 텅빈 줄기 속을 들여다보기도 한다. 조금 더 올라가면 입구와는 달리 꽤 넓은 길이 나타나고 곧 홍살문이 보인다. 길에서 이곳까지 약 200m. 홍살문 뒤로 넓은 터에 비각과 제각이 있으며 주변은 온통 오래된 소나무이다. 이 각들은 소나무 숲과 잘 어울리며 소나무는 포근한 경관을 연출한다. 다시 왼쪽으로 솔밭 사이를 가르는 길을 따라가면 묘가 보인다. 잘 뻗은 소나무 천지다.

그 중에 1983년 수형목으로 지정된 100여년 생 소나무가 하얀 표지를 달고 있다. 가슴높이 둘레가 50cm, 키가 30m, 가지가 뻗은 폭이 6m이고 수피색은 아래 부분이 검고 윗부분이 살색이다. 수형목이란 글자 그대로 형태가 우량한 나무로서 여기서 종자를 채취하여 길러 심으면 같은 나무로 좋은 숲을 이룰 수 있다. 숲길에는 뿌리가 노출되어 있기도 하며 온갖 형태의 소나무가 춤을 추고 있다.

이 묘는 소나무에 둘러싸여 있으며 다름 묘와 같이 앞이 훤하게 트여 있지도 않으며 다른 왕릉같이 거창하지도 않다. 무언가를 감추는 듯하며 솔밭 사이에서 경외감을 연출한다. 세속을 떠나 솔숲에서 나는 솔 향에 취해 봄직하다.

강원도 양양군 강현면 낙산사의 소나무

56번 국도인 동해안 해변도로를 따라 속초로 올라가다 문득 박희진 시인의 '의상대의 소나무' 를 읽은 것이 생각났다. 그래서 의상대나 낙산사가 목적이 아니라 소나무를 겨냥하고 이곳에 들렀다. 관광명소 낙산사라는 고정관념을 벗어버리고 소나무만 찾으니 벌써 입구에 들어서기도 전에 상당히 잘생긴 소나무가 길가에서 나를 반긴다.

정확히 양양군 강현면 죽청리 버스정류장 뒤에 나이가 300년쯤 되고 키가 20미터 더되면서 비스듬하게 홀로 서 있는 소나무는 방위에 따라 다른 모습을 연출하고 있어 보기가 그만이다. 길쪽에서 보는 것이 좋지만 그거야 그림을 감상하는 사람의 관심과 대상이 다 다르듯이 소나무를 친구로 생각하는 사람의 마음이다. 유난히 강한 가을바람이 가지와 잎을 흔든다. 물결치듯 출렁거리며 이리저리 흔들리는 나뭇잎은 건강해 보이고 촘촘해서 우산을 몇 개로 쌓아 놓은 것같다. 전체의 삼분의 일만 붉은 수피를 보이고 마디나 상처없이 미끈하다. 모래땅인데도 밖으로 나와 있는 뿌리를 전혀 볼 수 없다. 주변을 농지와 빈터로 그냥 내버려 둔 것이 안타깝다. 가지가 수평으로 넓고 멋들어지게 펼쳐있는 이 소나무를 이용하여 빈터를 공원으로 만들면 얼마나 좋을까. 세세한 부분까지 행정이 미치지 못하니 참 아쉽다.

낙산사 후문의 주차장에서 바다를 바라보니 상당히 기운 소나무 두 그루가 눈에 띈다. 꼭대기에만 수평으로 잎이 달려 있고 수피는 바닷바람에 씻겨서인지 살색이다. 철조망을 넘어 갈 수 없어 그 사이로 사진을 찍으니 만족할 만한 자태를 담을 수 없어 망원렌즈를 갖고 오지 못한 것 대신 공연히 카메라만 탓한다.

매표소를 지나자마자 의상대 소나무가 멀리 보인다. 계곡을 둘러 내려가는 길에 소나무가 어지럽게 많다. 계곡을 메워 부지를 넓혀 아름다움이 반감된다. 참 한심스러운 일이다. 사람이 많이 온다고 자꾸만 땅을 넓히다 보면 자연훼손은 불을 보듯 뻔하다. 모든 것을 국가가 통제하는 시기가 지나 스스로의 양식에 호소하여 자연을 아낄 줄 아는 정신이 들어 올 때도 되었을 텐데.

언짢은 마음을 뒤로 하고 더 가니 새로 만든 보타전이 나온다. 여전히 길가에 서 있는 소나무가 풍경을 주도하고 있지만 보타전 뒤의 숲을 보니 중앙 왼쪽은 활엽수림이요 오른쪽은 소나무숲이다. 어떻게 설명해야 할지 모를 정도로 절묘하게 2등분되어 있어 단풍과 푸름을 함께 맛볼 수 있도록 배려된 숲이다. 오른쪽에 난 길을 따라 오르는 길모퉁이에도 큰 소나무가 석등과 함께 하며 길 곁에는 1백여 년생 나무부터 어린 나무까지 꽉 들어찬 소나무들이 기기묘묘한 형태로 자라고 있다. 곡선의 형태와 크기가 각각이다. 외국인 부부가 내려오면서 우리 소나무와 자기네 소나무의 잎의 차이에 대해 대화를 주고받는 것을 언뜻 들으며 그들이 임학도가 아니라면 자연에 대해 관심과 지식이 많구나 하며 부러움을 가졌다.

해수관음상이 자리 잡은 넓은 터에는 소나무 두 그루가 서있다. 키는 그렇게 크지는 않지만 꽤 오래된 듯하다. 특이한 점은 둘 다 엄청난 솔방울을 달고 있다. 홀로 서 있어 외로운지 자기 종족을 번성시키려는 본능이 무척 강하다. 한편 붉은 수피가 눈을 현란하게 만든다. 뿌리 근처는 붉은색의 토양이 그대로 드러나 있어 돌을 깔은 바닥과 대조된다. 건조한 토양을 가릴 수 있게 풀을 심으면 좋겠다.

보타전 뒤로 난 숲길을 따라 낙산사로 간다. 의상대가 보인다. 바다가 탁 트인 곳에 소나무 열 그루가 센바람에 소리를 내며 흔들린다. 소나무 껍질도 바람이 씻겨 붉은 빛이 바래 살색으로 변했다. 잎이 달려 있는 수관은 편평하다. 잎 길이도 3센티미터로 아주 짧고 12미터 높이의 4분의 1만 잎이 달려 있다. 거기에 맺힌 작은 솔방울들도 가족이다. 줄기는 검은 색을 띄며 죽 뻗은 것보다 중간에서 약간 곡선을 이룬 것도 의상대의 역사와 어울린다. 보기에 참 좋다.

홍련암으로 내려간다. 밑에서 의상대의 모습을 보다가 절벽 중간에 붙어 있는 기가 막힌 소나무를 보고 감탄한다. 망원경이 있으면 좀더 자세히 보련만, 어두움이 깔리니 소나무도 어둡다. 동이 틀 때 보면 그 모습은 어떨까.

강원 강릉 초당동의 소나무숲

강릉시 경포해수욕장 부근의 초당동과 송정동에 자리 잡고 있는 약 10ha의 소나무숲은 80-100년생이며 키가 20여 미터로 주로 강릉고등학교와 그 주변에 분포해 있다. 바다에서 불어오는 바람으로부터 가옥과 농경지를 보호하기 위해 조성되었으며 약 2,000그루의 노송이 영동제일의 경관을 자랑한다.

초당숲은 언제 가보아도 다른 모습을 연출하여 상당히 새롭다. 특히 가을 숲 끝자락에 붙어있는 논이 황금색으로 변하면 초록과 대비하여 숲의 멋을 더한다. 숲 안에는 밖에서 보이지 않는 공터가 있다. 바람 부는 날 그곳에 서면 솔잎이 부딪히는 소리와 그 사이로 청아한 새소리도 들린다. 잿빛하늘을 이리저리 막으며 나무 끝에 붙어 있는 잎무더기가 너울너울 춤을 춘다. 센바람이 불면 마치 시계추처럼 흔들린다. 형 틈에 자란 아우들이 빛을 학수고대하며 기다린다.

시공을 초월하는 영겁의 세월을. 줄기에서 뿜어내는 흑색을 조금 높은 곳의 붉은 색 수피가 상쇄한다. 줄기의 밑에서부터 올라갈수록 변하는 색을 보면 한 나무가 아닌 듯하다. 금강소나무처럼 죽 뻗지 못하여 찌를 듯한 기상은 없으나 오랜 역사를 간직한 만큼 부드러운 곡선이 있다. 숲 바닥도 솔잎으로 가득 차 폭신하다. 공터 가운데 어린 나무 20여 개를 남기고 나머지는 깨끗하게 정리한 모습이 보기에는 좋으나 쇠약해진 어미나무를 대신할 후계자를 아예 다 없앤 것은 아닌지 염려스럽다. 하늘이 열린 곳은 여러 종류의 식물이 무성하지만 닫힌 곳엔 떨어진 솔잎만 무성하다. 소나무가 얽혀 밖을 쉽사리 볼 수 없어 도시가 가까운데도 홀로 숲에 있는 느낌을 준다.

초당숲은 역사문화성도 크다. 송강 정철의 대표적 작품인 '관동별곡'의 소재이기도 한 소나무숲에는 조선시대의 유명한 여류시인인 허난설헌 생가가 있다. 조선 선조 때 문신인 허엽이 살던 집으로 행랑채 중앙의 솟을 대문과 우리나라 전통양식이 잘 보전된 사랑을 사이에 두고 ㅁ자형으로 이루어진 본채가 있다.

이 숲은 강릉고등학교와 연결된다. 과거 강릉교육대학이 있던 곳인데 1990년 강릉고교가 이사왔다. 학교 안으로 들어가 물어보니 0.6헥타르에 718그루의 소나무가 있다고 한다. 한아름도 더되는 나무도 있으나 대부분의 나무가 일제시대 때 송진을 채취당한 흔적이 있어 민족의 아픔이 배어 있는 듯하다. 쇠약해진 탓인지 밖의 나무들 보다 더 비스듬히 누어있고 바닥에는 다른 식물이 나지 않는다. 학교 내에는 10여 개의 소나무로 둘러싸인 이율곡의 호성설을 새긴 비가 있어 선조들이 소나무를 얼마나 사랑했는가를 알 수 있다. 예전에는 선비의 활터로 이용되었으며 구한말에는 여운영 선생이 초당영어학교를 세워 후진을 양성하고 애국심을 진작시킨 곳으로서 초당숲의 역사문화적 가치는 크게 자랑할 만하다.

그러나 숲이 초당두부의 명성을 간직한 식당의 확장으로 점점 잠식당하고 있어 강력한 보전대책이 필요하다. 또한 죽어 사라진 숲의 빈자리가 생기면 활엽수가 먼저 침입하여 빨리 자라므로 어린 소나무의 생장을 방해한다. 솔숲을 유지하려면 이들을 제거해서 숲틈에 있는 새끼소나무가 잘 자라게 해주어야 한다.

만약 숲 틈에 어린 소나무가 집단으로 자라고 있으면 숲을 깨끗하게 한다는 명목으로 풀을 벨 때 어린 소나무도 모두 베어 버리지 말고 충실한 나무를 남기어 후계목이 되도록 잘 보호한다. 소나무숲 가장자리에서 빠른 속도로 자라는 활엽수도 소나무보다 생장이 빨라 그늘을 줄 우려가 높으므로 되도록 모두 제거하거나 경관을 고려하여 솎아베기를 실시한다. 고택 등 문화재의 외곽에 위치하고 있는 소나무는 자연상태로 최대한 보전하되 경우에 따라 가지치기나 솎아베기를 약하게 하여 건전하게 키우던지, 나무 생김새가 불량한 나무는 문화재를 둘러싸거나 주변 경관을 보호하는 역할을 하면 수세를 강하게 해 주어야 한다.

또한 사람들이 침입하여 답압이나 침식에 의한 토양피해가 만성적으로 누적되어 결국 나무에 피해를 주므로 숲을 전부 개방하지 말고 산책로를 지정하여 사람이 다니게 하며 이미 공원화 된 곳은 안식년제를 도입하여 일부만 개방하여 토양피해를 막아야 한다. 답압은 토양뿐 아니라 어린 나무의 생장이나 생존도 방해하므로 이를 꼭 방지해야 한다.

침식은 뿌리노출을 유발하여 나무를 쇠약하게 하는 요인이 되므로 개방을 하지 않을 때 나무근처에는 노출된 뿌리를 흙으로 덮어주고 조금 먼 곳은 토양을 긁어서 가는 뿌리의 발달을 촉진함이 좋다. 초당숲은 어떠한 숲보다 정밀하고 전문적인 관리가 필요하며 숲에 대한 역사와 관리기록이 잘 보관되어 있어야 추후에 적절한 관리 처방을 내릴 수 있다.

강원 영월 남면 광천리 청령포 관음송과 장릉 소나무숲

영월읍에서 7번 지방도를 타고 서쪽으로 3km쯤 가면 청령포淸冷浦가 있으며 울창한 솔숲 가운데 관음송이 있다. 이 나루터는 남한강 상류에서 흘러내린 강물이 불쑥 튀어나온 땅의 삼면을 휘돌아 흐르고 뒤쪽은 험준한 절벽이 가로막고 있는 육지 속의 섬이다. 강 이쪽에서 헤엄쳐 건널 수 있을 만큼 지척에 위치하고 있으나 물살이 세서 오직 배를 이용해야만 강을 건널 수 있으므로 유배지로 이용하였다.

지금의 청령포는 유배지라기보다는 소나무에 둘러싸인 안온한 휴식처같은 느낌을 준다. 배를 탔는가 싶더니 잠깐 사이에 돌로 가득 찬 백사장에 닿는다. 단종 유배 시에는 그가 이곳을 벗어나는 것을 막기 위하여 소나무를 모두 베어버렸다는데 지금은 자연적으로 멋진 솔숲을 이루고 있어 영월 최대의 관광지로 변모하였다. 백사장을 지나 소나무 사이로 걸어 오르면 노산군이 거처하던 초가를 재현해 놓은 옛집이 있어 볼거리를 제공한다.

그 옆에 '왕이 계시던 곳이므로 뭇사람의 출입을 금한다' 는 영조가 만든 청령포 금표淸冷浦청령포 禁表가 있는데 단종 유배 시에는 오히려 단종이 다른 사람들과 접촉할 수 없도록 금표를 세웠다 한다. 그 후 왕의 신분으로 복원되었으니 역사의 아이러니를 보는 듯하다.

구불거리는 솔숲 안에는 보기에도 예사롭지 않은 전설을 간직한 유명한 600년 된 관음송觀音松이 있다. 단종의 애닯은 생활을 지켜보아서 관觀이고 그의 오열을 들었으니 음音이라 한다. 두 갈래로 갈라진 한 가지는 곧바로, 한 가지는 서쪽으로 비스듬히 뻗어 있는데 이 갈라진 나무 사이에 단종이 유배생활 중 쉬었다는 전설이 있으며, 또한 관음송은 나라에 큰 변이 있을 때 나무 껍질이 검은색으로 변해 변고를 알려주었다고 하여 마을사람들이 신성시하고 있다.

청령포에서 서쪽으로 80m쯤 오르면 훤히 트인 바위산이 나타나는데 낭떠러지에서 바라보는 서강과 층암절벽의 정취는 지금은 절경이지만 단종이 서울을 그리워하며 시름에 잠겼을 적막강산의 외로운 유배지였음을 실감나게 한다. 단종이 앉아있던 곳이라 노산대라 하는데 그 옆 절벽에 한 모퉁이에 쌓아놓은 돌무더기 탑은 단종이 하나둘 쌓은 것이라 한다.

위 삼산리 소나무 **아래** 청령포 관음송

영월에서 제천이나 평창으로 가려면 소나기재가 있는데 바로 아래 장릉莊陵이 있다. 장릉에서 보이는 건너편의 솔숲은 우리나라 제일의 숲경관이라고 자랑할 만큼 아름답다. 소나기재는 단종이 노산군으로 강등되어 청령포에 유배된 후 유별나게 소나기가 빈번하였다 하여 붙여진 이름이라고 하며 백성들은 하늘의 눈물이라 여겼다 한다. 청령포에 살았던 노산군이 홍수를 피해 영월객사 관풍헌에 일시 머무를 때 넷째 숙부 금성대군이 단종 복위를 꾀하다 발각되어 다시 서인으로 강등되고 곧이어 단종이 죽임을 당했으므로 다른 사람들은 후환이 두려워 시신을 거두지 못하고 있자 영월 호장 엄홍도가 몰래 시신을 들쳐업고 한밤에 산길을 가다 노루가 앉아있는 곳이 눈이 쌓이지 않았기에 그 자리에 단종을 평장하였다는데 그곳이 현재의 장릉이다.

장릉 매표소를 들어서 왼쪽으로 장릉을 향하면 비각과 제사지낼 때 물이 더 풍부해진다는 우물 '영천' 이 있고 다시 나와 오른쪽으로 오솔길처럼 나있는 산길을 오르면 능선이 된다. 능선을 따라 옆에 서 있는 소나무의 절을 받으며 완만하게 오르면 산중턱 양지에 장릉이 널리 영월을 굽어보고 있다. 을지산乙指山 양지쪽 울창한 솔숲에 쌓인 장릉은 신분이 회복된 숙종 때 능호를 받았고 장릉 주변은 낙락장송들이 절을 하듯이 능 주변을 도열하여 있다. 장릉 앞에 오래 서있으면 슬픈 역사가 몸에 베여 상당히 숙연해진다.

강원 영월 수주 법흥리 법흥사 학송림

법흥사는 영월군 수주면 법흥리에 있는 천년고찰로서 절 안에 200년 된 밤나무와 주변에 아름다운 소나무숲이 있다. 임학계의 원로인 임경빈 선생은 우리나라의 소나무숲 가운데 가장 훌륭하다고 칭찬한 곳으로서 과거에는 황장목을 생산하였다. 「대동지지」에 법흥사가 있는 사자산을 황장봉산이라 한 기록이 있는데 법흥사 입구의 길가에 있는 황장금표가 이를 증명하고 있다. 황장금표는 법흥사 가는 길 왼쪽에 있는데 주의해서 살피지 않으면 지나치기 쉽다. 최근 산림청에서에 나무 울타리를 만들어 보호하고 있다.

법흥사로 들어가는 길은 어제 포장을 하여 버스가 절앞 주차장까지 갈 수 있다. 법흥사는 신라 진덕여왕 때 자장율사가 창건한 사찰로 창건 당시 이름은 흥녕사였다. 고찰이지만 절 규모는 그리 크지 않다. 절 앞 주차장 위로 극락전과 징효대사 탑비 그리고 징효대사 부도가 있을 뿐이다.

극락전은 아주 고풍스럽고 또 공포의 조각수법이 섬세하다. 이 극락전이 있는 공간에서 오른쪽 소나무 숲길을 5분쯤 오르면 산신각과 요사가 있고 그 아래 약수터인 수각이 있다. 그리고 이 수각에서 다시 3분쯤 오르면 법흥사의 중심이라 할 수 있는 적멸보궁이다. 부처님의 진신사리를 모신 5대 적멸보궁(영축산 통도사, 오대산 상원사, 태백산 정암사, 사자산 법흥사, 설악산 봉정암) 중 하나이다. 적멸보궁에는 불상이 없다. 뒤에 부처님의 진신사리가 있으므로 별도의 불상을 안치할 필요가 없기 때문이다. 법흥사 적멸보궁 뒤로는 큰 묘처럼 둥근 둔덕이 있으며 그 속에 부처님의 진신사리가 있다. 적멸보궁으로 가는 길도 소나무가 가득하다. 아름드리 소나무 사이에 아직 떨어지지 않은 단풍잎이 햇살에 빛난다.

경남 하동 하동읍 광평리 蒼松

하동읍을 가로지르는 2번 국도는 섬진강에 놓인 섬진교를 지나는데 바로 그 아래 백사장을 형성하고 울창한 소나무숲이 있다. 1983년 경상남도 기념물 제55호로 지정될 만큼 아름답다.

조선 영조21년(1745) 당시 도호부사인 전천상이 방풍과 모래 고정을 위하여 섬진강변에 심은 것으로 알려져 있다. 면적은 약 2.6ha로서 750여 그루의 소나무가 서있는데 넓은 백사장과 잘 어울린다. 이 숲은 마을에서 가장 아름답고 경치가 좋은 곳에 조성된 형태로서 천혜의 경관을 감상하는 장소로, 유유자적하는 조선시대 선비의 詩作 장소로 이용된 곳이다. 또한 바람과 수해를 막아주고 모래가 날리는 것을 방지하는 기능을 갖고 있으므로 문화와 숲 고유의 기능이 머무는 곳이다.

대곡마을 소나무

소나무의 나이가 250년은 되어야 할텐데 그렇게 보이는 나무는 별로 없고 생각보다 굵지 않다. 아마 토질이 척박하여 생장이 나쁘고 마을 가까이 있어 잘생긴 것은 이미 벌채되지 않았나 싶다. 나무키가 6-12m이고 굵기도 70cm정도이며 곧은 나무는 별로 없고 구불구불한 것이 대부분이다.

후대를 위해 심은 어린 소나무가 큰 나무 아래 있으며 수관은 우산과 같이 편평하다. 전체 면적의 반은 휴식년제를 실시하고 반만 개방하고 있다. 생각보다 크지 않고 개방된 곳에 있어서 아늑한 맛은 덜하지만 섬진강 강변에 조성된 특수성 때문에 진귀한 느낌이 든다. 소나무숲과 섬진강 사이에 히말라야시다가 소나무숲의 역사성을 훼손하지만 더불어 살아간다면 무슨 불평이 있을까. 섬진교가 석양에 실루엣을 줄 때면 강의 정취까지 맛볼 수 있다. 안타까운 것은 숲의 훼손이 심한 것이다.

경남 사천시 정동면 대곡리 마을 띠숲

경남 사천에서 33번 국도를 타고 남동방향으로 5km 쯤 내려가면 넓은 평지 가운데 소나무가 모여 있는 대곡마을이 나타난다. 가는 도중 도로변에도 많은 소나무군이 다양한 모습으로 서 있어 소나무에 관심이 큰 여행객에게는 볼거리를 제공한다.

넓은 들 한가운데 자리잡은 대곡마을은 좌우와 뒤가 원형의 산으로 싸여 있으며 중심부에 개천이 흐르므로 복이 흘러나가고 외부의 액이 침범하여 마을이 평온치 못하다는 풍수설에 의해 마을의 발전을 위하여 약 150년 전 소나무 140여 그루를

강릉 초당숲

식재하였다. 즉 마을이 키 형태를 띠므로 곡식을 까부를 때 곡식이 키 밖으로 나가는 것을 막기 위하여, 즉 마을의 부유한 복이 새는 것을 방지하기 위하여 만든 숲이다. 예전에는 하천을 중심으로 소나무숲 건너편에 대나무숲을 만들었는데 대나무숲은 벌레가 많고 농사에 피해를 준다고 하여 없애버리고 현재 소나무숲만 남아있다. 실제로 현재는 숲이라기보다는 소나무가 줄형태로 서있는데 한 그루 한 그루마다 멋진 형상을 가지고 있다.

아름답고 층을 가진 수피, 비스듬히 누운 자태, 울창하며 붉은 가지를 푸른 잎 사이에 드러낸 수관, 각각의 모습이 아름답고 이채롭다. 사천시는 경관과 수목보호를 위해 1985년 수목군락지로 지정하였으나 나무는 건강하지 못하다. 주민들의 휴식처로 상당히 이용되고 있는 것은 좋으나 숲에 어울리지 않은 공동창고를 왜 숲 근처에 짓는지 모르겠다.

인천 옹진군 대청도의 소나무숲

대청도는 인천광역시 옹진군에 속한 7개 면 중의 하나인 섬으로서 인천에서 200km나 떨어져 있으며 쾌속선으로 4시간이나 가야 하는 쉽게 가 볼 수 없는 곳이다. 이 섬은 잘 알려지지 않았지만 최근 관광지로 떠 오른 최북단 섬인 백령도를 가려면 대청도를 경유해야 하므로 저절로 유명해졌으며 면적은 1,260ha이고 인구는 1,500명이 어업을 주로 하고 사는 작은 어촌이다.

배가 도착한 선진동 포구는 작지만 평화롭고 여유로운 느낌이라 포구 한쪽에 있는 경비정과 대조를 보인다. 항구에 있는 면사무소에 들려 팜플렛을 받아 보니 지도에 소나무숲이 나와 있다. 섬에는 대부분 해송인데 이곳 소나무는 어떤 모습일까 하는 호기심에 가벼운 흥분을 느꼈다. 산업계장의 안내로 차를 타고 언덕에 오르니 멀리 산 아래, 모래가 태양에 빛난다.

모래사막 근처의 민박집으로 가는 도중 우연히 길옆에 늘어 선 150여 그루의 소나무를 만났다. 의외로 만난 소나무 숲에는 간간이 해송이 섞여 있지만 100여 년의 세월을 고이 간직한 탓에 아주 예쁜 지붕을 만들어 놓았다. 이렇게 아름답고 소담한 소나무를 본 기억이 없다. 해안에는 당연히 해송이 분포해야 하는데 소나무라니. 시간이 없어 나무 하나 하나의 생김새를 관찰하지 못한 아쉬움과 함께 정말 잘 왔구나하는 생각이 든다.

두 번째 소나무숲은 사탄동 해수욕장을 감싼 모래언덕을 고정하려고 심은 150여 본의 소나무로서 벌써 100여 년이 흘러 천연보호림으로 지정되어 있다. 이 숲이 없으면 사탄초등학교로 모래가 날아들어 아이들의 삶에 많은 지장을 주었을 것이 뻔하다. 모래 언덕에 뿌리를 깊게 박고 유유히 서 있는 소나무는 키가 10미터에 불과하나 경주의 소나무를 연상케 할 만큼 곡선미가 뛰어나다. 한국전쟁 때 피난민과 군인들이 소나무를 벌채하여 연료로 사용하려고 했던 것을 주민들이 필사적으로 막았다고 한다. 이 언덕에서 오른 쪽으로 나있는 해안선을 따라 열린 경관과 그 끝의 숲은 또 다른 시원함을 선사한다. 학교 앞의 오래된 해송과 하천 옆 도로의 예쁜 소나무도 경관미를 더한다.

해안 일주도로를 타고 다시 면사무소로 가는 넓지 않은 길가에는 관객을 위한 정자가 절벽 위에 있어 쉬어 감을 권하고 척박한 토양에서도 아름다움을 잃지 않은 소나무들이 우리를 반긴다. 대청도에는 상상하기 어려운 모래사막과 모래날림을 방지하는 광야같은 해송숲, 괴석과 어우러진 넓은 백사장, 천연기념물 동백나무 숲, 그리고 비싸지 않고 풍부한 해산물, 인심 좋은 민박이 있으므로 사람이 몰리는 여름을 피하면 멋진 생태관광을 즐길 수 있다.

2부

소나무의 생태와 유전

우리나라 소나무의 육종 현황

한상억·강규석 국립산림과학원

머리말

소나무는 우리나라 침엽수종 중에서 은행나무 다음으로 크고, 최대 직경이 2미터, 높이 25-27미터에 이르며, 최고수령은 500-600년으로 추정된다. 한반도는 물론 중국 만주의 동쪽지역과 일본의 홋까이도를 제외한 전역에 분포한다.

우리나라에서 수평적 분포는 제주도 한라산 북위 33° 20′ 으로부터 함경북도 은성군 증산 북위 43° 20′ 에 이르기까지 전국토의 고산지대를 제외한 온대림의 대부분을 점유한다.

수직적 분포는 500m 내외가 적지로서 하한계선은 100m, 상한계선은 900m 1m-1,300m에 분포한다. 우리나라 수종치고 소나무보다 더 넓은 분포 영역을 가진 것은 없다. 이런 것을 광범종이라 한다.

임목육종은 제2차 대전이 끝난 1950년대에 본격적으로 시작되었다고 할 수 있다. 임목육종이 시작된 것은 일본의 경우 17세기라고 하며, 영국에서는 1717년에 이미 종자산지의 중요성을 역설한 논문이 발표된 바 있다.

이후 수형목 선발과 채종원 조성 등의 선발육종 방법과 교잡육종 방법, 그리고 돌연변이 육종방법 등으로 이어져 왔다고 볼 수 있다. 임목육종의 근간은 선발육종이라 할 수 있으며, 이를 위하여 형질이 좋은 수형목을 충분히 선발하는 것이 매우 중요한 사업이다.

소나무의 형질을 개량하기 위하여 산림청 국립산림과학원에서는 1959년부터 1985년까지 생장과 형질이 우수한 수형목을 선발하였으며, 선발된 수형목들을 접목증식을 통하여 채종원 및 클론보존원을 조성하였고 개량종자를 생산·보급하고 있다.

이글에서는 우리나라 소나무의 수형목 선발, 채종원 조성, 개량종자 생산, 유전검정 차대검정, 산지시험, 유전자원 보존 등 현재 추진 중에 있는 임목육종 현황 및 금후 방향을 살펴보고자 한다.

소나무의 개화결실 및 번식

소나무는 5월 상순경에 꽃가루를 받아 수분 이듬해 초여름에 수정이 이루어지므로 솔방울은 생긴지 17개월여 만에 성숙하게 된다. 암꽃은 가지의 끝 쪽에 2, 3개 달리고 처음 모양은 둥

글거나 타원형이며 자색을 띤다. 암꽃이 모여 있는 것을 구과라 하며 흔히 솔방울이라 한다. 수꽃은 끝이 반달 모양으로 퍼지며, 꽃실 아래에 두 개의 약포가 있다.

솔방울은 지난해의 가지 또는 올해 가지의 아래쪽에 달리고, 과린솔방울을 형성하고 씨앗을 안고 있는 조각은 70-100매이다. 성숙하면 황갈색으로 되고 과린은 스스로 열려 종자가 날아 흩어진다.〈그림1〉

수분된 암꽃은 이듬해 봄까지는 유구과 단계로 외형적인 변화는 크게 없으나 신초생장을 거의 마치는 6월부터 구과의 체적이 급격히 증대하여 8월에는 거의 부피생장은 끝나며 구과 내의 수분함량이 80%대에서 50%로 내려오다 9월 중순 구과가 갈변하면서 진행 정도에 따라 함수율은 다시 30%대까지 떨어진다.

종자는 마름모꼴로 회갈색 또는 흑갈색이다. 칼모양의 날개는 종자보다 길며, 개화한 이듬해 10월에 성숙한다. 종자의 입수는 크기에 따라 다르나 1kg당 약 107,800립이다. 소나무 종자의 실중1,000립 무게은 10.9g이며, 종자길이는 4.5mm, 종자두께는 2.2mm이다. 종자 날개의 길이는 4.9mm, 날개폭은 2.2mm이다.

소나무 묘목은 주로 종자에 의하여 양성된다. 가을에 솔방울의 입이 열리기 전에 따서 종자를 모으고 한랭하고 건조한 곳에 보관하였다가 이듬해 봄에 뿌린다. 파종전 24시간 냉수에 담가두면 발아가 촉진되고, 파종 후 1~2주 이내에 대부분 발아한다.〈그림2,3〉

수형목 선발 및 클론보존

수형목은 채종원 또는 클론보존원 조성에 필요한 접·삽수 및 종자를 채취할 목적으로 수형과 형질이 외형적으로 우량하다고 인정하여 선발·지정한 나무이다. 이러한 수형목은 우량한 임분을 우선적으로 선정한 후 그로부터 목적하는 외형적 형질이 우수한 개체를 선발하여 채종원 조성 및 전진세대 임목육종의 기본

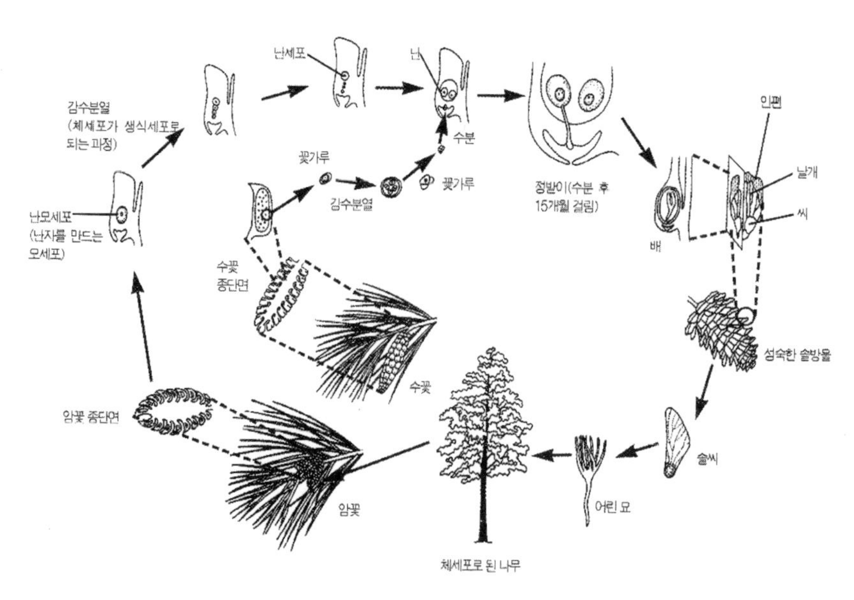

그림 1— 소나무의 생활사(임경빈, 1998)

그림 2— 소나무 암꽃

그림 3— 소나무 수꽃

재료로 활용된다.

소수의 수형목이 선발될 경우 여러 세대를 거치는 육종사업의 추진은 결과적으로 유전변이의 감소를 초래할 수 있다. 반면에 유전적으로 분화된 다수의 집단으로부터 폭넓게 수형목이 선발될 경우 육종집단의 유전변이를 증가시킬 수도 있다.

수형목 선발시 고려해야 할 사항들 중 하나는 한 곳의 임분에서 한 본의 수형목 만을 선발하는 것이다. 왜냐하면, 서로 유전적으로 관계가 있는 나무를 많이 선발하게 되면 세대를 거듭하면서 이웃하는 근친관계의 나무들과 교배로 인하여 자식열세를 초래할 수 있기 때문이다.

결국, 선발강도를 증가시켜 기본집단의 크기를 작게 할 경우 제1세대의 개량효과는 높아질지 모르지만, 전진세대의 선발육종과 장래의 시대적 요구 변화에 대처하기 위해서는 선발강도를 다소 완화하여 다양한 집단으로부터 보다 많은 수형목 선발이 필요하다.

우리나라를 대표하는 소나무는 전남을 제외한 8개 도에서 생장과 형질이 우수한 425본이 선발되었다. 전국에서 선발된 소나무 수형목을 선발 지역별로 몇 가지 특성을 비교한 결과, 전체 수형목에 대한 연년재적생장량 평균은 0.023m^3으로 중부지방 소나무림 지위지수 10 단위에서 50년생 주림목 0.006m^3에 비하여 현저히 높은 값을 나타냈다.

선발지역에 따라서도 많은 차이를 보였다. 특히, 강원 삼척의 준경묘에서 선발된 21본의 수형목은 연평균 생장량이 0.039m^3으로 수형목 평균에 비하여 70% 이상 우수성을 나타내었다.〈그림4,5〉

우리나라 전국을 대상으로 선발된 우수한 수형목은 결국 훌륭한 유전자원이며, 수형목을 법적으로 지정·고시하여 관리하는 것은 현지 보존의 한 방편이라 할 수 있다.

수형목 선발에 의한 채종원 조성에서 가장 기본이며 중요한 것은 선발된 수형목과 동일한 유전적 구성을 지닌 증식재료접·삽수의 확보이며, 이를 위해서 현지 수형목으로부터 매년 많은 비용을 들여서 필요한 재료를 확보해야 한다. 또한 현지 수형목이 산화, 병해충 피해, 도벌 등으로 없어질 경우 많은 노력과 비용을 들여 선발된 수형목은 육종재료로서 영원히 이용이 불가능해 질 것이다. 따라서 유전적 구성이 수형목과 동일한 개체를 일정 장소에 보

그림 4— 선발된 소나무 수형목

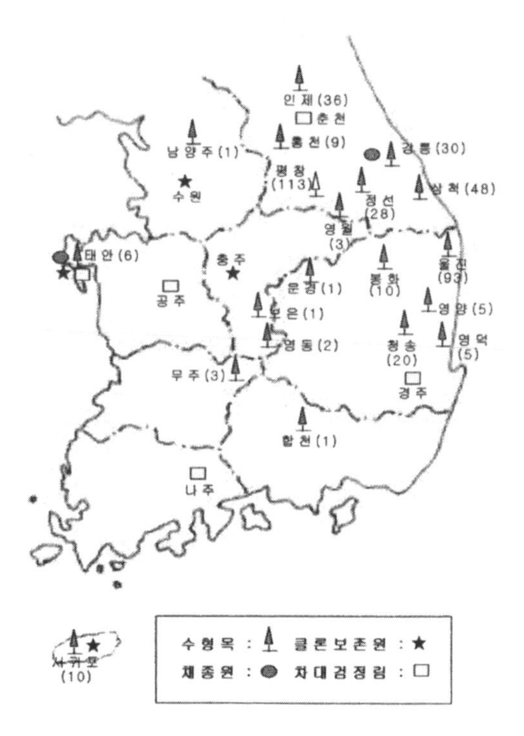

그림 5— 소나무 육종재료 확보 및 보존

존 관리하는 클론보존원 조성은 육종사업에서 가장 중요한 임무 중의 하나다.

수형목으로부터 접목 증식된 클론을 경기 수원, 충남 태안, 충북 충주, 제주 서귀포 등 4개 지역에 조성하여 수형목에 대한 혈통보존 및 유전자원으로서 유용하게 활용하고 있다.

채종원 조성 및 개량종자 생산

채종원은 유전적으로 우수한 나무들의 집단으로써 열등한 유전인자를 지닌 외부의 나무들로부터 날아들어 오는 화분오염을 방지하고, 보다 우수한 다량의 종자를 생산함과 동시에 보다 쉽게 종자를 채취할 수 있도록 운영·관리하는 사업이 이루어지는 육종집단의 한 종류이다. 따라서 채종원은 육종프로그램에 의해 성취된 연구결과를 실제 산림경영에 적용하는 중요한 수단이다.〈그림6,7〉

채종원으로부터 생산된 종자의 유전적 형질은 수형목 선발강도, 채종원 조성설계 방법, 차대검정 결과를 이용한 유전간벌 등에 의해 결정된다. 수형목 선발강도가 높을수록 채종원산 종자의 유전적 질은 향상된다.

그러나 앞에서 언급한 바와 같이 지나치게 선발강도가 높을 경우, 장래세대 육종 및 채종원산 종자에 필요한 유전다양성을 감소시킬 수 있기 때문에 적정 선발강도를 설정하여야 한다. 또한 최초 채종원 조성시 채종목간에 균일한 교배가 이루어지도록 채종원을 조성하지 않을 경우 유효집단 크기가 감소하여 채종원산 종자의 유전다양성 감소를 초래할 수 있다.

따라서 개체목간에 균질적인 교배가 이루어질 수 있도록 채종원을 설계해야 하며, 암꽃이

그림 6— 소나무 채종원(충남 태안)

그림 7— 수형조절된 채종목

나 수꽃이 다른 개체에 비해서 월등히 많은 것들은 솎아낼 필요가 있다. 특히, 수형목 차대에 대한 유전검정을 통하여 수형목의 유전형질이 불량한 개체는 채종원에서 제거되어야 한다. 이러한 유전간벌을 통하여 채종원산 종자의 개량효과는 크게 증진되어진다.

임목육종의 근본적인 목적은 가능한 가장 신속한 방법을 이용하여 선발된 재료로부터 유전적으로 개량된 종자를 생산·공급함으로써 산림생산성을 증대시키는 것이다. 소나무 채종원은 전국에서 선발된 수형목을 접목 증식하여 강원 강릉에 24ha, 충남 태안에 75ha를 조성하였고, 1976년부터 2003년까지 소나무 채종원에서 약 2톤의 개량종자를 생산하여 전국에 보급하였다.

채종원 관리는 저비용·고효율의 경제원칙에 입각하여 이루어져야 한다. 종자생산 시스템에 있어 소나무 등과 같이 소립종자로 저장효율이 높고 장기저장에 문제가 없는 수종인 경우는 종자의 결실풍흉에 따른 종자의 유전형질 및 채취비용 등을 고려하여 종자생산량을 조정하고 있다.

채종원 유전간벌 및 수형조절과 밀접하게 연관되어 있는 것이 바로 종자생산량이다. 유전간벌은 불량 채종목을 제거하는 관리방안이므로 채종목 수가 일단 감소하게 된다. 따라서 유전간벌 직후에는 종자생산량 감소가 발생하게 되지만, 몇년 후 측지가 발생하고 수관이 회복되면 다시 종자생산량은 증가하게 된다.

또한 채종목으로부터 구과채취 작업을 손쉽게 하기 위하여 과수목처럼 수형조절단간 및 정지전정을 하여 수고를 낮추는 것은 영양생장과 생식생장의 균형을 이루게 하여 결실을 촉진시킴과 동시에 수광량 조절로 양질의 개량종자를 대량생산할 수 있는 것이다.

채종원은 일반적으로 개화결실에 유리하도록 환경조건이 온화한 지역에 조성되며, 채종원 조성에 사용된 나무들은 선발된 수형목 증식체이기 때문에 채종원을 현지외 유전자원 보존의 수단을 볼 수 있다. 따라서 현재 조성되어 있는 소나무 채종원은 육종집단 뿐만 아니라 중요한 현지외 유전자원 보존림으로써의 기능을 발휘한다.

산지시험 및 차대검정

산지시험은 임목육종에서 가장 기초가 되는 과

그림 8— 우량임분(강원 삼척)

그림 9— 불량임분(경기 화성)

정으로 대상 수종의 집단으로부터 생산된 차대들이 가장 잘 자랄 수 있는 지역을 선정하기 위한 방법으로 이를 위해서 많은 비용과 시간이 요구된다. 대부분 수종의 경우 자생지의 환경과 상이한 지역에 심겨질 경우 생장이 열악한데, 일부 지역종이나 지역집단의 경우 자생지역을 벗어나 다른 지역에 식재되었을 때 더욱 생장이 우수한 경우도 보고되고 있다.〈그림8,9〉

우리나라의 소나무 임상을 36개 산지로 구분, 각 산지별로 종자를 채취하여 11개 지역에 산지시험림을 조성하였다. 이러한 소나무 산지시험림은 전국의 대표적인 소나무림을 모두 포함하여 선발이 이루어졌으므로, 언제든지 우리나라 소나무에 대한 유전자원의 이용 및 접근이 가능하게 되었다. 따라서 11개 지역에 분산 조성된 산지시험림은 우리나라 향토수종인 소나무의 대표적인 현지외 유전자 보존림이라 할 수 있다.

11개 산지시험림에서 산지별 생장 및 여러 형질의 특성을 분석한 결과, 전반적으로 조림지의 위도, 경도, 해발고가 높을수록 수고생장은 저조하나 통직성은 높아지는 경향이었으며, 조림지에 따라서 산지별로 많은 생장특성의 차이를 확인할 수 있어, 소나무 조림시 조림지의 환경에 적합한 산지에서 종자를 공급하여 묘목을 생산하는 방안을 강구해야 할 것으로 생각된다.

또한 이렇게 우리나라를 대표할 수 있는 소나무 36개 산지가 전국 각지에 조성되어 있으므로, 추가적으로 산지별, 지역별로 적응 및 생장에 관련된 제반 형질들을 조사함으로써 생태적으로 건전하고 경제적으로 효용 가치가 큰 안정된 소나무 숲을 조성하는데 필요한 자료를 제공할 수 있을 것이다.

차대검정은 수형목이 표현형적 우수성에 따라 선발되므로 실제로 그 수형목의 우수한 표현형이 좋은 환경인자의 영향이었는지 아니면 좋은 유전적 소질 때문이었는지 불분명하기 때문에 수형목의 차대를 통한 검정으로 양친수의 유전형질을 구명하는 것이다.〈그림10.11〉

차대검정은 유전분산, 공분산, 유전력 등과 같이 선발육종 과정에서 유용하게 사용되는 유전모수를 추정하기 위한 과정으로 초기에는 주로 풍매 차대검정법을 사용하였으나, 비용이 저렴하다는 장점에도 불구하고 추정된 모수들의 신뢰도가 떨어지는 단점을 가지고 있다.

그림 10— 산지시험용 양묘(경기 수원)

그림 11— 차대검정림(충남 공주)

이러한 단점을 극복하기 위하여 최근에는 계획된 설계 아래 선발된 수형목간에 인공교배시킨 후 얻어지는 차대묘들을 이용한 인공교배 차대검정을 실시하는데, 많은 비용과 노동력이 요구될 뿐만 아니라 강도의 선발을 실시할 경우 유전적 베이스를 좁히는 결과를 초래할 수도 있다.

현지 수형목의 풍매 가계 및 인공교배 조합의 차대를 강원 춘천, 충남 태안과 공주, 경북 경주, 전남 나주 등 5개 지역에 조성하여 유전형질을 구명 중에 있다. 차대검정 자료를 채종원에 적용하고자, 풍매 차대에 대한 재적생장을 표준화 시킨 후 수령과 조성지역수를 보정하여 일반조합능력을 추정하였다. 이 자료는 채종원에서 유전간벌을 실행하는데 기초 자료로 이용되고, 수형목 클론간 인공교배 및 유전모수 추정에 유용하게 활용되고 있다.

유전자원보존

유전자원보존은 1972년에 천연림 집단의 유전변이 분석으로 시작되었으며, 소나무 유전자원의 효율적인 보존을 위해서는 종간의 변이와 이와 관련된 여러 인자들의 집합체인 생태계, 특별한 종 또는 종내의 유전적 다양성을 그들의 자연 환경안에서 보존하는 현지 보존과 종내의 유전자원을 확보하기 위해 개체나 증식재료를 자연 생육지 이외의 장소에 식재하거나 유전자, 세포 또는 화분의 형태로 특수 시설물 안에서 저장하는 방법 및 종자를 저온 저장하는 방법 등의 현지외 보존 두 가지 방법이 상호 보완적으로 병행하고 있다.

전국에 분포된 소나무 천연집단을 탐색하고 25개 집단에 대한 생태적 특성, 유전변이 등을 분석하여 활용가치가 높은 현지유전자보존림 2,015ha를 지정하여 집중적인 관리를 하고 있다. 또한 소나무 25개 집단을 대상으로 동위효소 분석을 통하여 유전적 다양성을 조사한 결과 분포 면적이 제한적이고 불연속인 해송이나 잣나무에 비해 유전다양성이 높은 것으로 보고되고 있다.

그런데 강원과 경북지역에 자생하고 있는 금강소나무의 유전변이를 다른 지역에 분포하고 있는 소나무 집단들의 유전변이와 비교한 결과 유전변이는 높지 않은 것으로 보고된 바 있다.

그러나 특이한 점은 봉화와 울진집단의 경우 다른 지역과 비교하여 유전적 다양성은 높지 않았으나 유집분석 결과 전국에 분포하고 있는 다른 소나무 집단은 물론 강원, 경북에 분포하고 있는 다른 소나무들과도 대별되어 독립군으로 나타나 유전구조가 독특함을 알 수 있었다. 이는 아마도 국소환경조건에 대한 적응의 결과라고 생각되어 질 수 있는데 이에 대한 자세한 원인 구명을 위해서는 앞으로 보다 많은 연구가 요구된다. 또한 소중한 유전자원을 보존하기 위해 정이품송을 인공교배를 통하여 후계목을 만들고, DNA 유전자 지문법을 통하여 친자를 간별하여 혈통을 보존하는 사업도 병행하고 있다.

맺음말

소나무는 우리나라의 대표적인 향토수종으로 우리 생활에 이용 가치가 많은 수종인데 미래의 육종대상 형질은 아무도 예측할 수 없으며, 수요의 변화에 능동적으로 대처하기 위해서는 현재 그 중요성이 강조되지 않는 유전변이 일지라도 최대로 확보하는 것이 중요하다. 단일 형질만을 대상으로 하는 육종사업은 유전변이의 감소를 유발할 수 있으며, 특히 강도의 선발을 통한 개량효과의 증진은 몇 세대 안에 대상 수종이 가지는 유전변이를 급속히 감소시킬 수 있다.

따라서 육종재료의 계속적인 공급을 위해서는 현재 대상 수종이 가지는 유전변이를 적절히 보존해야 할 필요가 있다. 한편 육종사업을 통하여 얻어진 수형목, 클론보존원, 산지시험림 등은 소기의 선발육종 목적을 달성하면서 유전자원으로서 적절히 활용하여 나가야 할 것이다.

또한 소나무 유전자원을 관리하는데 있어 임업경영적인 측면에서 뿐만 아니라 경관, 풍치를 겸한 사회, 문화적인 측면도 고려되어야 할 것이다.

그럼으로써 우리 민족의 정서와 생활 속에 깊이 뿌리내린 민족수인 소나무를 잘 보존하여 지금과 같은 모습 또는 더욱 좋아진 숲을 우리 후손들에게 물려주는 것은 오늘을 살고 있는 우리들의 공통된 책임일 것이다.

참고문헌

김외정. 2002. 금강소나무림의 임업경영적 가치. 금강소나무림 경영전략과 특별법 제정에 대한 심포지엄. 81-113.

김진수 등. 1993. 금강소나무 -유전적으로 별개의 품종으로 인정될 수 있는가? -동위효소분석 결과에 의한 고찰-. 한임지 82(2) : 166-175.

숲과 문화연구회. 1993. 「소나무와 우리문화」 수문출판사. 205pp.

임경빈. 1995. 「소나무」. 대원사. 143pp.

임경빈. 1998. 푸른 마을을 꿈꾸는 나무 I. 247pp.

임목육종연구소. 1996. 임목의 유전자원 보존. 임목육종연구소. 145pp.

임목육종연구소. 1996. 임목육종 40년. 임목육종연구소. 535pp.

임업연구원. 1999. 「소나무, 소나무림」. 임업연구원. 205pp.

임업연구원. 2002. 산림유전자원 보존 연찬회. 임업연구원. 189pp.

임업연구원. 2002. 「임업연구 80년사」. 임업연구원. 1005pp.

한국의 소나무 유전체학을 위하여

이정호 고려대학교 생명자원연구소

소나무의 유전

현대 한국어의 유전遺傳이라는 낱말은 어떤 특성 혹은 형질이 이전 세대에서 다음 세대로 대물림 되는 현상을 지칭하는 서구 과학, 그리고 과학 중에서도 생물학적인 의미를 가장 많이 가지고 있다. 아마도 100여 년 전부터 적극적으로 서구 과학을 받아들이면서 이 말이 학자 및 과학자 층에 먼저 유입되었을 것이고, 이후에 1960년대를 거쳐서 현재까지의 사회적 변화의 추세를 반영하면서 한국 사회의 개념으로 정착되었을 것이다.

유전이라는 낱말의 옛스러운 어법이 한국어 개역「성경」을 보면 조금 남아 있는데, 그 의미는 '오랫동안 내려온 전통적 관습이나 타파해야 할 구습' 정도이고 신神적인 것에 대비한 부정적 의미의 '인간적인' 방식과 관행으로 쓰이는 문맥에서 잘 드러난다. 뉘앙스의 차이가 있지만 '전통'이라는 말과 치환해서 쓸 수 있는 말이기도 한 것이다. 전통을 지키고 따른다는 것을 유전을 지키고 따른다고 바꾸어 이야기 하고 있는 경우가 많다. 문화적 전통의 계승과 생물학적 유전의 계승이 만나는 지점이 생기는 것이다.

유전 혹은 유전성heredity이라는 개념을 가장 쉽고 정확하게 요약하여 이야기 해 주는 어구가 '부전자전父傳子傳'이다. 최근의 한국 사회의 양성 평등의 추세를 반영하면 '모전여전母傳女傳'이라는 말을 만들어 써도 그 뜻이 크게 틀리지 않지만, 단지 한쪽 성性의 생물학적 계승성만을 이야기하는 것이 되고, 오히려 '부전여전'도 되고 '모전자전'도 이야기해야만, 보다 보편적인 현상을 지적하게 된다.

남성과 여성이라는 두 성의 혼융을 통해서 차세대가 이전 세대의 특성들을 물려받게 되는 것은 동서고금의 자연적 이치라고 할 수 있을 것이다. 그러므로 '부전자전' 속에 이러한 보편적 생물학적 계승성의 의미가 있는 것으로 보면 좋다. '부전자승父傳子承'으로 고쳐서 써도 된다. 실제로 한국어 사전을 찾아보면 이 어구로 바꾸어 써도 된다고 적시하고 있는 경우도 있다. '부모세대父는 그들의 특성을 다음 세대에게 물려주고, 자손세대子는 이를 계승한다'는 뜻이 된다.

부전자전이라는 어구는 특히 인간의 유전 현상을 적절히 요약하는 말이라서 현대 '인간유전학human genetics'의 기초나 근간을 쉽게 설명해 주는 것으로 보인다. 인간이라는 하나의 생물종을 연구하는 것은 인간 자신에 대한 과학적 지식의 증진과 문제점들의 해결을 도모하는 것이므로 상대적으로 굉장히 발달되어 있다.

엄청난 물적, 인적 투자와 임상경험을 가지고 있으며 또한 오랫동안 방대한 양의 데이타와 자료가 축적되어 있다. 이것이 의학과 연관되어 생명과학 혹은 생물학의 중요성을 대변해 준다고 할 수 있다. 기초의학은 따라서 생물의학biomedicine의 패러다임을 가지고 있는 것이다.

그런데 과거 1980년대에 스타로 부상했었던 '유전공학'이라는 대표적 생물학적 담론 속에서 한국 사회의 유전에 대한 기형적 이미지를 찾을 수 있을 것이다. 그 이미지는 자연적 생물종을 인간의 필요와 요구에 맞게 변형 내지는 조작하여 경제성을 추구하자는 욕망을 머금고 있다.

따라서 유전이라는 자연현상을 담당하는 기본 단위인 유전자gene도 그러한 변형 내지는 조작되는 모재료가 되는 것으로 보게 되어 있다. 과학사적인 안목에 입각하여 대중적으로도 건실한 개념틀의 형성이 저해되어 있어서 유전이라는 개념을 적절히 따져 보아야 할 필요성을 보이는 것이다.

유전자를 대상으로 혹은 유전자를 중심으로 진행하는 지적 활동이 '유전학genetics'이다. '유전의 논리logic of heredity' 혹은 '생명의 논리'를 밝혀내려는 인간의 지적 노력으로도 정의될 수 있다.(자콥, 1994) 유전학의 응용적, 기술적 측면이 적극적으로 부각된 것이 유전공학이다.

유전에 관계된 것들에도 지구상의 생물종 전체를 살펴보면 보편성과 특수성이 존재한다. 전지구적 생물종들 전체에 보편적으로 적용되는 보편성은 '생명'과 같은 큰 특성을 두드러지게 하는 반면, 구획된 어떤 범주에 속하는 생물종들에서 나타나는 보편성도 있다. 생물종간의 차이들을 통해서나 개체간의 차이들을 통해서는 특수성을 찾을 수 있다.

부전자전이라는 말이 조금은 다른 형식이지만 소나무와 같은 식물들에게도 적용이 된다고 하면 일견 납득하기 어려워 보인다. 하지만 유전이라는 생물학적 현상이 인간 세대간의 대물림에 적용되는 것과 마찬가지로 소나무를 포함한 모든 생물종에도 보편적으로 적용된다. 수목 유전학tree genetics이나 소나무 유전학pine genetics이라는 말이 가능한 이유는 이러한 보편성에 근거한다.

소나무의 유전 현상과 유전의 논리를 소나무 유전학으로 지칭할 수도 있다. 인간도 유전과 생물학적 기능의 단위인 유전자를 가지고 있고, 소나무도 유전자를 가지고 있다. 인간은 세포벽이 없는 동물세포로 되어 있지만, 소나무는 세포벽이 확연히 있고, 엽록체라는 특수한 세포내의 소기관이 존재하는 식물세포로 되어 있다.

세포라는 보편성과 동물과 식물이라는 특수성과 차이! 인간은 움직여 다니는 동물이고 배아를 태에서 일정기간 기르며, 이후에 낳아서 젖을 먹여 키우는 생리physiology를 가지지만, 소나무는 땅에 붙 박혀서 뿌리로는 토양의 양분을 빨아들이고 바늘잎을 통해서는 태양 속에서 에너지를 얻는 광합성을 하는 식물의 생리를 보인다.

아버지의 정자와 어머니의 난자가 결합하여 수정되어, 일정 기간 발생發生한 이후에 아기가 태어난다는 것은 누구나 잘 아는 유전학적, 생물학적 현상이다. 소나무도 정자와 난자에 해당하는 것들이 특정한 시기에 소나무의 특정한 부위에 형성되어 차대인 소나무 씨앗을 만들어 낸다.

소나무에게는 수꽃에서 날리는 송화가루에 정자가 있고, 이후에 솔방울이 될 암꽃에 난자에 해당하는 것이 있다. 봄이 되고 여름으로 넘어가기 전에 소나무의 가지 끝 부위에 도톰한 구슬주머니 모양의 형태들이 줄지어서 달리는 것이 수꽃이고, 여기서 송화가루가 날리게 된다.

바람에 날린 송화가루는 수꽃이 열리고 난 이후에 좀더 소나무 가지의 윗부분에 열리는 암꽃에 가서 붙게 되고 이후에 수정이 일어나 소나무 씨앗이라는 차대가 생긴다. 1년 정도 숙성한 씨앗은 솔방울이 스스로 열리는 다음 해에 땅으로 떨어지게 되어 있다. 토양에서 이 씨앗들이 발아하여 새로운 세대의 소나무들로 성장해 나가는 것이다.

나무의 일생에 필요한 생리 현상에도 유전자가 중요하다. 인간의 생리, 발생 현상에서 유전자가 중요한 것과 같다. '유전자'에서 그 전사본transcript인 '전령·리보핵산mRNA'이 만들어지고 다시 이 전사본이 '단백질'로 해독되는데, 단백질들이 세포의 다양한 기능을 맡고 있다.

예를 들어 다양한 세포 내 대사와 생화학적 합성 경로, 세포의 구조적 지지 등을 단백질이 담당해 준다. 세포와 세포 내의 거대 분자들의 활동에 입각하여 생명체의 생리와 발생을 설명하는 현대 생물학은 '조직화의 수준level of organization'을 가진다 〈그림 1〉. 생명체는 세포가 전체적 기능의 중심체 역할을 하고 그 세포 내에서는 여러 가지 거대분자들macromolecules – 단백질, 핵산, 지질 등 – 이 세포 내 생리를 관장한다.

세포 내의 거대 분자들 중에 단백질과 핵산은 유전자들의 총체라고 할 수 있는 '유전체遺傳體, genome'에 근거해서 – 정보의 본래 모체로 하여 만들어진다. 거의 모든 생명체들에서 부전자전 혹은 부전자승되는 것은 이러한 유전자들의 총체인 유전체이다. 그동안 한국에서나 서구 사회 일반에서는 이러한 유전자들의 총체를 단순히 '유전자'라고 부르기도 하였다.

유전자는 유전체의 일부이고 사람에게는 4만여 개의 유전자가 있다. 몇 개 인지는 잘 모르지만 소나무에게도 이러한 유전자들이 있을 것이고 그 총체가 소나무 유전체다. 최근의 생명과학의 시각으로 소나무의 유전을 보면 유전체가 보인다.

생물의학과 마찬가지로 소나무도 이러한 조직화의 수준이라는 입장에서 살펴 볼 수 있다. 분자, 세포, 조직과 기관, 개체, 그리고 집단의 수준에서 소나무를 바라보고 탐구하고 연구할 수 있다. 인간을 다루는 학문에 분자유전학과 세포유전학이 있는 것처럼, 소나무에도 분자유전학과 세포유전학이 존재한다.

또한 소나무의 개체와 집단을 다루는 학문들도 가능하고 그러한 연구도 인간을 대상으로 하는 학문과는 정도의 차이가 있지만 진행되고

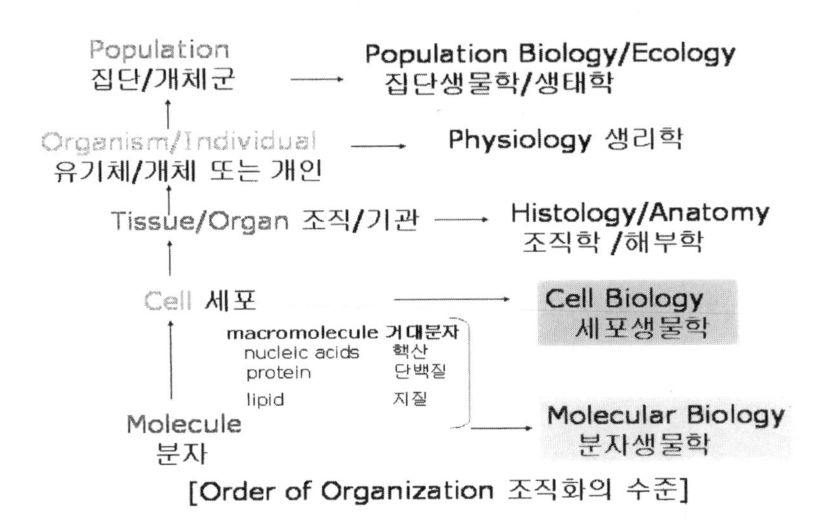

그림 1— 생물의학biomedicine을 중심으로 본 조직화의 수준

있다. 비유적으로 말해 우리가 소나무라면 현재 인간의 생물의학과 같이 소나무의 생물의학과 같은 수준까지 발선되었을 것이다.

집단유전학, 분자유전학, 그리고 유전체학 : 하나의 학문적 여정

스스로의 학문적 정체성을 규정해보라고 한다면, 필자는 유전학과 유전체학을 공부·연구하는 사람이라고 먼저 이야기 할 것이다. 분야로 보아서는 유전학의 여리 세분 분야들을 섭렵할 수 있었던 몇 안되는 행운을 가졌던 유전학도라고 이야기할 것이다. 과학을 인문사회과학적으로 연구하는 과학학science and technology studies (웹스터, 1998; Sismondo, 2003)에 관심이 많아서 일부의 연구를 하고 있디.

연구 방법론에 입각한 유전학의 전통적인 분류에 의하면 유전학은 크게 1. 고전유전학classical genetics, 2. 분자유전학molecular genetics, 3. 집단유전학population genetics으로 나눈다.

고전유전학은 멘델Gregor Mendel, 1822~1844이 주창하여 나타난 유전학 본래의 모습을 가장 많이 담고 있는 세분 분야이고, 분자유전학은 분자생물학이라는 생명현상에 대한 물리화학적 설명과 조작을 주로 하는 생물학의 새로운 흐름이 유전학으로 들어와 생긴 세분 분야다.

집단유전학은 개체 혹은 개인을 단일한 이상적 모형으로 가정하고 다루는 것에서 벗어나 차이가 나는 혹은 변이variation를 보이는 여러 개체들이 모인 집단을 대상으로 유전적 구조와 변화진화를 연구하는 것이다. 부전자전의 계승성을 유전자의 '고전적 개념'에 근거하여 연구한 것이 단일유전자들에 의해서 유전되는 유전질병들에 관한 지식들일 것이고 인간을 다루는 유전학에서는 고전유전학이다.

핵산으로 된 인간 유전자를 연구하는 분자유전학은 이러한 유전자의 분자적 개념에 근거하여 질병유전자도 찾아낸다. 질병유전자나 그 이외의 유전자나 유전적 표지들을 이용하여 집단을 다루는 것이 바로 인간을 대상으로 하는 집단유전학인 것이다.

그런데 이 모든 것이 다시 유전체라는 유전자들의 총체를 중심으로 재편되고 있다. 따라서 현재 유전학의 교육은 고전유전학, 분자유전학, 집단유전학, 그리고 유전체학이 가르쳐지는 추세이다. 여기에 한 1세기 정도 유전학과 떨어져서 발전해오던 '발생' 혹은 '발달'을 다루는 생물학의 유전적 측면을 연구하는 '발생유전학development genetics'이 최근의 유전학에 들어오는 추세이다.(Griffiths et al, 2000)

필자에게는 한국에는 고도의 이론과 연구실천을 겸비한 전문가가 극소수인 집단유전학(이정호, 2003a)이 유전학으로 들어오는 첫 관문석사과정이었다. 이후에 박사과정에서는 분자유전학을 제대로 할 수 있는 연구 여건에 처할 수 있었다.(Yi, 1999) 이와 연결하여 첨단 거대과학의 일환으로 진행되는, 유전자의 총체인 유전체를 다루는 연구활동 속에서 훈련받고 연구를 진행할 수 있었다.

연구 펠로우Research Fellow–특수한 박사후연구원으로 연구주제가 연구책임자·지도교수와는 반독립적으로 결정되고, 다음 세대의 연구책임자·실행자로서 암묵적으로나 공식적으로 교육·훈련받고, 이후에 국가적인 과학연구기획의 공동체에서 지도적인 위치를 차지하게 되어 있다. 과정에서 연구한 유전체 연구는 현재 '유전체학'으로 성숙되고 있다.(이정호, 2002a)

한국에 돌아와서는 집단유전학이 유전체를 중심으로 재편되는 전환기를 대표하는 '집단유전체학population genomics'을 연구할 기회를 가졌다.(이정호, 2002b) 집단유전학으로 입문하여 집단유전체학을 연구하게 된다는 것은 이전에는 거의 상상할 수도 없는 것이었다.

집단유전학

집단유전학을 배우고 연구할 수 있는 기회는 산림학과 화학으로 복수 전공한 후에 대학원에서 석사학위 과정에서 참여한 '산림유전학forest genetics' 연구에서 찾아 온 것이다. 산림유전학이라는 정의는 생물종에 입각한 것이라기보다는 숲이라는 공간 속에 존재하는 모든 생물종의 유전 현상을 다루는 것이라고 할 수 있다. 해양에 존재하는 생물종의 유전 현상을 다룬다면 '해양유전학marine genetics'이라는 분야를 지칭할 수 있는 것과 같다. 유전학을 연구의 대상인 생물종에 입각하여 미생물, 동물, 식물의 유전학으로도 분류가 가능한데, 숲에는 식물인 나무를 중심으로 숲에 서식하는 포유동물, 곤충들을 포함하는 동물들, 그리고 여러 가지 미생물들이 존재한다.

그런데 통상적으로 산림유전학이라고 경계를 짓는다면 나무와 동물들을 대상으로 삼는 유전학을 이야기한다. 1960년대 이후로 한국의 산림유전학은 다시 개체를 선발하고 품종을 육성하려는 응용성이 강한 육종breeding의 화두가 드리워져 있고 따라서 임목육종학이 중요하다.

산림유전학은 임목육종학의 기초가 되는 이론과 데이타를 제공한다고 볼 수 있다. 현재는 국립산림과학원으로 편입되어 있지만 최근까지 만 해도 국립산림과학원의 모체가 되는 과거의 임업연구원과는 반독립적으로 임목육종연구소가 따로 있었다.

생물학사史적으로 보아 생물과 무기물의 경계에 처하는 바이러스를 필두로 하여 미생물을 주로 연구하여 점차적으로 다세포의 동물, 식물, 그리고 궁극적으로는 인간을 좀더 잘 다루려는 유전학이 분자생물학의 방법과 이론을 적용하면서 생겨났는데 이들이 분자유전학이다. 이러한 분자유전학적 방법론이 산림유전학에 적용되기 시작한 것은 최근의 일이다.

집단유전학을 준용한 산림유전학의 연구에 참여하고 훈련받은 결과로 국제학술대회와 국제학술지에 산림유전학 논문을 발표한 경험이 있다. 가장 먼저 참여한 연구는 과학기술부 출연 과학재단에서 지도교수가 연구비를 받은 솔잎혹파리Thecodiplosis japonica의 집단유전학 연구였다.(김진수, 1991) 그 결과를 학회에서 대학원생으로 구두 발표한 적도 있다.(김진수, 이정호, 백범영, 1992)

솔잎혹파리는 소나무의 엽속fascicle 기부에서 유충으로 살아서 소나무의 생리에 병리적인 영향을 끼친다. 그렇지만 성충으로는 하루살이성 삶을 사는 산림 곤충이다. 일제강점기에 서울 창경원의 소나무와 전북 무안의 소나무에서 시작한 일본 원산지의 솔잎혹파리가 지속적으로 전국의 소나무숲을 가해한 것이었다.

시초의 서울과 무안의 유전적으로 차이가 나는 집단으로 시작하여 남쪽에서 북상하고 서울에서 남하한 것을 밝혀 낼 수 있었다. 현재 북한에서도 소나무림에 솔잎혹파리의 문제가 있을 것으로 보인다. 서울에서 북상한 집단이라고 볼 수 있을 것이다.

1991년 9월 10~11일에 한국에서 열렸던 한·독 산림유전학 심포지움 '산림유전자원의 보전과 조작'에 발표할 목적으로 한국산 소나무 종들에 해당하는 소나무Pinus densiflora, 곰솔Pinus thunbergii, 잣나무Pinus koraiensis의 집단유전학적 기초데이타(김진수, 이석우, 1993; Kim & Lee, 1995)에 근거하여 남한 내의 세 가지 소나무 종들의 유전적 다양성을 보전하는 전략을 구성하는 '보전유전학conservation genetics' 논문을 실제로 영문으로 썼다.(Kim, Yi & Lee, 1994)

개인컴퓨터로 심포지엄에 발표된 영문논문들을 묶어서 영문의 편집된 단행본을 '한국에서' 출판하는 일에 실무적으로 뛰어 보기도 하였다.(Kim & Hattemer, 1994)

화학을 복수전공한 배경은 집단유전학에서 많이 쓰는 동위효소 유전자 표지genetic marker의 생화학적 기초를 밝혀서 해석의 오류나 부정확성을 제거하는 연구를 할 수 있게 되었다. 솔잎혹파리 연구가 일단락 되지 않았으면 그 연구가 필자의 석사학위 논문으로 대치되었을 것이라는 지도교수의 후일담이 있다.

영문의 석사학위 논문(Yi, 1992)은 동위효소 유전적 표지를 다루는 것이었고, 일부의 결과는 학술지 논문이 되었다.(Yi & Kim, 1994) 다른 일부는 1992년 8월 24~28일 프랑스 남서부 보르도 주변의 휴양지 깔캉-모뷔송Carcans-Maubuison에서 열린 '임목의 집단유전학과 유전자 보전에 관한 국제심포지움International Symposium on Population Genetics and Gene Conservation'에 구두로 발표도 하고 그 논문이 편집된 단행본에 들어가 있다.(Kim & Yi, 1995)

프랑스의 랑드 지역의 해양소나무Pinus pinaster의 대단위 조림지와 숲 경영을 시찰할 수 있는 기회는 이 1992년의 국제심포지움 기간이었다. 이 유럽여행에서 독일의 괴팅겐Gottingen대학의 하테머Hattemer 교수좌 교수의 '산림유전 및 산림식물육종 연구소Institut fur Forstgenetik und Forstpflanzenzuchtung'를 방문하여 동위효소 유전적 표지의 해석에 관해 의견을 나누기도 하였고, 함부르크 주변의 그로스한스도르프Grosshansdorf에 위치한 독일연방 임업 및 목재업 연구원 소속Bundesforschungsanstalt fur Forst-und Holzwirtshaft의 '산림유전 및 산림식물육종 연구소'도 방문할 수 있었다.

당시 괴팅겐 대학교의 산림유전학 박사과정에 있었던 현 국립산림과학원 육종부장 최완용 박사도 이 유럽 여행 때 만났다.

분자유전학

분자유전학에 처음으로 입문한 것은 우연한 기회였다. 유럽여행과 석사학위를 마친 이후에는 박사학위로 서울대학교에 개설된 과학사·과학철학협동과정에 들어갈까 망설이면서 준비하던 중이었다. 고려대학교에도 현재와 같이 과학학협동과정이 있었으면 그쪽의 박사과정생이 되었을 것이다. 지도교수가 추천하여 고려대학교 의료원 순환기내과에 연구원으로 일시적으로 일해보라고 권유하셨다.

무심결에 나선 길이 인간의 유전질병들에 대한 눈을 뜨게 하였고, 분자유전학을 배울 수 있는 기회가 되었다. 말석 연구원으로 참여한 연구는 가족성, 비후성, 심근증이라는 희귀한 심장질병의 가계에 대한 연구였다.(박정의 외, 1994) 고전유전학에서 잘 논의되던 '연관linkage'이라는 유전자와 유전자 사이의 위치관계에 대한 개념과 실제 연구를 분자유전학적 방법론에 입각하여 배우는 기회였다고 할 수 있다.

소나무라는 식물과 인간이라는 동물에서 공통으로 쓰이는 '유전적 표지genetic marker'라는 개념도 확실히 깨우칠 수 있었다. 동위효소 유전적 표지와는 다른 핵산DNA 중심의 분자 표지의 이용을 올바로 알게 된 것이었다.

이렇게 분자유전학을 배우면서 기초의학 관련 유전학인 인간유전학의 전문가, 인간유전학의 자연과학박사Ph.D.가 1990년대 중반까지는 한국에는 부재하다는 사실을 깨닫게 되었다. 이러한 깨달음이 나중에 '인간분자유전학'을 박사학위 과정에서 전공하게 되는 계기가 되었다. 분자생물학의 실험에 대한 여러 가지 중요한 기법들은 1994년 1월 10-16일에 개최된 고려대학교 경과학연구소에서 개최한 '분자생물학 워크샵'에서 많이 익힐 수 있었다.

그리고 연구책임자가 보내서 실험을 배우게 했던 당시 원자력병원 생화학실의 연구원들의 도움과 고려대학교 생화학교실의 지원도 추억에 남아있다. 아마도 이러한 교육·훈련의 기회가 이후에 영국의 신흥 명문대학인 노팅햄대학교–2003년 노벨상 생리의학상을 노팅햄대학 교수가 공동수상했고, 2명의 경제학상 수장자 중의 한 명은 노팅햄대학 경제학과 출신이다–의과대학의 유전학과에서 '인간분자유전학' 박사학위Ph.D.를 하는 데에 크게 도움이 되었다고 할 수 있을 것이다.(Yi, 1999) 기초의학에 대한 배경을 어느 정도 연구원 시절에 익히고 스스로 공부한 이후에 영국으로 유학을 갔지만 학위 연구는 엄청나게 힘들고 어려웠다. 하지만 기대 이상으로 성공적이어서 학위 논문으로 결집된 연구는 〈네이처유전학Nature Genetics〉(Li et al, 1997)과 〈유전체학Genomics〉(Yi et al, 1999; Yi et al, 2000)에 실린 학술지 논문들로 나왔다.

네이쳐 유전학에 실린 논문의 바탕이 되는 연구는 하바드의과대학교 유전학과의 한 유명한 연구팀과 연구경쟁을 벌이던 것이라서 더욱 보람이 있었다.〔피어슨(2004)의 역자주 참조〕

유전체학

유전체는 모든 생물체에게 존재한다. 인간유전체 연구사업이 전 세계적 거대연구사업으로 진행되었기 때문에 유전체 – 지놈 혹은 게놈 – 라고 한다면 일반 대중은 인간유전체만 떠올리게 되어 있고 다른 생물종에게는 없는 것같이 오해하기 쉽다. 그러나 소나무에게도 세포가 있고 그 살아있는 세포 안에는 유전체가 존재한다.

유전체 연구에 대한 관심은 한국에서 심장유전학 말석 연구원으로 있을 때부터였다고 할 수 있다.(이정호, 2003c) 1993년 11월 중순에 고베에서 열린 '인간유전체 지도화 워크샵 93 Human Genome Mapping Workshop 93'이라는 인간유전체연구기구HUGO, Human Genome Organization가 개최한 학술회의에 다녀 온 것이다. 분자생물학 기법과 함께 유전자의 총체인 유전체를 다루는 연구에 대한 개론을 익힌 것이었다.

박사학위 과정을 하던 때에는 원래 미국과 같은 코스워크가 없이 스스로 공부하고 정리하고 검색하는 스타일의 연구 및 공부방법에 익숙해져 있었던 바 당시에 나온 '유전체학 개론서' – 학부 고학년 및 대학원생 용 교재 – 를 탐독하고 있었던 필자 자신이 기억으로 되살아난다.(Primrose, 1995) 프림로즈라는 '유전공학' 개론서Old and Primrose, 1994도 집필한 사람의 책이었다.

또한 스스로 연구하기를 좋아하는 연구 풍토에 발맞추어 영국의 캠브리지에 위치한 영국의 인간유전체 지도화 사업의 자원센타〔HGMPHuman Genome Mapping Project Resource Center〕에서 제공하는 여러 생물정보학bioinformatics강좌들을 수강하러 자주 여행했던 좋은 기억이 있다. 무료로 유전체학의 연구자원과 생물정보학 인프라와 훈련을 필요한 연구자들에게 제공하는 것이 영국 특유의 전략이었던 것 같다.

미국의 하바드의과대학·베스이즈라엘 디커니스 의료원의 연구펠로우로 '기능유전체학functional genomics' –유전자의 산물인 전사본과 단백질들의 기능을 대규모 대용량으로 연구하는 최근의 유전체학–을 심장생물학에 적용하는 연구(Yi et al., 2001)를 했었기 때문에 영국과 미국의 비교를 주관적이지만 나름대로 할 수 있다.

과학사·과학철학서들을 탐독하면서 익힌 문화인류학적 눈을 통해서 볼 수 있었던 것으로 영국과는 달리 개별 연구 주체들이 모든 것을 대부분 다 챙기고 다 알아서 해야 하는 미국의 과학연구문화가 존재한다는 것이다. 고단위의 이론과 새로운 아이디어는 영국을 포함한 유럽이 앞서고 새로운 기술과 연구자원은 미국이 앞서 있다는 사실도 느끼게 되었다.

연구유전학자라는 역할 모형

개인적으로 인간유전학자 및 유전체학자라고 정체성을 규정하지만 '연구유전학자'라는 역할모형role model은 한국계 미국 산림유전학자 남궁 진Gene Namgoong박사를 가장 많이 따르는 편이다.(이정호, 2003d) 한국에도 현사시 나무로 유명한 현신규 박사 —현 서울대 산림자원학과 현정오 교수의 부친— 과 같은 세계적인 거장의 반열에 있는 산림유전학자 혹은 임목 육종가도 있지만, 필자가 유전학에 입문했을 때에는 작고하신지 오래된 편이었다.

석주명 박사, 그리고 유달영 박사님과 같은 사람들은 분류학이나 무궁화 연구로 모델이 될 만하고, 우장춘 박사도 육종의 측면에서 귀감이 되지만 모두 필자와는 당대를 사는 면이 없었다. 따라서 독립운동가 남궁 억 선생의 손자라는 의미가 함께 포개져 있던 남궁 진 박사가 가장 머리와 가슴 속 깊게 들어와 있었던 것 같다.

광의의 집단유전학은 다시 1. 협의의 집단유전학, 2. 계량유전학, 그리고 3. 진화유전학으로 나누는데(Crow, 1986), 그는 임목육종에 더욱 가깝게 가 있는 계량유전학quantitative genetics를 주로 하는 유전학자였고(Namgoong et al, 1988), 환경윤리학 학술지에도 기고할 정도의 보전생물학을 주창하는 생물철학자이기도 했으며 보전유전학의 개척자들 중의 한 명이다.(Namgoong, 1983)

한국 산림유전학의 전통은 아마 현신규 박사 후광과 함께 남궁 진 박사와 그의 제자 강현정 박사를 어느 정도 거론해야 하는 것이 아닌가 하는 개인적 소신이 있다. 이는 한국 유전학사 전체를 거론 할 때도 빼지 못할 만한 것이 아니겠는가 싶다.

소나무의 유전학과 유전체학

한국에서 나라나무로 지정하자고 여러 문화계 인사들과 산림학자들이 숲과 문화 연구회를 중심으로 운동을 벌이는 소나무는 대체로 생물학적인 종명으로서의 소나무Pinus densiflora와 곰솔Pinus thunbergii을 지칭한다. 물론 이론의 여지가 많지만 잣나무Pinus koraiensis는 한국산 소나무류이지만 한국어의 명칭상 잣나무로 구별되어 있다.

한국산 소나무류라고 하면 이렇게 소나무, 곰솔, 잣나무를 친다. 백두산 주변에 미인송이라는 또 하나의 생물학적 종이 있다고 한다.(김진수, 1993; 이천용, 2003) 땅에 붙박힌 수목의 특성상 지리적 분포를 아는 것이 중요하다. 전 세계에는 여러 종류의 소나무들이 존재하고 분포하고 있다.(김진수, 1993)

소나무는 한반도의 거의 전역과 일부의 두만강 이북 지역, 중국의 지린吉林성 송화강 하류지역, 그리고 홋카이도를 제외한 일본열도, 곧 혼슈와 시코쿠 큐우슈우에 분포한다〈그림 2〉. 솔잎혹파리가 한반도에서 가까운 지역에서 일제강점기 때의 인간의 이동을 따라서 한반도에 상륙하였다는 것은 흥미로운 일이다.

천적이 있어서 일본의 소나무 숲의 생태계에서는 안정화되어 있던 솔잎혹파리가 천적이 적절하게 존재하지 않는 한국의 소나무숲에 들어와서 창궐하게 된 것이다. 수피가 검기 때문에 곰솔이라 부르고 해안가에 분포하기 때문에 해송海松이라고 부르는 생물종은 남한과 일본의 해안가에 널리 분포한다.

일제 강점기에 대부분의 식물종과 동물종이 국제학회에 등재됨으로 인해서 학술적 영어 명칭들은 소나무는 '일본적송Japanese red pine', 곰솔은 '일본흑송Japanese black pine'으로 되어 있다. 마치 한국의 '동해East Sea'가 '일본해Sea of Japan'로 표기되는 경우가 많은 것과 궤를 같

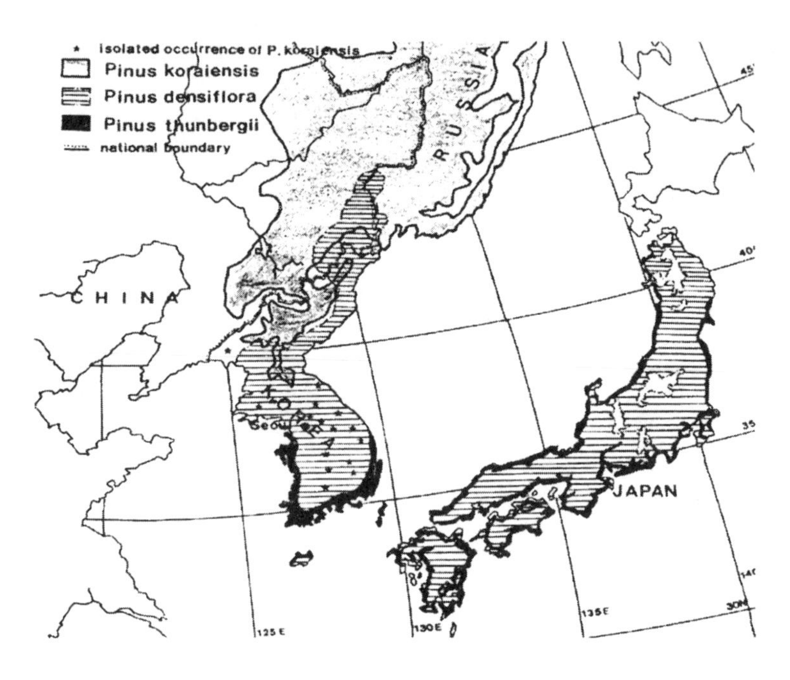

그림 2— 소나무, 곰솔, 잣나무의 분포도.
크리치필드Critchfield와 리틀Little의 '전세계의 소나무류의 지리적 분포'
(미국산림청, 1966)에서 발췌하여 다시 그렸다.

이 한다.

캘리포니아주의 플레이서빌에 있는 미국 산림청 소속의 '산림유전학연구소Institute of Forest Genetics'에는 우리나라 소나무와 곰솔을 포함하는 전 세계의 소나무를 수집하여 둔 소나무 모둠공간이 있다. 그곳을 석사학위 대학원생으로 방문한 1991년 여름에는 산림유전학연구소가 소속된 미국 농무성-산림청의 태평양 남서 산림 및 목초지 시험장USDA-Forest Service Pacific Forest and Range Experiment Station의 수석 연구원인 레디그Tom Ledig박사에게 곰솔은 일본 흑송으로 불러도 좋겠지만, 소나무는 한국적송Korean red pine이라고 해야 더 옳다고 우겼던 기억이 있다.

그때 언급하지는 못했지만 한국은 오랫동안 소나무를 가지고 궁궐, 집, 절 등과 같은 건축물을 만들어 왔고 수군水軍의 군선이나 경제성 선박을 만드는 재료였다는 배경을 깔고 있기도 했다. 대신에 일본은 좋은 고건축물과 수군의 군선과 경제성 선박을 만드는 재료가 삼나무였기 때문에 일본의 나라나무라고 한다면 삼나무라는 것을 어렴풋이 알고 있었기 때문이었다. 물론 미국 산림유전학자 레디그 박사의 반응은 시큰둥한 것이었다.

잣나무의 자연집단의 분포는 남한에서는 거의 고산지에 섬같은 잔존집단들relict populations로 존재한다. 주로 북한지역과 중국의 북동부인 지린성과 헤이룽장黑龍江성의 동쪽 끝 지역과 러시아의 연해주를 잇는 분포를 가진다. 잣나무에 얽힌 일화가 있는데, 잣나무 천연림의 생태학으로 박사학위를 한 임주훈 박사국립산림과학원 산불연구과, 숲과 문화 연구회 운영위원를 따라서 무주 구천동 지역의 잣나무 천연림 생태조사를 나갔던 일이다.

처음에는 장마가 지던 때라서 비가 너무 많이 와서 자동차 안에서 며칠 보내다가 그냥 서울로 돌아왔었다. 얼마나 허탈했었는지, 그 허탈한 심리는 아직도 기억에 또렷하다. 2차로 다시 갔을 때는 일부의 천연림을 확인하고 조사를 했다. 구천동의 그 아름답고 시원한 계곡을 즐기지 못하고 오로지 생태조사를 위해서 계곡을 그냥 올라가야 했던 아쉬움도 있었다.

한국산 소나무류의 분포에 관련된 집단유전학

한국산 소나무류의 진화유전학 —집단유전학의 세분분야 중의 하나— 을 거론하려면 그 분포를 이야기해야 된다. 잣나무 집단유전학에 관계된 다른 일화는 러시아 사람들이 당시 한국에서 일하고 있던 방법과 같은 집단유전학의 방법론으로 러시아 연해주의 소나무류의 유전적 다양성을 추정한 것과 관련있다. 러시아어에서 영어로 번역된 논문들을 볼 수 있었는데, 이후에 1992년 프랑스 학술대회에 참석한 크루토우스키Krutovski라는 산림유전학자가 그 첫 번째 저자였다.

독일 괴팅켄 대학교 산림유전학 및 육종학 연구소의 연구원으로 독일에 체류하던 때에 프랑스 학술대회에 참석한 것이었다. 빠리로 되돌아 오는 길에 동행했었고, 빠리 소르본느 주위의 아주 싼 학생용 여관 —YMCA와 같은— 에 같이 묵었던 러시아인이다.

러시아 연해주의 잣나무를 연구한 바에 따르면 완전한 비교는 되지 않지만 한국의 고산지대에서 연구한 바보다는 '유전적 다양성'이 적었던 것이었다. 이는 가설적으로 빙하기 때에는 잣나무가 한반도의 남부의 고산지 뿐만이 아니라 평지에도 존재했을 것인데 빙하기가 물러감에 따라 남쪽의 평지에 존재한 잣나무들은 사라지고 잔존집단으로만 남았을 것이며 실제로 한반도 남쪽에서 북쪽으로 잣나무들이 이주하여 분포지역을 넓힌 것이라고 추정해 볼 수 있는 결과들이었다.

북한과 중국의 북동부 끝에 분포하는 잣나무숲을 여러 곳 표본으로 하여 조사하면 이주의 시원지가 남한이었다고 좀더 많은 결과를 가지고 추정해 낼 수도 있겠다는 희망을 가지게 하는 것이었다. 다시말하면 현존하는 잣나무 집단들의 유전적 구조를 조사하면 유전적 다양성이 높은 곳남한에서 유전적 다양성이 낮은 곳연해주으로 과거에 이주가 일어났을 것이라는 것을 추정할 수 있는 것이다.

이러한 종류의 집단유전학 연구는 인간유전학에서도 아주 많이 진행되었고 데이타도 많은 편이지만 한국인 집단을 중심으로 한 연구는 남북의 분단으로 인해서 그리고 과거의 냉전 시대의 여파로 인해서 하나의 총체성을 가져다 주는 연구는 진행된 적이 없었다. 붙박혀 있는 나무들의 속성은 결국은 인간이 움직여서 조사를 해야 하는 것으로 귀결되는데, 과거의 냉전의 유물은 이러한 소나무의 자연과학에서도 찾을 수 있다.

소나무와 곰솔의 분포에 관계되는 집단유전학은 남한과 북한 그리고 일본이 협력적 연구를 진행해야만 어떤 큰 그림의 과학지식을 가질 수 있는 것이 될 것이다. 잣나무는 남한과 북한, 중국, 러시아의 협력적 연구들을 통해서 그 전모가 드러날 것이다. 남한 내의 천연집단의 유전적 다양성은 동위효소 유전적 표지를 통해서 추정되어 있다.(김진수, 이석우, 1993; Kim and Lee, 1995) 이에 더하여 여러 가지 핵산 유전적 표지들을 이용하여 추정하는 연구가 꾸준히 진행되면 금상첨화일 것이다.

소나무류의 세포유전학

소나무의 세포유전학에 대한 연구는 좋은 염색체 그림을 가져다 주었을 것이지만 아직까지 별로 마땅한 것이 드물고 이 분야에는 한국 전문가도 거의 없는 것 같다. 수목만이 아니라 좀더 보편적으로 식물 세포유전학에 대한 전반적인 전문성도 떨어지는 것으로 보인다. 세포 분열의 어느 시기에 해당하는 세포를 섬세하게 잘 터뜨리면 염색체들이 골고루 세밀유리판slide glass위에 퍼져 있게 되고, 염색 후에 현미경으로 관찰할 수 있을 정도가 된다.

이러한 염색체들이 관찰되는 세밀유리판을 잘 갈무리하여 사진을 찍을 수 있다. 염색체는 그 모양이 염색물질에 의해 염색된다고 해서 붙여진 이름이다. 염색체는 유전체라는 핵산 DNA을 감싸고 있는 단백질들이 세포분열의 어느 시기에 핵산과 함께 뭉친 것들이다.

소나무의 잎, 줄기, 뿌리의 살아있는 세포는 체세포인데 24개의 염색체를 가진다. 한 세트는 아버지송화가루에게서 온 것이고, 다른 한 세트는 어머니솔방울 속의 알세포에게서 온 것이라서 이배체diploid라고 한다. 송화가루나 알세포는 모두 24개의 반수에 해당하는 12개씩의 염색체를 보이는데, 이를 반수체haploid 성세포들이라 한다. 재미있는 것은 솔씨의 배아胚芽, embryo는 이배체인데, 배젖endosperm은 반수체라는 것이다.

이러한 사실에서 소나무와 같은 나자식물 송백류들은 유전자 표지의 해석에 아주 유리한 특성을 보여준다. 배젖은 분명히 반수체고 그 세포에 존재하는 유전자는 어머니 나무, 곧 모수母樹의 유전적 형질을 대변해 주는 것이기 때문이다.

염색체가 흘러나와 퍼져 있는 자연스러운 상태의 세밀유리판을 사진을 찍은 후에 염색체의 크기대로 번호를 붙이는 것이 세포유전학의 상례이다. 인간유전학에서는 성염색체도 판명이 되어 있고, 염색체의 번호도 잘 지정되어 있다. 아래의 미주 송백류 수종의 염색체 그림을 보면 흥미롭다〈그림 3〉. 유전학 대학 교재에도 실릴 정도도 잘 된 결과물이다.

한국 소나무의 염색체에게는 아직 이러한 용례가 쓰인 적이 거의 없는 것 같다. 현재와 같은 '유전체학의 시대'에 전통적인 세포유전학이 많은 새로운 염색물질과 특수한 현미경의 도입으로 인해 큰 규모의 탈바꿈을 한 상태이다. 미래에는 소나무의 세포유전학이 큰 역할을 할 것으로 믿는다.

형광현지혼융화FISH: flurorescence in situ hybridization 분석법에 의해서 리보솜의 주요 구성분인 rRNA들에 상응하는 rDNA들을 탐색자probe로 하여 형광염색물질을 붙이고 이를 다시 세밀유리판위현지에서 직접 혼융화 반응을 시켜서 형광현미경으로 관찰한 후 사진을 찍는다.

염색체의 크기에 따라서 일련 번호를 붙였는데, 실제로 형광현미경에 관찰한 개개의 염색체들은 이렇게 나란한 모습을 보여 주지 않고 이리저리 흩어져 퍼져 있는 모습을 보인다. 이러한 실제 사진에서 과거에는 가위로 오려

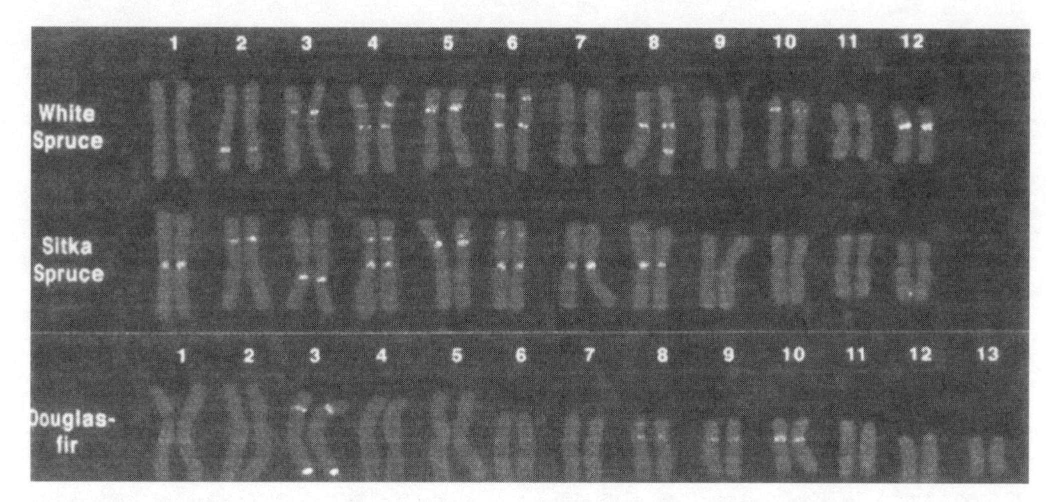

그림 3— 흰 가문비나무white spruce, 시트카 가문비 나무Sitka spruce, 미송Douglas fir의 염색체.

내거나 현재에는 컴퓨터 이미지에서 오려내어 이와 같은 일련 번호 하에 배열해 놓는다.(그림의 원저자는 Garth Brown, Vindhya Amarasinghe, John Carlson이다. Griffith et al.(2000)의 '유전적 분석 입문(An Introductin to Genetic Analysis)' 에서 재인용).

소나무류의 유전체학

소나무류의 유전체학은 주로 미국에서 진행되고 있다고 해도 과언이 아니다. 그런데 미국산 소나무종들이 그 주요 수종으로 쓰이고 있다. 특히 미국 동부의 애팔래치아 산맥 주변에 적합하여 주요 경제수종으로 집중 육성되는 소나무 수종들이다. 한국 소나무류에 대한 유전체학은 아직은 미미한 수준이지만 후발 주자로서 한국산 소나무류에 대해 유전체연구사업의 기반은 서서히 만들어 갈 수도 있을 것이다.

그리고 그동안 소나무를 대상으로 해 오던 집단유전학 및 생명공학 연구(손성호 외, 1993), 육종학 및 육종사업들(한영창, 1993; Hyun & Han, 1994; 장석성, 김규식, 김용욱, 2001), 그리고 최근의 보전유전학과 유전자원 보전(Kim, 2002; Hatte-mer, 2002)을 뒷받침하는 방향으로 기획하고 실행한다면 그리 긴 시간을 요하지 않아도 높은 수준으로 올라설 가능성도 있다.

유전체 연구는 보통 큰 연구사업으로 시행된다. 물론 이전의 소규모 연구 업적들과 인프라들을 종합하고 조직화하는 면이 두드러져 있다. 유전체 연구와 유전체학의 발달은 인간유전체연구사업Human Genome Project에서 그 전형적 모습을 추출할 수 있다. 인간유전체 연구사업이라는 거대 연구사업은 유럽과 미국, 일본에서 주도하여 1990년대부터 시작되었다.(Watson, 1990; 쿡 디간, 1994)

탈수소핵산DNA의 이중나선 구조를 밝힌 제임스 와트슨이 주도하여 최초로 기획한 이 거대 연구사업은 최초에 1. 지도화mapping와 2. 선열화sequencing라는 두 개념축을 가지고 있었다. 탈수소핵산으로 이루어진 유전자들을 모두 선열화하면 애초에 의도되었던 목표가 완성되는 것이었지만, 당시에는 상대적으로 엄청나게 큰 규모의 인간 유전체를 한꺼번에 선열해 나간다는 것은 상상도 할 수 없었다.

연관linkage에 근거한 기존의 유전학의 모델

생물종의 '유전적 지도'를 새로운 형태의 분자적 표지들을 통해서 세련화하고, 유전체를 조각조각 내어 담는 클론 혹은 분계주들clones의 총서library를 만든 후에 이를 '물리적 지도'에 위치시키는 것이 먼저 진행되었다.

이후에 이러한 물리적 지도에 입각하여 선열sequencing을 진행시킨다. 선열과 지도화에 동원되는 실험은 기계화와 전산화가 대규모로 이루어졌고, 새롭게 생물정보학이라는 기술과 학문이 생겨났다. 셀레라라고 하는 생명공학회사에서 인간유전체를 선열한 것은 이러한 기반을 더욱 극대화하는 방향에서 선열의 '신속성'을 증대시킨 것이다.

와트슨과 같은 생물학자의 큰 기여로 평가되는 점은 인간의 유전체를 선열하기 전에 인간 유전체를 해석하는 데에 도움이 될 만한 모델 생물종들을 지정하여 복합성의 단계별로 연구사업을 병행하여 진행시킨 사실에 있다.

세포핵이 있는 진핵생물인 효모Saccharomyces cerevisiae는 단세포 생물로서의 모델 생물종이고, 투명한 체표면 때문에 신경세포와 발생을 관찰할 수 있어서 모델 생물종으로 구성된 예쁜꼬마선충Caenorhabditis elegans과 유전자의 연관과 돌연변이에 의한 유전자 지도의 작성이 가장 먼저된 유전학의 대표 모델종 초파리Drosophila melanogaster를 넘어서 생쥐Mus musculus 유전체의 선열이 선택된 것이다.

식물종에서는 애기장대Arabidopsis thaliana가 가장 먼저 최초의 유전체연구사업 생물종으로 선정되어 국제적인 협력하에 지도화와 선열화가 이루어 졌다. 이러한 여러 생물종들의 유전체의 염기서열들이 밝혀지고 그 유전자의 구조와 모습들이 밝혀짐에 따라 인간유전체의 염기서열들을 주석annotation하는 데에 크게 도움을 준 것이다.

애기장대 뿐만이 아니라 최근에 일본의 공적 부문 연구가 주도하고 한국도 참여한 벼Oriza sativa의 유전체 선열은 셀레라 사가 이용한 신속 선열 전략을 채택한 스위스와 중국의 연구단들이 먼저 성취한 바 있다.

유전체학의 발달로 인해서 여러 가지 필요에 의해서 선열화를 먼저 하여 유전체의 염기서열에 대한 데이타를 먼저 생산하고 그에 기반하여 다른 주요한 생물학적 연구를 하는 추세가 생겨나고 있다.〈그림 4〉 또한 그동안 유전체 자체(구조)에만 촛점을 맞추던 유전체학의 프론티어는 유전체의 산물인 전사본과 단백질을 다시 대규모, 대용량으로 연구하는 '기능유전체학'으로 전환되기 시작하였다.

유전체 연구가 선도하여 지식기반을 형성하고 그에 연계하여 기존의 분자생물학, 생화학, 육종 등을 진행시키는 국제적인 공동연구단들이 우후죽순처럼 만들어지고 있다. 이러한 기초연구 주위에는 생성된 공공 데이타들을 이용할 의약학 관련 산업적 연구단들과 생명공학사들이 포진하고 있다.

전통적인 유전학의 모델 생물종은 교배를 조절하여 육종과의 연결성이 깊었고, 주로 생활환life cycle이 짧아서 세대의 길이가 짧아서 인간이 여러 세대를 관찰할 수 있는 것이었으며, 되도록 많은 차대(자손)의 수를 재생산(생식)해 낼 수 있는 그런 생물종들이었다.

유전체학의 고속대용량 선열 기술과 생물정보학의 발달로 인해서 전통적인 모델 생물종

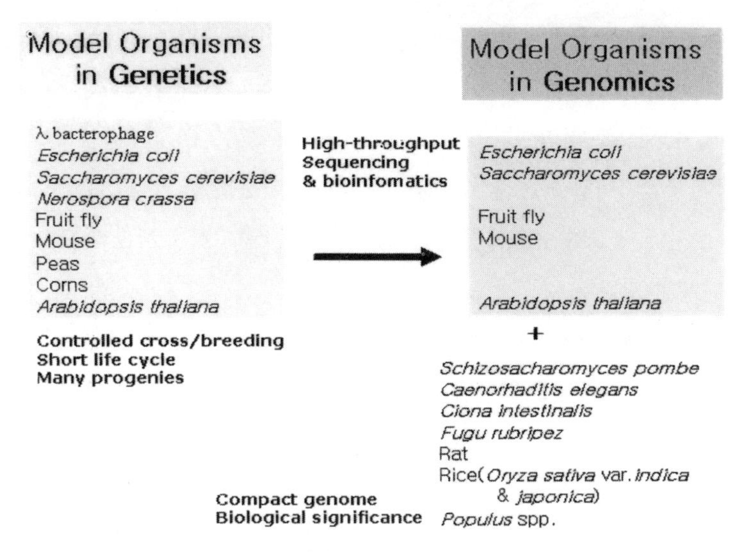

그림 4— 유전학의 모델 생물종과 유전체학의 모델 생물종

들의 염기서열들이 선열되면서 점차적으로 유전체의 규모가 적고 반복서열의 함량이 적은 모델 생물종, 그리고 이에까지 밝혀지지 않은 생명현상의 측면들을 많이 담고 있고 혹은 그러한 측면들을 대규모로 알아낼 수 있을 만한 자질을 갖추고 있는 생물종들을 유전체학의 모델 생물종으로 선택하여 집중적으로 연구하는 추세가 생겨났다.

수목樹木 혹은 목본木本 식물은 초본식물인 애기장대나 벼와는 다른 특성들 혹은 형질들을 가지고 있다. 크게는 줄기의 표면이 목화木化, lignification되어 있고, 상당히 오래 살며, 지속적으로 차대를 생산하는 생식환을 유지한다. 동물과 마찬가지로 식물에도 생명체의 생존에 직결된 일차적 세포 대사는 기본적으로 구비되어 있다.

이에 더하여 2차 대사secondary metabolism가 식물체에는 존재한다. 이차 대사는 생명체를 헤칠 수 있는 생물학적, 환경적 위해들에 대한 저항을 위한 대사물질을 생산해 내는 생화학적 경로들이다. 이러한 2차대사 물질들secondary metabolites이 식물체의 종마다 특이하게 나타나는 수가 있고, 특히 수목에는 이러한 물질들이 많다.

의약품으로 추출되어 쓰이는 것들이 바로 이러한 이차대사물질들이다. 버드나무Salix에서 추출하는 사리시릭 산salicyric acid은 진통제 아스피린이고, 주목Taxus에서 추출한 탁월한 유방암 치료제로 탁솔Taxol이 있다. 이러한 물질들을 만들어 내는 경로에 대한 연구도 유전체학이 선도할 수 있다.

수목은 피자식물angiosperm과 나자식물gymnosperm로 크게 대별하는데, 현재 피자식물에서는 사시나무 혹은 포플라poplar가 인간유전체연구사업과 비슷한 형식의 국제적 유전체연구사업에 들어가 있다. 이름하여 '포플라 유전체 연구사업' (이정호, 2002c)이다. 거대한 크기로 자라나는 포플라의 유전체는 조그만 잡초 크기의 애기장대와 유전체의 크기가 비슷하다.

포플라 유전체가 선열되면 이미 염기서열이

밝혀진 애기장대와 벼쌀의 유전체와의 '비교 유전체학'을 통하여 많은 새로운 과학적 사실들이 밝혀 질 수 있을 것으로 전망된다. 아마도 포플라나무의 유전체연구사업을 통해서 '목화木化, lignification' 대사에 필요한 유전자들의 모습과 기능들이 자세히 밝혀질 것으로 보인다. 수목의 기능유전체학functional genomics은 또한 나무의 독특한 유전자들의 기능을 알아냄으로 인해서 수목생리학과 병리학에 큰 영향을 줄 수도 있다.

소나무류는 그 유전체에 반복서열들이 많아서 현재의 첨단기술로도 유전체연구사업을 하기에는 상당히 어렵고 도전적인 식물체이다. 하지만 아직 이러한 반복서열이 많은 유전체를 대상으로 한 연구가 별로 없기 때문에 도전적이지만 매력적인 유전체학의 모델종이 될 수도 있다.

현재의 추세는 반복서열들이 적어 아주 간결하고 압축적인 유전체를 가진 생물종들을 먼저 골라서 '선열먼저sequence first'라는 전략을 구사하여 선열화를 우선적으로 시도한다. '복어'류의 한 생물종Fugu rubripez이 이러한 기준에 아주 적합하여 선열된 최초의 모델 생물종이다.

포플라도 목본식물중에 가장 작은 유전체를 가지기 때문에 이러한 기준에 근거하여 기존의 유전체연구지도화와 선열화와 최근의 기능유전체학을 같이 병행시키게 된 것이다.(이정호, 2002c)

한국산 소나무류의 집단유전학과 세포유전학은 유전체연구와 통합적으로 연결될 수 있을 것이다. 분포와 유전적 다양성의 추정에 필요한 유전적 표지는 그동안 주로 동위효소 표지였지만, 여러가지 형태의 핵산 분자적 표지들-예를 들어 미위성체microsatellites 표지-과 병행하여 사용할 수 있다.

이러한 분자적 표지들의 개발은 한국산 소나무류의 유전적 지도를 만드는 데에 이용할 수 있는 것이고, 형광현지혼융화FISH에 의해서 이러한 표지들의 개략적 염색체 위치도 같이 지정될 수 있는 것이다. 또한 이러한 유전적 표지들의 개발을 통하여 잘 구성된 지도는 표지도움닫이 선발marker-assisted selection 처럼 전통적인 선발육종법에 유전체학을 연계시킬 수도 있다.

더욱 촘촘하고 많은 유전적 표지들이 개발된다면 단일유전자에 의한 형질이나 특성이 아니라 여러 다유전자성 형질과 특성, 곧 전통적 임목육종에 필요한 형질들을 결정하거나 지대한 영향을 주는 유전자들의 동정同定도 가능하게 되리라고 볼 수 있는 것이다.

물론 이러한 동정에는 고도의 이론유전학적 진보도 뒤따라야 한다. 벼쌀의 경우는 이러한 표지도움닫이 선발 연구작업을 할 수 있는 기반이 만들어질 가능성이 가장 높다.

한국의 소나무가 한국의 나라를 상징하는 중요한 나무이고 따라서 한국 문화의 근저를 드러내는 측면이 있다는 것을 인식한다면, 그 과학적 가치 및 생물학적 연구 가치도 같이 따라가야 하는 것이 아닐까 생각한다.

세계적 첨단을 달리는 유전체학을 소나무류에 적용하여 여러가지 많은 새로운 과학적 지식들도 창출할 수 있는 가능성도 그리 요원하지만은 않을 것이다. 늦었다고 깨닫게 되었을 때가 가장 빠른 출발선이 되는 수가 많은 법이다.

참고 문헌

김진수. 1991. 솔잎혹파리 피해지역에 따른 동위효소의 변이에 관한 연구. 과학재단 최종연구보고서〔연구기간 1989년 4월 - 1991년 3월〕.

김진수·이정호·백범영. 1992. 솔잎혹파리 피해지역에 따른 몇가지 동위효소의 변이. 66~67쪽, 한국육종학회 1992년 정기총회 및 학술연구발표회 안내 및 발표 요지.

김진수. 1993. 지구상 소나무 속 수종의 발달과 분포, 9~20쪽, 전영우 편, 「소나무와 우리문화」, 수문출판사

김진수·이석우. 1993. 한국산 소나무 속 주요 수종의 유전 변이, 91~98쪽, 전영우 편, 「소나무와 우리문화」, 수문출판사

박정의·이정호·김혜경·손정원·박길홍·이제호. 1994. 한국인 가족성 비후성 심근증가계에서 beta myaosin heavy chain 유전자의 연관여부탐색. 순환기 24(6):819~833.

손성호·문홍규·윤 양·이석구. 1993. 소나무의 기내 대량 증식, 84~90쪽, 전영우 편, 「소나무와 우리문화」, 수문출판사

앤드류 웹스터 지음, 김환석·송성수 옮김. 1998 과학기술과 사회. 한울 아카데미.〔Andrew Webster, 1991, Science, Technology, and Society: New Directions, MacMillan, London〕

이정호. 2002a. 유전체학은 유전학에서 나왔다. 과학사상 42: 178~200.

이정호. 2002b. 유전체 지도와 질병유전자 찾기. 분자세포생물학 뉴스 14(2):6~17. 한국분자세포생물학회 발행

이정호. 2002c. 수목유전체학과 비교유전체학 이야기. 유전체소식 2(3):5~8. 한국유전체학회(KOGO)발행

이정호. 2003a. 한국의 집단유전학 : 헬리코박터에서 한국인 집단까지. 유전체소식 3(1):12~17. 한국유전체학회(KOGO)발행

이정호. 2003b. 한국 유전학에 관하여. 2003년 5월 17일, 과학기술과 사회(STS) 연구회 월례회 발표 논문, 과학기술정책연구원(STEPI).

이정호. 2003c. 유전학자 일본의 숲과 목재 문화를 보다. 숲과 문화 12(5):38~52.

이정호. 2003d. 산림집단유전학자 남궁 진 교수 연구 I : 남궁 진 교수 별세 기사와 옥스포드 임업연구소. 숲과 문화 12(4):24~32.

이천용. 2003. 백두산의 미인송과 천지. 산림 3월:90~93.

프랑수아 자콥, 이정우 옮김. 1994. 생명의 논리, 유전의 역사. 사이언스(민음사).〔Francois Jacob, 1970, La logique du vivant: Une historie de l' heredite, Gallimard, Paris〕

장석성·김규식·김용욱. 2001.〔소나무〕육종, 75~82쪽, 이천용, 조병훈 편, 「소나무, 소나무림」, 제 2 판, 임업연구원.

로버트 쿡-디간, 황현숙, 과학세대 옮김. 1994. 인간 게놈 프로젝트. 사이언스북스.〔Robert Cook-Deegan, 1994, Gene Wars: Science, Politics, and the Human Genome, Norton, New York〕

헬렌 피어슨 글, 이정호 옮김. 2004. 이건 특종이야! '시민과학' 7(1):26~33. [Helen Pearson, 2003, It' s a Scoop!, Nature 426:222~223]

한영창. 1993. 우리나라 소나무 선발 육종의 과거,

현재, 91~98쪽, 전영우 편, 「소나무와 우리문화」, 수문출판사

Critchfield, William B. and Elbert L. Little Jr. (1966) Geographic Distribution of the Pines of the World. Forest Service, USDA, Washington DC.

Crow, James F. (1986) Basic Concepts in Population, Quantitative and Evolutionary Genetics. W. H. Freeman, New York.

Griffiths, Anthony J. F., Jeffrey H. Miller, David T. Suzuki, Richard C. Lewontin, & William M. Gelbart (2000) An Introduction to Genetic Analysis. 7th Edition, W. H. Freeman.

Hattemer, Hans H. (2002) Harmonization between conservation and use of forest genetic resources, pp.34-67, Proceedings of the Internatinal Symposium for International Year of Mountains and 80th Anniversary of KFRI(Korea Forest Research Institute), "Global Environment and Tast of Korean Forest" 30 August, 2002, COEX Convention Center, Seoul, Korea.

Hyun, Jung-Oh, and Sang-Urk Han (1994) A strategy for maximizing genetic variability in selection breeding program of Pinus densiflora S. et Z., pp.101-115, Z. S. Kim and H. H. Hattermer (eds.) Conservation and Manipulation of Genetic Resources in Forestry, Kwang-Moon Gak, Seoul.

Kim, Zin-Suh (2002) Conservation of forest genetic resources in Korea: Current status and prospects, pp.13-33, Proceedings of the Internatinal Symposium for International Year of Mountains and 80th Anniversary of KFRI(Korea Forest Research Institute), "Global Environment and Tast of Korean Forest" 30 August, 2002, COEX Convention Center, Seoul, Korea.

Kim, Zin-Suh, and H. H. Hattermer (eds.) (1994) Conservation and Manipulation of Genetic Resources in Forestry, Kwan-Moon Gak, Seoul.[Book derived from The Joint Korean-German Symposium on Forest Genetics, Seoul, Korea 1993]

Kim, Zin-Suh, and Cheong-Ho Yi (1995) Staining complexities leading to pitfalls in the utilization of isozyme markers, pp. 97-111, In : Ph. Baradat, W. T. Adams, and G. Muller-Strarck (eds.) Population Genetics and Genetic Conservation of Forest Trees, SPB Academic Publishing, The Netherlands.

Kim, Zin-Suh, Cheong-Ho Yi and Seok-Woo Lee (1994) Genetic variation and sampling strategy for conservation in Pinus species, pp. 289-301, In : Z. S. Kim and H. H. Hattermer (eds.) Conservation and Manipulation of Genetic Resources in Forestry, Kwang-Moon Gak, Seoul.

Kim, Zin-Suh, and Seok-Woo Lee (1995) Genetic diversity of three native Pinus species in Korea, pp. 211-218, In : Ph. Baradat, W. T. Adams, and G. Muller-Strarck (eds.) Population Genetics and Genetic Conservation of Forest Trees, SPB Academic Publishing, The Netherlands.

Li, Quan-Yi, Ruth A. Newbury-Ecob, Jonathan A. Terrett, David I. Wilson, Andrew R. J. Curtis, Cheong-Ho Yi, Tom Gebuhr, Philip J. Bullen, Stephen C. Robson, Tom Strachan, Damien Bonnet, Stanislas Lyonnet, Ian D. Young, J. Alexander, Alan Buckler, David J. Law, and J. David Brook (1997) Holt-Oram syndrome is caused by mutations in TBX5, a member of the Brachyury(T) gene family. Nature Genetics 15: 21~29.

Namgoong, Gene (1983) Preserving natural diversity, pp.317-334, In : C. M. Schonewald-Cox, S. M. Chambers, B. MacBride, and W. L. Thomas (eds.), Genetics and Conservation: A Reference for Managing Wild Animal and Plant Populations, Benjamin-Cummings, Menlo Park, CA.

Namgoong, Gene, Hyung-Jung Kang, and Jean S. Brouard (1988) Tree Breeding: Principles and Strategies, Springer, New York.

Old, R. W., and S. B. Primrose (1995) Principles of Gene Manipulation: An Introduction to Genetic Engineering, 5th Edition, Blackwell, Oxford, United Kingdom.

Primrose, S. B. (1995) Principles of Genome Analysis: A Guide to Mapping and Sequencing DNA from Different Organisms. Blackwell Science, Oxford, United Kingdom.

Sismondo, Sergio (2003) An Introduction to Science and Technolgy Studies, Blackwell, Oxford, United Kingdom.

Watson, Jame D. (1990) The human genome project: Past, present, and future. Science 248:44-49.

Yi, Cheong-Ho, and Zin-Suh Kim (1994) NADH?dehydrogenase isozymes in conifers: A single class of isozymes stained by two different stains. Forest Genetics 1(2):105-110.

Yi, Cheong-Ho (1992) A Pitfall in Utilization of Isozyme Markers Caused by the Complexities of Staining Reactions: Case of Pinus densiflora and Pinus thunbergii, Master's Thesis to Korea University.

Yi, Cheong-Ho (1999) Molecular Genetics of Human T-box Genes, PhD Thesis to University of Nottingham, United Kingdom.

Yi, Cheong-Ho, Jonathan A. Terrett, Quan-Yi Li, Kathryn Ellington, Elizabeth A. Packham, Lindsay Armstrong?Buisseret, Patrick McClure, Tim Slinsby, and J. David Brook (1999) Identification, mapping and phylogenomic analysis of four new human members of the T-box gene family: EOMES, TBX6, TBX18, and TBX19. Genomics 55:10-20.

Yi, Cheong-Ho, Andreas Russ, and J. David Brook (2000) Virtual cloning and physical mapping of a human T-box gene, TBX4. Genomics 67:92-95.

Yi, Cheong-Ho, Martina Schinke, Jun-Han Kim, Patrick Jay, Tetsuo Shioi, Mark Wripple, Atul Butte, Lauren Riggi, Daniel I.-B. Chen, Isaac S. Kohane, Segio Izumo (2001) Expression profiling of the cardiovascular system by microarray technology. American Journal of Human Genetics 69(10):453.

수치산림 입지도를 이용한 소나무의 새로운 적지 분석

구교상 국립산림과학원

서론

우리 민족의 역사는 소나무와 함께했다 하여도 과언이 아닐 만큼 소나무가 우리 생활과 역사 속 깊이 자리하고 있다. 이는 우리 민족의 생활에서 소나무가 차지하는 의미는 매우 크다는 것을 뜻한다.

소나무에 대한 우리들의 기억은 야산에서 생육되고 있는 소나무가 비틀어지고 왜소하며, 볼품없는 것임을 부인할 수 없다. 그러나 소나무가 처음부터 형질이 불량한 것은 아니었다. 우리의 소나무는 경북 봉화지역의 춘양목이라 불리는 소나무와 같이 형질이 우량한 것이었다.

이러한 소나무가 형질이 불량하게 된 연유로는 일제가 우리의 산림자원을 수탈하여 군수물자로 사용하기 위한 목적으로 질 좋은 소나무를 골라 베어 불량한 개체만 남게 된 것이 가장 큰 원인이라 말 할 수 있으며, 광복 이후 전란과 복구 및 사회적인 혼란기를 거치면서 일어났던 도·남벌도 지금과 같이 불량한 형질의 소나무로 자라는데 한 몫을 했다.

1960초반부터 1970년대에 극심한 송충이와 같이 병해충이 소나무를 괴롭혔고, 1980-1990년대에는 솔잎혹파리가 전국의 소나무를 휩쓸었고, 남부 일부 지역이기는 하지만 최근에 들어서는 소나무 재선충병이 확산일로에 있다.

산림청 통계에 따르면 우리나라의 침엽수림 면적은 전체산림 면적의 42퍼센트인 약 270만 ha라고 한다. 1982년의 침엽수면적이 325만 9천ha에서 56만 7천ha가 감소되었음을 알 수 있다. 이것은 매년 3만여ha의 침엽수림이 사라지고 있는 것이다.

산림청에서는 사라져가는 우량 소나무림 보전을 위한 대책을 1996년부터 수립하여 기초조사를 시작하였으며 2002년까지 매년 200ha씩 소나무림 보전사업을 실시하고 있다.

일반적인 소나무의 적지

소나무는 입지조건으로 볼 때 어디서나 잘 살 수 있는 수종이다. 특히 방위별로 소나무림의 분포를 보면 편중되지 않고 모든 방위에서 생육하고 있다. 이것은 어느 특정 방위를 선호하는 것이 아니라 어떤 조건에서도 적응하여 잘 산다는 것을 의미한다. 일반적으로 대부분 수종은 토양수분 조건이 열악한 남향과 서향보다는 수분조건이 비교적 양호한 북향과 동향에서 생장이 양호하다.

지표형태로 볼 때 소나무의 생육상태는 상승사면凸보다 하강사면凹에서 생장이 양호하다. 이것은 토심이 깊고 토양 내 수분환경이 다른 지표조건보다 양호하기 때문인데, 소나무뿐만 아니라 모든 수종이 이러한 경향을 가지고 있다.

산복에서 산정으로 갈수록 생장이 불량한 것은 지형특성상 토양수분조건이 생장 제한 요인이기 때문이다. 소나무는 건조하고 임지비옥도가 낮은 능선 사면부나 침식이 발생된 임간 나지 등에서도 잘 적응하여 생육할 수 있으나 이들 지역이 소나무림의 생장적지라는 의미는 아니다.

산록이나 계곡부의 양분이나 수분조건이 양호하고 활엽수류의 경쟁이 배제된 지역에서 양호한 생육상태를 보인다. 그러나 과습한 지역에서는 통기성 불량에 의한 뿌리호흡 문제 때문에 잘 분포하지 않으며 생육상태도 불량하다.

생장에 관여하는 입지 환경인자는 토양형 〉 지역 〉 토색 〉 토심 〉 경사위치 〉 유효토심 〉 견밀도 〉 방위 〉 경사도 〉 지질 〉 표고 순이다. 토색은 명갈 〈 갈색 〈 암갈색 〈 흑색으로 흑색에 가까운 곳에 자라는 소나무의 생육상태가 비교적 양호한데 토색은 토양 내 유기물 함량과 관계가 있기 때문인 것으로 판단된다.

지리적인 적지

소나무는 전 국토에 걸쳐 자라나 백두산 근처에 위치한 강계, 풍산, 무산지방의 일부지역 산림에는 지리적인 요인으로 잘 자라지 않아 부적합하다.

지형적인 적지

표고는 높거나 낮음에 크게 구애받지 않고 보편적으로 잘 적응하여 자라며 방위는 동사면과 북사면에 비해 남사면과 서사면에 적합하다. 경사는 30° 이하가 적당하나 경사가 완만할수록 좋다. 미지형에 있어서 산정 또는 능선 부위는 부적합하다.

토양의 이화학적 측면에서의 적지

뿌리가 땅 속 깊이 뻗는 특성이 있어 토심이 60㎝이상 되는 곳이 적합하다. 토양 견밀도에 견디는 힘이 강한 수종이나 보통 또는 연한 토양 즉 사질양토가 적지이다. 건조한 토양에 견디어 자라나 약간 건조한 토양, 적당히 습기가 있는 토양, 약간 습기가 있는 토양이 적지이다.

토양 산도는 약산성 토양에 적합하나 알칼리성 토양은 싫어한다. 토양 양분에 대한 요구도는 적은 수종이나 어느 정도 이상 부식질이 있는 토양에 잘 자란다.

임지 생산력에 의한 적지

목재 생산을 위한 적지는 지위 지수 중 이상 되는 곳이 적지이다. 지위 지수 중 이하 즉 목재 생산을 목표로 한 대표적인 부적지척박 건조한 토양는 침식토양, 사방지토양, 건조한 산림토양, 미성숙토양, 암석지 등이 있다.

다음으로는 토성이 중요하다. 토성이란 토양 내의 점토, 미사, 모래의 상대적인 혼합비율을 의미한다. 우리나라의 산림토양은 대부분 경사진 곳에 자리 잡고 있어 표토의 점토성분은 여름철의 집중호우로 유실되고 모래나 자갈이 남게 된다.

표 1— 소나무림 토양의 물리적 성질

* 평균값/(최소값-최대값)

층위	모래(%)	미사(%)	점토(%)	토성
A	47.7/(11.7-81.4)*	36.0/(14.6-73.6)	16.3(3.0-35.0)	양토
B	45.8/(12.1-85.6)	36.8/(10.6-70.5)	17.4(2.6-36.0)	양토

따라서 이러한 산림토양은 통기성이 좋고 배수가 양호한 반면, 보수력이 떨어져서 봄과 가을 건조기에 나무의 생장이 불량해지는 경우도 있지만 모래가 많고 무기영양소의 함량도 적기 때문에 영양소를 적게 요구하며 건조에도 강한 소나무가 생장하는데 적합한 토양이 된다.

산림토양은 수목의 뿌리가 자라면서 토양입자와 입자 사이의 수분과 양분을 흡수하며 생육한다. 이러한 효과는 토양입자를 유연하게 하는 효과가 있어 공극空隙이 많이 생긴다. 즉, 산림토양의 공극율은 보통 40퍼센트 내외로 알려졌다. 이와 같이 공극이 많은 산림토양에서는 뿌리 뻗음생장이 양호하고, 수분과 양분의 이동이 쉬우면서 유효산소를 내포하게 되어 뿌리발달에 가장 좋은 조건이 된다.

유기물이 풍부하게 함유된 토양은 지력을 증진시키고 토양구조를 입단화하여 수목의 생육환경을 크게 개선하게 한다. 소나무림 내 유기물층의 특성으로 낙엽 내 양분함량이 낮고 C/N율이 높아 낙엽분해가 느리게 진행된다.

유기물층이 두껍게 쌓이고 유기물층의 pH가 낮아지게 되어 균사의 발달이 지연되기 때문에 낙엽분해가 잘 이루어지지 않기 때문에 낙엽층이 두껍게 쌓인다. 성숙한 임분에서는 유기물층L, F, H의 발달이 비교적 뚜렷하다.

소나무의 입지와 토양

우리나라 산림대 중 온대북부림에서 생육하는 소나무가 타 지역 소나무에 비해 수고생장이 양호한데 이것은 이 지역이 험준한 산악지가 많아 인위적인 교란이 적고 정상적인 양분순환이 이루어지는 등 토양생산력이 높기 때문이다.

산림토양별로는 갈색산림토양지역이 암적색, 회갈색산림토양보다 수고생장이 우수한 것으로 나타나고 있으며, 암적색, 회갈색산림토양이 갈색산림토양군에 비해 수고생장이 낮은 것은 토양물리성 중 견밀도가 높고 배수가 불량하여 침식에 의한 양분 세탈이 심하고 토양 화학성양분조건이 불량하기 때문이다.

소나무림의 수고생장은 토양 중의 유효인산, 칼륨, 칼슘함량과 정의 상관r= 0.38~0.63이 토양 pH와는 부의 상관r=-0.40관계에 있으며, 토양양분에 의한 산림생산성 기준은 〈표 3〉과 같다.

유기물층이 발달한 성숙 임분의 경우 수분이 토층하부로 침투하기 어렵기 때문에 광물질 토층은 비교적 건조한 특성을 많이 나타나게 되며 표토층의 토양구조는 세립상이나 입상구조, 심토층에서는 각괴상구조가 발달하나 토양발달이 진행되고 수분조건이 양호한 지역은 표토층에 단립, 심토층에는 괴상구조가 출현한다.

주로 사양토나 양토 등 배수가 양호한 토양에서 생장이 양호하고〈표 3〉 토양 pH5.0-5.5부근에서 가장 많이 나타나며 이 지역에서 생육도 비교적 양호하다. 소나무 임분은 인위적인 교란이 심하고 건조한 지역에 주로 분포하기

표2— 소나무림 토양의 화학적 성질

* 평균값/(최소값-최대값)

층위	pH	유기물 (%)	전질소 (%)	유효인산 (ppm)	양이온 치환용량 (me/100g)	치환성양이온(me/100g)			
						칼륨	나트륨	칼슘	마그네슘
A	5.5/ 4.6-6.4*	2.3/ 0.4-5.0	0.11/ 0.02-0.23	24/ 6-94	9.2/ 5.5-13.6	0.19/ 0.6-0.50	0.27/ 0.12-0.40	0.95/ 0.21-2.60	0.44 0.12-1.70
B	5.4/ 4.8-6.4	1.8/ 0.3-3.8	0.09/ 0.03-0.16	18/ 4-62	8.4/ 3.3-13.4	0.16/ 0.04-0.32	0.26/ 0.08-0.43	0.70/ 0.21-2.41	0.49 0.06-1.50

표3— 소나무림 토양의 화학적 성질에 의한 산림생산력 판정 기준치

구분	토성	토양 pH	전질소(%)	유효인산(ppm)	치환성양이온(me/100g)		
					칼륨	칼슘	마그네슘
양호	사양토, 양토	5.0-5.4	〈0.15	20-30	0.18-0.25	〉2.5	〉1.0
불량	식양토	〈4.5	〈0.10	〈2.0	〈0.12	〈2.0	〈0.5

때문에 토양의 양분수준은 타 임분에 비해 낮다〈표 2〉.

토양관리

임관이 울폐된 성숙한 소나무림은 간벌이나 가지치기 등을 실시하여 임지양분순환을 촉진하거나 요소같은 질소질 비료의 시비를 통하여 임목 내 양분의 직접적인 공급과 유기물층의 분해촉진을 통하여 산림생산력을 증진시킬 수 있다.

산록이나 산복 부위에 위치한 소나무림의 경우 시비 등 산림토양관리를 통하여 생산력을 어느 정도 증진시킬 수 있지만 산정 부위에 생육하는 소나무림은 현재상태로 잔존시킨다.

갈색산림 토양에서 생육하는 소나무림은 시비 등 산림토양관리를 통하여 산림생산력의 증가가 기대된다. 토양의 산성화가 심한 소나무림은 석회나, 고토비료를 시비하여 토양을 개량하여야 하며 시비의 뚜렷한 효과를 기대하기 위해서는 복합비료를 첨가하는 것이 좋다.

산불이 발생한 소나무림은 토양의 물리적질이 불량해지고 침식에 의한 토양 내 양분손실이 크게 발생하기 때문에 산림생산력을 지속적으로 유지하기 위해서는 임지 시비가 필요하며 산불 발생 직후는 시비가 필요 없으나 식재 후 2, 3년부터는 시비를 통한 임지의 안정화 및 식재목의 생육 촉진이 필요하다.

수치산림입지도를 이용한 소나무 적지 분석

산림과학원은 1995년부터 전국의 산지를 대상으로 입지와 토양환경 정보를 체계적으로 수집하여 2003년 수년 동안 수정과 보완하여 산림입지도를 완성하였다. 또한 자료의 데이터베이스화, 디지털화하여 산림청에서 운영하고 있는 FGIS에 연결하여 일반인들 특히 임업을 경영하고 연구하려는 사람들에게 정보를 제공할 뿐만 아니라 자료 검색과 분석도 가능하게 할 예정이다.

이러한 목적을 가지고 만들어진 수치산림입지도는 산림을 또는 임분을 최종 목적으로

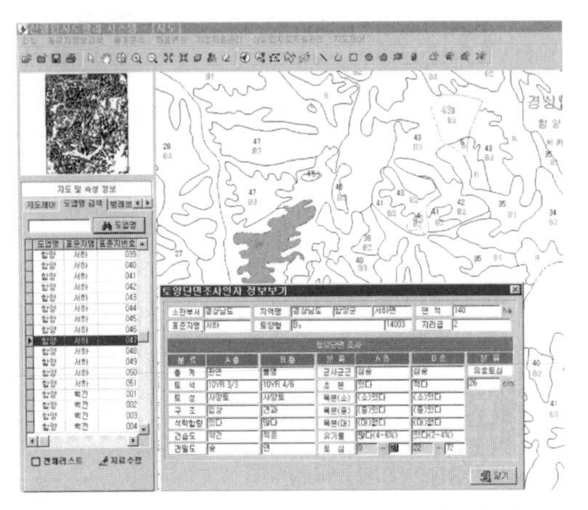

그림 1 — 수치산림입지도의 구조와 입지·토양환경 정보

그림 2 — 경기도 광주군 태화산의 소나무 적지 구분도

사용하기 위한 의사 결정 수단으로서도 충분히 사용할 수 있다. 우리나라에 생육하고 있는 소나무는 앞서 설명한 바와 같이 입지조건이 열악한 지역에 많이 자라고 있다. 그러나 소나무가 입지환경이 양호하고, 토양환경이 양호한 곳에서 더 잘 크고 생육이 왕성하다고 이미 언급하였다.

새롭게 인식되고 있는 소나무의 적지를 최근 DB작업이 완료된 산림입지도에서 찾아 소나무를 육성하고자 한다. 수치산림 입지도에 수록되어 있는 입지환경인자와 토양환경인자는 모두 26개 인자로 구성되어 있다〈그림 1〉. 소나무와 입지환경인자, 토양환경인자를 가지고 임목의 생장량, 즉 지위지수를 산출하는 추정식을 조제하였다.

사례연구로서 경기도 광주군의 태화산을 중심으로 소나무의 적지를 입지환경과 토양환경인자를 가지고 수치산림입지도의 속성정보로 구축된 지위지수로 추정하여 분석하였다. 소나무의 적지로 구분된 지역은 지형은 산정과 산복 사면이 대부분이며 토양특성으로는 토양수분이 건조하고, 토심이 얕고, 방위는 건조하기 쉬운 남향-남서향과 북서향으로 나타났다.

오늘날 산림입지조사가 완료되면서 속성정보의 데이터베이스화가 이루어지고, 또한 수치산림입지도로 디지털화됨에 따라 보다 과학적인 방식으로 적지 분석이 가능하게 되었다. 특히 소나무의 적지를 판정할 때 입지환경인자와 토양환경인자의 몇몇 인자로도 분석과 판정이 이 가능하졌기 때문에 새로이 조성하는 소나무임지 조성에 간단하면서 정확한 적지를 선택할 수 있을 것으로 생각된다. 〈부표 1〉에 수록한 입지 및 토양환경인자와 카테고리이며, 〈부표 2〉는 수종별 지위지수 추정식을 나타냈으나, 경기·충청지역에 극한된 것으로서, 계속해서 지역으로 구분된 지위 추정식을 조제해서 발표할 예정이다.

부표 1— 입지환경 및 토양환경인자와 카테고리

인자	구분
모암	화성암, 변성암, 퇴적암
표고(m)	100m미만, 100-200m, 200-300m, 300-400m, 400-500m, 500-600m, ---, 1900m이상
경사(°)	15° 미만, 15-20°, 20-25°, 25-30°, 30° 이상
지형	평탄지, 완구릉지, 산록, 산복, 산정
기후대	온대 북부, 온대 중부, 온대 남부, 난대
방위	동, 서, 남, 북, 북동, 북서, 남동, 남서
경사형태	요, 철, 평형사면
풍화정도	상, 중, 하
퇴적양식	잔적토. 포행토, 붕적토
능선대 계곡비	1, 2, 3, 4, 5, 6, 7, 8, 9/10
토양배수	불량, 보통, 양호, 매우양호
풍노출도	노출, 보통, 보호
침식상태	없다. 있다. 많다
암석노출도(%)	10%이하, 10-30%, 30-50%, 50-75%1
층위의 경계(cm)	명확, 판연, 점변, 불명
토심(cm)	1cm단위로 구분
유효토심(cm)	1cm 단위로 구분
토색	토색첩 구분기준에 의거 구분
유기물	약간 있다, 있다, 많다, 아주 많다
토성	사양토, 양토, 식양토, 미사질 양토, 미사질 식양토, 양질 사토
토양구조	입상, 단립, 세립, 견과상, 괴상, 무구조
자갈함량(%)	5%이하, 5-15%, 15-30%, 30-50%
건습도	건조, 약건, 적윤, 약습
견밀도	0.5이하, 0.5-1.0, 1.5-2.5, 2.5이상
균사 및 균근	없다, 적다, 있다, 많다
식물근(초본)	10%이상, 5-10%, 5%미만
식물근(목본)크기	2-5mm, 5-10mm, 10mm이상
식물근(목본)양	10%이상, 5-10%, 5%미만
토양형	26개 토양형으로 구분

부표 2 — 경기·충청지역의 수종별 지위지수 추정식

지역	추정식
해송	SI=2.06*(퇴적양식) +1.32*(풍노출도)+1.37*(B층토심) +0.93*(A층견밀도)
참나무	SI=1.64*(지형) +1.82*(경사형태) +1.18*(풍노출도)+1.65*(B층 토심)
중송	SI=2.05*(퇴적양식) +1.37*(풍노출도)+1.00*(B층토심) +0.49*(A층견밀도)
강송	SI=0.74*(지형) +2.04*(경사형태) +0.82*(풍노출도)+0.65*(B층 토심)
잣나무	SI=2.86*(경사형태) +1.06(풍노출도)+1.31*(B층토심) +0.88*(B층 견밀도)
낙엽송	SI=2.43*(경사형태) +1.75*(풍노출도)+1.38*(B층토심) +0.80*(B층견밀도)

경북 북부 금강송의 생태

윤충원 공주대학교

요약

수령 200년 이상 된 노령의 금강송 유적임분이 발달하고 있는 경북 북부지역에서 총 230개의 식생자료, 매목조사자료 및 500여 개의 연륜자료를 토대로 산림생태학적 연구를 수행하였던 바 다음과 같이 요약할 수 있었다.

금강송 임분은 산앵도나무군락, 꼬리진달래군락, 떡갈나무군락, 당단풍군락, 전형군락의 5개 군락으로 분류되었으며, 일부 하위식생 단위가 세분되어 금강송림은 총 16개의 식생단위로 분류되었다. 산앵도나무군락과 꼬리진달래군락은 해발고 350m 이상과 사면 중부 이상의 지형에 분포하였고, 꼬리진달래군락은 주로 소광리와 청옥산 일대에 분포하고 있음을 감안할 때 금강송 분포범위와 조림구역 결정 등의 지표로 사용할 수 있을 것으로 판단되었다.

CCA에 의한 축의 관계에시 지형, 해발, 유효인산, 마그네슘 등의 환경요인들이 높은 상관관계를 보여주고 있었다. 꼬리진달래군락은 해발이 높고 사면 상부나 능선부쪽 지형으로 갈수록 더 많이 분포하는 경향이었고, 마그네슘과 칼슘이온의 농도는 낮은 입지에 주로 분포하였다. 산앵도나무군락은 칼슘, 마그네슘의 이온농도가 높은 입지에 분포하는 경향이었고, 사면 중상부와 능선부로 갈수록 많이 분포하는 경향이었다.

중요치 분석결과 각 지역의 교목층과 아교목층에서 중요치가 높게 나타난 종은 금강송, 신갈나무, 굴참나무, 졸참나무, 물푸레나무 등이었으며, 관목층에서는 소광리 지역이 다른 지역에 비해 금강송의 중요치가 높게 나타났다. 즉, 소광리의 금강송 임분이 천연갱신이 가장 잘 되고 있음을 반영하였다.

종간결합관계 분석 결과 크게 두 개의 그룹으로 구분되었다. 한 그룹은 식물사회학적 분석에서의 표징종군과, 또 한 그룹은 식별종군과 거의 일치하였다.

경북 울진군 소광리지역 일대 조사지의 교목층을 구성하는 주요 개체목에 대한 직경급구조와 수령구조를 볼 때 계곡부의 조사지에서는 신갈나무, 서어나무, 물푸레나무 등으로의 천이가 예측되었고, 사면 중부 이상의 지형에서는 신갈나무와의 경쟁은 있지만 당분간 지속적으로 유지될 것으로 판단되었다. 특히 계곡부 조사지는 수령범위가 25년에서 100년 사이였으며, 단봉형을, 사면 중부 이상에서는 쌍봉형 또는 삼봉형의 수령구조를 각각 나타냈다.

서론

세계의 소나무속Pinus은 100여 종이 넘게 분포하고 있고 동아시아지역에 분포하는 것은 15개 수종이며, 우리나라에는 5개 수종이 분포한다.(박, 1993)

赤松 또는 陸松으로 잘 알려진 소나무Pinus densiflora Siebold et Zuccarini는 일본과 중국의 흑룡강성 동남부, 요동반도, 산동반도, 강소성 동부 등의 지역에까지 분포하고 있다.(정 등, 1983) 우리나라에서는 수평적으로 북위 33°20′에서 북위 43°20′에 까지, 수직적으로는 태백산, 금강산의 경우 해발 1,500m까지 분포하고 있다.(정과 이, 1965)

화분분석학적 자료에 의하면 경상북도와 강원도 일대에는 1만 년 전까지 낙엽성 참나무류 Quercus가 극상림을 이루고 있다가 약 5,000년 전부터 소나무가 우점하고 있었음을 알 수 있다.(조, 1987) 기온의 상승과 더불어 인간의 농경활동에 따른 산림파괴의 결과 소나무가 급속히 증가한 것으로 해석하고 있다.(조, 1987 ; 김, 1980 ; 이, 1986)

「續大典」1746, 「萬機要覽」1808, 「大東地志」1864 등의 황장봉산黃腸封山, 황장산黃腸山 및 황장목黃腸木에 대한 기록에서, 경상북도 북부지방 일대와 강원도 일대 목재의 심재 부분이 황색을 띠고 있고, 재질이 단단하고 우량하여, 주로 왕실에서 재궁梓宮용으로 쓰이던 황장목黃腸木이 자라고 있었다는 것을 알 수 있다.(임, 1995; 박, 1993, 1996)

한편 1928년 일본인 우에키植木秀幹의 朝鮮産 赤松의 연구에서 한반도에 분포하고 있는 소나무赤松를 지역과 樹型에 따라 동북형, 중부 남부의 평지형, 중부 남부의 고지형, 위봉형, 안강형 및 금강형金剛型의 6개형으로 구분하고 있으며, 이 중에서 금강형소나무Pinus densiflora for. erecta Uyeki는 재질이 우량하고, 수관이 통직하고, 가지가 가늘고, 지하고가 높은 수형을 가지고 있으며, 금강산 줄기와 태백산맥을 따라 경북의 울진, 봉화 일대에 분포하고 있다.

금강송의 생장은 비슷한 지형조건을 가진 다른 지역 소나무에 비해 생장속도가 전반적으로 빨랐으며, 생장상태에 따라 다시 3가지 패턴으로 구분되기도 한다.(윤, 1999) 이러한 금강송은 안타깝게도 여러 원인에 의해 금강송의 성숙임분이나 노령임분을 거의 찾아볼 수 없게 되었으며, 단지 천연보호림으로 지정되어 보호를 받고 있는 울진군 서면 소광리 일대에 군반상patches으로 성숙목과 노령임분이 남아있을 뿐이다.

우리나라 금강송에 관련된 생태학적 연구로는 이와 이1989의 한국산 소나무림의 식물사회학적연구, 김과 송1995의 경북 불영계곡 소나무Pinus densiflora림의 재생과정에 관한 연구, 송 등1995의 TWINSPAN과 DCCA에 의한 금강송 및 춘양목소나무 군집과 환경의 상관관계분석, 환경부1997의 금강소나무 분포 정밀조사결과 보고서경북내륙지역 중심으로, 조1994의 울진군 소광리 지역 소나무의 임분구조 및 생장양상과 산불과의 관계, 남부지방 산림관리청2001의 소광리 산림유전자원 보호림의 생태임업적 관리방안 —생태환경 기초조사— 등이 있다.

이러한 소나무연구에 기초자료를 더 축적시키고 금강송림의 군락구조와 유형 등에 대한 좀 더 명확한 정보의 제공과 해석의 필요가 있어 성숙림과 노령목이 군반상patches으로 잔존하고 있는 울진군 서면 소광리 소나무 임분과 강원도 응봉산, 경북 청옥산, 울진, 검마산의 소나무림을 중심으로 자료를 수집하여 금강송림의 산림생태山林生態를 밝히기 위한 정성적 및 정량적 연구들을 수행하게 되었다.

재료 및 방법

조사지 개황

금강송Pinus densiflora for. erecta의 분포는 강원도와 경북 북부 일대의 태백산맥계이므로, 조사지는 금강송의 원형이 가장 잘 보존되어 있는 경북 울진군 소광리지역을 중심하여 동쪽으로 약 17km 떨어진 울진 일대, 서쪽으로 22km쯤인 경북 봉화군 청옥산1,276m, 북쪽으로 25km여 거리인 강원도 태백시 응봉산1,267m, 남쪽으로 30km 떨어져 있는 경북 영양군 검마산 1,017.2m으로 하였다.

야외조사 및 자료처리

ZM 식물사회학적 방법Ellenberg, 1956 ; Braun-Blanquet, 1964에 따라 지형, 생태적 밀도, 해발 등의 입지환경 등을 고려하여 1996년 10월부터 1998년 12월까지 약 26개월에 걸쳐, 소광리 지역에 80개 소, 청옥산 40개 소, 강원도 응봉산 40개 소, 울진일대 40개 소, 검마산 30개 소로 총 230개의 조사구를 설치하여 조사하여 분석하였다.

환경인자와 식생단위와의 상관관계를 파악할 목적으로 PCORD 패키지를 이용하여 CCA를 분석하였으며, 각 조사지역별, 층위별 종의 점유정도를 파악하기 위하여 중요치IV : Importance Value를 산출하였다. 또한 개체군에 있어서 환경요인과 관계없이 종 상호간에 친소관계에 따른 결합관계를 파악하기 위하여 종간

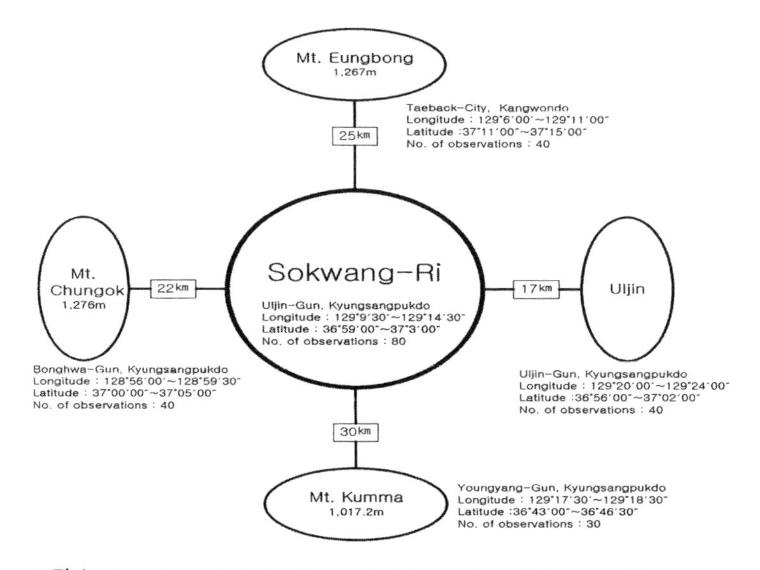

그림 1— Location of study sites and distance from Sokwang-Ri.

결합interspecific association을 분석하여 성좌표를 작성하였으며, 기타 매목조사 및 연륜자료를 토대로 직경급구조와 연륜구조를 분석하였다.

결과 및 고찰

금강송의 식생유형

〈표 1〉은 소광리, 청옥산, 강원도 응봉산, 울진 일대, 검마산 등의 조사지에서 얻은 총 230개소의 식생자료를 가지고 Ellenberg1956의 식물사회학적 분석방법에 의해 군락을 분류한 결과이다. 금강송림은 금강송, 신갈나무, 큰기름새, 싸리, 쇠물푸레, 진달래, 산거울, 철쭉꽃을 표징종character species으로 하고 있었으며, 산앵도나무Vaccinium koreanum군락, 꼬리진달래Rhododendron micranthum군락, 떡갈나무Quercus dentata군락, 당단풍Acer pseudo-sieboldianum군락, 전형Typical군락 등 총 5개 군락community으로 분류되었으며, 특히 꼬리진달래군락은 대부분 소광리 지역과 일부 청옥산 및 울진 일대의 조사지였으므로 소광리지역 금강소나무 임분의 주된 특징이라고 할 수 있었다.

떡갈나무군락은 김의털Festuca ovina군, 아까시나무Robinia pseudoacacia군, 전형Typical군 등 3개 군group으로 세분되었고, 당단풍군락은 산수국Hydrangea serrata for. acuminata군, 애기나리Disporum smilacinum군, 함박꽃나무Magnolia sieboldii군, 서어나무Carpinus laxiflora군, 전형Typical군 등 5개 군으로 세분되었으며, 전형군

표 1— Vegetation type of P. densiflora for. erecta forest

단위	군락	군	소군	표징종	식별종
1	1.산앵도나무				
2	2.꼬리진달래				
3	3.떡갈나무	a.김의털		떡갈나무, 청미래덩굴	김의털, 새
4		b.아까시나무			
5		c.떡갈나무전형			
6	4.당단풍	a.산수국	①털대사초	당단풍, 조록싸리, 물푸레나무 국수나무, 고로쇠, 층층나무 등	털대사초, 남산제비꽃, 난티잎개암나무, 복자기 등
7			②신나무		신나무, 물참대, 야광나무, 청가시덩굴 등
8			③산수국전형		
9		b.애기나리			
10		c.함박꽃나무			
11		d.서어나무			
12		e.당단풍전형			
13	5.금강송전형	a.꽃며느리밥풀	①꽃며느리밥풀 전형		꽃며느리밥풀, 삽
14			②굴참나무		
15		b. 금강송전형	①굴참나무		
16			②전형		
계	5	10	7		

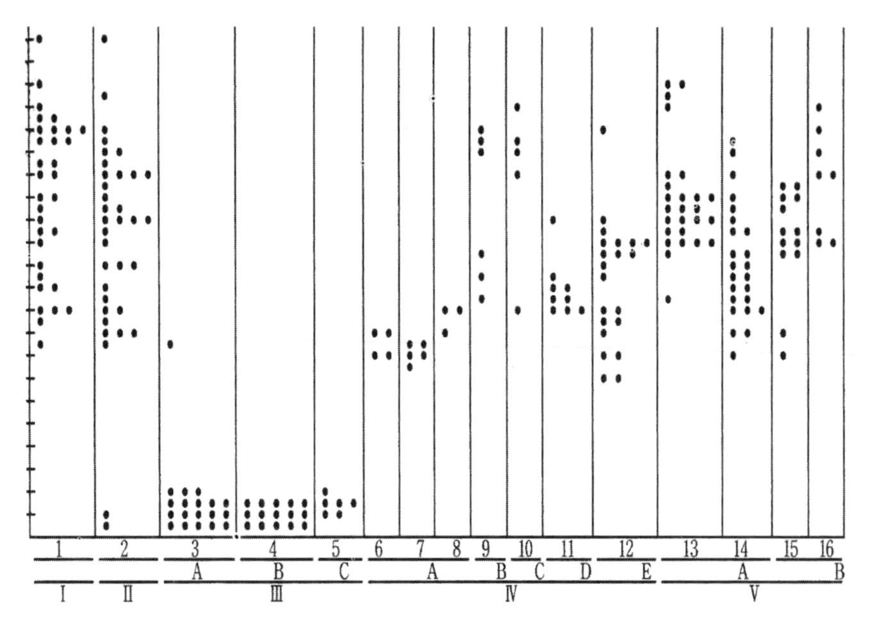

그림2— Relationships between altitude and vegetation units.

락은 꽃며느리밥풀Melampyrum roseum군, 전형Typical군의 2개 군으로 세분되었다. 또한 산수국군은 3개의 소군subgroup으로, 꽃며느리밥풀군과 전형군은 각각 2개의 소군으로 각각 세분되었다. 따라서 조사지역 내의 금강송림은 총 5개 군락과 10개 군 및 7개 소군의 분류체계를 가졌으며, 총 16개의 식생단위로 구분되었다.

일치법에 의한 식생단위와 지형 및 해발고도와의 관계

〈그림 2〉는 해발과 식생단위간의 상관관계를 나타낸 것으로 떡갈나무군락은 해발 200m 이하에, 기타 식생단위는 대부분 해발 300m 이상에 각각 분포하는 경향이었다. 해발 500m의 경계로는 식생단위 1의 산앵도나무군락과 식생단위 2의 꼬리진달래군락이 그 이상에 분포하는 경향이었으며, 식생단위 6의 당단풍군락에서 구분된 산수국군의 하급단위인 털대사초소군은 500m 이하에 분포하였고, 식생단위 13과 16의 전형군락에서 구분된 꽃며느리밥풀군의 하급단위인 전형소군과 전형군락의 전형군은 각각 500m 이상에 분포하였다. 따라서 해발은 식생단위의 구분에 많이 관계하고 있는 것으로 나타났다.

〈그림 3〉은 지형과 식생단위간의 상관관계를 나타낸 것으로 사면중부를 경계로 하여 식생단위 1의 산앵도나무군락, 식생단위 2의 꼬리진달래군락, 그리고 식생단위 13과 14의 전형군락에서 구분된 꽃며느리밥풀군의 하급단위인 전형소군과 굴참나무소군은 사면중부이상에 분포하는 경향이었다.

식생단위 6, 7, 8의 당단풍군락에서 구분된 산수국군의 하급단위인 털대사초소군, 신나무소군, 전형소군과 식생단위 10, 11, 12의 당단풍군락에서 구분된 함박꽃나무군, 서어나무군, 전형군은 사면하부와 계곡에, 그리고 식생단위 15, 16의 전형군락에서 구분된 전형군의

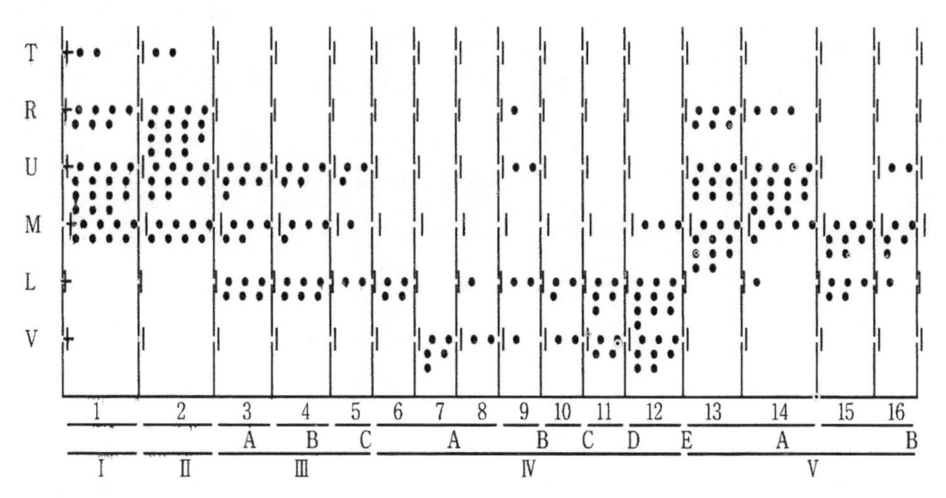

그림 3— Relationships between topography and vegetation units.

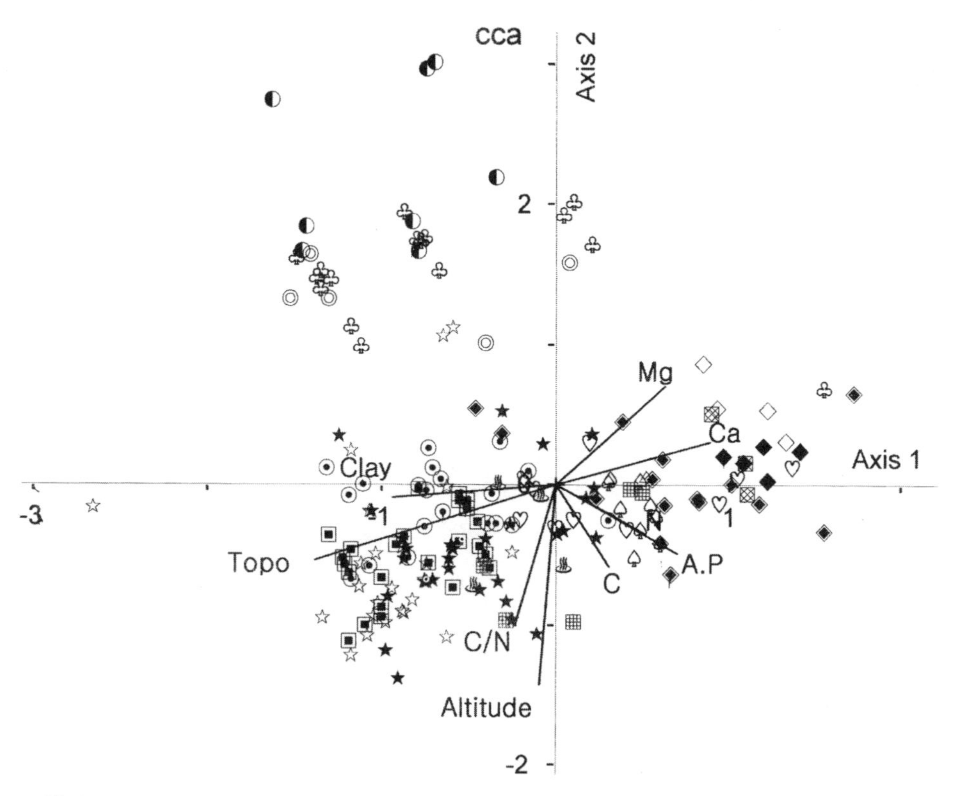

그림 4— Canonical correspondence analysis(CCA) ordination diagram showing vegetation units and major environmental variables(arrows) against the axis 1 and axis 2(Cutoff R2 value : 0.12 ; Vector scaling : 200% ; Vegetation unit 1:★ ; 2:☆ ; 3:♧ ; 4:◐ ; 5:◎ ; 6:◇ ; 7:◆ ; 8:▩ ; 9:▦ ; 10:△ ; 11:♤ ; 12:◈ ; 13:▣ ; 14:⊙ ; 15:♡ ; 16:♨).

굴참나무소군과 전형소군은 사면중부에 각각 분포하는 추세였다. 따라서 지형은 식생단위 구분에 있어서 해발보다 더 높은 상관관계를 가지고 있는 것으로 사료되었다.

CCA에 의한 환경요인과 식생단위의 상관관계

Greig-Smith1983와 Ter Braak1986, 1987는 ordination의 목적이 군집의 구조를 밝히고 군집에서 식생과 환경과의 상호작용에 대한 가정을 유출해 내는 것이라고 하였으며, 삼림식생은 환경요인에 따라 그 구조가 달라지며, 따라서 ordination은 식생들을 한 개 또는 그 이상의 생태학적 구배에 배열하는 과정으로 다변량 data set에서 유형을 찾는 분석방법이라고 말할 수 있다송, 1992 ; Goodall, 1963. CCA는 종과 환경과의 상관관계를 밝히고 환경변이에 따른 종의 반응에 대한 특별한 문제들을 조사하기 위하여 사용되어 왔다.(송, 1992, 1995 ; Allen, 1988)

〈그림 4〉는 CCA 方法으로 16개의 식생단위와 15개의 환경인자해발, 지형, 경사, 노암, 모래, 미사, 점토, pH, 유효인산, 탄소, 질소, C/N율, 치환성 양이온량, 칼슘, 마그네슘間의 상관관계를 비교분석하기 위하여, 식물사회학적 방법에서 분류된 16개의 식생단위별로 구분하여 186개 plots의 種組成을 main matrix, 15개의 환경요인을 second matrix로 하였고, biplot cutoff R2는 0.12, Vector scaling을 200%로 하여 분석한 결과이다. 그 결과 주로 1축상에서는 지형, 점토, 유효인산, 칼슘, 마그네슘, 2축상에서는 해발, 탄소, C/N율, 3축상에서는 지형, 마그네슘 등의 환경요인들이 높은 상관관계를 보여주고 있었다. 주요 식생단위와 환경요인들과의 관계를 보면 꼬리진달래군락식생단위 2은 해발이 높고 지형이 사면 상부나 능선부쪽으로 갈수록 많이 분포하는 경향이었으며, 마그네슘과 칼슘이온의 농도도 낮게 나타나는 입지에 분포하는 경향이었다. 산앵도나무군락식생단위 1은 꼬리진달래군락에 비해 칼슘, 마그네슘의 이온농도가 높은 입지에 분포하는 경향이었고, 사면 중상부와 능선부로 갈수록 많이 분포하는 경향이었다.

중요치에 의한 지역간 층위별 종점유율

조사지역소광리, 응봉산, 청옥산, 울진, 검마산의 층위별 종조성의 정량적 파악을 위하여 식생조사에서 얻은 자료를 토대로 Curtis와 McIntosh1951에 의한 중요치IV : Importance Value 산출방법을 응용하여 구하였다(표 2).

지역간에 층위별 종조성을 볼 때 소광리 지역은 다른 지역과는 달리 관목2층에서 금강송의 중요치가 높게 나타났는데, 이러한 점은 소광리지역이 다른 조사지역에 비해 금강송의 치묘와 치수의 공급이 계속되고 있음을 반영함과 동시에 5개 조사지역 중에서는 가장 안정된 금강송임분을 유지하고 있음을 반영한다고 할 수 있다.

종간결합interspecies association

개체군에 있어서 각 종들은 환경요인과 관계없이 종 상호간에 친소관계 즉, 친숙하여 서로 가까이 존재하는 양성결합positive association, 다른 개체군을 배척하여 멀리 존재하는 음성결합negative association, 그리고 다른 개체군과 아무 관계가 없이 존재하는 기회결합random association의 3가지 유형의 결합관계를 가질 수 있는데 이러한 결합을 종간결합 또는 종간 상관관계라고 한다Pielou, 1977 ; Greig-Smith, 1983 ; Schluter,

표 2— Importance value of major species in the study areas

Site	Species		Layer				Total
	Scientific name	Common name	Tree	Subtree	Shrub1	Shrub2	
Sokwang-Ri	*Pinus densiflora for. erecta*	금강송	95.20	31.03	6.13	15.42	147.77
	Quercus mongolica	신갈나무	2.18	37.01	6.55	8.04	53.79
	Quercus serrata	졸참나무	0.63	6.66	1.33	2.28	10.90
	Quercus variabilis	굴참나무	-	5.16	1.22	4.09	10.47
	Fraxinus rhynchophylla	물푸레나무	-	1.02	1.16	3.96	6.14
	Carpinus laxiflora	서어나무	-	3.32	1.29	1.07	5.68
	Acer mono	고로쇠나무	-	1.10	0.21	0.40	1.72
	Rhododendron micranthum	꼬리진달래	-	-	6.62	6.95	13.57
	Vaccinium koreanum	산앵도나무	-	-	1.26	0.40	1.66
	Others		1.99	14.70	74.23	57.39	148.31
			100.00	100.00	100.00	100.00	400.00
Mt. Eungbong	*Pinus densiflora for. erecta*	금강송	92.76	47.04	4.86	6.82	151.48
	Quercus mongolica	신갈나무	1.18	24.09	11.79	8.88	45.94
	Quercus variabilis	굴참나무	2.35	9.62	3.96	3.54	19.47
	Acer mono	고로쇠나무	-	2.50	1.08	0.97	4.55
	Fraxinus rhynchophylla	물푸레나무	-	2.06	1.11	0.62	3.79
	Quercus serrata	졸참나무	-	1.37	1.27	-	2.65
	Betula costata	거제수나무	-	0.49	0.11	0.33	0.94
	Vaccinium koreanum	산앵도나무	-	-	4.04	4.08	8.12
	Carpinus cordata	까치박달	-	-	0.21	-	0.21
	Others		3.71	12.83	71.57	74.76	162.85
			100.00	100.00	100.00	100.00	400.00
Mt. Chungok	*Pinus densiflora for. erecta*	금강송	92.40	41.01	2.33	0.79	136.52
	Quercus mongolica	신갈나무	2.53	31.88	10.93	3.72	49.06
	Fraxinus rhynchophylla	물푸레나무	-	4.60	1.23	0.95	6.78
	Betula costata	거제수나무	-	1.40	0.82	0.34	2.57
	Acer mono	고로쇠나무	-	1.80	0.24	0.34	2.38
	Rhododendron micranthum	꼬리진달래	-	-	7.22	12.57	19.80
	Vaccinium koreanum	산앵도나무	-	-	2.77	0.61	3.38
	Quercus variabilis	굴참나무	-	-	1.74	0.52	2.26
	Acer ukurunduense	부게꽃나무	-	-	0.48	0.69	1.16
	Kalopanax pictus	음나무	-	-	0.43	0.34	0.77
	Others		5.07	19.31	71.81	79.13	175.32
			100.00	100.00	100.00	100.00	400.00
Uljin	*Pinus densiflora for. erecta*	금강송	96.27	63.79	5.92	2.55	168.53
	Quercus variabilis	굴참나무	1.24	3.89	3.77	2.58	11.48
	Pinus thunbergii	해송	2.49	-	-	-	2.49
	Robinia pseudo-acacia	아까시나무	-	11.89	7.54	1.48	20.91
	Quercus dentata	떡갈나무	-	2.60	4.52	9.90	17.01
	Alnus hirsuta	물오리나무	-	13.93	1.24	-	15.18
	Quercus mongolica	신갈나무	-	1.30	4.37	1.89	7.56
	Quercus acutissima	상수리나무	-	1.30	0.67	0.38	2.35
	Quercus serrata	졸참나무	-	-	5.67	9.35	15.03
	Rhododendron micranthum	꼬리진달래	-	-	0.93	-	0.93
	Alnus firma	사방오리	-	-	0.13	-	0.13
	Others		-	1.30	65.24	71.87	138.41
			100.00	100.00	100.00	100.00	400.00
Mt. Kumma	*Pinus densiflora for. erecta*	금강송	96.66	11.09	0.92	1.28	109.95
	Quercus variabilis	굴참나무	1.67	5.20	2.30	2.57	11.73
	Quercus mongolica	신갈나무	-	30.98	11.39	7.93	50.30
	Fraxinus rhynchophylla	물푸레나무	-	4.38	1.07	0.72	6.16
	Carpinus cordata	까치박달	-	5.66	0.15	-	5.81
	Quercus serrata	졸참나무	-	2.98	1.38	1.11	5.47
	Acer mono	고로쇠나무	-	3.74	0.93	0.55	5.22
	Acer triflorum	복자기	-	2.57	0.61	0.55	3.74
	Tilia mandshurica	찰피나무	-	1.29	-	-	1.29
	Vaccinium koreanum	산앵도나무	-	-	5.41	7.45	12.86
	Others		1.67	32.11	75.84	77.84	187.46
			100.00	100.00	100.00	100.00	400.00

++ (--) : Positive or negative association at 1% level
+ (-) : Positive or negative association at 5% level

Species	Pd	Rmi	Sc	Qd	Vk	Ms	Cl	Ap	Lm	Fr	Si	Ws	So	Am	Cc	Qs	Qv	Rs	Mr	Qm	Sc	Lb	Fs	Rmu
Pinus densiflora for. *erecta* ; Pd																								
Rhododendron micranthum ; Rmi																								
Smilax china ; Sc		++																						
Quercus dentata ; Qd		+	++																					
Vaccinium koreanum ; Vk			+	+																				
Magnolia sieboldii ; Ms																								
Carpinus laxiflora ; Cl						++																		
Acer pseudo-sieboldianum ; Ap		++	++	++		++	++																	
Lespedeza maximowiczii ; Lm		++				++	++	++																
Fraxinus rhynchophylla ; Fr		++	+	+	+	++	+	++	++															
Stephanandra incisa ; Si		++			++	++		++	++	++														
Weigela subsessilis ; Ws			++	+	+	++		++	++	++	++													
Styrax obassia ; So			++	+	+		++	++	++	++	++	++												
Acer mono ; Am		+	+		+			++	++	++	++	++	++											
Cornus controversa ; Cc						++		++	+	++	++	++	++	++										
Quercus serrata ; Qs		++	++	++	+			++	+	++	++		+	++	+									
Quercus variabilis ; Qv		--	+	+																				
Rhododendron schlippenbachii ; Rs					++	-		--	--	--	--	--	-	--	--									
Melampyrum roseum ; Mr		++	--	--		-	--	--	--	--	--	--	--	--	--	--		++						
Quercus mongolica ; Qm			--	--	--											--			+					
Spodiopogon sibiricus ; Sc					-	--	-	--	--	--	--	--	--	--	--			++	++					
Lespedeza bicolor ; Lb					--	--	--	--	--	--	--	--	--	--	--	-		++	++	++	++			
Fraxinus sieboldiana ; Fs			--	--	--	--		--	--	--	--	--	--	--	--	--		++	++	+	++	++		
Rhododendron mucronulatum ; Rmu		--	-	--	--	--	-	--	--	--	--	--	-	--	--	--		++	++		++	++	++	
Carex humilis ; Ch		-						--	--	--	--	-	--	-	--				++					

그림 5— Complete Chi-square matrix for 24 species in the study areas.

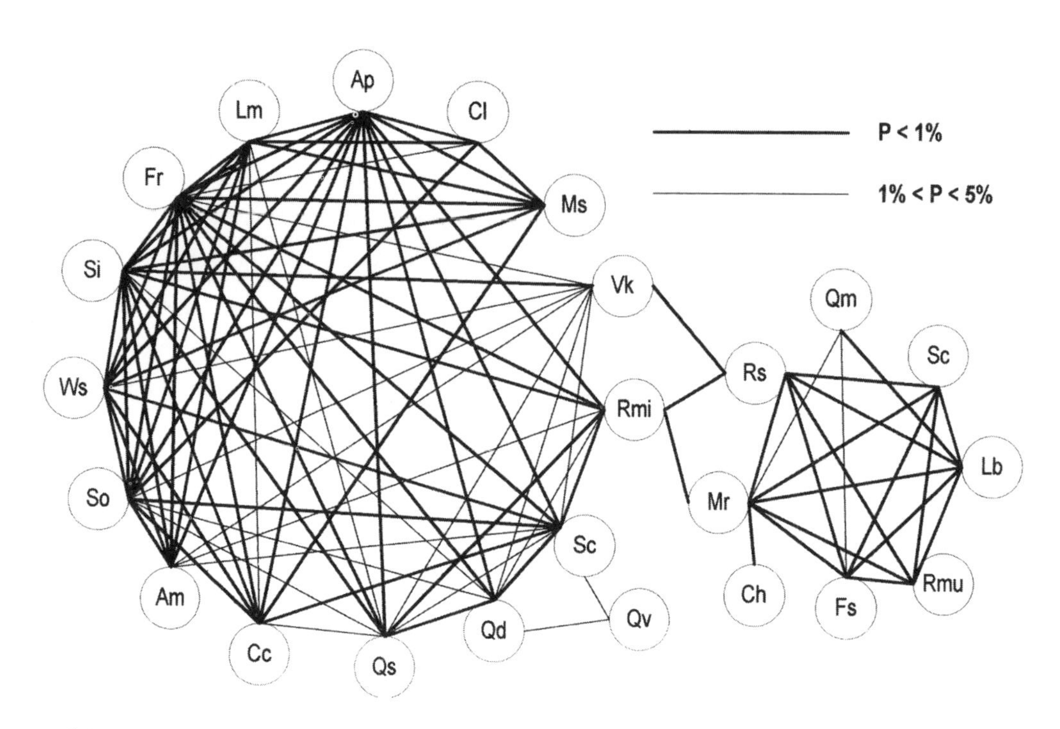

그림 6— The species connected by line were positively correlated as determined by application of the chi-square test. The shortened words in circles indicate each species in Fig. 5.

1984 ; Ludwig and Reynolds, 1988. ++와 +는 양성결합을, --와 -는 음성결합을 나타낸 것이며 ++와 --는 99%의 확률수준에서, +와 -는 95%의 확률수준에서 두 수종간의 유의한 상관관계가 있음을 표시한 것이다.(Agnew, 1961)

두 수종간의 양의 상관관계가 인정된다는 사실은 우연성을 초월하여 서식처를 공유하며 어울려 생육할 수 있는 가능성을 내포한 것이다. 그러나 이러한 현상은 한 수종의 존재 여부가 상대수종의 출현 여부의 원인이 된다는 것을 의미하지는 않으며, 두 수종이 미세환경 요소들의 복합적인 양상에 비슷한 분포반응을 보인다고 해석할 수 있다. 수종구성상태가 대단히 복잡한 군집에서는 이러한 양의 상관관계를 근거로 하여 수종의 집단과 미세환경과의 관계를 분석함으로써 그 수종 자체가 하나의 독립된 군총 또는 군집association으로 취급될 수 있고, 각 집단의 수종구성 상태를 파악함으로써 국부적인 산림지의 생태적 천이단계를 추정할 수도 있다. (김 등, 1993)

본 조사지에 있어서 식물사회학적 방법에 의해 분류된 표징종과 식별종 그리고 중요치가 높게 나온 종들 중 대표적인 24개의 종을 대상으로 이들 종상호간의 관계를 파악하기 위해 종간결합interspecific association을 분석하였다.

〈그림 5〉와 〈그림 6〉에서 종 상호간 결합관계에 대한 Chi-square matrix와 성좌표를 각각 나타낸 결과 크게 두 개의 그룹으로 나뉘어 졌는데, 즉 신갈나무, 큰기름새, 싸리, 쇠물푸레, 진달래, 산거울 등 우측 그룹에 속하는 종들은 대부분 식물사회학적 분석에서의 표징종군과 일치하였다.

국수나무, 병꽃나무, 쪽동백나무, 고로쇠나무, 층층나무, 당단풍, 서어나무, 함박꽃나무, 물푸레나무 등 좌측 그룹에 속하는 종들은 대부분 식물사회학적 분석의 식별종과 일치하였으며, 또한 우측 그룹에 속하는 철쭉꽃은 좌측 그룹에 속하는 산앵도나무 및 꼬리진달래와 1% 수준에서 양성결합의 관계가 있는 것으로 나타났고, 꽃며느리밥풀은 꼬리진달래와 1퍼센트 수준에서 양성결합의 관계가 있는 것으로 나타났다.

직경급구조

〈그림 7〉은 경북 울진군 소광리지역 일대 조사지의 교목층을 구성하는 주요 개체목에 대하여 0.2ha당 지형별 직경급구조를 나타내고 있다.

계곡부의 조사지에 출현하는 교목성 수종은 금강송, 신갈나무, 들메나무, 물푸레나무, 서

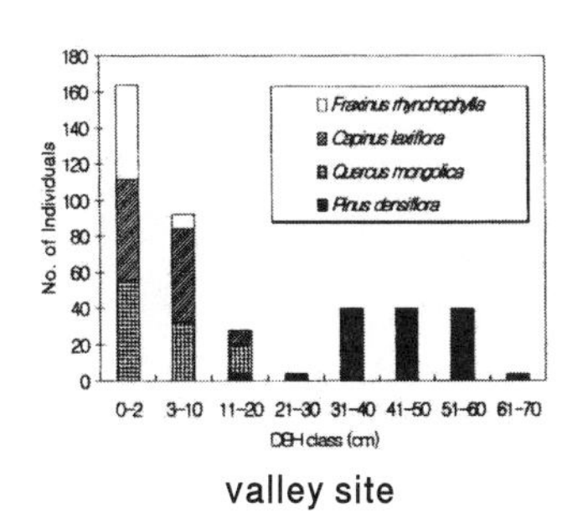

valley site

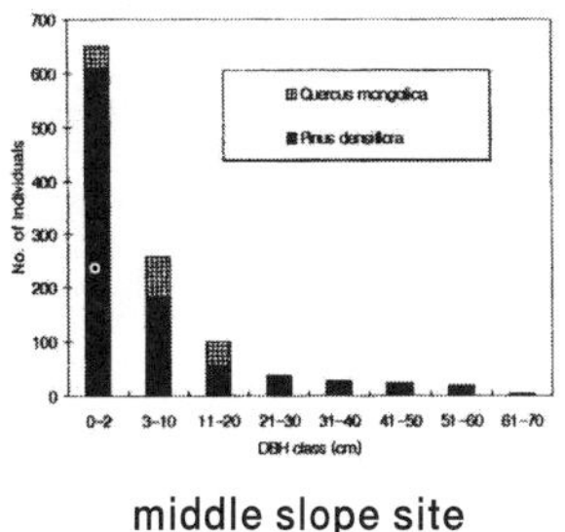

middle slope site

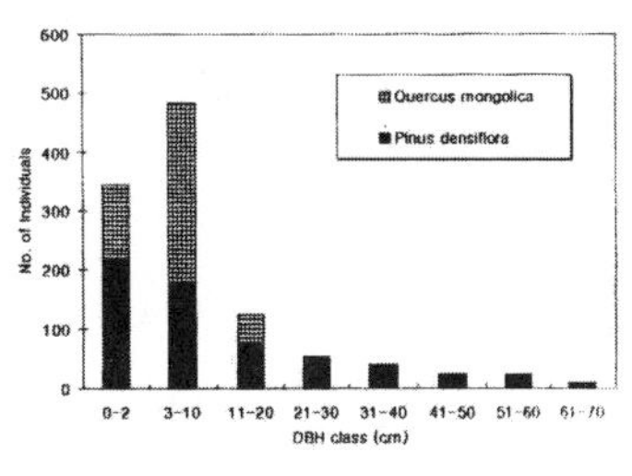

upper slope&ridge site

그림 7— DBH class distribution of major tree species in the investigated areas.

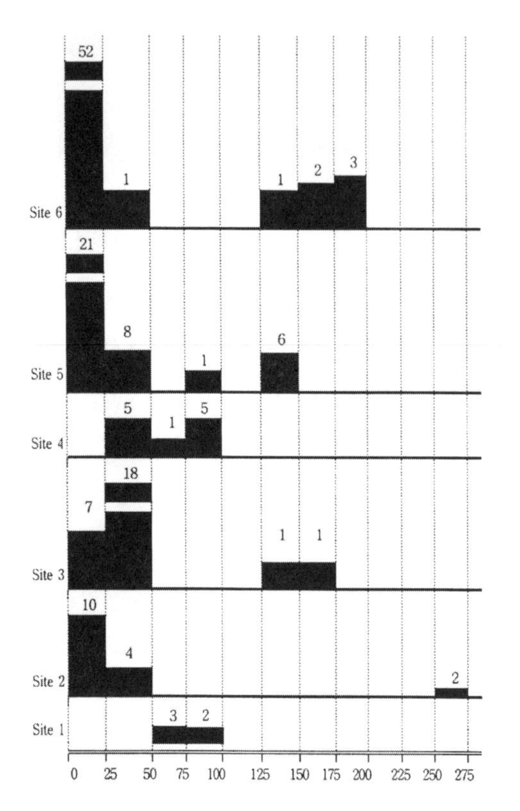

그림 8— Age distribution of Pinus densiflora for. erecta appeared in the study areas.

어나무, 음나무, 팥배나무, 가래나무, 고로쇠나무, 굴참나무 등이었고, 금강송과 신갈나무, 서어나무, 물푸레나무, 음나무는 서로 경쟁 중에 있었다. 금강송 개체군은 DBH 11cm 이상에서 정규분포형을 나타내는 반면, 신갈나무, 서어나무, 물푸레나무는 DBH 20cm 이하에서 역J자형 분포를 나타내었고, 개체수도 상당히 풍부하였다. 따라서 소광리 계곡부의 금강송 개체군은 곧 이러한 수종들로 대체될 것으로 판단되었다.

사면 중부와 사면 상부 및 능선부의 조사지에서는 금강송과 신갈나무가 다소 경합을 벌이고 있기는 하지만, 금강송 개체군의 직경급이 역J자형 분포를 나타내고 있어 계곡부에 비해 상대적으로 극상림의 속성을 가지고 앞으로 지속적으로 유지될 것으로 판단되었다.

수령구조

〈그림 8〉은 금강송림의 수령구조를 나타내고 있다. 계곡부 조사지는 site 1과 site 4이며, 수령범위는 25년에서 100년 사이로 나타났다. 이는 소나무림이 일반적으로 20년 내의 격차를 둔 동령림의 수령구조를 형성한다는 것과 일치하지 않은 결과이었다Peet and Christensen, 1980. 극상림의 수령구조는 성숙목mature trees과 갱신목regeneration trees에 의해 쌍봉형bi-modal의 패턴을 보이지만, 본 조사지의 경우는 그러하지 못하였고, 따라서 지속적으로 유지될 수 없음을 반증하였다.

사면 중부 이상의 조사지site 2, 3, 5, 6에서는 50년 이하의 수령과 150년 이상의 수령분포를 보이는 쌍봉형 내지 삼봉형tri-modal type으로 나타나 극상림의 수령구조라 볼 수 있겠고, 따라서 앞으로 지속적으로 유지될 것으로 예상할 수 있었다. 결론적으로 말해 소광리 지역의 금강송의 재생은 지형에 따라서 계곡부냐 아니냐에 따라 다르게 나타나고 있음을 알 수 있었다.

단 산불에 의한 수많은 교란을 감안할 때 산불에 견디고 살아남은 150년 이상의 노령의 소나무 유적종relic species에 의해서 이러한 수령분포 패턴을 보일 수도 있을 것이고, 또한 50년 이하에서 많은 개체들이 출현하고 있는 것 또한 산불 때문일 가능성이 높으므로 후속 연구가 필요할 것으로 사료된다.

결언

필자는 몇몇 학회지에 기 발표된 논문과 학위

논문을 참고로 하여 본고를 작성하였음을 밝히며, 본 고에 삽입하지 않은 자료들이 자꾸 떠올라 아쉬운 점이 있음을 또한 밝힌다. 우리 민족의 정서에 뿌리 깊이 녹아있는 소나무의 연구와 금강소나무 숲에 대한 산림생태학적 연구에 있어서 본 고가 조금이나마 도움이 되길 기대한다.

참고문헌

김성덕·송호경. 1995. 경북 불영계곡 소나무Pinus densiflora림의 재생과정에 관한 연구. 한국임학회지 84(3):40-51.

김준민. 1980. 한국의 환경변천과 농경의 기원. 한국생태학회지 3:40-51.

박봉우. 1993. 황장목과 황장봉산. 전영우편.「소나무와 우리문화」. 수문출판사. 116-122.

박봉우. 1996. 황장금표에 관한 고찰. 한국임학회지 85(3):426-438.

박용구. 1993. 우리나라 소나무와 일본 소나무. 전영우 편.「소나무와 우리문화」. 수문출판사. 67-73.

송호경·김성덕·장규관. 1995. TWINSPAN과 DCCA에 의한 금강소나무 및 춘양 목소나무 군집과 환경의 상관관계 분석. 한국임학회지 84(2):266-274.

植木秀幹. 1928. 朝鮮産赤松, 樹相及ヒ是カ改良ニ關スル造林上處理ニ就イテ. 水原高 農學術報告 第3號.

윤충원. 1999. 금강소나무의 식생구조와 개체군동태 및 형태적 특성. 경북대학교 박사학위 논문. 147p.

윤충원·홍성천. 2000. 금강송림의 식생구조에 관한 정량적 분석. 한국생태학회지 23(3):281-291.

윤충원·홍성천. 2000. 금강송림의 식생유형분류에 관한 연구. 한국임학회지 89(3):310-322.

이영로. 1986.「한국의 송백류」. 이화여자대학교 출판부. 241p.

이우철·이철환. 1989. 한국산 소나무림의 식물사회학적연구. 한국생태학회지 12(4):257-284.

임경빈. 1995.「소나무」. 대원사. 143p.

田川日出夫 沖野外輝夫. 1979.「生態遷移硏究法」. 共立出版株式會社. 177p.

鄭万鈞 外. 1983.「中國樹木志」. 中國林·出版社. 929p.

조재창. 1994. 울진군 소광리지역 소나무의 임분구조 및 생장양상과 산불과의 관계. 서울대학교 박사학위 논문. 101p.

정태현·이우철. 1965. 한국삼림식물대 및 적지적수론. 성대논문집 10편. 329-433.

조화룡. 1987.「한국의 충적평야」. 교학연구사. 219p.

환경부. 1997. 금강소나무 분포 정밀조사결과보고서(경북 내륙지역 중심으로). 91p.

Agnew, A.D.Q.. 1961. The ecology of Juncus effusus L. in North Wales, J. Ecol. 49:83-102.

Allen, R. 1988. Latitutional variation in southern Rocky Mountain forests. Ph. D thesis. The Uni. of north Carolina.

Barbour, M.G., J.H. Burk and W.D. Pitts. 1987. Terrestrial plant ecology. 2nd ed.. The Benjamin/Cummings Publishing Co.. Menlo Park. 155-229.

Braun-Blanquet, J. 1964. Pflanzensoziologie

Grundzuge der Vegetation der Vegetation 3. Auf. Springer-Verlag. Wien. N. Y. 865p.

Brower, J.E. and J.H. Zar. 1977. Field and laboratory method for genoral ecology. Wm. C. Grown Co. Publ.. Zowa. 184p.

Curtis and McIntosh R.P. 1951. An upland forest continuum in the prairie-forest border region of Wisconsin. Ecology 32:476-496.

Dierssen, K. 1990. Einfubrung Pflanzensoziologie. Akademie-Verlag Berlin. 241p.

Ellenberg, H. 1956. Grundlagen der vegetationsgliederung. I. Aufgaben und Methoden der Vegetationskunde. In : Walter. H.(Hrsg.) Einfuhrung in die Phytologie IV. 136p. Stuttgart.

28. Ford, E.D. 1975. Competition and stand structure in some even-aged plant monocultures. J. Ecol. 63:311-333.

Goodall, D.W. 1963. The continuum and the individualistic association. Vegetatio 11:297-316.

Greig-Smith, P. 1983. Quantitative plant ecology. 3rd ed.. Blackwell. Oxford. 256p.

Ludwig, J.A. and J.F. Reynolds. 1988. Statistical Ecology. John Wiley. New York. 337p.

Peet, R.K. and N.L. Christensen. 1980. Succession: a Population Process. Vegetatio 43:131-140.

Takeda, H. 1986. A Review on current Community Theories-Equilibrium and Non-Equilibrium Community-. Jpn. J. Ecol. 36:41-53.

Whittaker, R.H. 1967. Gradient analysis of vegetation. Biol. Rev. 49:207-264.

Yun, C.W., K.H. Bae and S.C. Hong. 2002. Population Dynamics of Pinus densiflora for. erecta at Sokwang-Ri Uljin-Gun in Southeastern Korea. Kor J. of Ecol. 24(6):341-348.

소나무와 참나무의 전쟁

임주훈 국립산림과학원

숲이 울창해 지고 인간의 생활양식이 바뀜에 따라 숲 속에서 일어나는 종 간의 경쟁 또한 치열하다. 우리나라 산림의 주된 수종인 소나무와 참나무 간에도 종 보전을 위한 처절한 전쟁을 하고 있는데 과연 이들이 가지고 있는 종 보전전략은 무엇인지 특징별로 따져본다.

형태와 분포

소나무Pinus densiflora는 높이 35m, 지름 1.8m까지 자란다. 솔씨의 크기가 불과 길이 4.5mm, 두께 2.2mm에 불과한데 이렇게 거대하게 자랄 수 있다는 것이 도저히 믿기질 않는다. 그러나 타원형의 검은 갈색 씨앗 한 알이 흙 위에 떨어지면 불과 수십 년 안에 늘씬한 나무로 변한다. 강원도와 경상북도 지방에는 다른 지방보다 줄기가 통직하고 적갈색의 매끈한 수피를 갖는 소나무들이 자라 품종으로 구분하여 금강소나무Pinus densiflora for. erecta라 칭한다.

참나무Quercus는 낙엽이 지는 참나무류와 낙엽이 지지 않는 상록성 잎을 가진 가시나무류가 있다. 우리가 보통 참나무라고 부르는 것들은 대개 낙엽성인 참나무류이다. 상록성인 가시나무류는 기온이 따뜻한 제주도와 남해 도서지방, 그리고 남해안에 걸쳐 나타나기 때문에, 또 소위 난대지방에 속하는 숲들이 대부분 파괴되고 그곳에 온대 낙엽활엽수 특히 낙엽성 참나무류가 침입하여 우점하고 있기 때문에 우리 눈에 흔하지 않다.

온대성인 참나무류는 신갈나무Quercus mongolica, 졸참나무Quercus serrata, 굴참나무Quercus variabilis, 상수리나무Quercus acutissima, 갈참나무Quercus aliena, 떡갈나무Quercus dentata 등 6종이 대표적인 것이며 이들은 서로 교잡이 잘 되는 관계로 많은 변이가 있다. 그중에서도 신갈나무Q. mongolica가 우리나라 온대 식생의 극상림을 이루고 있다.

대개의 생물종이 그렇듯이 식물들은 각각 자기 나름대로의 분포 영역을 가지고 있다. 시간적으로나 공간적으로 특정 구역 안에 존재함으로써 생태적 안정을 꾀한다. 시간적 영역은 지질시대나 계절의 변화와 관련되므로 육안으로 관찰하기 어려우나 공간적 영역은 여행을 하거나 등산을 하면 쉽게 느낄 수 있다.

참나무 중 신갈나무는 높이 30m, 가슴높이

에서의 직경 1m 넘게 자라는 나무로서 우리나라뿐만 아니라 일본, 만주, 중국, 몽고, 아무르, 우수리, 사할린에도 분포한다. 우리나라의 신갈나무 분포는 深山의 중복이상, 즉 한대림 하부에서 순림을 형성하며 이를 수평적으로 보면 전남 해남군 대둔산북위 34°30′으로부터 함북 온성군 증산북위 42°20′에 이르는 각지에 야생하고 수직적으로 보면 표고 100m로부터 1,800m까지 분포한다. 상수리나무는 마을부근이나 산록부에서 자라고, 굴참나무는 중부 이남 강원도, 경상도 지방에서 자라며, 떡갈나무는 강원도, 경기도 지방의 해변이나 산야에서 신갈나무는 산지의 중턱 이상에서 잘 자란다.

소나무는 우리나라 북부 고원지대를 제외한 남쪽 지역에 자라며 중국 북동부, 우수리, 일본에 분포한다. 수직적으로는 해발 1,600m 이하에 난다. 최적 환경 조건이 수종 간에 다르기 때문에 서로 간의 서식지 확보를 위한 경쟁이 완화되지만 중복되는 지역에서는 소나무와 참나무 간에 치열한 경쟁이 일어난다.

한 지역 내에서도 식물 간의 분포 차이가 나타난다. 신갈나무는 비탈면의 토양이 깊고 비옥한 곳에 잘 자란다. 그러나 소나무는 능선이나 계곡의 척박한 토양에 주로 자란다. 남산 위의 저 소나무도 땅이 척박하였을 때 많았을 뿐 토양이 발달한 요즈음은 신갈나무로 대체되고 있다.

생식과 종자 산포

소나무의 꽃은 5월에 피고 수구화수수꽃는 초록색을 띠며 가지 끝에 길게 자란 올가지新梢의 아랫부분에 무더기로 달린다. 소나무의 종명인 'densiflora'는 이 모습에서 따온 것이다. 노란색으로 길이 1cm의 타원형을 이루는 수꽃이 바람에 흔들리면 소위 '송홧가루'가 터져 날린다. 꽃가루花粉에는 공기주머니氣囊가 두 개가 달려 있어 매우 멀리 날아갈 수 있다. 줄기의 높은 곳에서 퍼지는 송홧가루는 바람을 타고 보다 멀리 날아갈 수 있다.

암구화수암꽃는 신초의 끝부분에 길이 6mm의 달걀 모양으로 달리며 화분이 암꽃에 도착하여 수정受精이 이루어지면 자주색을 띠던 암꽃이 70-100개의 열매조각實片을 가진 솔방울毬果로 변하게 되고 성숙하면 길이 4.5cm, 지름 3cm의 크기로 커진다. 실편 사이에는 폭 4.9mm의 엷은 날개가 달린 솔씨가 2개씩 들어 있다.

잠자리 날개처럼 얇은 막으로 된 소나무 날개는 씨앗을 바람에 잘 띄울 수 있게 한다. 소나무 구과는 성숙하면 실편을 벌여 가을바람에 종자를 날려보낸다. 이렇듯 바람을 이용하여 후손을 퍼뜨리는 소나무는 참나무와 경쟁하여 살아남을 수 있는 독특한 자연 적응 형태를 갖추고 있다.

참나무는 대부분 자웅 동주이다. 수꽃은 올가지의 엽액에서 밑으로 처지는 꼬리화서에 달린다. 암꽃은 올가지의 엽액에서 1개 또는 여러 개가 수상화서에 달린다. 꽃가루가 비산하는 기간에 잎의 발달이 중단되어 비산을 용이하게 한다.

참나무는 다육질의 커다란 열매를 만들어 동물의 먹이가 되는데 먹히는 과정에서 전파가 일어난다. 도토리는 다람쥐같은 소동물들의 먹이가 되고 곰이나 산돼지도 잘 먹는다고 한다. 대개의 경우 참나무는 동물들이 먹고 남을 만큼 충분한 도토리를 떨어뜨린다.

그래서 동물들이 먹지 않고 땅에 남아 있던 것들이 발아하여 새로운 참나무로 커간다. 그렇게 함으로 해서 참나무숲은 먹이사슬의 각각의 단계를 구성하는 종들을 모두 보유하는 건강한 생태계로 지속할 수 있다.

다람쥐 같은 소형동물 뿐만 아니라 어치 같은 조류에 의해서 퍼져나간다. 종자의 이동거리는 들쥐의 경우 10미터 이내, 다람쥐의 경우 50미터 정도 도토리를 이동시키며 어치는 평균 1.1킬로미터나 된다.

그러나 소나무와의 전쟁에서 참나무의 무기는 맹아움싹이다. 줄기가 쇠약해지면 줄기, 지하경, 뿌리에서 영양 증식을 통해 잠아나 맹아가 싹터 자라며 맹아림이 실생묘종자로부터 싹터 자란 숲에 비해 빨라 교란을 받은 참나무숲의 재생을 진행시킨다.

형태적 특성

소나무의 줄기는 지속적인 자람을 한다. 모든 나무가 그렇듯이 소나무도 눈이 싹을 틔워 줄기, 가지, 잎, 꽃이 큰다. 눈에는 나무 꼭대기에 있는 정아頂芽, 옆으로 자라는 측아側芽, 줄기나 그루터기 속에 숨어 있는 잠아潛芽, 잎을 내는 엽아葉芽, 꽃을 내는 화아花芽 등으로 나뉘는데 소나무는 특히 정아의 힘이 강하다.

한 해 전에 자란 키를 그 다음 해에 더 키우는 자람을 지속한다. 일년에 한 마디씩 자라는 소위 '마디 생장'을 하는 것이다. 지속적으로 키 자람을 하는 소나무는 결국 다른 나무보다 높은 위치에서 수관을 펼친다.

이에 반하여 참나무는 다른 나무보다 빠르게 수고 생장을 하고 햇빛을 가득 받는 순간 수관을 활짝 펴서 다른 나무들이 자라는 것을 막아 버린다. 그래서 참나무 숲 밑에는 그늘에서 잘 견디는 식물이나 낙엽이 진 후에 생식활동을 하는 식물이 나타난다.

군락 형성과 생리적 기작

솔씨는 흙이 드러난 곳에 떨어지는 경우에는 즉시 뿌리를 내리고 잎을 피운다. 그러나 바람을 타고 날라 가는 솔씨는 숲 속 어디에나 떨어질 수 있다. 낙엽 위에 떨어져 낙엽 속에 숨기도 하고 땅 속에 묻히기도 한다. 이런 곳의 솔씨는 뿌리를 내릴 수 있는 흙이 몸에 닿고 햇빛을 받을 수 있는 때를 기다리며 시간의 흐름을 견디어 낸다.

그러다가 숲을 이루고 있던 나무들이 잘리거나 산불, 태풍 등에 의해 쓰러지면 그 때를 놓치지 않고 일제히 싹을 틔운다. 그렇기 때문에 소나무는 무리지어 숲을 이룬다.

대관령 자연휴양림이나 안면도, 남한산성의 울창한 소나무 숲에 가면 쭉쭉 뻗은 소나무들이 거의 같은 키로 자라고 있는 모습을 볼 수 있다. 수관이 빽빽하게 자란 소나무 숲속에서 자랄 수 있는 식물은 상당히 제한되어 있다.

개옻나무, 쇠물푸레 등이 아교목층을, 산철쭉, 진달래, 생강나무, 청미래덩굴, 조록싸리 등이 관목층을 이루며 산거울, 미역취, 새, 맑은대쑥 등이 초본층을 이룬다. 교목층에는 개벚나무가 간혹 나타날 뿐 거의 소나무로만 이루어졌다. 이러한 소나무 숲의 모습은 소나무가 뿜어내는 타감 물질에 의해 조절되는 것이다.

내설악에 가면 소나무가 다른 나무들과 치열한 경쟁을 하며 자라고 있는 모습을 볼 수 있다. 산의 사면부는 신갈나무가 우점하는 활엽수림이 자리 잡고 있어 소나무는 능선부으로 쫓겨 가 자라고 있는 모습이다. 또한 용대리 못 미처 개울가에 또 다른 모습의 숲을 형성한 것을 볼 수 있다.

이곳은 물을 따라 흘러내려온 호박돌, 자갈, 모래가 쌓인 곳으로 영양분이 거의 없고 물이 빠지면 건조한 상태를 지속하기 때문에 양분을 많이 요구하는 활엽수들은 자라기 힘들다. 이런 곳에 군락을 이루는 것은 소나무가 척박하고 건조한 곳에 잘 견디는 특성이 있기 때문이다.

공생과 상생: 인간과의 친화성

고급 먹거리로 잘 알려져 있는 송이가 소나무의 공생 상대다. 송이는 살아있는 소나무와 공생 관계를 이루며 사는데 비옥하여 소나무가 잘 자라는 곳에서는 나타나지 않으며 척박하여 소나무가 잘 못 자라는 곳에서만 산다.

척박한 곳에서 자라는 소나무는 겨울철에 탄수화물을 뿌리에 저장하여 송이균환이 이용할 수 있지만 비옥한 곳에서는 탄수화물을 수관에 두고 월동하기 때문에 송이균환에게 돌아갈 양분이 없기 때문이라는 해석도 있다.

소나무는 인간과의 상생相生 기작을 가진다. 소나무는 몸 전체를 인간에 바친다. 잎은 각기·소화 불량 또는 강장제로 좋고 꽃은 이질에 특효가 있다. 줄기에 상처를 내어 채집한 송진松香은 고약의 원료로 사용되었으며 거풍·진통·배농排膿·발독拔毒 등에 효능이 있어 풍습風濕·악창惡瘡·백두白兜 등의 치료에 처방한다.

소나무를 벌채한 후 3, 4년이 지나면 소나무 뿌리에 균괴菌塊가 뭉치는데 복령茯苓이라 하여 귀한 약재로 쓰인다. 소나무로 만든 술은 거풍·소종消腫·이뇨 등의 효력이 있으며 송엽주松葉酒·송실주·송운주·송하주·송절주松節酒 등이 있다.

송엽주와 송실주는 늦은 봄에서 초여름에 풋솔잎이나 풋솔방울을 따서 담은 술이다. 송하주는 동짓날 밤에 솔뿌리를 넣고 빚은 술을 항아리에 담고 봉해서 소나무 밑을 파고 묻었다가 이듬해 가을에 먹는 술이다. 송절주는 소나무 옹이를 넣고 빚은 술이다.

소나무 줄기 속껍질白皮은 송기떡을 만들어 먹거나 솔잎을 갈아 죽을 만들어 먹는 등 구황식물로 이용하였다. 송홧가루는 다식茶食을 만들어 식용하였다. 소나무 가지는 부정不正을 물리치고 정화하는 의미가 있어 출산 때나 장을 담을 때에 치는 금줄왼새끼에 소나무 가지를 꿰었다.

소나무의 목재는 기둥·서까래·대들보 등의 건축재로, 관재棺材로, 조선용으로 쓰였다. 소나무 목재는 강도가 높아 경복궁 복원에도 사용하였는데 특히 대들보는 척박한 곳에서 수백 년 자란 나무를 이용하였다. 비옥한 곳에서 자란 것이 영양분을 많아 섭취하여 빨리 자라 더 좋은 목재를 생산할 것 같은데 실제로는 천천히 더디게 자란 것이 대들보 감이라니 새옹지마와 같은 우리에 인생살이와 견줄만하다.

또한 재질도 우수하여 창틀·책장·도마·다듬이·병풍틀·말·되·벼룻집 등의 가구재로, 소반·주걱·목기·제상·떡판 등의 생활용품으로, 지게·쟁기·풍구·물레통·사다리 등의 농기구재로 이용되었고 완구·조각재·가구·포장용 상자 등으로도 이용된다.

오늘날에도 펄프용재로 이용되고 테레핀유는 페인트·니스용재·합성장뇌의 원료로 쓰인다. 연료로도 주종을 이루었다. 우리 조상들은 소나무 목재로 지은 한옥집에 살면서 온돌에 소나무 장작을 때었고 취사용으로 솔갈비를 사용하였다. 또한 조리에는 소나무숯松炭을 사용하였다. 나무 자체가 가지고 있는 고귀함 때문에 관상용·정자목·신목神木·당산목으로 많이 심었다.

소나무가 인간에게 귀한만큼 인간도 소나무 보호에 힘썼다. 소나무가 우리나라에 널리 분포하게 된 것은 고려 중기에 들면서 이다. 몽고의 침입으로 시작된 사회적인 혼란이 고려 말까지 수 백 년에 이어지면서 기존의 숲이 대부분 파괴되었고 조선 왕조에 접어들면서 쓸만한 나무는 소나무가 가장 많아지게 되었다.

특히 소나무 중에 나무의 수심 부분이 누렇고 재질이 단단한 소나무를 황장목이라 하며 그 심재부를 취하여 조제한 목재는 왕실의 신관을 만드는 재궁용梓宮用으로 쓰였는데 황장목이 나는 산은 왕실에서 일반민의 도벌을 금지하였다. 그래서 송목금벌령松木禁伐令이 내려지고 봉산封山을 지정하여 소나무를 보호하였다.

'황장금표' 라고 하는 일종의 경계 표시를 바위에 새김으로서 보호림을 표시하였는데 치악산 구룡사 입구에서 이 표석을 볼 수 있다. 치악산은 질 좋은 소나무가 많고 강원 감영과 가까워 관리가 편리하고 한강 상류에 위치하여 수운水運을 통한 목재 이송이 용이하여 황장봉산으로 유명하였다.

사람들은 소나무를 적극적으로 심는다. 산불 피해를 받은 송이산에서 송이 균환은 불과 1, 2년 내에 소멸한다. 그래서 수개월간에 걸쳐 용기묘를 생산하여 심어준다. 용기묘란 뿌리가 뻗어 내릴 양분 섞인 배양토에 솔씨를 뿌려 키운 묘목이다.

이렇게 생산된 용기묘는 뿌리에 배양토가 붙어 있는 상태로 산에 심는데 90% 이상 성공적으로 활착한다. 식재 당시에는 10cm도 안되는 작은 것이 2, 3년 뒤에는 일반묘1-1묘보다 더 크게 자란다.

이에 반하여 참나무는 상대적으로 소홀한 취급을 받는다. 참나무 목재는 재질이 무겁고 단단하며, 무늬가 아름다워 철도침목, 차축 등 각종 강도부재, 가구재, 내장재, 마루판재 등 가공재 또는 신탄재, 코르크재로 많이 이용되었다. 요즈음에는 영지버섯이나 표고버섯 대목으로 쓰거나 도토리를 따서 묵을 만들어 식용으로 이용하는 정도이다.

도토리는 선사시대 이래로 중요한 식량자원이다. 선사시대 유적지인 서울 암사동, 하남 미사동, 양양 오산리, 합천 봉계리 등지의 저장공간 유적에서도 도토리가 대량으로 나온 것으로 보아 도토리가 식량으로서 중요시되었다는 것을 알 수 있다.

특히 신석기 시대에는 지금보다 기후가 온난하여 한반도의 대부분이 활엽수로 덮여 있어 당시 주민들은 도토리를 주식으로 하였다 한다. 그 증거로서 옛 맷돌인 말안장 모양의 갈돌과 갈판을 들 수 있다. 도토리를 가공하기 위한 연장인 것이다.

조선시대까지만 해도 도토리는 소나무의 잎

과 송기, 도라지, 칡, 토란, 개암, 마, 더덕 등과 함께 흉년을 이기는 중요한 구황식물이었다. 사람들은 도토리를 말리고 빻아 분말로 만들어 도토리묵, 도토리 수제비, 도토리 만두를 빚어 먹었으며 산간 아이들은 화로불에 구어서 먹기도 한다.

그렇지만 오늘날에는 그저 보조 식품으로 이용됨에도 불구하고 도토리 채취는 더 극성스럽기만 하다. 참나무가 많은 산이면 아주머니들이 소형버스를 타고 올라와 온 산을 뒤지다 시피하여 도토리를 채집해 간다.

나이 많은 할머니가 마대자루나 큰 배낭에 도토리를 가득 채워 짊어지고 걸어 내려오는 것인지 기어 내려오는 것인지 모를 정도로 애를 쓴다. 다람쥐가 이용할 것뿐만 아니라 다음 세대를 이어갈 불씨조차 깡그리 채취해 버린다.

인류의 식도락이 지속가능한 생태계의 사슬을 끊어 버리는 무서운 역할을 하는 것이다. 인간 간섭이 없는 상태의 도토리와 다람쥐는 상호간에 공생적인 기작을 하면서 살아 왔다. 다람쥐는 먹이로 쓰기 위해 한 입에 대여섯 개의 도토리를 채집하여 적당한 장소에 저장하는데 그 저장고를 잊어버려 그곳에서 싹이 올라와 큰 나무가 되곤 한다.

참나무는 다람쥐에게 먹이를 제공하고 다람쥐는 참나무에게 후손을 유지시켜주는 공생적 기작을 하는 것이다. 이러한 공생 기작도 인간 간섭에 의해 단절되곤 한다. 설악산 국립공원 내에서도 꽤 높은 곳에 자리 잡은 어느 암자 쓰레기통에는 도토리를 먹어야 할 다람쥐가 등산객들이 버린 잔반을 먹으려 새까맣게 몰리곤 한다.

등산객이 많아 잔반도 많을 것이고 먹이가 많으니 그것을 먹고 사는 동물도 많아진 현상으로서 다람쥐가 귀엽고 예쁘기 보다는 들쥐처럼 징그럽기까지 하다. 인간의 싹쓸이는 도토리 뿐만 아니라 숲을 황무지로 바꾸기까지 한다. 반면 도토리는 황무지를 숲이 가득한 낙원으로 변신케 한다.

장 지오노Jean Giono의 「나무를 심은 사람」에서, 바람이 휘몰아치는 거친 황무지를 시냇물이 흐르며 아름다운 꽃이 피는 울창한 숲으로 바꾼 것은 다름 아닌 도토리이다. 양치기 노인네가 무뚝뚝한 표정으로 오랜 세월동안 한 톨 한 톨 도토리를 심은 것이 낙원을 이룬 것을 생각하면 도토리는 단지 딱딱한 껍데기를 뒤집어 쓴 전분 덩어리로 천대 받기에는 너무나 신비스러운 생명체인 것이다.

교란

소나무는 산불에 취약하다. 한번 산불이 붙으면 온 솔숲이 타버린다. 동해안 지역은 백두대간이 가로 질러 건조한 바람이 불기 때문에 소나무림이 많으며 산불도 많다. 1996년 고성산불, 2000년 동해안 산불뿐만 아니라 크고 작은 산불이 10년에 한번씩은 발생하였다. 소나무림이 타면 그 아래 더디게 자라고 있던 참나무류에서 맹아가 싹터 자라 오른다.

참나무류의 자연재생능력은 매우 뛰어나 산불피해지에 조림을 한 경우에도 조림목을 지속적으로 관리하지 않은 경우 사면부에서는 상당 부분 참나무류가 우점하게 된다. 그러나 해안쪽은 토양이 척박하기 때문에 참나무가 생장함에 따라 토양 양료, 기후 등 환경 스트레

스에 의하여 생장이 감퇴되며 특히 일부 개체에 있어서는 심재부후현상에 의하여 쇠퇴하는 형상을 나타낸다.

즉, 수관부에 고사지가 발생하는 경우가 나타나며 심재부후현상에 줄기의 수를 중심으로 발생하며 수간 하부뿐 아니라 상부로부터의 부후현상도 발견된다. 산불피해지에 있어서도 능선부나 서향사면에는 조림목 사이로 소나무 실생묘가 자라 소나무 성림을 이루며 점차 확대된다.

산불피해지를 자연복원 시키는 경우 토양의 비옥도에 따라 복원되는 숲의 종류가 달라진다. 해안지대의 척박한 곳에서는 소나무림으로, 내륙 쪽의 비옥한 곳에서는 참나무류로 바뀔 것이다. 참나무류는 사면에 따라 남사면은 굴참나무가, 북사면은 신갈나무가 득세할 것이다. 해안 쪽의 구릉성 산지는 산불 전 소나무 숲이었는데 거의 전소하고 바람이 빨라 급히 스쳐지나간 곳에만 부분적으로 소나무가 살아남았다. 완전히 타 버린 해안 가까운 구릉성 산지는 모암이 풍화된 상태인 모재층이 드러난 극히 척박한 토양을 가지고 있다. 부분적으로 참나무류가 나타나지만 숲 바닥에는 과거 사방사업 때 심었던 싸리류만 우거진 경우와 아예 지표면을 드러낸 경우가 나타난다.

그러나 내륙 쪽의 산악성 지형에서는 지형의 굴곡 차가 심하여 소나무림과 참나무림이 상당부분 잔존하고 있으며 토양이 다소 비옥하기 때문에 참나무가 자랄 수 있는 환경을 제공하여 소나무들 사이에 생긴 빈 공간에서 참나무가 빨리 자라 소나무의 크기로 자라고 있다. 즉, 산불발생 1년 후 초본층에 출현하였던 참나무류의 맹아는 산불 발생 3년 후 관목층을 이루고 있으며 산불발생 2년 후부터 맹아 간 경쟁을 시작하여 일부는 아교목층에 도달하고 있다.

산불피해 전에는 소나무 밑에서 관목층을 이루고 있던 참나무류가 이렇게 급격한 신장을 하는 것은 불의 피해를 입지 않은 뿌리 부분의 양분흡수력이 크기 때문으로 결국에는 소나무림과 참나무림이 모자이크 상으로 섞여 있는 숲으로 바뀌게 될 것이다.

소나무가 지는 전쟁

소나무에 대한 우리 민족의 사랑은 대단한 것이지만 생활양식이 바뀜에 따라 숲을 이용하는 정도나 빈도가 달라지고 있다. 자연에 순응하는 정도가 높은 숲 관리는 소나무와 참나무 간의 경쟁을 더욱 치열하게 만들고 대부분의 땅에서 소나무는 사라지고 참나무가 자리를 차지하는 모습으로 바뀌고 있다.

그 치열한 전쟁에서 진 소나무는 유적군락처럼 잔존하게 된다. 다만 소나무의 적지인 강원도, 경상북도 등의 일부 지역과 송이를 생산한다거나 목재 생산을 위하여 인간에 의해 보호되는 경우에만이 넓은 면적을 차지하며 존재할 뿐이다. 자연의 도도한 흐름 앞에 소나무도 쇠퇴일로를 걷고 있다. 그리고 지금 득세하는 참나무는 시간이 흐른 다음 어떤 종에게 자리를 양보해야 할지 모른다.

소나무 나이테를 이용한 목조 문화재의 연대측정

박원규 · 김요정 충북대학교

머리말

건축사나 고고학에 있어서 건축물과 유물의 연대추정은 그 시대의 발전상황과 사회적 환경을 이해하는 데 매우 중요하며, 신중히 실시되고 있는 작업이다. 지금까지 우리나라 건축이나 가구 문화재의 연대 산정법은 대부분 양식, 상량문이나 묵서명 그리고 문헌의 기록에 근거한다.

고건축이나 고가구의 주 재료인 목재에 대한 과학적 연대 측정방법으로는 14C측정법탄소연대법과 연륜연대법을 적용할 수 있다. 탄소연대법의 측정오차가 ±50년 내지 ±100년에 이르러 역사시대의 고목재 연대측정에는 한계가 있다.

'연륜연대 측정법' 이란 나무 나이테의 좁고 넓은 패턴이 시대별로 독특하게 나타나기 때문에 절대연대가 알려진 현생목의 나이테 패턴을 이용하여 연대가 알려져 있지 않은 고목재의 연대 특히 벌채연도를 알아낼 수 있다는 것이다.(Baillie 1984, Schweingruber 1988, Stokes & Smiley 1968, 박원규 1994).

연륜연대법은 1년 단위까지 연대측정을 할 수 있어 목조문화재 연구에 가장 적합한 연대측정 방법이다. 다만 연륜연대법을 적용하기 위해서는 이미 작성된 연륜연대기나이테의 너비를 측정하여 만들어진 그래프가 연구대상 시대까지 작성되어 있어야 한다는 것이다.

고건축물로부터 얻어진 나이테연륜패턴과 현생목의 나이테패턴을 중첩시키는 연구가(박원규 등 2000) 우리나라에서 최초로 1999년 11월에 성공하였다. 경복궁 경회루 수리시 채취된 소나무 목재가 설악산 한계령 서쪽 소나무 현생목 연륜패턴과 정확히 일치함을 알아내었다. 또한 경회루는 1864~1865년에 채취된 나무가 대부분이며 1866년 겨울에 채취된 것도 나와 경회루의 준공은 1867년인 것으로 해석되었는데 이는 문헌기록과 일치하는 것이다.

이 논문에서는 우리나라 고건축과 고가구의 재료로 사용되었던 소나무의 나이테를 이용하여 연대측정한 사례를 소개하고자 한다. 우선 소나무의 연륜연대기를 경복궁의 북문인 신무문의 고목재에 적용하여 문헌으로 알려진 신무문 건축연대를 과학적으로 조사한 결과를 소개하고, 다음에 고가구의 사례로 국립민속박물관 소장 가구 2점에 대한 연대측정 결과를 설명하고자 한다.

연륜연대 측정법의 원리와 역사

연륜연대법의 원리는 수목나무의 생장이 환경, 특히 기후의 영향을 받기 때문에 마치 指紋과 같이 시대별로 독특하게 나타난 연륜패턴(좁고 넓은 나이테 너비; 그림 1)을 한 지역에 자라는 수목들이 공유한다는 것이다. 그러나 나무의 수령이 제한되어 있기 때문에 보통 200-300년 이상의 연륜연대기를 현생목으로부터 얻을 수 없다.

현생목 이전의 시대의 것은 고건축물이나 출토목재로부터 작성되는 연륜패턴을 현생수목의 것과 비교하여 연결크로스데이팅함으로써 장기간의 연륜패턴圖마스터연대기를 만들 수 있다.〈그림 2〉.

'연륜연대기' 라 불리는 연륜패턴圖는 나이테의 폭을 그래프로 작성하게 된다. 연대를 모르는 미지의 목재 재료에 포함되어 있는 나이테의 너비를 측정하여 만들어진 곡선표본연대기을 이미 절대연대가 부여된 마스터연대기 곡선과 비교하여, 미지 시료의 연대 특히 수피를 포함하고 있는 시료의 마지막 나이테의 연도 즉 벌채연도를 알아냄으로써 목조문화재의 제작연도를 측정할 수 있다.

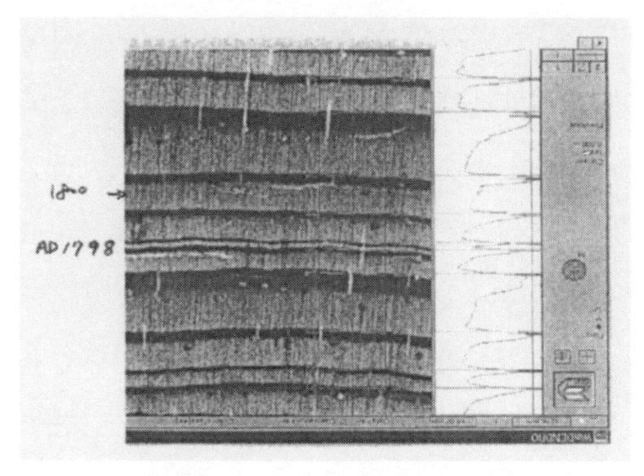

그림 1— 좁고 넓은 우리나라 소나무 나이테 패턴. 시대별로 독특하다.

나이테라는 조그만 재료를 한 학문의 대상으로 전개시킨 사람은 천문학자였던 A.E. Douglas 박사이다. 그는 1900년대 초 미국 애

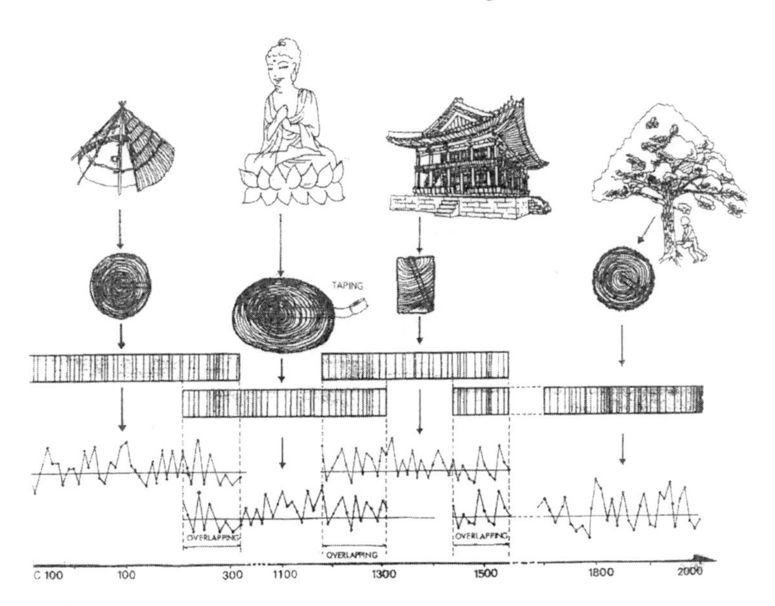

그림 2— 나이테를 이용한 장기간 연륜연대기 작성 모식도. 시대별로 독특하게 나타나는 연륜 패턴을 중첩시키어 살아 있는 나무로부터 건축, 불상, 선사시대 유구까지 확장한다.

리조나주 북부의 한 천문대에서 근무를 시작하며 태양의 흑점에 관한 연구 중, 한 제재소의 나무들이 비슷한 연륜을 가지고 있음을 발견하고 연륜 패턴으로부터 흑점주기를 계산하고자 하였다.

그의 천문학적 관심은 미국 서부 인디언유적에서 발견되고 있는 나무로 돌려져 연륜을 이용하여 연대를 측정할 수 있음을 밝혔다. 즉, 나이테의 좁고 넓은 패턴이 시대별로 독특하게 나타나기 때문에 절대연대가 알려진 현생목의 나이테 패턴을 이용하여 연대가 알려져 있지 않은 고목재의 연대 특히 벌채연도를 알아낼 수 있다는 것이다.

지금까지 작성된 장기간의 연륜연대기로 국외의 연구자료로 대표적인 것은 미국 서부의 브리슬콘 소나무bristlecone pine 연대기와 유럽 참나무류 연대기를 들 수 있다. 이들 모두 현재부터 10,000년 이상의 연대기다.

브리슬콘 소나무 연대기는 미국 캘리포니아에 위치한 화이트 마운틴의 해발 3000미터에서 작성된 것이다. 브리슬콘 소나무는 4000년 이상 자라는 것으로 알려져 있는데, 이 연대기작성을 위해서는 현생목과 임지에 잔존하고 있는 고사목과 枯損木snag and remnant을 이용하였다.

브리슬콘 소나무 연대기의 획기적인 응용은 방사성탄소 연대측정법의 보정에서 이루어졌다. 이미 설명한 바와 같이 방사성 탄소연대 측정법은 오차를 가지기 때문에 절대연대가 확실한 브리슬콘 소나무 나이테 시료에서 얻어진 방사성 탄소의 양으로 탄소 연대 결과를 보정하는 것이 이제는 일반화 되어 있다.

유럽참나무 연대기의 길이는 18,000년 정도로 세계 최장 연대기이다.(Pilcher 등 1984). 참나무의 경우 수령이 150-250년밖에 되지 않아 연대기의 대부분이 현생목이 아닌 고건축물을 구성하고 있는 고목재나 유적에서 발견되는 수침목재, 탄화목재, 화석목재 등 다양한 고목재가 이용되었다. 유럽 건축사는 참나무 연륜

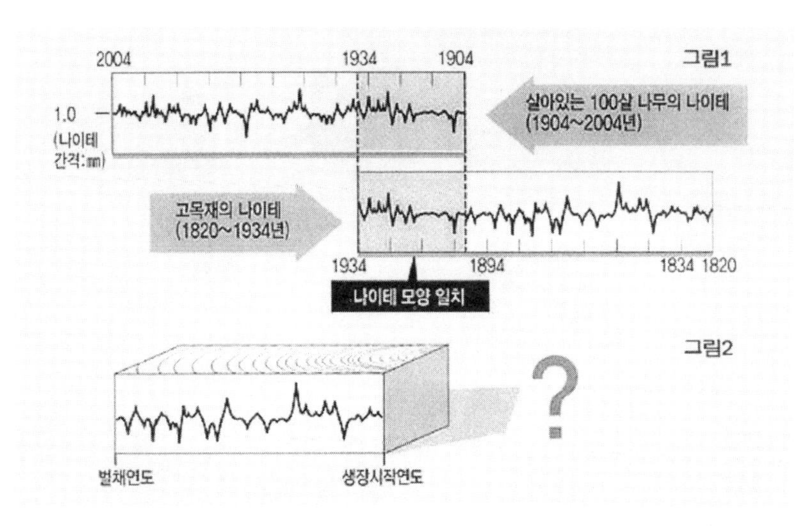

그림 3— 살아있는 나무의 연륜연대기(연륜폭 곡선; 상)와 고목재(가구)에서 얻어진 연륜연대기(중)간의 패턴일치에 의한 크로스데이팅. (아래 그림의 벌채연도는?, 정답은 1894년; 출처: 한겨레신문 2004.6.15. 23면), Y축은 연륜폭(mm), X축은 각 나이테 생육연도.

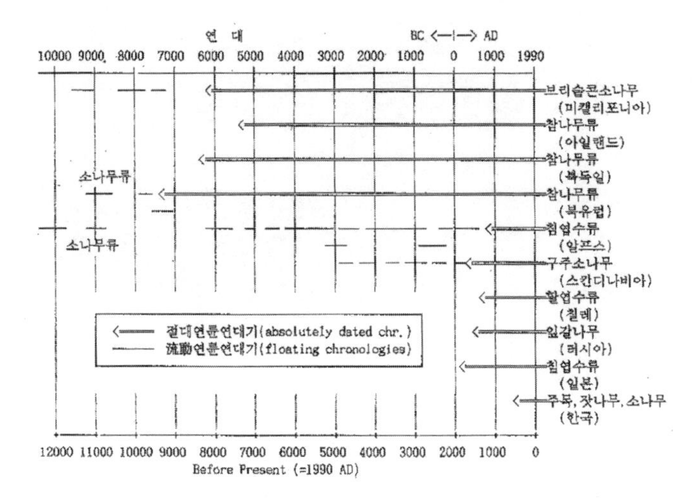

그림 4— 세계의 주요 장기간의 연륜 연대기. 최근에 작성된 우리나라의 느티나무 연대기는 누락되어 있다.

연대기로 쓴다고 할 만큼 유럽전역에 걸쳐 거의 모든 전통건축의 연대가 연륜연대법으로 조사되고 있다.

다른 국가의 연륜연대기로는 러시아 시베리아 지역의 2000년간의 낙엽송잎갈나무 연대기, 칠레와 아르헨티나의 3,000년간의 연대기, 일본의 2,500년간의 편백히노끼 연대기 등을 들 수 있는데 특히 일본의 경우는 고건축과 유적에서 출토되는 고목재로 지난 10년간에 작성된 것이어서 괄목할 만한 성과이다. 많은 일본의 고건축도 현재 연륜연대법으로 데이팅하고 있다(光谷 1990, 2001).

한국에서는 현생목으로부터 작성되어 있는 연대기는 250-300년간의 소나무, 주목 그리고 잣나무의 연대기 등이다.(Park 등 1999). 앞으로 현생목 특히 우리나라 고건축 부재의 주 수종인 소나무의 경우는 다른 수종보다 오래 살지 못하여 최장의 현생목 연륜연대기는 이 수준을 넘지는 못할 것으로 판단된다.

목조문화재에 선호되어 사용되어온 소나무의 경우는 AD 1400년까지 작성되어있다. 소나무 현생목 연대기와 합치면 약 600년간의 연대기가 작성되어 있으며 고려시대의 건물에 대한 연구가 마무리되면 조만간 우리나라 목조건축 전체를 연구할 수 있는 AD 1,000년까지의 연대기 즉 1,000년간의 연대기를 작성할 수 있을 것으로 기대된다.

현재 우리나라에서 연륜연대 측정 연구가 완료되거나 진행중인 건물들로는 경복궁 근정전, 수정전, 근정문, 창덕궁 신선원전, 수라간, 대조전, 덕수궁 중화전, 대한문, 화성 팔달문, 대전 송자고택, 창녕 관룡사 대웅전, 안동 봉정사 대웅전, 극락전, 하회마을 남촌댁, 강릉 선교장 등이 있다.

현재는 고건축물을 수리할 때에 통상적으로 연륜연대 측정을 실시하고 있으며 수리 및 실측보고서에 수록되고 있다.(박원규 1994, 박원규 등 2000, 박원규 등 2001a, 2001b, Park 등 2001).

조사 대상물

고건축: 경복궁 신무문

1999년에 실시된 경복궁 신무문 수리공사 중

부후 정도가 심하여 교체되는 건축부재 14점을 분석대상으로 하였는데 모두 마지막 나이테가 수피를 일부 포함하거나 마지막 나이테가 수피 바로 안쪽인 것이었다. 부재 종류는 추녀, 덧추녀, 도리 등 주요 구조용 부재이었다. 수종은 육안 및 현미경으로 관찰하였을 때 소나무로 식별되었다.

고가구: 이층장과 반닫이

우리나라 전통 가구에 사용된 목재는 다양하다. 특히 목재에 대한 특성을 잘 파악하여 목재의 종류에 따라 가구의 골재와 판재, 화장재를 구분하여 사용하였다. 수종으로는 소나무, 느티나무, 잣나무, 전나무, 참나무, 오동나무, 먹감나무, 물푸레나무, 단풍나무, 참죽나무 등이 쓰였으나 그중 소나무와 느티나무가 가장 많이 쓰인 수종이다.(박상진 2000).

본 조사의 1차 대상 수종은 소나무이었다. 왜냐하면 현재 소나무만이 표준연대기가 1400년대까지 작성되어 있기 때문이다. 아직 가구에 대한 연륜연대 측정이 한 번도 시도된 바가 없기 때문에 시대가 근대에 가까운 것으로 추정되는 가구중 나이테 관찰이 용이한 대상을 국립민속박물관에서 소장하고 있는 가구 중 2점을 선정하였다.(이층장: 유물번호 6211, 반닫이: 유물번호: 17071).

조사방법

시료는 코어를 채취하거나 표면에 테이핑하는 비파괴적인 방법으로 연륜폭을 측정하였다. 연륜연대에 의한 연대측정은 크로스데이팅에 의해 수행하였다. 크로스데이팅 방법은 연륜의 폭이 좁고 넓은 양상을 인접 수목들간 또는

그림 5— 경복궁 북문인 신무문. 1871-72년에 개건된 사실이 연륜연대로 밝혀졌다.

고목재들간에 비교함으로써 僞年輪false ring : 연중생장기간 중 생장조건이 급변하여 나이테가 1년에 2개 이상 생기는 것과 失年輪missing ring: 생장조건이 열악하여 연륜이 생성되지 않은 해의 것을 찾아내어 알고 있는 기준연대현생목의 채취연도를 이용하여 정확한 생육연대를 각 연륜에 부여하는 것을 말한다.

크로스데이팅이 가능한 것은 수목의 생장이 환경 특히 기후의 영향을 받기 때문에 마치 指紋처럼 시대별로 독특한 연륜패턴을 인접한 지역의 수목들이 공유하기 때문이다. 따라서 한 지역에 자라고 있는 임목으로부터 연륜패턴연륜연대기을 작성할 수 있고 고건축물이나 출토목재로부터 작성되는 연륜패턴을 현생수목의 것과 비교하여 연결함으로써 장기간의 연륜연대기를 만들 수 있다. 시료 개개의 연륜연대기는 나이테 폭을 그래프로 작성, 상호 비교하는 방법으로 이루어지는 데, 이렇게 작성된 연대기는 상관관계를 이용한 컴퓨터 프로그램Cofecha으로 재확인 하였다.

결과

신무문

12개의 신무문 시료 중 10개 체가 연대 측정되

그림 6— 이층장. 국립민속박물관 사진 # 6211

그림 7— 반닫이. 국립민속박물관 사진 # 17071

었다. 신무문 건축연대 추정값을 〈표 1〉에 나타내었다. 신무문 시료의 연대부여 결과로 수피부가 존재하는 시료의 연대가 1868-70년이 대부분이었다. 가장 최근의 수피가 1870년 만재추재부를 가지고 있는 것으로 보아 1870년 늦여름이나 초겨울 또는 1871년 이른 봄까지 신무문 건축재의 벌채가 있었고, 신무문의 완공은 1870년이나 그 다음해 일 것으로 추정된다.

벌목 연대뿐 아니라 수피 부를 확대하여 촬영하여 조재춘재부 형성이 완료된 것과 만재부 형성이 완료된 것을 구별하여 벌채 시기도 정확히 추정할 수 있었다.〈그림 8, 9〉

경복궁 신무문 고목재에서 수피부로 관찰된 시료의 마지막 연대가 1870년이 대부분으로 신무문의 건축연대는 1870-1871년으로 추론할 수 있었다. 신무문의 건축연대는 문헌상(이강근 1998)에는 1865년으로 나와 있는데, 본 연구와는 5-6년간의 차이를 가지고 있다. 이러한 차이의 원인으로 몇 가지 가능성을 생각해볼 수 있다.

첫째로, 문헌 기록상의 오류일 수 있다. 고종당시 신무문의 건축연대중건에 관한 기록은 '일성록'에서 찾을 수 있는데 이 기록에 의하면 고종 2년1865년 5월 초1일에 경복궁 4대문 및 小東門의 개건 날짜를 택하도록 건의하였으며 이 때 신무문의 상량 일시가 9월 22일 진시로 정해졌다. 이러한 어명에 관련된 기록이 잘못되었을 가능성은 적다.

둘째로 신무문을 후대에 보수할 때 1870-1871년에 벌채한 목재를 재사용하였을 가능성도 있다. 그러나 본 연구에서 조사한 부재가 추녀, 도리 등 주요 구조재이었기 때문에 큰 부재감을 대량으로 그것도 같은 연도에 벌채된 목재를 비축해 놓고 후대에 사용하였다는 것은 가능성이 적다.

셋째로 1870-71년 경에 대대적인 보수 내지 중수가 있었다는 가정을 할 수 있다. 이 세 번째 가능성이 일단 가장 크다고 생각되었다. 신무문 부재에 연륜연대 측정 결과를 바탕으로

표 1— 신무문 건축부재의 연대 측정.

사료번호		측정데이터명	기간	수피유무	최외각연륜정보	벌채년도(계절)
신무문 부재	01A	SINMU01A	1741-1868	수피	1868년 만재 형성 끝	1868년 겨울-1869년 이른봄
	02A	SINMU02A	1771-1869	수피	1870년 조재 형성 중	1870년 늦은봄
	03A	SINMU03A	1761-1867	수피	1868년 조재 형성	1868년 여름
	07A	SINMU07A	1751-1870	수피	1870년 만재 형성 끝	1870년 가을-1871년 봄
	08A	SINMU08A	1751-1870	수피	1870년 만재 형성 끝	1870년 가을-1871년 봄
	09A	SINMU09A	1739-1853	없음	-	-
	11A	SINMU11A	1776-1868	수피	1869년 조재 형성 중	1869년 늦은봄
	13A	SINMU13A	1700-1869	수피	1869년 만재 형성 거의 끝	1869년 가을
	14A	SINMU14A	1743-1870	수피	1870년 만재 형성 거의 끝	1870년 가을
	16A	SINMU16A	1758-1862	없음	-	-

문화재청에서 발간한 '경회루 실측조사 및 수리공사보고서(박원규 등 2000)' 에서 신무문의 건축연대에 대한 재검토가 필요하다는 문제를 제기하였다.

그후 연륜연대에 의해 제기된 신무문의 1870-71년 중수 내지 개건 사실 여부를 문헌에서 찾고자 하였다. 세계적으로 연륜연대 측정법이 건축 연대 감정을 위하여 보편적으로 쓰여지고 있긴 하지만 우리나라에서는 경회루에서 중건 연대가 확인된 것밖에 없고 기존에 알려져 있지 않은 새로운 연대를 알아낸 것이 신무문이 처음이었다.

따라서 신무문의 1870년 내지 1871년 중수 또는 개건·중건 연대가 문헌으로 확인된다면 연륜연대의 정확성이 우리나라에서도 객관적으로 증명할 수 있게되는 것이다. 박원규 등 2000의 연륜연대 측정 결과 보고 1년 뒤, 오랜 문헌 검색작업 끝에 2001년 2월에「일성록」고종 9년 1872년 임신년 4월 27일 경진일에서 다음과 같은 기록을 찾을 수 있었다. '命神武門改建 惠廳錢三萬兩 戶曹錢一萬兩 兵曹錢一萬兩 劃送斯速竣役 議政府啓言 神武門 今方改建 都監財力罄乏 難以繼用云 惠廳儲峕庫錢三萬兩 戶曹儲峕庫錢一萬兩 兵曹錢一萬兩 劃送請以爲斯速竣役'

즉, 신무문 개건을 조속히 완공하기 위하여 혜청전, 호조, 병조 예산을 쓰는 것을 허락한다는 내용이다. 이는 장대원1963이 열거한 경복궁 중건고종 5년 7월 2일: 1868년 이후의 9개 殘留工事 중 가장 마지막 공사에 해당되는 것이다.

「일성록」의 기록은 신무문 개건은 1872년 4월 이전에 시작되었음을 그리고 조속히 완공하기 하기 위해 추가로 예산을 투입해야 되는 상황은 공사가 상당히 지체되었음을 암시하고 있다. 본 연구에서 실시한 연륜연대 측정결과에 의하면 벌목은 1870년 가을-1871년 봄 사이에 행해지고 공사는 1871년 5월 이후에 시작되었을 것으로 생각된다.

신무문이 중건1865년된 뒤 5-6년 밖에 지나지 않은 시기에 추녀 등 주요 부재를 교체하는 큰 규모의 개건을 실시한 이유는 아직 밝혀지지 않았다. 신무문은 고종의 경복궁 중건 당시 가장 빨리 준공한 건축물인데 중건 당시1865에 벌채된 부재가 이번 조사에서 발견되지 않아 1870-71년 신무문의 개건은 대규모로 실행되었음임에 틀림이 없다.

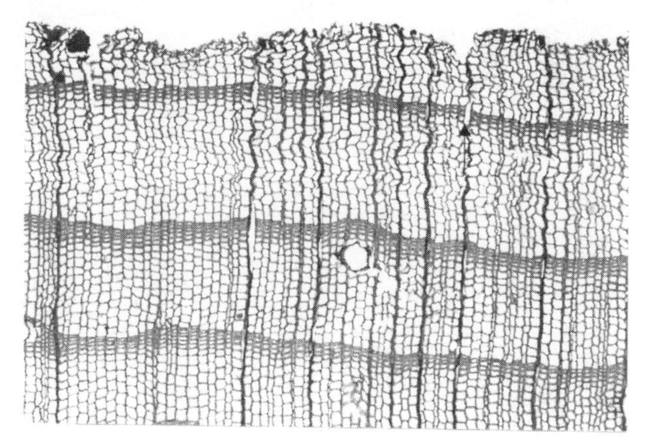

그림 8 — 신무문 2번 소나무. 마지막 연륜이 1870년 조재 즉 춘재만 포함: 1870년 초여름에 벌채된 나무임을 알 수 있다.

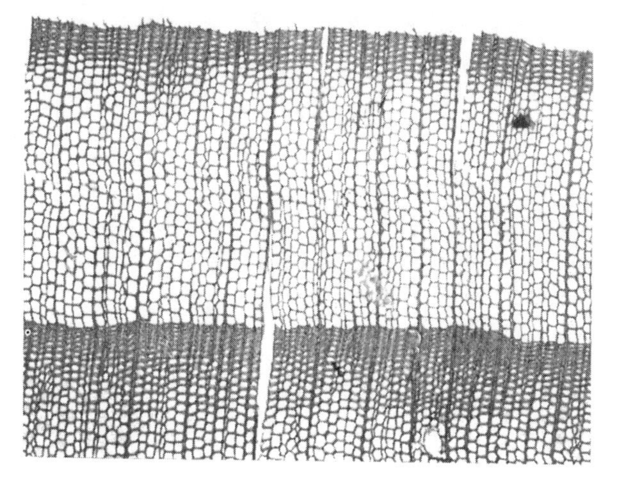

그림 9— 신무문 7번 소나무 목재. 마지막 연륜이 1870년 조재(춘재)와 만재(추재)를 포함하고 있다. 즉 1870년 가을에서 1871년 봄 사이에 벌채된 나무다.

고종 당시 경복궁 중건 공사 이후 몇 차례 화재가 발생한 기록이 있으나 신무문과는 거리가 있는 전각들이고 시기도 1870-71년 기간 중은 아니었다.(이강근 1998). 앞으로 신무문 개건의 사유에 대해서는 지속적인 연구가 필요하다.

고가구: 2층장과 반닫이

우선 2층장의 경우는 3개 서랍들의 밑판인 방사면에 대해 실체현미경으로 직접 측정하였다. 이들 서랍 3개의 연륜을 비교 분석하여 112년간의 연륜연대기연륜폭곡선가 작성되었다.

2층장에서 작성된 연륜연대기를 크로스데이팅한 결과, 마스터연대기와 높은 상관값을 가지며 나이테에 1728-1839년의 절대연대가 부여되었다. 마지막 나이테는 1839년에 해당하였다. 중첩된 기간이 100년 이상으로 t값이 6이상이고 부호일치도도 70%로 정확히 크로스데이팅 되었음을 알 수 있었고 그래프 비교에서도 확인되었다. 수피가 없어 정확한 벌채연도는 없었지만 변재부 연륜 수가 77개에 이르러 제거된 연륜 수가 거의 없는 것으로 추정되어 이 층장#6211은 1839년 직후에 만들어진 장이라는 것을 알 수 있었다.

반닫이의 경우는 6개 서랍의 연륜은 직접법으로, 뒤판과 문의 연륜은 촬영법으로 채취하였다. 문을 제외하고 뒤판과 서랍들의 연륜 패턴이 일치하여 하나의 연대기가 작성되었다.

서랍과 뒤판이 동시대에 제작된 것이 확실하며 소나무 마스터연대기와 일치하여 최외각 연륜에 절대연도 1904년이 부여되었다. 수령을 150년으로 산정하고 가구제작시 잘려져 나간 변재율을 고려하였을 때(김요정·박원규, 2004), 벌채연도는 1930±10년이다.

반닫이의 경우는 특히 설악산 소나무 연륜연대기와 높은 상관값을 가지어 목재의 산지와 가구제작 산지가 일치한다고 가정하였을 때는 반닫이의 산지는 강원도 설악산 인근인

표 2— 이층장(#6211)에서 작성된 상대연대표. 녹색은 변재 부분을 나타낸다.

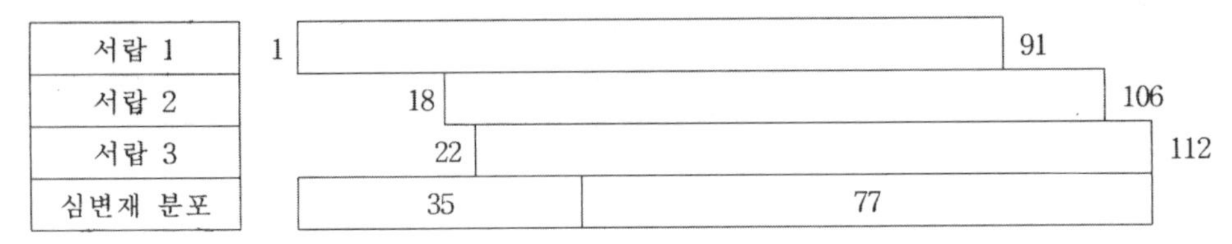

표 3— 이층장(#6211)의 연륜연대 측정

마스터연대기와의 중첩기간	T값	부호검정(%)	처음 나이테의 생육년도	마지막 나이테의 생육년도
112	6.2	70	1728	1839

표 4— 반닫이(#17071)에서 작성된 상대연대표. 녹색은 변재 부분을 나타낸다.

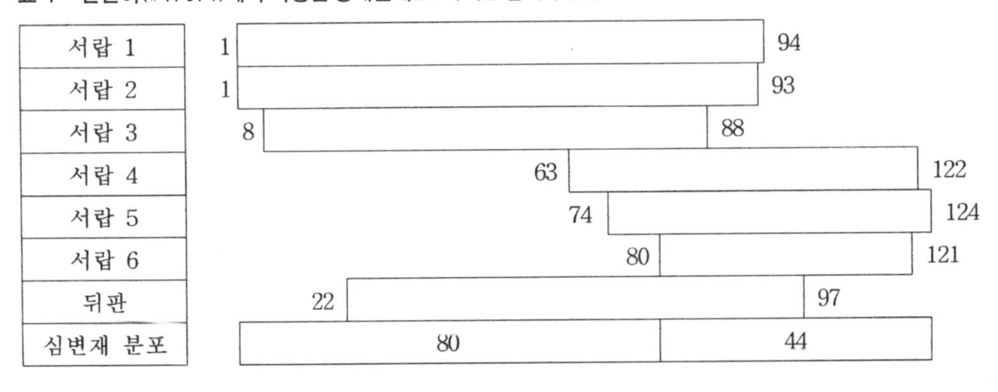

표 5— 반닫이(#17071)의 연륜연대 측정결과

마스터연대기와의 중첩기간	T값	부호일치도(%)	처음 나이테의 생육년도	마지막 나이테의 생육년도
124	6.2	73	1781	1904

것으로 추정된다. 이 반닫이를 박물관측에서 '강원도 반닫이'라 부르고 있어 연륜연대 측정으로 연대뿐만 아니라 산지도 알아내어 가구의 분류에도 활용될 수 있음을 제시해주었다.

맺는 글

본 사례연구를 통하여 고건축물뿐만 아니라 고가구재에도 소나무의 나이테를 이용한 연륜연대 측정법을 적용할 수 있음을 알 수 있었다. 다만 가구의 경우 비파괴적으로 측정하여야 하기 때문에 제약이 많이 따른다. 옻칠이나 종이를 바른 면은 측정이 불가능하며 횡단면을 관찰하지 못하고 대부분 연륜경계가 뚜렷하지 않을 수 있는 방사단면을 측정하여야 하기 때문에 측정 정확성이 떨어질 수 있다. 따라서 연륜연대로 측정할 수 있는 가구의 대상이 제한될 수 있다.

한편 건축재나 가구재의 경우 대부분 치목이나 가공과정에서 박피를 하고 변재부가 일부 또는 전부 제거되기 때문에 정확한 벌채연도를 알 수 없는 경우가 많다. 유럽의 참나무의 경우는 수령에 관계없이 변재부의 연륜 수가 15개

내지 20개로 일정하기 때문에 변재부 일부만 남아 있더라도 벌채연도를 알 수 있다고 한다.

우리나라 소나무재는 수령에 따라 변재에 속하는 연륜 수가 달라 앞으로 좀 더 조사할 필요가 있다. 벌채후 건조에 걸리는 시간 또한 연륜연대로 건축연도나 가구 제작연도를 산출할 때 고려되어야 할 것이다. 건축의 경우는 건조기간이 길지 않으나 가구 제작시에 수년 동안 원목을 건조하였다는 것으로 알려져 있다.(김삼대자 1994).

고건축과 고가구 뿐만 아니라 나이테를 가지고 있는 목불상, 목탱화, 목조각품, 목판 등 목조문화재에 대한 연대측정도 연륜연대측정법으로 가능하기 때문에 문화재의 분석에 쓰일 소나무 나이테의 역할이 더 커 질 것이다.

감사의 글 본 연구는 2003년도 한국학술진흥재단의 지원(KRF-2003-041-F20027)에 의하여 수행되었다. 연구재료를 제공하여준 문화재청 궁릉활용과와 건조물과 그리고 국립민속박물관 관계자 여러분께 감사드린다.

참고문헌

김삼대자. 1994.「전통목가구」. 빛깔있는 책들 159, 대원사, 서울.

김요정·박원규, 2004. 나무나이테를 이용한 전통가구 재질 분석과 제작연대측정-조선 후기 사례연구. 한국문화재보존학회 제19회 학술대회 발표논문집, p.22-27.

박원규. 1994 선사고고학을 위한 연륜연대학의 응용. 선사문화 2: 39-51

박원규·이진호·서정욱·김요정. 2000. 고목재 나이테를 이용한 경회루 건축연대측정과 재질분석. 경회루 실측조사 및 수리공사보고서. 문화재청 p. 326-332.

박원규·이진호·서정욱·김요정 2000. 고목재 연륜을 이용한 경회루 건축연대 측정과 산지규명. 한국목재공학회 2000년 춘계학술발표논문집 268-273.

박원규·이진호·서정욱·김요정·김지영, T. Wazny. 2000. 고목재나이테를 이용한 한국 전통목조건축의 연대측정. 전통목조건축 연대측정에 관한 학술회의 프로시딩 12-21.

박원규·이진호. 2001. 연륜연대법을 이용한 경복궁 경회루와 신무문 건축재의 벌채연도와 재질조사. 한국문화재보존학회 제13회춘계학술대회 발표논문집 22-26

박원규. 2001. 건축사연구를 위한 새로운 분석도구: 연륜연대측정법. 2001년도 한국건축역사학회 봄학술발표대회 논문집 21-25

박원규·김요정·서정욱. 2001. 고목재 나이테를 이용한 근정문의 건축연대해석. 경복궁 근정문수리보고서. 문화재청 p. 158-162.

박원규·김요정·한상효·김세종·박만복. 2001. 영천향교 목부재의 연륜연대 측정. 영천향교 수리보고서. 문화재청

박상진. 2000. 출토 및 목조문화재의 수종. 목조문화재와 전통종이의 수종과 재질에 관한 국제세미나 프로시딩, 충북대 농업과학기술연구소, pp. 1-7.

박원규·김요정·손병화·김경희. 2003. 전통목가구의 연륜연대측정 (1): 조선 후기 및 근대의 사례연구. 한국목재공학회 2003 학술발표논문집, 속초 설악한화리조트, pp. 116-119.

이강근. 1998.「경복궁」. 대원사.

장대원. 1963. 경복궁 중건에 대한 小攷. 향토서울 16: 7-58

光谷拓實. 1990. 연륜으로 읽는 역사. 일본 나라문화재연구소.

光谷拓實. 2001. 연륜연대법과 문화재. 일본의 미술 제421호 (2001년 6월), 동경, 98pp.

Baillie, M.G.L. 1982.「Tree-Ring Dating and Archaeology」. Univ. of Chicago Press. 274pp. 」

Park, Won-Kyu, Yo-Jung Kim, Jin-Ho Lee and Jeong-wook Seo 2001. Development of tree-ring chronologies of Pinus densiflora from Mt. Sorak and dating the year of construction of the Kyunghoeru pavillion in Seoul. J. Korean Physical Soc. 39(4): 790-795.

Schweingruber, F.H. 1988.「Tree Rings: Basic and Applications of Dendrochronology」. D. Reidel Pub. Co., Dordrecht, Holland. 276 pp.

Stokes, M.A. and T.L. Smiley, T.L. 1968.「An Introduction to Tree-Ring Dating」. University of Chicago Press. 73pp.

3부

소나무 숲 조성과 이용

소나무와 소나무 숲

이희봉 한국나무종합병원

우리에게 소나무는 무엇인가

소나무는 우리의 삶과 함께 하는 나무

소나무는 우리 민족의 삶과 역사를 함께 하고 있는 대표적인 나무다. 일본에는 삼나무 문화가 있고, 유럽에는 자작나무 문화가 있다면 우리에게는 소나무 문화가 있다. 필자가 태어난 강원도 산골에서는 지금도 사내아이가 태어나면 새끼줄에 솔가지와 고추와 숯을 매달아서 사립문에 내걸고 있다.

고추는 사내아이가 태어났다는 뜻이고, 숯은 사악한 기운을 물리치고자 하는 소망의 표현일게다. 여기에 솔가지는 한 차원 높은 의미를 가지고 있다. 즉, 새로 태어난 생명이 소나무와 일생을 함께 하게 되었다는 축복의 의미인 것이다. 우리 민족은 태어나서 소나무를 심고 소나무와 더불어 살다가 소나무 관에 들면서 생을 마친다.

소나무가 우리에게 주는 혜택은 이루 헤아릴 수 없이 많다. 우리 민족의 삶의 터전이었던 농경지에서는 훌륭한 농자재로 한몫을 하였고, 지금은 역사의 한쪽 기록으로만 남아 있는 춘궁기에는 구황식물로 우리의 목숨을 연명케 하였다. 우리나라 산의 소나무는 대부분이 구불구불하게 자라고 있다. 이를 빗대어 일제는 우리 민족의 심성을 닮았다고 우리의 소나무를 폄하하기도 했다.

야산에서 자라고 있는 소나무가 뒤틀리고 꼬여있는 것은 사실이다. 그러나 처음부터 그렇게 된 것은 아니다. 본래의 소나무는 양백지방의 춘양목처럼 미끈한 팔등신이었다. 이러한 팔등신의 소나무가 뒤틀리고 꼬이게 된 원인을 찾아 거슬러 올라가면 일제가 산림자원 수탈을 목적으로 질 좋은 적송만 골라 베어 불량한 개체가 남게된 것이 가장 큰 원인이다.

광복 이후 사회적인 격변기를 거치면서 일어났던 도·남벌이 그 다음 원인이라고 할 수 있다. 이러한 소나무가 1960-70년대에는 송충이로 심하게 몸살을 앓았고, 1980-90년대에는 솔잎혹파리로 중병을 치루더니 근년에는 서부경남과 전남지역에서 소나무의 에이즈라 불리우는 재선충이 확산 일로에 있다.

우리 산의 주인은 소나무다. 어떤 마을에서는 춘양목과 같은 팔등신 미인들만 모여 살고,

어떤 동네에서는 굽고 처진 팔다리를 가진 소나무 가족들이 저마다의 타고난 모양을 감추지도 않고 자랑하지도 않으며 그렇게 모여 살고 있다.

재질이 빼어나서 우량재를 생산할 수 있는 것은 그 나름대로 좋고, 아무도 보아주지 않는 구석진 야산 한 모퉁이에서 가난에 찌들고 눈비에 시달리면서 살아가고 있는 보잘 것 없는 한 그루의 소나무라도 우리와 함께 살아왔기 때문에 더욱 정겹다.

북미대륙의 그랜드캐년이 가슴 시리도록 웅장하다지만 어찌 고향 언덕의 포근함에 비할 수 있을 것이며, 독일이 자랑하는 흑림지대의 검은 숲이 기암절벽 위의 낙락장송을 당할 수 있겠는가?

우리나라 산지는 마지막 빙하기의 직접적인 영향권에서 비켜나 있어 어머님 젖가슴처럼 부드러운 육산이 있는가 하면, 천인단애의 절벽과 기암괴석의 명산도 있다. 여름의 봉래蓬萊山에서 가을이면 풍악楓岳山으로 겨울에는 개골산皆骨山으로 계절 따라 이름표를 바꿔 다는 봄의 금강산金剛山에도 소나무가 없으면 진정한 금강산이 아니다. 천길 낭떠러지의 절벽에 서서 새벽이슬과 저녁안개를 머금고 천년 세월의 고고한 품위로 우뚝 서 있는 우리의 소나무가 있기에 그 이름이 더욱 값진 것이다.

소나무는 가격과 품질에서 경쟁력이 있다.

소나무를 뜻하는 송松이란 한자의 유래를 살펴보면 진시황제가 소나기를 만났을 때 소나무의 덕으로 비를 피할 수 있게 되어 고맙다는 뜻으로 공작의 벼슬을 주어 목공木公 즉, 나무공작이 되었고 이 두 글자가 합쳐져서 송松자가 되었다 한다. 여기에 필자는 소나무 송松자가 나무목木변에 귀인공·벼슬공·관청공公자로 이루어져 있다는 것은 소나무가 모든 나무 중에서 가장 귀한 나무 즉, 나무 중에 최고의 나무라는 의미를 덧붙이고 싶다.

임업에 종사하는 사람이라면 누구나 독일의 참나무 한 그루가 벤츠 한 대 값이라는 사실을 알고 있을 것이다. 국립산림과학원에 따르면 일본이 세계적으로 자랑하는 편백재가 ㎥당 100만원임에 비하여 우리나라의 금강송 특대재문화재 수리용 : 길이 720㎝, 말구직경 42㎝이상 1㎥은 720만원이라는 높은 가격으로 거래되고 있다고 한다.

그러나 이러한 규격의 우량 대경재는 희소

잘 가꾸어진 소나무 숲(근경)

잘 가꾸어진 소나무 숲(원경)

가치가 있어 실제로는 훨씬 더 비싸게 공급되고 있으며 이보다 한 단계 낮은 규격의 목재도 문화재 수리용으로 m³당 180만원에 공급되고 있다. 이러한 소나무 1본당 평균재적을 3m³으로 기준 한다면 소나무 1본의 가격이 국산 소형승용차 한 대를 구입할 수 있는 큰돈이다.

한편, 문화재 수리용이 아닌 일반용재를 생산할 경우 벌기에 달한 소나무 임지의 ha당 평균 수확량은 120m³정도이다. 이를 시가로 환산하면 24,000천원1등급 m³당 20만원이 된다. 이 중에서 재질이 우수한 대경장재大徑長材의 경우에는 일반용재 대비 10배 이상의 고가로 판매할 수 있음을 볼 때 우리나라 소나무도 충분히 경쟁력이 있는 것이다.

임업은 회임기간이 길고 영세한 산주의 소면적 경영으로는 수지맞는 경영이 어렵기 때문에 정부 차원에서 소나무림을 조성하고자 하는 투자동기를 부여하고 이를 위한 정책개발과 지원책 마련에 부단한 노력을 경주해야만 할 것이다.

소나무의 생장환경과 관리

소나무의 생장환경조건

소나무는 모든 방위에서 잘 자라지만 북향이나 동향을 선호하는 편이다. 건조하고 비옥도가 낮은 능선의 사면부나 임간 나지 등에서도 적응할 수 있을 뿐만 아니라 활엽수와의 경쟁이 배제된 지역이라면 양분이나 수분조건이 양호한 산록이나 계곡부에서도 왕성한 생장이 가능하다.

산복에서 산정으로 갈수록 생장이 불량해지는 것은 지형 특성상 토양수분 조건이 생장의 제한요인으로 작용하기 때문이지만, 과습한 지역에서는 통기불량에 따른 뿌리의 호흡장애로 인하여 생장상태가 불량하다.

필자가 지난 20년 간 이와 같은 소나무의 일반적인 생장환경조건을 감안하고, 소나무의 보호관리와 치료시술의 현장에서 경험한 바에 의하면 소나무 생장에 절대적인 영향을 미치고 있는 인자로는 1. 뿌리의 발달특히 뿌리의 호흡작용 2. 토양의 조건 3. 수분의 조건 등을 들 수 있다.

수목의 뿌리는 나무가 자라는데 가장 중요한 기능을 하고 있다. 특히 세근은 지표 가까운 부위에 넓게 분포되어 있어 양분과 수분을 흡수하고 호흡을 하게 된다. 수목은 잎, 피목, 줄기와 굵은 가지, 뿌리 등에서 호흡작용을 하며 호흡 량은 수종, 수령, 생장속도와 생리적 활력, 환경요인과 온도 등에 따라 차이가 있다.

호흡량의 32-50% 가량이 잎에서 일어나고, 뿌리에서는 비교적 적은 8% 가량만 일어나지만 소나무의 경우에는 전체 호흡량의 25% 내외가 뿌리에서 일어나며 이와같은 기능을 감당하는 세근은 표토 20㎝부근에 90%이상이 집중적으로 분포되어 있다.

따라서 소나무 뿌리의 생장공간을 사람의 편의에 따라 복토하거나 콘크리트로 피복하면 수분과 양분의 이동이 제한되고 산소의 유입이 차단되어 뿌리의 활동이 정지되거나 고사되므로 어떤 경우에도 지양해야 한다.

다만 현장의 특수한 여건으로 부득이한 경우에는 굵은 돌과 자갈을 부설하거나 굵은 입자의 마사나 모래가 혼합된 토양을 사용하여 뿌리호흡에 지장을 주지 않도록 조치해야 한다.

다음으로는 토성이다. 토성이란 토양 내의

점토, 미사, 모래의 상대적인 혼합비율을 의미한다. 우리나라의 산림은 경사진 곳이 많아 표토의 점토성분은 여름철의 집중호우로 유실되고 모래나 자갈이 남게 된다.

따라서 이러한 산림토양은 통기성이 좋고 배수가 양호한 반면, 보수력이 떨어져서 일부 수종의 생장이 불량해지는 경우도 있지만 모래가 많고 무기영양소의 함량이 적기 때문에 영양소를 적게 요구하며 건조에도 강한 소나무가 생장하는 데는 적합한 토양이 된다. 또한 산림토양은 수목의 뿌리가 자라면서 느슨해지는 효과가 있어 공극이 많다.

즉, 산림토양의 공극율은 보통 40-60% 정도로써 통기성이 양호하다. 이와 같이 공극이 많은 산림토양에서는 뿌리 뻗음이 양호하고, 수분과 양분의 이동이 쉬우면서 유효산소를 내포하게 되어 뿌리발달에 좋은 조건이 된다.

다음으로 중요한 인자는 수분조건이다. 소나무는 생리적으로 습한 조건보다는 건조한 조건에서 생장이 왕성하다. 산지에서 생장하고 있는 소나무에 대한 수분관리는 자연적 순환에 따르므로 인위적인 간섭이 불요하지만 이식목의 경우에는 계획적인 수분관리가 필요하다. 그러나 고가의 노령목이나 희귀 소나무일 경우에는 과잉관리를 하여 과다한 급수를 하거나 토양다짐 등으로 생장을 오히려 악화시키는 경우가 흔하다.

전술한 바와 같이 소나무는 뿌리의 호흡량이 다른 어떤 수종보다 많을 뿐만 아니라 건조한 토양에서 적응력이 높아 세근의 발달·생성기능이 왕성하므로 소나무림 주변의 환경변화에 따른 적절한 배수관리가 무엇보다 중요하다.

소나무의 관리방법

지표면을 덮고 있는 식생은 끊임없는 변화를 되풀이하여 현재의 상태에 이르고 있다. 이와 같이 어느 지역을 기준으로 시간이 경과되면서 방향성을 가지고 자연적으로 식생의 모습이 변하여 가는 현상을 천이遷移, succession라고 하고, 이러한 과정이 산림에서 일어날 때 이를 산림천이라고 한다.

산림천이는 1년생 초본 → 다년생 초본 → 관목단계 → 양수림과 중간수 단계 → 음수림 단계로 진행된다. 이와 같은 산림생태계의 천이과정에서 볼 때 현재의 소나무림은 산림천이의 선구수종으로서 적극적인 간섭체계적인 보호 관리이 없으면 소멸될 것이다.

우리나라 소나무림은 전체 산림의 42%를 차지하고 있으나 여러 가지 요인으로 해마다 감소하고 있다. 이렇게 소나무림이 감소하고 있는 현상은 화석연료에 의한 연료혁명으로 산림환경이 소나무생장에 불리하게 변화되었고, 송충이와 솔잎혹파리 등의 피해로 장기적인 조림수종에서 배제되었음이 그 원인이다.

그러나 전국의 우량 소나무임지를 직접 조사하고 관리방안을 연구·시행하여 온 필자의 경험에 비춰볼 때 소나무림이 쇠퇴하는 가장 큰 원인은 활엽수의 침입이다. 활엽수는 유시생장이 소나무보다 빠르고 생리적인 활력이 왕성하여 소나무림에 침입했을 경우 소나무를 도태시킨다.

따라서 현재의 소나무림이나 후계림 조성에 체계적인 보호관리가 선행되지 않고 자연의 순리에 맡겨진다면 소나무림은 급속도로 쇠퇴될 것이고 머지 않은 장래에 사라질 수밖에 없

활엽수가 침범한 소나무 숲

활엽수를 제거한 소나무 숲

밀생된 소나무 숲

간벌과 식생정리로 건강하게 된 소나무 숲

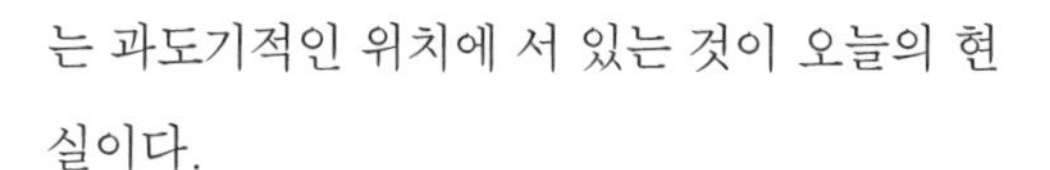

는 과도기적인 위치에 서 있는 것이 오늘의 현실이다.

소나무 관리의 실제

산림지역에서 자라고 있는 소나무는 입지적인 환경여건이나 식생의 구성내용에 따라 자람의 형태를 달리하고 있다. 일반적으로 산지에서의 소나무집단은 개체간의 생장경쟁이 일어나면서 고사목, 열세목 등이 발생되고 수관에서는 고사지, 쇠약지 및 적체지 등이 발생된다.

소나무 임지에 신갈나무 등 활엽수가 침입하여 소나무를 피압하면 소나무의 생리적인 활력이 떨어지면서 수세가 쇠약해지고, 내성이 저하되어 갑작스러운 환경변화나 경미한 병해충 발생에도 치명적인 피해를 받게 된다.

이와 같은 조건에 있는 소나무림을 보호관리하기 위해서는 소나무림에 침입하고 있는 활엽수를 제거하여 소나무가 생장할 수 있는 공간을 확보하여 주는 것이 무엇보다 중요하다. 그렇지 않으면 소나무 이외의 수목들이 더 빨리 자라기 때문에 햇빛을 차단 당한 소나무는 활엽수에게 자리를 내어주다가 종국에는 쇠퇴되는 피해를 입게 된다.

수목은 수령이 증가함에 따라 비대생장과 수고생장을 하게 되어 개체간의 거리가 좁아지므로 적당한 거리를 유지하는 간벌을 시행하여 생장경쟁을 완화시켜야 한다. 좁은 단위면적에 밀생되고 있는 개체는 활엽수와의 경쟁뿐만 아니라 소나무끼리도 생장경쟁을 한

수관울폐와 T/R율 불균형으로 파괴되고 있는 소나무숲

수관조절로 정비된 소나무숲

다. 과도한 수고생장은 영양생장을 하지 못하고 세장목으로 자라게 되어 수세가 쇠약해지면서 가벼운 자연재해나 병해충에 노출되어 치명적인 피해를 입게 된다.

다음으로 중요한 것은 수관조절이다. 수관조절은 수관부에 발생된 쇠약지, 이병지, 적체지, 도장지 제거와 뿌리의 기능에 비례하게 엽량을 조절하여 수목생장의 균형을 유지하는 작업이므로 시행에 만전을 기해야 한다. 이 공종은 단순한 숲 가꾸기 작업에서 가지치기나 솎아주기 차원을 넘어 개체별로 균형된 생장이 유지되도록 시행하여 건강한 숲으로 조성하게 된다.

이와 같은 적극적인 보호관리 기법은 자연에 맡기면 활엽수의 침입으로 도태될 수밖에 없는 소나무림을 장기적으로 보호관리하는 측면에서 매우 중요한 비중을 차지하고 있다.

그러나 이와 같은 소나무림의 관리방법은 현재의 임분에 대한 관리방안일 뿐이다. 우리나라의 소나무는 온갖 시련을 겪으면서도 꿋꿋이 살아남아 전국 수백 수천의 산자락에 보물처럼 숨겨져 있다.

소나무를 대표하는 춘양목의 집단지인 울진 소광리의 적송림, 일제 강점기에 종자를 직파했다는 대관령의 아름드리 소나무 순림, 서해안의 터줏대감으로 자리하고 있는 안면도 소나무림 외에 양백지방을 넘나들며 깊은 산자락에 감춰져 있는 소나무단목와 소나무림군락이 건재하고 있다. 그러나 우리를 안타깝게 하는 것은 이 모든 지역에서 대를 이을 후손이 없다는 것이다.

우리나라의 소나무림은 활엽수로 식생천이가 진행되고 있고 지표면에는 분해가 느린 소나무 낙엽이 두껍게 퇴적되고 있어 비록 어미나무에서 종자가 떨어진다 하여도 발아하여 착근할 수가 없다.

또 다른 지역의 소나무림에서는 산죽이 분포되어 하종갱신이 불가능한 것은 물론이고 이들과 극심한 생장경쟁을 하고 있어 소나무 생장에 불리한 영향을 미치고 있다.

산림생태계가 활엽수로의 천이과정에 있고 산지환경이 소나무 생장에 불리하게 변하고 있다는 사실도 간과할 수는 없지만, 그렇다고 방관만 할 수도 없는 일이다. 산림자원 조성의 기본 원칙은 적지적수適地適樹이다.

지금 그 자리에 서 있는 나무가 그 땅의 주인

보호관리 전 파괴되고 있는 소나무 숲

보호관리 후 건강하게 회복중인 송림

이라는 뜻이다. 오랜 세월을 한 자리에서 생장하고 있는 어미나무에는 환경에 적응하면서 살아가는 최고급의 유전정보가 담겨져 자손에게 대물림되는 것이다.

즉, 현재의 어미나무에 의한 천연하종갱신으로 후계림을 조성하자는 것이 적지적수의 대원칙에 부합된다는 것이다. 그렇기 때문에 어떠한 양질의 수목을 심는다고 할지라도 어미나무에 의한 천연하종갱신으로 후계림을 조성하는 것만 못한하다.

'자연은 있는 그 자리에 있을 때 가장 아름답다' 고 한다. 우리가 늘 보면서 즐기고, 이용하고 있는 자연 속의 풀 한 포기, 나무 한 그루는 어느 날 갑자기 지금 그 자리에 있는 것이 아니다. 적어도 수 십, 수 백년의 세월을 지나면서 살아남아 오늘에 이르렀다. 우리 선조들은 뛰어난 예지와 감각으로 수목을 우리생활에 유용하게 이끈 사례를 얼마든지 찾을 수 있다.

풍수지리적 결함과 자연재해 예방을 목적으로 조성한 하동 송림을 비롯하여 함양태수 최치원이 조성한 함양 상림, 1,500년이라는 장구한 세월동안 그 명맥을 유지하고 있는 고흥 월정리 해안방풍림 등이 그 예라고 할 수 있다. 그뿐이 아니다.

임금님 행차에 가지를 들어 당상관의 직첩을 받았다는 보은의 정이품송, 세금을 내는 예천의 석송령, 비구니들의 새벽 기도에 잠을 깨는 청도 운문사의 처진소나무, 단종대왕의 비극을 안고 있는 영월 청령포의 관음송, 승려의 외로운 혼이 소나무로 화신하였다는 정선 화암리 소나무, 건강하고 아름다운 수형을 자랑하는 평창 진부의 척천리 소나무, 금강형 소나무를 대표하는 강릉의 부연동 소나무, 마지막으로 동구 밖 언덕배기에 서서 민초들의 서러운 삶을 지키고 있는 우리 마을의 동수나무는 이 시대의 보물이자 살아 있는 역사의 증인들이다.

그러나 이들은 자연생태계와는 격리된 지역에서 긴 세월을 살아오는 지치고 쇠약해져 있다. 산림이 아닌 지역에서 생장하고 있는 소나무 노령목들은 그 이름만큼이나 유명하여 많은 사람들이 찾게 된다. 이로 인하여 수목의 뿌리가 뻗어있는 생장공간의 토양이 인간의 발자국에 의해 다져지고 굳어지면서 수분과 양분의 이동이 차단되어 소나무의 생장이 방해받고 있다. 뿐만 아니라 지형적인 특성과 잦은 폭우로 표토가 유실되면서 노출된 뿌리에 과

중한 흙을 덮어 뿌리의 숨통을 막고 있다.

이와 같은 행위는 비록 나무를 아끼고 인간의 편의를 추구하는 과정에서 초래된 것이지만, 소나무 생장에 절대적인 기능을 담당하고 있는 세근의 기능을 마비시켜 소나무를 쇠퇴하게 한다. 자연생태계에서는 스스로 생산하고, 소비하고, 분해하는 유기적인 기작mechaism이 연속적으로 일어나면서 조장, 통제된다.

그러나 공해가 극심한 도심지역이나 자연생태계와 격리되어 단목으로 생장하고 있는 소나무에서는 이와 같은 순환이 이뤄지지 않고 있어 수세가 쇠약하고 내성이 저하되고 있으므로 체계적인 보호관리를 시행하여야 한다.

소나무의 장기보존을 위한 보호관리 방법과 치료시술 기법을 소개하면 다음과 같다.

뿌리수술 및 토양개량

수목의 뿌리는 나무생장에 중요한 기능을 하고 있는 수평근과 세근의 활동성 여하에 따라서 수세가 결정된다고 해도 과언이 아니다. 세근은 수분과 양분을 흡수하여 수체로 전달하며 호흡을 하여 에너지를 생산하게 된다. 나무가 생장하는 토양에는 공기가 유통하게 되는데 토양이 답압되었거나 콘크리트 등으로 피복되었을 경우에는 수분과 양료의 이동이 차단되고 통기가 불량하게 되면서 세근의 활동을 마비시켜 수목을 쇠약하게 한다.

이 경우에는 콘크리트 등의 피복물은 제거하고, 복토된 흙은 원상태의 지반까지 걷어내며 답압·경화된 토양에는 배양토를 처리하여 지력을 증진시키고 토양환경을 개선시킨다. 기능이 마비되었거나 고사 또는 부패된 뿌리는 살아있는 생조직 부위에서 절단하거나 환상박피하는 뿌리수술을 시행하여 다수의 세근 발달을 유도함으로써 뿌리의 활력을 증진시켜 생장강화의 기틀을 마련해 주어야 한다.

특히 시설물에 의하여 뿌리발달이 억제된 소나무뿌리를 단근 처리하면 7개에서 23개까지 새 뿌리가 발생하여 수세가 강하된다. 따라서 위와 같은 고난도의 기술이 요구되는 뿌리수술은 전문성을 가진 기술자에 의하여 신중하게 시행하여야 한다.

소나무는 생리적인 특성상 비교적 척박한 산성토양에서도 잘 자라지만 지하수위가 높거나 답압되어 있는 토양조건에서는 생장이 불량하다. 산림지역과 격리된 지역의 소나무는 자연상태에서의 양료순환이 불가능하기 때문에 유기물이 풍부하게 함유된 배양토를 처리하여 지력을 증진시키는 등 생장환경을 개선하여야 한다.

서울의 남산 등 대도시 지역의 산림이나 주요 등산로 주변, 극심한 공해 등으로 산성화된 토양에 대하여는 유기물과 석회를 시용하여 산도를 보정하면서 토양의 물리·화학적 성질을 개선하여 생장을 강화하는 사례가 늘어나고 있는 실정이다.

수관조절

수관조절은 수목의 생장에 불필요한 고사지, 쇠약지, 이병지, 적체지 등을 제거함으로써 과도한 엽량을 인위적으로 조절하여 지하부와 지상부 생장의 균형을 유지하고 수관의 통기를 조장하여 광합성 작용을 승진시키면서 수종 고유의 수형으로 유도하기 위하여 시행한다. 따라서 수목의 보호관리 시술에 있어서 반드시 시행해야만 하는 공종이다.

특히 지하부의 뿌리활동이 부진한데 비하여 상대적으로 엽량이 많거나 고사지를 포함한 적체지 등이 발생하고 있는 수목에 대하여는 과감한 수관조절을 시행하여 생장강화를 유도하고 수목생장의 균형이 유지되도록 조치하여야 한다.

영양공급

수목생장 환경이 적합하게 개선되었다 하더라도 수목자체의 생리적인 활력이 저하되어 개선된 환경을 활용할 수 없다면 의미가 없게 된다. 특히 보존가치가 높은 오래된 소나무의 경우에는 수목자체의 생리적인 활력이 떨어지기 때문에 빠른 회복을 위하여 인위적인 영양공급이 필요하게 된다.

수목의 활력증진을 위해서 처방하는 영양공급 방법으로는 영양제 수간주사, 무기양료의 토양처리, 필수원소의 엽면시비 등이 있는데 이들 방법은 수목의 피해상태, 치료시기, 수종, 토양의 상태 등의 조건을 종합적으로 검토하여 처리하게 된다.

외과수술

수목의 치료시술 중에서 대표적인 공종이다. 외과수술은 수목에 나무 썩음병균이 침입하여 부패되고 공동이 발생되었거나 수피가 고사되는 피해를 입었을 때 처치하게 된다. 국내에서는 1978년부터 시도된 이래 수목치료 시술의 대명사가 되었고 그 동안 많은 기술적인 발전이 있었다. 외과수술은 부패부제거 → 살균처리 → 살충처리 → 방부처리 → 공동충전 → 방수처리 → 매트처리 → 인공수피처리 → 산화방지처리의 공정으로 시행한다.

외과수술은 부패부 제거 외 8개 공정으로 처리되고 있으나 이 공종에서 가장 중요한 것은 나무 썩음병균에 의한 부패의 진전방지와 공동을 충전함으로써 수체의 지지력 확보에 비중을 두어 시행하여야 한다. 특히 주의하여야 할 것은 매트처리 시 형성층이나 수피가 덮이도록 처리하면 유합조직이 형성되면서 공동충전 부위가 들뜨거나 갈라질 위험이 있기 때문에 특별한 주의를 기울여야 한다.

안전대책

지주설치는 태풍이나 폭설 등의 기상적 요인과 과중한 무게에 의하여 굵은 가지가 부러지거나 찢어지는 현상을 방지하기 위하여 위험한 가지나 줄기를 역학적으로 받쳐주는 공종이다. 브레싱 설치는 줄기나 가지가 자체 중량이나 외부의 물리적 압력에 의하여 피해를 받을 우려가 있을 때 이들이 힘의 균형을 이루어 피해를 예방하는 공종이다.

지주설치의 경우 지면을 이용하여 설치하기 때문에 설치공간이 충분히 확보되어야 하는 제약이 따르지만 브레싱 설치는 수관 내의 줄기와 가지 사이를 연결하는 공종이므로 공간적인 측면에서 보면 비교적 자유롭다.

그러나 브레싱 설치여부를 결정할 때는 수목의 재질과 비중, 줄기와 가지의 길이와 굵기, 힘의 균형지점, 지엽의 양, 기타 미관 등을 고려하여 신중하게 결정·시행하여야 한다.

병해충 종합방제

일반적으로 수목의 병해충을 방제하는 방법으로는 기계적 방제법, 물리적 방제법, 화학적 방제법, 천적을 이용하는 생물학적 방제법, 수목자체의 활력을 높이는 생리학적 방제법, 임분의 구성이나 시업방법을 달리하는 임업적 방제법 등이 있다.

현재 수목보호 업계에서 주로 사용하는 방법은 약제살포에 의한 화학적 방제법과 수목의 활력을 높여주는 생리학적 방제법이다. 생리학적 방제법은 수목의 치료시술 및 생장환경을 개선함으로써 수체의 활력을 회복하고 내성을 증진시키는 간접 방제법이다. 이에 반해 화학적 방제법은 가장 확실한 효과와 적기 방제가 가능하다는 이점 때문에 많이 사용하고 있다.

소나무림 보전을 위하여

산림청 통계에 따르면 2003년 현재 우리나라의 침엽수림은 전체 산림면적의 42%인 2,692,000ha라고 한다. 20여 년 전인 1982년도의 3,259,000ha 보다 567,000ha가 감소된 면적이다. 적어도 통계상 수치로는 매년 3만여ha의 침엽수림이 소멸되고 있다는 것이다.

물론 이 면적은 잣나무, 낙엽송, 해송이나 리기다 소나무 등이 포함된 것이지만 이들은 뿌리의 발달과 양분의 흡수능력, 개체 간의 생장경쟁 능력이 소나무보다 월등하여 경쟁에서 도태되는 경우가 적기 때문에 줄어드는 침엽수의 대부분은 소나무라고 할 수 있다.

이러한 통계수치에 의존하지 않더라도 우리의 생활주변에서는 급격하게 팽창되고 있는 도시화와 골프장 등의 건설로 소나무림이 눈에 띄게 줄어들고 있음을 느낄 수 있다.

산림청에서는 1996년부터 사라져 가는 우량 소나무림 보전을 위한 정책을 수립하였고, 우량소나무림에 대한 기초조사를 시작하여 2003년 현재까지 매년 200ha씩 소나무림 보전사업을 시행해오고 있으나 이 면적은 전체 소나무림 면적의 0.01%에도 미치지 못하고 소멸되는 소나무림의 1/150에도 못 미치는 면적이라 아쉬운 마음을 금할 수 없다.

2003년 현재 솔잎혹파리를 비롯한 솔껍질깍지벌레, 소나무재선충의 피해방제는 연면적 106,177ha에 280여 억원 이라는 방대한 예산이 소요되고 있는 반면에 우량 소나무림에 대한 보호관리 예산은 13억 여 원에 그치고 있다. 병해충에 특별히 민감한 소나무에 대해서 평소에 체계적인 보호관리를 시행하여 수목 자체의 생리적인 활력을 돕고 병해충에 대한 내성을 길러준다면 이와 같은 대규모 피해의 미연방지와 엄청난 방제예산을 줄일 수 있을 것이다.

전국 산림의 곳곳에는 보전사업을 시급히 시행하여야 할 대 면적의 우량 소나무림과 도시지역에서 녹색축을 이루고 있는 소나무들이 방치되고 있다. 특히 국립공원구역 내에 위치하고 있는 천연 우량 소나무림과 문화재보존지역 내의 우량소나무 등은 보호관리와 치료시술의 시기를 일실하면 고사될 위기에 처해 있으나 절대보존이라는 논리로 이를 방치하고 있으니 관계 당국의 단견이 안타까울 뿐이다.

그래도 다행스러운 사실은 일부 지방자치단체에서 열악한 지방재정 가운데서도 예산을 확보하고 소나무림 보호관리에 나서고 있다는 사실이다.

산림정책을 관장하고 있는 산림청과 국립공원을 관리하고 있는 환경부, 문화재 보존지역을 총괄하고 있는 문화재청과 일선 지방자치단체에서는 소나무림의 피해에 대한 실태를 정확히 파악하고 우량 소나무림에 대한 보전사업을 국책사업으로 시행하여야만 할 것이다. 소나무림은 시기를 놓치면 활엽수로 천이되거나 고사되어 사라져 버리기에 늦추거나 미룰 수가 없기 때문이다.

소나무, 소나무 숲 앞에서

시골에서 초등학교를 다녔던 본인은 월동용 솔방울 따기가 아련한 추억으로 남아 있다. 뒷산의 소나무는 크지도 않았고 높지도 않은 채로 솔방울을 달아 코흘리개 개구쟁이들의 따스한 겨울을 지켜주었다. 소나무에는 우리들의 먹거리와 일용하는 용도가 솔방울만큼이나 많이 있다.

아지랑이 피는 봄날의 노란 꽃가루는 섬섬옥수 고운 손으로 다식을 빚어 고담준론의 다담상茶啖床에 올렸고, 햇볕 좋은 양지편 솔잎은 감로차가 되어 선승의 득도를 도왔으며, 맛갈나는 송편에도 빠질 수 없었다. 새봄에 물오른 줄기는 목마른 초동樵童의 허기를 달랬으며 무절장재의 춘양목으로는 나라님의 대궐을 짓고, 속이 꽉 차 누렇게 익은 황장목은 왕후장상의 관곽재로 쓰였다.

그것도 모자라서 죽은 뿌리에서는 사람의 명줄을 이어주는 복령이라는 귀한 약제를 만들고 살아 생전의 고고한 절개는 호박琥珀이라는 사리로 화신하여 우리의 삶을 보듬고 있다.

우리 민족은 농경문화에 뿌리를 두고 있다. 농경문화란 자연의 법칙에 의존하고 순응하면서 씨뿌리고 거두는 삶의 방식에서 다듬어진 문화이다. 하루가 다르게 발전하는 현대문명에서 살고 있는 우리들이지만 우리의 마음 한가운데 깊게 자리하고 있는 우리문화의 모태를 잊을 수는 없는 것이다. 그 가운데는 언제나 우리의 소나무가 태산처럼 자리하고 있다.

소나무는 '百木之長이요 萬樹之王'이라 한다. 소나무는 우리 민족에 있어 그 이름만큼이나 귀중한 나무이다. 이와 같은 소나무가 해마다 3만여ha씩 죽어가고 있는 오늘의 현실에서 소나무들의 장기보존을 위해 우리는 과연 무엇을 하고 있었던가를 스스로에게 묻지 않을 수가 없다. 예로부터 치산치수는 나라 다스림의 근본이라 했다.

비록 눈 앞에서 생산되는 경제적인 가치는 미미하지만 장래를 대비해서라도 우리의 소나무를 살려야 할 것이다. 우리가 현재 누리고 있는 자연자원은 우리의 후손에게서 빌려온 것이다. 아직은 온 산천에 지천으로 널려있는 것이 소나무라고 느긋하게 여기다가는 멀지 않은 장래에 우리의 소나무는 소멸될 것이고 우리의 자손들은 박물관에서나 소나무를 배워야 할 지도 모르는 일이다. 이러한 우리의 소나무를 위하여 학자는 연구실에서, 정부는 정책으로, 현업에 종사하는 자는 현장에서, 모든 이들이 소나무를 지키고 가꾸겠다는 한뜻 한마음으로 매진할 때 우리의 소나무는 영원히 우리와 함께 할 것이다.

참고문헌

산림청. 2000.「산림과 임업기술」

산림청 임업시험장. 1985.「솔잎혹파리 연구백서」, p144-158

이경준. 1995.「수목생리학」. p29-33. 서울대학교 출판부

이영노. 1986.「한국의 송백류」. 이화여대 출판부

이원규 외. 1986. 소나무, 곰솔 천연치수림의 제벌지 타시비시험. 임업연보 33

이천용. 1992.「산림환경토양학」. 보성문화사

이희봉. 1998. 노거수의 보호실태와 치료방법에 관한 연구. p29-46

이희봉 외. 2001. 우량소나무림 보존대책수립기초조사 용역보고서. 울진군

이희봉 외. 2002. 하동송림 장기보존대책수립기초조사 용역보고서. 하동군

이희봉 외. 2002. 우량소나무림 보존대책수립기초조사 용역보고서. 평창군

임경빈. 1995.「소나무」. 대원사

임업연구원. 1999.「소나무, 소나무림」. p21-25

임업연구원. 1996-2001. 산림병해충발생 예찰조사연보

전영우. 1997.「산림문화론」. 국민대학교 출판부

전영우편. 1993.「소나무와 우리문화」. 수문출판사

조재명 외. 1975. 소나무속 재질에 관한 연구. 임업연구원 연구보고 22

한국임정연구회. 1991.「임정연구 20년사」. p192. 동양문화인쇄

한국임정연구회. 2001. 제2회 울진소나무림 보전을 위한 국제 심포지엄

J. P. Kimmins. 1987. Forest Ecology.

Theodore T. Kozlowski. 1996. Physiology of Woody Plants.

Margrert D. Lowman & Nalini M.Nadkarni 1995. Forest Canopies.

Alex L. Shigo. 1994. Moderne Baumpflege.

Homs Rolf Hoster. 1993. Baumpflege und Baumschutz.

Johannes von Malek. 1999. Baumpflege.

Dirk Dujesiefken. 1995. Wundbehandlung an Baumen.

植木秀幹. 1920. 朝鮮産赤松ノ樹相及ヒ是カ改良ニ關スル造林上の處理に就行. 水源高等農林學校學 術報告 第三.

上原敬二. 1963. 樹木の 剪定と整姿.

上原敬二. 1963. 樹木の 保護と管理.

安盛 博. 1992. 樹木の ハソドブック.

小林富士雄, 1994. 森林昆蟲.

한국 소나무와 소나무재선충

문일성 · 이광수 국립산림과학원

서언

소나무재선충Bursaphelenchus xylophilus은 소나무속Pinus 뿐만 아니라 전나무속Abies, 가문비나무속Picea, 잎갈나무속Larix의 일부 수종과 미송, 히말라야시다 등도 가해하는 것으로 알려져 있다. 소나무재선충이란 모양이 실같이 가늘게 생겼고 서식지가 소나무이기 때문에 '소나무재선충이라 한다. 소나무재선충에 의하여 내부의 작용으로 소나무가 고사하여 나타나는 증상을 '소나무재선충병' 이라고 한다.

미국이 원산지로서 미국 내 자생수종들은 대부분 저항성을 나타내어 큰 피해가 없으며, 정원수, 공원수 목적으로 도입한 수종에 대하여 주로 해를 가하여 피해를 발생시키고 있으며, 원산지에서 다른 나라로 유입될 경우 그 피해의 심각성은 매우 크다.

재선충에 감염된 나무는 모두 죽고 대부분 감염 후 3개월 이내에 생명을 다하기 때문에 지구상의 다른 어떠한 산림병해충보다 무서운 발병 기작을 나타내며 극심한 피해를 주고 있다. 대표적인 예가 일본으로서 1900년대 초반부터 본 충의 피해가 나타나기 시작하여 점차 확산되면서 1941년 이래 해마다 20만~243만 m^3의 피해량을 나타내고 있으며 현재 소나무와 해송이 거의 전멸 상태가 되고 있다.(Kishi, 1995)

1982년 난징南京市에서 최초로 발생이 확인된 중국은 현재 마미송馬尾松, Pinus massoniana과 해송림이 극심한 피해를 받고 있으며 1985년 최초 발생이 확인된 대만의 경우, 유구송琉球松, P. luchuensis과 대만이엽송臺灣二葉松, P. taiwanensis 등이 전멸 위기에 있는 것으로 알려지고 있다.(遠田, 1997) 최근에는 유럽의 포르투갈에서도 발생이 보고된 바 있다.(Mota 등, 1999)

우리나라에서도 본 충의 중요성과 유입될 경우의 심각성을 우려해서 식물방역법상 금지해충으로 지정하면서 유입방지를 위해 노력을 했다. 그러나 국제화, 개방화 시대를 맞아 국제간 교역량이 증대되고 교역품도 다양해짐에 따라 본 충의 유입을 막지 못하고 급기야 1988년 10월 부산광역시 동래구 온천2동 금정산 일원에서 본 충의 피해가 발생되기에 이르렀다.

그동안 재선충의 박멸을 위해 산림청을 중심으로 관계 기관들이 노력해 왔으나 최초 발

표 1— 지역별 소나무재선충병 발생년도 및 피해량

지역	부산	진주	함안	통영	사천	울산	거제	구미	칠곡
발생연도	1988	1998	1999	1999	2000	2000	2001	2001	2003
발생면적	824	640	560	30	50	124	200	427	1

견 이후 10년 이상이 지난 현재, 박멸은 고사하고 그 피해는 인접 경남, 울산, 충무 등으로 계속 확대되고 있으며 2001년에는 경북 구미에서도 발생이 확인되었다. 최근에는 경남 하동에서도 신규로 발생되었다는 보고가 있다.

산림병해충 문제는 험준하고 광활한 산림의 특수성을 고려할 때 조기발견에 의해 피해 초기에 방제를 하는 것이 무엇보다도 중요하다. 특히 소나무재선충과 같이 비록 지금은 한정된 지역에서 국부적으로 발생하고 있으나 계속 분포영역이 확대되면서 자칫 전국으로 확산될 우려가 있는 경우에는 더더욱 조기발견에 의한 피해 억제가 중요하다.

본 자료는 소나무재선충의 조기발견에 도움이 될 수 있는 소나무재선충의 피해특성과 진단요령 등 국내에서 발생한 재선충의 피해형태와 규모 등을 소개하고자 한다.

소나무재선충병 발생연혁

국내 발생연혁

1988년 10월 부산시 동래구 금정산 일대에서 소나무재선충병 피해가 최초로 발생한 이후 1997년에는 전남 구례군 화엄사 주변, 경남 함안군 칠원·칠서면에서, 1998년에는 경남 진주시, 1999년에는 경남 통영시 한산도와 인접한 추봉도, 2000년도는 경남 사천, 울산광역시 울주군 온산면에서 발생. 2001년에는 경남 김해, 거제시 하청면·연초면에서 발생하였고 2001년 7월에는 경북 구미시, 2002년 5월에는 전남 신안, 2003년 4월에는 경북 칠곡에서 피해가 발견되어 엄청난 속도로 확산되고 있는 추세이다. 2004년 현재 우리나라의 28개 시·군·구에서 피해면적은 3,110ha, 피해 본 수는 97,700여 본이다.

지역별로 확산 양상을 보면 부산에서는 사상구, 금정구, 북구, 기장군으로 피해가 확산되는 등 발생지역이 점차 확대되어, 경남 김해, 양산 울산시로 북상하고 있고 경남 함안과 진주, 사천, 거제지역은 인근 산림으로 확산중이며 특히 통영에서는 한산도로 확산이 우려되고 있다.

다행히 부산에서는 최초발생지인 금정산 일대와 1993년부터 소나무재선충병 피해를 받았던 해운대구 명장공원 지역은 집중방제로 소나무재선충병 감염목 발생이 매년 감소하여 현재는 거의 발생하지 않고 있다. 1997년에 발생한 전남 구례군 화엄사 주변은 조기방제로 1998년 이후부터는 감염목이 없어, 조기발견에 의한 초기박멸의 대표적인 사례로 꼽히고 있다.〈표 1〉

해외 발생연혁

일본에서는 1905년경부터 피해가 나타났으나 당시에는 천공성해충의 피해로 오인하였다. 그 후 70여 년이 지난 1972년에 소나무재선충의 피해로 밝혀졌으며 1941년부터 해마다 20만~243만m^3의 피해량을 나타내면서 소나무와 해송이 거의 전멸 상태에 이르고 있다.

중국에서는 1982년 난징시南京市에서 처음 발생되어 현재 약 700만ha의 마미송馬尾松과 해송림에 극심한 피해를 주고 있으며, 대만에서는 1985년 발생된 이래로 유구송琉球松 등이 전멸위기에 있다.

미국과 캐나다에서도 소나무재선충병이 분포하고 있으나 미대륙의 소나무는 대부분 저항성이다.

소나무재선충 피해특성

소나무재선충과 매개충의 감염경로

소나무재선충은 자체적으로 다른 나무에 이동할 수 있는 능력이 없어 매개충의 몸에 붙어서 이동한 후 매개충이 건전한 나무 가지의 수피를 갉아 먹는 소위 후식後食, maturation feeding 행동을 할 때 생기는 상처를 통해 건전한 나무로 옮겨진다. 기주식물에 침입한 소나무재선충은 급속히 번식하여 감염 20일 후부터 잎의 증산량이 감소, 정지되고 묵은 잎이 아래로 처지며 시들기 시작한다. 감염목은 당년도에 80% 정도 고사되며 나머지는 이듬해 5월까지 고사한다.(변병호, 1999). 소나무재선충과 매개충인 솔수염하늘소, 소나무간의 피해관계는 〈그림 1〉과 같다.

소나무재선충 진단

소나무재선충은 주기주식물인 소나무와 해송이 일단 재선충에 감염되면 뚜렷한 치료약이 없어 100% 완전 고사되는 치명적인 피해를 입기 때문에 흔히 '소나무의 에이즈' 라고도 불리고 있다. 그만큼 소나무재선충은 가공할 위력을 가지고 있으며 방제는 상당히 까다롭다고 볼 수 있다. 왜냐하면, 앞에서 언급한 바와 같이 소나무재선충은 자체로는 이동전염 능력이 없으므로 매개충인 솔수염하늘소에 의해 옮겨지므로 방제의 주 대상은 솔수염하늘소가 되고 있다.

다행스럽게 솔수염하늘소는 생활사 중 대부분의 기간인 약 9개월 이상을 죽은 나무의 조

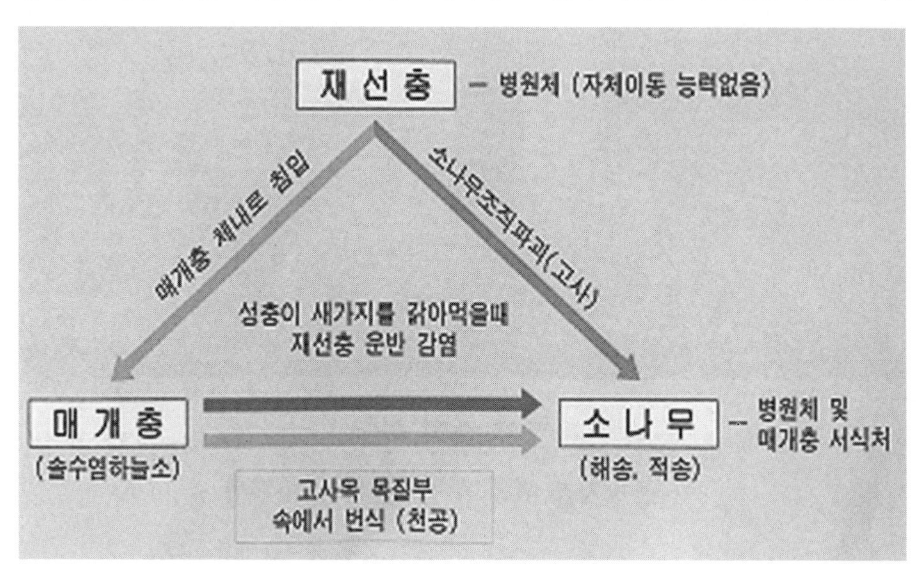

그림 1—소나무재선충과 매개충, 소나무간의 피해관계

그림 2— 매개충인 솔수염하늘소 후식광경

그림 3— 소나무재선충

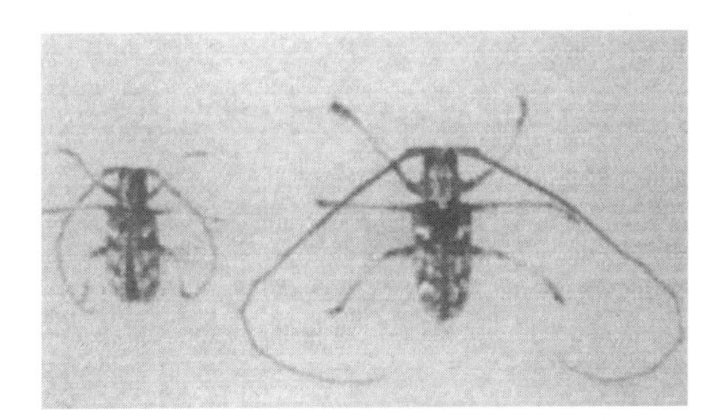

그림 4— 솔수염하늘소 암컷(좌), 수컷(우)

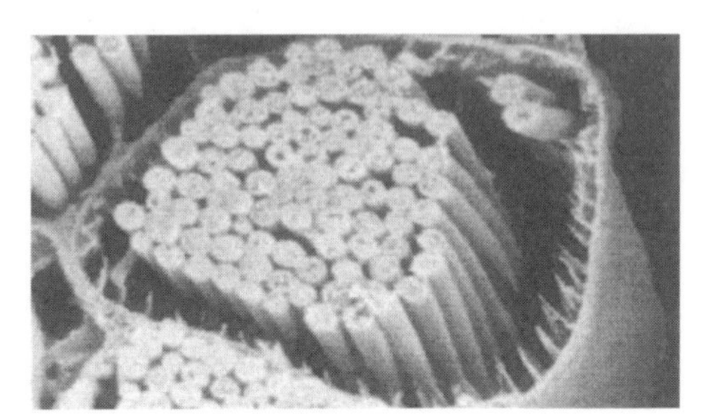

그림 5— 솔수염하늘소 기관지 횡단면과 기관지 내 소나무 재선충

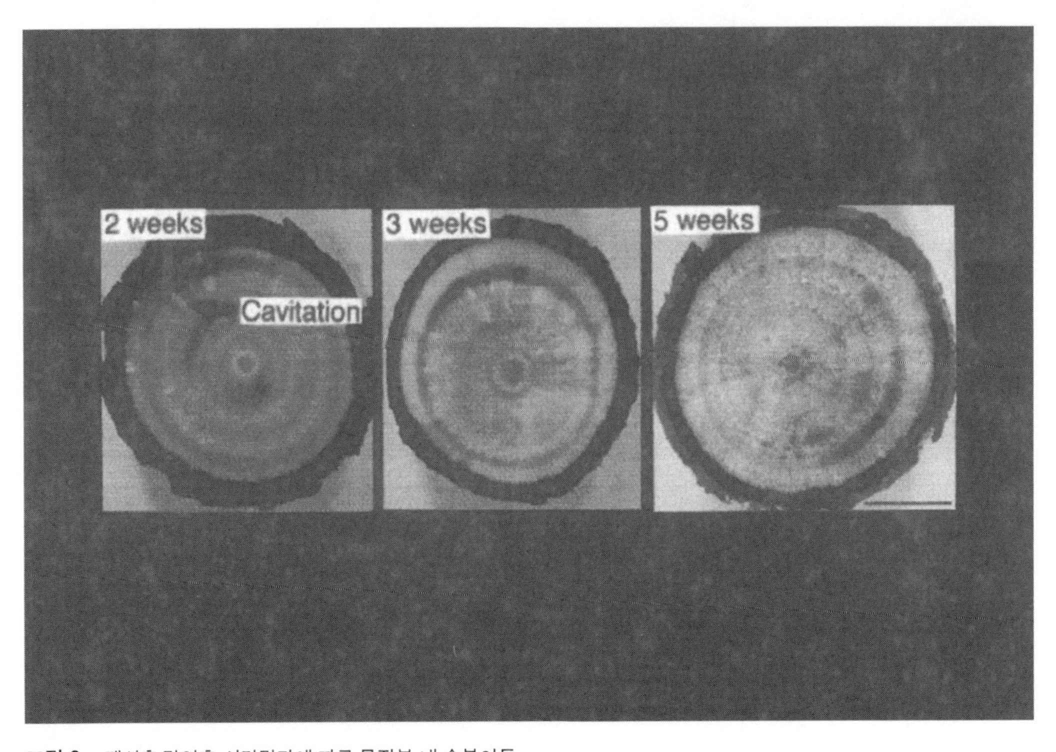

그림 6— 재선충 감염후 시간경과에 따른 목질부 내 수분이동

그림 7— 소나무재선충병 피해목근

그림 8— 피해목 훈증 장면

그림 9— 소나무재선충에 의한 피해 원경

직 내에서 서식하므로 고사목을 완벽하게 제거할 수 있다면 이론적으로 소나무재선충의 박멸도 가능하다.

현재 소나무재선충의 주력 방제방법으로는 피해목을 벌채한 후 소각 또는 훈증처리하는 방법을 적용하고 있으며 예방방제로 매개충의 후식을 방지하기 위한 항공약제살포를 적용하고 있다. 그러나 이들 방법은 모두 피해 규모가 적을 때나 적용이 가능한 방법들이다. 만약 소나무재선충이 전국으로 만연된다면 매년 소요될 막대한 방제비용을 감안할 때 자칫 방제를 포기하는 사태가 오지 않을 까 우려된다.

이 경우 우리나라 소나무림은 전멸 위기까지 몰릴 수 있고 설사 전멸이 안된다 하더라도 소나무림의 대규모 파괴는 국가적 재난으로 임업 기반이 여지없이 무너지는 결과를 초래할 것이다. 따라서 피해발생 초기에 조기 발견하여 확산원을 원천적으로 제거하면서 피해를 억제시키는 것이 무엇보다도 중요하다.

피해목 식별요령—— 소나무재선충 감염목이 외견상 변화를 보이기 전에 나타나는 증상으로 겉으로는 건전한 상태인 것 같으나 감염목의 경우 수지, 즉 송진 분비가 현저하게 감소한다. 소나무 줄기에 낫이나 펀치 등을 이용하여 직경 1cm 정도 수피를 벗겨서 변재부를 노출시킨 후 1-2시간 후에 송진의 유출 상태를 관찰하면 건전목은 송진이 흘러나와 외부로 흘러내린다.

반면 감염목은 전혀 송진이 나온 흔적이 없거나 있어도 극히 적은 양이 변재의 표면에 입상粒狀으로 점점이 나오는 정도이다. 그러나 겨울철에는 건전한 나무라도 송진이 잘 나오지 않아 오류를 범하기 쉬우므로 주의할 필요가 있다. 소나무의 수피 및 재부材部의 조직적인 변화, 탄소 동화량, 호흡량의 변화, 증산량의 변화 등 생리적인 변화는 그 후에 나타난다.(변병호, 1999).

외견상 변화—— 외관적인 변화는 소나무잎이 시들거나 변색되는 것으로 송진 분비 이상이 있은 후에 나타나기 시작한다. 일반적으로 잎이 시드는 변화는 묵은 잎1-2년 지난 잎이 먼저 아래로 처지며 시들고 곧이어 새잎당년엽도 아래로 처지며 시들기 시작한다.

피해가 진전되면 잎의 변색과 시들음은 급속히 진행되어 단기간 내에 나무 전체가 선명한 적갈색으로 변하며 고사하기 시작한다. 적갈색으로 변한 잎은 점점 퇴색하고 얼마 후에 낙엽이 된다.〈그림 10〉. 그렇지만 나무 전체에 증상이 나타나지 않고 수관 상부나 가지 등에서 부분적으로 일부 고사현상이 나타나는 경우도 있다.(변병호, 1999).

소나무재선충 분리 동정

소나무류가 별다른 이유없이 단목單木 또는 집단으로 고사된 경우에는 일단 소나무재선충의 피해를 의심해 볼 필요가 있다. 소나무재선충을 분리 동정하기 위해서는 먼저 목편木片 시료를 채취하여야 한다. 시료 채취 도구는 손도끼를 사용하는 것이 편리하며 정밀 조사를 위해 수동식 드릴을 쓰는 경우도 있다. 시료는 고사목을 벌채하여 수간 상·중·하부에서 골고루 채취하는 것이 가장 좋으며 벌채가 여의치 않을 경우에는 작업이 용이한 흉고 부위에서 채취할 수도 있고, 정밀 조사시에는 가지에서 시

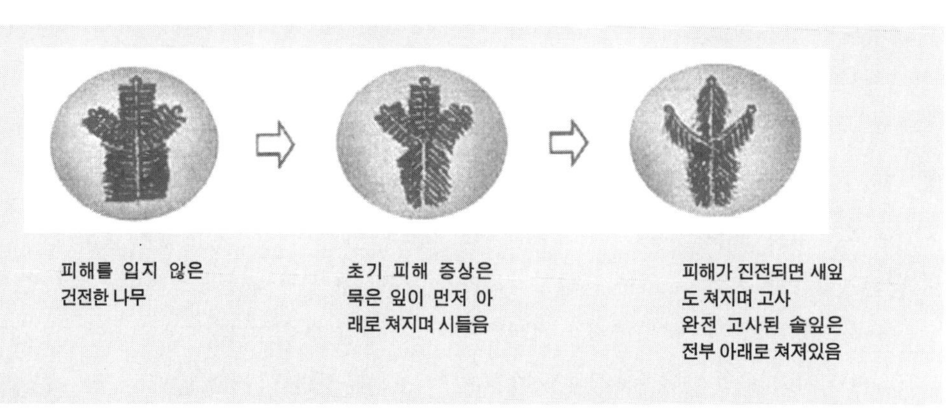

그림 10— 감염목 잎의 외견상 변화

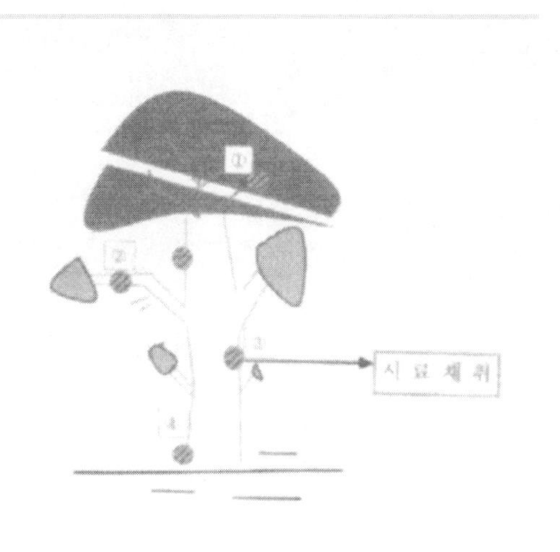

그림 11— 시료채취부위 및 시료채취 광경

료를 채취하기도 한다. 시료 채취 요령은 수피를 벗겨내고 목질부에서 30g 정도의 목편을 채취하여 라벨을 붙인 후 수분이 증발되지 않도록 비닐주머니에 담으면 된다.

❖ 시료채취 대상목의 선정

1. 조사현장의 피해 임지 내에서 적어도 3~4본의 피해목을 선정.
   — 단목인 경우는 전수 시료채취, 고사목이 군상 내지 산재해 있을 경우 고사목 3본당 1본씩 시료 채취한다.
2. 대상목은 육안적으로 보아 잎의 색깔이 갈색 또는 붉게 변화병징을 나타내는 증세가 있는 것 포함하여 고사가 진행되거나 또는 고사가 된 것을 선정한다. 고사목이 너무 오래되어2~3년 이상 경과 건조된 것은 오히려 함수율이 낮아 재선충 밀도가 떨어지므로 대상목으로 적당치 않다.박피 등 인위적 피해목은 조사 제외

소나무재선충 분리

소나무재선충은 지렁이와 같이 가늘고 긴 모습을 하고 있으며 몸체가 투명하고 성충의 몸길이가 암컷 0.7-1.0mm, 숫컷 0.6-0.9mm로 극히 작아 육안으로 식별이 어렵다. 소나무재선충 여부는 먼저 소나무 조직 내에 있는 재선충을 분리한 후, 현미경으로 검경하여 확인할 수 있다. 소나무재선충의 분리에는 선충을 분리하는 데 흔히 사용되는 바에르만Baermann 깔대기법을 약간 개량한 장치를 이용하고 있으며 분리과정은 다음과 같다.〈그림12, 13〉

1. 전정가위를 이용하여 목편 시료를 1cm 크기

그림 12— 소나무재선충 분리장치

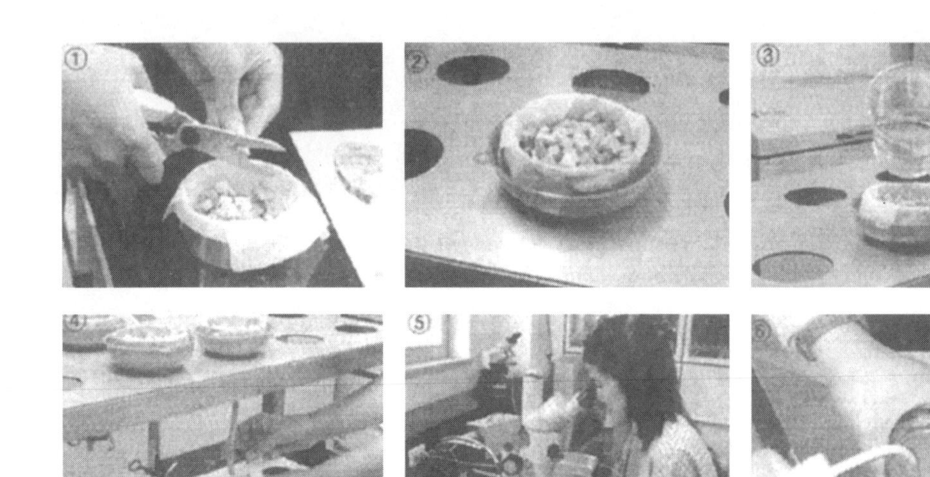

그림 13— 소나무재선충 분리과정

로 잘게 자른다.

2. 고무튜브를 연결한 깔대기에 체를 올리고 그 위에 종이와이퍼 2장을 교차시켜서 깐 후 깔때기판에 고정시킨다.
3. 잘게 짜른 시료를 깔대기 위에 놓고 물을 가득 채운다.
4. 24시간 또는 48시간 후 집게를 열고 선충이 든 물 20cc 정도를 비이커에 받는다.
5. 선충의 밀도가 많은 경우 비커의 물을 샤레에 담아서 해부현미경으로 바로 관찰한다.
6. 선충의 밀도가 적을 경우에는 비커에 충분한 양을 담아 직경 8cm의 500메쉬 체를 이용하여 선충을 모은 후 샬레에 담아서 관찰한다.

방제 및 전략

소나무재선충병의 확산은 자연적인 요인도 관계하지만 인위적인 요인이 대부분이다. 불법이용할 목적으로 무단반출하여 이동시킨 것이다. 이렇게 해서 발생된 지역이 경남 통영, 함안, 하동, 전남 목포 등으로 추정하고 있어 사람에 의한 피해가 심각한 실정으로 이에 대한 대책이 무엇보다 심각하고 이것이 방제의 기본이고 첫걸음이다.

현재 우리나라에서는 2003년에 수립한 소나무재선충병 방제 5개년 계획2004-08에 의거 박멸을 기본방향으로 계획 첫해인 금년부터는 피해구에 대한 지역별 예찰조사 책임제를 실시하여 누락목을 최대한 방지하고, 피해목 제거시 사업 실명제를 실시하여 완벽한 훈증처리로 방제 효율을 제고시키기 위하여 다각도로 노력을 경주하고 있다.

소나무재선충병의 효율적 방제를 위해서는 감염목 벌채훈증과 매개충인 솔수염하늘소의 박멸을 위한 항공방제를 병행실시하고 있으며, 2002년부터는 방제약제를 인화늄정제에서 메탐소디움으로 변경하고, 방제방법을 훈증처리로 단일화하여 소나무재선충병 확산이 2004년에는 처음으로 주춤하고 있어 적기 방제에 최선을 다하고 있다.

맺음말

한국에서 소나무는 우리의 생활이며, 우리의 역사이다. 그 중요성은 아무리 강조해도 지나치지 않는다. 이웃 일본의 경우 소나무가 없어도 잘 개발된 편백, 삼나무가 있기 때문에 별다른 문제는 발생되지 않는 것처럼 보인다. 그러나 한국에서 만약 소나무가 사라진다면 대체할 나무는 물론 상상이 잘 가지 않을 것이다. 지금까지 소나무재선충병 방제는 주로 매개충인 솔수염하늘소 방제에 주력하여 왔다.

그러나 이제는 접근 방법을 여러 가지 각도에서 달리 하여 시도할 필요가 있다고 생각된다. 자연생태계에서 모든 생물들은 기본적으로 먹이사슬관계에서 나름대로 균형과 질서를 유지하며 종족보존을 위해 계속적인 투쟁을 하고 있다. 따라서 국소지역에 어떠한 종의 인위적인 박멸은 방법과 그 목적에 대하여 상당히 생각해 볼 만한 일이라 생각되나, 현실은 박멸 외에는 다른 방법이 없는 것이 사실이다.

이론적으로 소나무재선충병은 자체 이동능력이 전혀 없고 오직 매개충인 솔수염하늘소에 의해서만 감염되므로 이 매개충만 죽이면 방제가 된다고 하여 그 방법에 주로 의존하고 있다. 박멸방법으로는 첫째 소나무재선충병에 감염된 피해목을 성충 우화시기 이전4.30까지 전량 제거 후 완벽한 훈증처리, 둘째 성충 우화시기에 항공방제 집중실시, 셋째 감염목의 무단반출 차단, 넷째 피해선단지 또는 후방지역을 중심으로 적극적인 행정의 지원 아래 솔수염하늘소의 밀도를 줄이기 위해 소나무류 고사목 정리 등을 실시하고 있다. 근래에는 임분을 기본적으로 건전하게 유지·관리 및 후계림 조성을 위한 시업적 접근이 시도되고 있지만, 보다 적극적으로 과학적이고 합리적인 방법의 도입과 창출이 필요하다고 생각된다.

또한 소나무재선충병 방제를 위하여 전담연구실 설치 및 일선 시·군·구의 전담직원 확보가 필요하다. 예찰의 상시화 방안 마련과 방제사업비의 전액 국고로 지원하여 지방비 부담을 줄여 적기방제를 유도하는 한편, 다른 유관기관과 공동연구 및 상호정보교류를 통하여 접근방법의 전환이 필요하다. 구제역이나 조류독감처럼 소나무재선충병도 범국가적 차원에서 관리가 필요한 것이 아닌가 생각된다.

또한 일반 국민들에게 한국에 있어서 소나무재선충병의 실태와 그 현상에 대하여 정확하게 알리고 홍보하여 범국민적인 차원에서 소나무의 관리와 보전을 위해서 힘써야 할 것으로 판단된다. 다행히 국내에서는 일선의 연구자들이 열악한 환경에서도 훈증방법 및 약제선발, 살선충제의 개발을 위한 연구를 꾸준히 진행하고 있어 재선충병 방제에 대한 기대가 높아지고 있다.

참고문헌

Dwinell, L.D. 1997. The pinewood nematode: regulation and mitigation. Ann. Rev. Phytopathol. 35: 153-166.

遠田暢男. 1997. アシア地域におけるマツ材線蟲病の被害狀況と對策. 森林防疫, 46(10): 2-8.

岩堀英晶, 二井一禎. 1995. 線蟲の分類における

DNA分析技術の利用. 日本線蟲學會誌, 25: 1-10.

Kishi,Y. 1995. The pine wood nematode and the Japanese pine sawyer. Thomas Company Limited, Tokyo, Japan.

全國森林病蟲獸害防除協會. 1998. 松くい蟲(マツ材線蟲病)-沿革と最近の研究全國森林病蟲獸害防除協會.

Takai, K., Tomoyuki Soejima, Toshio Suzuki and Kazuyoshi Kawazu. 2000. Emamectin benzoate as a candidate for a trunk injection agent against the pine wood nematode, Bursaphelenchus xylophilus. pest Management Science 56: 937-941.

Takai, K., Tomoyuki Soejima, Toshio Suzuki and Kazuyoshi Kawazu. 2001. Development of a water soluble preparation of emamectin benzoate and its preventative effect against the witting of pot-grown pine trees inoculated with the pine wood nematode, Bursaphelenchus xylophilus. pest Management Science 57: 463-466.

소나무의 전통적 해충인 송충이로부터 파생된 곤충문화

박해철 농업과학기술원

들어가기

한반도에서 소나무가 속한 무리들의 화석은 중생대 백악기 지층으로부터 발견되었으며, 경북의 포항, 연일, 감포 지역과 강원도 통천, 경기도 부평 등지의 신생대 제3기의 지층에서는 많은 양의 소나무류 화석이 보고되었다. 물론 이 화석들 가운데는 지금의 소나무와는 특성을 달리하여 별개의 종으로 판단되는 것이 여럿이지만, 그만큼 이 땅에서 소나무의 역사는 우리의 삶보다도 훨씬 깊다는 사실을 말해준다.

오랜 자연사를 지닌 소나무를 우리 민족은 집을 지을 때 사용하고, 금줄에 소나무 가지를 달아서 세상에 태어남을 알리었으며, 소나무로 불을 지펴 음식을 해 먹고, 소나무의 껍질이나 꽃가루에서 여러 가지 먹거리를 얻어냈다. 또한 죽어서는 주검이 소나무로 만든 관에 들어갔으니 우리의 문화를 소나무문화라고 해도 지나침이 없다.

이 땅에는 수백 종의 수목이 자라고 있다. 이들 가운데서 유독 소나무들 만이 곤충에 의하여 피해를 받은 역사 기록을 많이 갖고 있으며 지금도 여러 곤충들에 의하여 생채기 나거나 떼죽음을 당하고 있다. 이 같은 이유는 무엇 때문일까? 단지 한반도의 토양에 오래 살아왔고, 널리 분포했던 나무였기 때문만은 아닐 것이다.

소나무가 갖고 있는 생물학적 특성도 영향을 끼쳤겠지만, 그보다도 각 시기마다 함께 살았던 사람들의 소나무에 대한 편애적인 사랑과 이용이 큰 영향을 끼쳤을 것으로 판단된다. 인공적으로 조성된 밭과 논에 집중적으로 재배하는 작물에 해충이 많이 끼듯이 소나무 역시 사람들의 손이 관여하면서 해충과는 뗄 수 없는 관계로 넘어가게 되었다.

사실 지금의 한반도 소나무 역시 솔나방, 솔잎혹파리, 솔껍질깍지벌레, 솔수염하늘소 등등의 곤충들에 의하여 신음을 계속하고 있다. 즉, 1970년대 초까지는 솔나방의 피해가 전국을 휩쓸었고, 1970년대 중반부터는 솔잎혹파리가 번져갔다. 이들의 진정의 기미가 보이는 1990년대 들어서는 남부지방을 중심으로 솔껍질깍지벌레가 그리고 이들보다 더 무서운 소나무재선충의 피해가 확산일로에 있다.

특히 소나무재선충은 매우 미세한 선충으로

솔수염하늘소에 의해 이곳저곳의 소나무로 옮겨지게 된다. 따라서 소나무재선충의 피해를 받은 나무에는 미세한 선충을 죽이기 위하여 나무채로 가루를 내고 불에 태워버려야만 한다. 그래야 다른 나무로 재선충이 옮겨갈 수 없게 되므로 마치 에이즈 바이러스와 비슷하다고 하여 소나무 에이즈라고 부르기도 한다.

소나무와 곤충의 긴 자연사 가운데 가장 두드러진 것이 솔나방의 애벌레인 송충이라 할 수 있다. 우리 민족이 소나무를 보호하면서 맞닥트린 가장 큰 해충이었으므로 그들과는 깊은 애증의 역사를 가지고 있다. 따라서 소나무와 송충이의 관계를 살펴보면서 우리 조상들은 그들을 어떻게 바라보았고, 어떤 인식을 가졌는지, 그리고 그들과의 관계에서 파생된 문화가 어떤 것들이 있는지 찾아보고자 한다.

실제로 이 작업을 하기 위해서는 자연과학의 지식뿐 아니라 역사를 비롯한 수많은 인문사회적인 정보들이 필요하다. 하지만, 이번에 주어진 시간이 매우 짧았기 때문에 기존에 보유된 정보와 인터넷 자료들을 집중적으로 이용하였고 특히 고려사 부분에서 박상진교수의 자료가 주로 참고하였음을 밝힌다.

송충이와 파생된 문화 현상들

송충이의 생물적 특성

송충이는 솔나방의 애벌레이다. 원래 솔나방은 1877년 Butler에 의하여 처음으로 기재되었고, 우리나라에서는 일제시대인 1919년 처음으로 발표되었다. 송충이는 단순히 소나무 만을 먹는 것은 아니고, 해송, 잣나무, 리기다 소나무, 소트로브 잣나무, 방크스 소나무, 낙엽송, 전나무, 솔송나무 등까지도 먹는다.

송충이의 생활사를 중부지방을 기준으로 보면, 7월 하순에서 8월 중순에 어른벌레인 솔나방이 되고 이들의 수명은 8일 내외로 짧은 편이고, 짝짓기를 한 후에 주로 야간에 새 잎 위나 그 부근의 가지에 덩어리로 또는 줄로 낳아 붙인다. 이렇게 낳은 알무리에는 보통 300-400개의 알이 함께 붙어있게 된다.

알에서 부화된 애벌레인 송충이는 알이 있던 장소로부터 떼로 모여 잎을 갉아먹으며 깨어난 지 4-5일 후부터는 분산을 하되, 실을 뽑아 외적의 공격을 피한다. 11월 상순까지는 대략 6회의 탈피를 하고 그 후 수피 사이 또는 뿌리근처의 흙 또는 낙엽, 돌멩이 밑에 들어가서 겨울을 난다. 다음해 3월 하순-4월 상순에 다시 나무를 타고 올라가 먹이 섭식을 한다. 이러한 애벌레는 7월 상순까지 허물벗기를 4, 5회 더 하여 몸길이가 75-85mm가 된 상태에서 고치를 짓는다.

고치는 먹이식물의 부근 잎이나, 가지, 수간에 지으며 13-28일 정도 사이에 성충이 된다. 또한 송충이는 보통 침엽이 무성하고 조직이 무른 엽질을 즐겨 먹으며 야외에서는 건조하고 일조가 좋은 숲이 음습한 곳보다 훨씬 피해가 많다. 아울러 송충이는 7월에 번데기가 될 때까지 비교적 성장이 왕성한 어린 나무를 공격하는 경우가 높으며, 큰 나무에서도 아래 가지에 많은 것이 보통이나 피해가 심하여 잎이 부족한 경우에는 상층으로 이동한다.

송충이의 피해는 소나무 잎을 갉아먹는 것에 국한하지 않고, 이들이 먹은 정도에 따라서 나무가 죽거나, 생장저해가 일어날 수 있으며 따라서 2차 해충의 공격을 받게 될 가능성이 매우 높다. 즉, 그 피해가 그 해에만 국한된 것이 아니라 3-5년을 지속하게 하게 하는 특성을 갖는다.

역사 속의 송충이

우리나라의 소나무에서 송충이의 피해가 어느 때부터 창궐하였는지는 역사적으로 명확하지 않다. 「삼국사기」에는 송충이에 대한 기록은 나타나지 않는 것으로 보아 당시에 피해가 있었다고 하더라도 국가적 문제로 부각될 정도는 아니었는지 모른다. 또한 통일신라의 숯문화로 볼 때 당시의 임상이 활엽수가 주축을 이루고 소나무림이 적었기 때문으로 보인다. 그 후 고려가 세워지고 고려사에서 송충이 피해 기록이 다발하게 된다. 처음 기록된 것은 고려 숙종 때로서 특히 숙종 5년에서 7년의 3년 간에는 송충이 피해가 너무나 극심하여 이를 줄여 보려고 군사를 동원하여 잡아보기도 하고 불경을 외우고 기도까지 드렸으나 효험이 없자 요즈음 식으로 말하면 내각 총사퇴까지 거론되었다. 이후 10-20여년 간격으로 송충이 피해에 관한 기사는 명종 때까지 이어진다. 그 후 송충이 피해는 공민왕에 들면서 다시 극심해지기 시작하여 이후 조선왕조 세종 8년1425에 이르는 70여년 간 수많은 송충이 기록이 남아 있다. 특히 공민왕과 조선왕조 태조의 재위기간 때 더 심하였다(박상진, 인터넷자료).

그러나 송충이 창궐에 대한 대처 방법으로서 과거에는 주로 불경을 외우거나 기도에 공을 들였다면 공민왕 이후부터 조선왕조 간은 잡아죽이는 방법과 송림의 벌목 등으로 실질적인 구제와 관리법이 중심이 되었다. 즉, 태종 15년1415년 4월 서울 주변의 산에 송충이가 발생하여 그 피해가 심하자 한성부에 명해 송충이 구제에 나섰고, 이때를 전후해서 서울 4산인왕산, 낙산, 남산, 북악산의 관리를 엄격하게 하였다(서울특별시시사편찬위원회, 1997).

이처럼 조선 초기를 지나면서 송림의 관리가 철저해지면서 송충이 피해는 최소한 서울 4산에서는 미약하게 되었다. 하지만, 임진왜란를 거치면서 국법이 해이하여지고 다시 황폐해지기 시작하였다. 숙종 29년1703년 10월에 서울 4산에 송충이 대발생하였기에 군대를 동원하여 잡았고, 그 다음해인 1704년 5월에도 경복궁 내에서 송충이가 대발생하여 서울의 동, 서, 남, 북, 중부의 5부에 명하여 민간인을 동원하여 잡았다고 한다.

이러한 송충이의 피해는 나무에만 국한된 것이 아니고 큰 비가 오면 산에서 많은 돌과 흙이 하천 등으로 흘러들게 하는 데 일조하여 하천의 준설을 하게끔 만들었다고 한다.

아울러 고려시대와 더불어 조선시대에도 천인감응사상天人感應思想의 발현으로, 이상한 재해가 발생되면 불교행사 중심은 아니지만, 영내의 명산대천이나 사직에 제를 지내 재해의 소멸을 빌었다.

그 가운데 포제는 황충과 송충 등의 충해가 심할 때에 행하여지는 것으로 인조 16년1638년부터 숙종 19년1693년 사이에 거행된 해괴제 등에 관한 기록을 등록한 해괴제등옥규 12887 예조조선편을 보면, 포제는 재해가 발생한 지방의 감사유수의 장계를 근거로 하여 그 실행 여부가 정해지면, 해당 부서인 예조의 전향사 등에서 향香·축祝·폐幣를 내려보냈다. 지방관은 그에 따라 전물奠物을 마련하고 제관을 선택하고 좋은날을 정하여 그 제를 행하였다고 한다.

또한 포제를 위한 제단을 포단이라고 하는데, 특별히 포제 만을 위하여 단을 설치하지는 않고 제사의 목적에 따라서 다른 단을 이용하였다. 만일 포제의 경우 향축폐를 마련하여 내려가는 도중에 해충이 소멸되면 향축이 환송되기도 하였다고 한다. 이같은 상황에서 특히 송충이에 관한 것이 1685년 9월 축양제수의祈禳祭收議를 거쳐 제사가 설치되었다고 한다.

그 사례로 숙종 24년1698에 고금도와 완도 등지에서 송충이 크게 발생하였다는 소식을 듣고 서울 근교에서 제사를 지내로록 하였는데, 향축을 내려보냈고 이조판서 이유한문가 자리를 정하고 기양을 하였다고 한다.

전설 속의 송충이

공필장의 송충이 퇴치

공필장은 효성이 지극하여 아버지가 돌아가신 후 7년 만에 어머니마저 병으로 돌아가시자 어머지 산소에 손수 소나무를 심어 가꾸었다. 소나무들이 무성하게 자란 어느 가을, 송충이가 마구 번져 필장은 날마다 손수 잡았지만, 송충이는 더 무성해졌다고 한다. 지친 필장은 소나무를 어루만지면서 "소나무야! 내 힘이 모자라고 정성이 부족하여 너를 이렇게 송충이가 뜯어먹게 하였구나. 나를 용서해라"하고 슬피 울었다 한다.

그러자 어디선가 까마귀떼가 날아와 일제히 소나무가지에서 송충이를 입에 물이 산 아래에 있는 연못에다 버리는 것이었다. 이 소식을 들은 마을 사람들은 필장의 효성에 하늘이 감복한 것이라 하였으며, 그 후 마을 나무꾼들은 필장의 선산 가에서 나뭇가지 하나라도 꺾은 사람은 송충이보다 더 어리석은 사람이라 하였다고 한다.

송충이를 깨문 정조대왕

정조가 아버지 사도세자의 능을 화산으로 옮겨와 능 주변에 소나무, 잣나무, 상수리나무, 밤나무, 호두나무 등을 조림하였는데 어느 해 송충이의 피해가 극심하여 융릉 주변 마을에 명을 내려 송충이를 잡게 하여 송충이 한 사발에 엽전 7푼을 대가로 주었는데 그렇게 잡은 송충이가 수천 섬에 달하였다고 한다.

그러나 송충이의 극성은 날이 갈수록 더하여 결국은 급한 전갈을 받은 정조가 몸소 행차하여 보니 송충이의 기승이 말이 아니었다. 정조는 참을 수 없어 송충이를 잡아 입에 깨물며 "아무리 미물일 망정 네 어찌 정성껏 가꾼 친신의 솔잎을 모두 갉아먹느냐"하니 갑자기 검은 비와 뇌성벽력이 치더니 나무의 송충이들이 모두 떨어져 죽었다고 한다. 이는 정조의 효성에 감복하여 하늘이 송충이를 구제하였음을 의미한다.

그런데 정조의 전설은 몇 가지 이설을 가지고 있다. 다른 본에 의하면 정조가 송충이 중에서 가장 큰놈을 잡아 "네놈이 송충이 대장이렸다. 그런데 어찌 철없이 비명으로 돌아가신 어버지를 섬기는 능을 보호하는 소나무를 해칠 수 있느냐? 이것은 이 땅을 사는 생명으로서 불충이 아니냐? 사형을 내려서 너의 무리가 더 이상 소나무를 망치지 못하게 하리라" 하고 큰 송충이를 꿀꺽 삼켜버렸다고 한다. 이 소문이 온 나라에 퍼지고 송충이 세계에도 퍼저서 오늘도 수원의 소나무가 온전하다고 한다.

눈에 넣은 송충이

이중하는 함경도 안변부사로서 1885년 조정으로부터 감계사로 임명받았으며, 조선과 청나라 간 국경선을 결정하는 을유 감계담판에서 조선대표의 외교관으로 간도를 지켜낸 인물이다. 그는 한일합방 직후에 고향인 경기도 양평으로 낙향을 하였는데, 정부에서 내리는 은사금이나 합병기념 훈장을 받지 않았고, 오히려 반박문과 함께 돌려보냈다고 한다.

그 후 후작의 작위를 내리려하자 자신이 눈이 멀어 받지 못하겠다 하니 일제가 이를 시험하기 위하여 이중하 선생의 눈에 송충이를 넣었다고 한다. 그 때 선생은 꿈쩍도 하지 않은 채 눈을 부릅떴다고 그의 증손자는 부친으로부터 전해들은 이야기를 하였다(뉴스메이커 2004. 01.29).

송충이와 관련된 전설은 세 가지가 있다. 그 중 둘은 소나무에 발생된 송충이를 퇴치하는 것과 관련되어 있는데 그 만큼 조선시대에도 소나무의 관리에서 송충이의 발생이 차지하는 심각성이 매우 크다는 것을 암시한다고 볼 수 있다.

그런데, 두 전설을 둘다 효심을 바탕으로 송충이 퇴치를 한다는 점에서 공필장과 정조대왕의 전설은 공통점이 있지만 정조는 인간세계 왕의 권위로서 송충이 세계의 왕을 깨물어 제압하는 모습을 보이면서 하늘이 돕는 이중적인 장치를 가지고 있지만 공필장은 하늘에 효심을 통한 호소가 까마귀라는 조력자를 움직여 대신 퇴치해 주는 차이를 보였다.

이는 아마도 둘 사이의 신분적 차이에 따른 전설을 전개하는 요소의 차이라고 생각된다.

세 번째 전설은 조선 말에서 일제 초기의 이중하와 관련된 이야기로서 증손자가 아버지에게 전해들은 이야기이므로 전설로 다룰 수 있을 것으로 판단되어 여기서 다루었다. 여기서는 송충이의 털이 갖는 독침을 참아냄으로서 이중하의 의지를 강화시키는 요소로서 이용되었다.

신앙 속의 송충이

제천군 청풍면 신리에 새말이라는 마을이 있다. 이곳에는 정월에 택일하여 동제를 수행한다. 천지봉의 큰 소나무와 큰 마을에 있었던 서낭당에서 제의를 행하였는데, 먼저 천지봉에 있던 당목에 제를 올린 다음 서낭당에서 제를 올리곤 하였다. 마을 사람들은 나라에 큰일이 날 때 큰 소나무에 송충이가 생긴다고 걱정하였는데, 그 후 얼마 지나지 않아서 4.19가 일어났다고 한다.

하지만, 그 마을의 서낭당은 1970년대 새마을 운동이 시작되면서 허물어졌으며 천지봉에 있던 소나무도 송충이의 피해로 죽게 되었다. 당시 당나무소나무에 생긴 송충이가 천지봉에 있는 모든 나무를 다 갉아먹어 마을의 주산에서는 벌흙만 보였을 정도였다고 전해진다(청풍물태마을. 인터넷자료).

이처럼 이 마을 주민의 믿음은 신적 요소를 가진 소나무를 해치려는 송충이의 발생에서 역사적 큰일의 발생을 암시하는 부정적인 장치로 인식되었고, 마침내 당나무의 제거로 인하여 주산의 소나무들이 해충인 송충이의 공격에 초토화 당하는 재앙을 입게 되었다는 믿음의 강화 현상으로 나타났음을 알 수 있다.

속담과 속신어 속의 송충이

송충이와 관련된 속신어는 3가지가 존재한다.

일반에서 흔히 알고있는 '송충이는 솔잎을 먹고 자란다. 갈잎을 먹으면 떨어진다' 는 것은 송충이의 소나무만을 먹는 단식성의 식성를 빗대어 사람들에게 각자의 본분을 지켜야 한다 라고 하는 일종의 당위 속신으로 볼 수 있다.

'황사 현상이 많으면 그 해는 송충이가 적다' 는 아마도 계속된 자연관찰 속에서 황사 현상이 심한 해에는 그 흙바람에 의하여 송충이 발생율이 낮아졌기 때문에 나온 전조 속신으로 판단된다.

그 외의 '사대부집 자식이 잘못되면 송충이가 된다' 라고 하는 것은 아마도 좋은 집안의 자식은 나쁘게 되면 송충이처럼 남의 고혈을 빨아먹는 인간이 될 수 있음을 경고하는 속신으로 볼 수 있다.

속담에서는 8개 구가 있는 데 그 가운데 '송충이가 갈밭에 내려왔다' '송충이는 갈잎 먹으면 죽는다' 처럼 속신어에서 보듯이 송충이의 식성의 범위를 자신의 분수로 보는 시각에서 출발되었다. 즉, 자신의 분수를 지키라는 뜻의 속담이 중심이 되었다고 볼 수 있다. 하지만 여기서 파생하여 '송충이 오죽하면 갈밭에 내려올까?' 등처럼 어쩔 수 없는 상황에 대한 자조 섞인 표현도 있다. 이외에 '막된 송충이다' '송충이 씹는 상이다' 처럼 송충이에 대한 강한 부정적인 인식을 통하여 정형화된 속담도 있었다.

일상언어 속의 송충이

우리들의 일상적인 말속에 송충이에 비유되는 말들이 종종 있다. 대표적인 것인 눈썹이 북실북실 댈 정도로 길고 많은 경우를 송충이 눈썹이라고 한다. 즉, 털이 많은 송충이를 연상시키기 때문이다. 그것은 바로 50년대 식 화장법의 하나였다. 즉, 6.25와 유엔군 주둔으로 직업여성들이 급격히 늘었고 이들이 서양식 화장법을 급속히 퍼뜨린 시기로서 숯 검댕이 같은 눈썹이 유행을 하게 되었는데 그것이 바로 송충이눈썹이다.

또한 무언가에 떼로 모여든 사람들의 모습을 보고는 송충이 떼처럼 모였다 라고 표현한다. 특히 먹거리에 모인 장면에서 그 같은 모습은 잘 연상될 수 있다. 북한에서 나온 사람의 이야기를 들어보면, 먹거리가 부족한 상황에서 작업하다가 보위부원이 없으면 뽕나무에 달린 오디를 순식간에 모여 따먹었다고 한다.

이때 이 같은 장면을 송충이 떼처럼 모였다 라고 표현한다고 한다. 또한 군사문화에서는 이병에서 병장에 이르는 계급장을 비하할 때 작대기 하나와 같이 송충이 하나 달았다고 한다. 그리고 '송충이 씹은 상이다' 란 속담과 같이 사람을 비웃거나 경멸할 때 '송충이 보듯한다' 라는 말 역시 자주 사용된다. 그렇지만, 지금처럼 송충이를 잘 보지 못하는 세대에서는 '송충이' 에서 '벌레' 로 대체되는 경우도 많다고 생각된다.

소설 속의 송충이

소설 속에서 송충이가 어떤 모티브를 제공하였을까? 송충이가 묘사된 2편의 대표적 소설을 통하여 일제시대와 1970년의 사회상을 살펴보고 송충이가 갖는 의미를 파악해 볼 수 있다. 첫 번째는 1925년에 「조선문단」 1월호에 발표된 김동인의 대표적 단편소설인 「감자」이다. 송충이가 나오는 줄거리를 보면, 주인공 복녀는 선비 집안에서 태어났으나, 남편을 잘못 만나 빈민굴로 들어가는 신세가 되었다.

그 때 평양루 부근의 소나무 밭에서 송충이가 들끓었는데 이를 잡는데 복녀가 살았던 칠성문 밖 빈민촌의 여인들을 인부로 쓰게 되었다. 그녀들 가운데 선발된 복녀도 사다리를 놓고 올라가서는 집게로 집어서 약물에 잡아넣고 하면 잠시 통이 차곤하였는데 하루에 삼십 이전씩의 품삯을 받았다고 한다. 그런데, 대엿새 하는 동안에 다른 젊은 여인들이 감독과 놀고있는데 그녀들의 품삯이 오히려 팔전이나 더 비싸다는 것을 알게 된다.

마침내 어느 날 송충이를 잡다가 점심때가 되어서 나무에서 내려와 점심을 먹고 다시 올라가려 할 때 감독이 그녀를 찾게 되고 복녀 역시 일 안하고 품삯을 받는 여인으로 변하게 된다. 이 같은 내용으로 볼 때 송충이를 잡아내는 방식에서는 어떤 독성 액체 속에 담가 죽이는 방식을 취하였고, 사다리를 놓고 잡을 정도로 수관의 하층에서 먹던 송충이가 상층으로 번져 올라갈 정도가 되었을 정도였다.

또한 당시의 송충이잡기는 지금의 공공근로 사업과 같은 취로사업의 일환으로 벌어졌으며 사회의 중심 문제의 하나였음을 알 수 있다. 또한 송충이잡기는 주인공 복녀의 도덕성 상실의 모티브를 제공하여 타락된 인생의 길을 가게 하는 전기가 되었다.

두 번째 소설인 이문구의 '우리동네 황씨' 에서는 송충이잡이와 관련된 현실 비판이 매우 강한다. 그의 소설은 1977년 농촌으로 들어가서 체험된 현실을 반영한 것으로서 당시에는 송충이를 집게로 잡는 시기에서 백강균으로 죽게 하는 경화살제로 궤하는 방식이 보급되었음을 알 수 있었다. 또한 면과 같은 행정단위에서 산주와 이장 등에게 송충이의 구제에 대한 성화가 매우 컸다.

따라서 애벌레 시기가 끝나고 번데기가 되는 시기에도 구제작업이 강요되었고, 업적 중심의 전시적 작업이 많았다. 또한 일제시대와 달리 송충이 구제사업은 취로사업이 아니라 자원봉사의 측면이 되었지만, 오히려 주민들의 희생을 강요하게 되는 작업이 되었으며 특히 초등학생을 비롯한 어린 학생들의 동원이 많았다.

이같은 점으로 볼 때, 일제시대를 거쳐 70년대까지는 계속된 송충이 발생은 사회문제였는데, 이에 대한 해결방식은 물리적인 방식으로 비슷했지만, 결국 민초들의 삶에 부하를 주는 일이었고 그 과정을 통하여 송충이에 대한 나쁜 인식은 강화되었을 것으로 판단된다.

시에서 나온 송충이

조지훈의 시 '산중문답' 에서 '용의 비늘을 지녔으나 소나무는 …중략… 송충이 기는 그 수척한 가지에는 한점 그늘을 던질 잎새조차 없고—' 라고 묘사되어 있다. 즉 송충이는 수척하고 잎새조차 없는 가지에서조차 먹이를 먹으려드는 악독한 자처럼 묘사되어 있다. 이보다 더 강하게 인간에 대비시킨 시도 있다.

윤금초의 연작시인 '청맹과니 노래' 에서 '3. 비황정책' 을 보면 아전들의 횡포를 신랄하게 묘사하는 풍자의 대상으로 송충이가 나온다. 즉, '아전님. 진액을 핥는 아, 송충이 아전님아. 날개 동친 산 귀신의 시뻘건 머리칼에 구천그루 소나무가 단 손에 달미 잡힌, 기름 말라, 피가 말라, 뼈골마저 하비인 몸. 옴딱지 이 파리의 문둥병 줄거리네. 아전님. 진액을 핥는

아, 송충이 아전님아' 에서 보듯이 정말 지독히 악날함을 송충이의 소나무 해에 빗대었다(이지엽, 2003).

반면에 송충이의 이동 행동을 성적인 표현으로 사용된 예도 있다. 마광수시인의 '변태'에서는 ' —꽃처럼, 불처럼, 아메바처럼, 송충이처럼/ 끈적끈적 무시무시 음탕음탕 씩시쎄시—' 에서 보듯이 송충이가 나무를 스멀스멀 기어다니는 모습에서 성과 관련된 행동의 상상을 유발케 하는 인자로서 작용하였다.

변천과 쇠락하는 송충이문화

요즘 사람들은 특히 30대 정도부터는 진짜 송충이가 어떻게 생겼는지 잘 모른다. 1970년대 미국흰불나방이 우리의 삶터 주변에서 대 발생하였을 때, 그 애벌레들은 학교 운동장 옆 벤치를 비롯하여 여기저기에서 긴 털을 달고 기어 다녔다. 당시 솔나방은 줄어드는 추세였고 미국흰불나방은 증가일로였다.

따라서 사람들은 그 미국흰불나방의 애벌레를 송충이라고 부르기 시작하였던 것으로 판단된다. 즉, 원래의 송충이가 갖고 있던 길고, 몸에 털에 많은 이미지가 그대로 미국흰불나방의 애벌레를 보면서 연상되어 그저 송충이라 부르게 된 것이다.

이처럼 될 수밖에 없는 이유에는 서양과 우리들의 곤충 이름의 차이에서도 비롯된다. 서양에서는 털이 많이 달린 애벌레 즉, 나방 애벌레들올 개터필러caterpillar라고 하는데 비하여 우리의 언어에서는 이에 해당하는 적당한 말이 없었다.

다만 한자로 모충毛蟲이란 말이 있기는 하였지만 당시는 한글 중심의 교육세대에서는 입력이 잘 되는 말은 아니었다. 따라서 미국흰불나방의 애벌레를 쉽게 부를 수 있는 말이 필요하게 되었는데, 가장 적합했던 것이 그 전에 대발생하였던 솔나방 애벌레인 송충이가 넓은 의미의 나방 애벌레로 사용되는 것이었다.

보기 드문 곤충이 된 솔나방 애벌레인 송충이는 그가 지니고 있는 개념에 대한 변화를 겪으면서 점차 언어 속에서도 사용되는 빈도가 낮아지고 있는 듯싶다. 좀더 분석이 필요하지만 과거에 '송충이 보듯 한다' 라는 말이 이제는 '벌레 보듯 한다' 정도로 사용되고 있으니 말이다.

과거 초등학교에서 송충이를 잡으러 학교와 마을 뒷산을 다니던 40대 이상의 세대에서 각인된 송충이의 개념이 흐릿해지면서 그가 파생했던 문화적 현상들도 급속히 줄어든다. 한 예로 송충이잡이를 위하여 빨래집게를 변형하여 만든 송충이집게를 상품으로 개발했던 이도 있다. 하지만 이제는 그 집게를 박물관에서도 찾아보기 어렵다.

송충이는 소나무에게는 나쁜 해충일 수 있으나, 오랜 세월 동안 계속된 인위적인 소나무 보호정책에 잘 적응한 것이며, 이와 맞선 인간들의 대처과정에서 다양한 문화가 자연스레 만들게 하였고 그들이 잊혀지면서 함께 사라지고 있는 셈이다.

따라서 이번 자료에서는 소나무와 송충이, 그리고 거기에 개입된 인간들의 오랜 궤적을 집어보면서 좋듯 싫든 우리 문화 속에 잔존해 있는 송충이의 문화적 의미를 조가조각 모아보았다는데서 그 의미를 찾고자 한다.

참고문헌

김창환 등. 1965. 송충의 방제에 관한 연구보고. 고려대학교부설 한국곤충연구소 연구보고제1집, 113pp.

마광수와 그의 시모음.http://home/megapass.co.kr/%7Ebuffa3/poem/makwansu.htm. 2004-08-03.

미용지 '향장' 이 본 미용역사. 여성전문포탈 Woman hk. http://woman.hankooki.com/

woman/beauty/200202/wo20020204190159H3000.htm. 2004-08-04.

박상진, 고려사 CD로 본 나무이야기. http://bh.kyungpook.ac.kr/~sjpark/repo27%B0% ED%B7%C1%BB%E7CD.htm. 2004-08-05.

서울특별시시사편찬위원회 , 1997.「서울의 산」.

솔나방. 주요산림병해충. hppp://152.99.197.75:9000/mostpest/hmostpest005.htm. 2004-08-02

요덕괴담 제1탄. 탈북인동호. 북한사람 북한이야기. http://nkchosun.com. 2004-08-03.

이성원과 시민운동. 철사수공품 전시회. http"//www.esungwon.com/belief_page01_07.htm. 04-08-03.

이지엽, 2003. 변혁과 생성의 시조 -윤금초론-. http//yusim.buddism.org./html/ 2003-sum-yun-keum-cho-ron-lee-ji-yup.htm. 2004-08-05.

윤호우, 2004. 목숨걸고 간도지킨 이중하를 아십니까. 뉴스메이커 2004.01.29.

포단, 서울600년사. http://seoul600.visitseoul.net/seoul-history/munwhasa/txt/test/ 2-9-1-9.html. 2004-08-04.

하늘이 낳은 효자 공필장孔弼章. 장성군 문화관광, 역사적인물. http//jangseong.jeonnam.kr/ culture/m07/c01-20.htm. 04-08-03.

解怪祭謄錄(奎 12887), 禮曹(朝鮮) 編. 1책(99장) 필사본 41×28cm.

최래옥, 2003. 장승배기와 정조대왕. 설화기행, 서울 속으로. 하이서울뉴스. http://inews.seoul.go.kr/homepage/parts_section.php?ltype=view2004-08-3.&nid=18&nid=1349. 2004-08-03.

이이화, 2004.「한국사 바로 보기」9. 우리 역사 속의 천도. 경향신문. 2004-07-14.

소광리 솔숲을 송금강松金剛으로 지정하자

김기원 국민대학교

금강석

독일의 광물학자 프레데릭 모스Frederick Mohs는 물질의 세기를 쉽게 비교할 수 있도록 모스경도Mohs' Hardness를 만들었다. 이것은 가장 약한 활석에서 가장 강한 다이아몬드에 이르기까지 10가지 광물의 상대적인 단단함 정도를 정해 놓은 것이다. 모스 경도가 10인 다이아몬드는 세상에서 가장 단단한 것으로 알려져 있다.

다이아몬드가 이렇게 단단한 이유는 그 결정이 수십억년 전 지구 깊숙한 곳에서 엄청나게 뜨거운 열과 압력으로 생성되었기 때문이다. 물론 이렇게 굳어진 다이아몬드는 다른 광석과 마찬가지로 보통의 돌덩어리에 지나지 않는다. 여러 단계를 거치는 연마사의 피나는 세공으로 비로소 찬란한 아름다운 모습을 보이게 된다. 단단하기 때문에 가공 과정도 쉽지 않았을 것이다.

그래서 다른 보석들보다 비교적 늦게 진가를 드러냈는데 역사에 등장하게 된 것은 기원전 6세기라고 하며 본격적으로 연마 가공에 성공하여 실용화된 것은 15세기 중기부터라고 한다. 가장 단단하다는 당당함과 빛의 아름다움 때문에 최고의 보석으로 자리매김하고 있고 애호가들의 사랑을 독차지하고 있다. 그래서 보석 중의 보석은 당연 다이아몬드이다.

다이아몬드를 한자 문화권에서는 금강석金剛石이라 부른다. 금강이란 '단단하기가 으뜸가는' 이라는 뜻이다. 또한 금강이라는 말은 특히 불교와 관련된 말에 관형어처럼 쓰이고 있는데 '가장 뛰어난' '가장 단단한' 등의 뜻을 가지고 있다.

그래서 불교경전 중에서도 뛰어난 경전을 금강경金剛經이라고 부른다. 금강경금강반야바라밀경의 준말은 반야般若로 본체를 삼고, 제법諸法의 공空과 무아無我의 이치를 금강의 견실함에 비유하여 설법한 경전이다. 즉, '금강과 같이 견고하고 능히 일체를 끊어 없애는 진리의 말씀' 이라는 뜻을 담고 있는 경전이다.

금강경의 영어 표현도 다이아몬드경Diamond-Sutra이라고 한다. 금강경은 선종에서 으뜸으로 여기는 대승불교 초기경전으로 우리나라 조계종에서도 소의경전所依經典, 즉 근본 경전으로 여기고 있는 뜻이 깊은 경전이다.

금강이라는 말의 뜻이 이렇듯 '가장 뛰어나고, 아름다운, 으뜸가는' 등의 뜻을 지녔기 때문에 그 뜻에 합당한 사물이나 장소가 있으면 그의 앞이나 뒤에 사용하여 이름을 붙이고 있다. 이를테면, 금강사金剛寺, 금강산, 소금강, 내금강, 외금강, 해금강 등.

태백산맥 줄기를 따라 비로봉을 주봉우리로 펼쳐진 금강산은 우리나라에서 가장 아름다운 산이다. 금강산에 버금가는 산을 소금강이라고 부르는데 오대산 삼산리 일대의 아름다움을 일컫는다. 소금강이란 이름은 조선시대의 학자 율곡 이이李珥 선생께서 이곳의 청학동을 방문하여 쓴 「청학산기靑鶴山記」에서 유래한다. 빼어난 산세가 마치 금강산을 축소해 놓은 것 같다고 하여 붙여진 이름이다.

나무 중에 금강송金剛松이라고 부르는 소나무가 있다. 곧고 장쾌하게 자라는 당당함과 겉모습의 아름다움 때문에 그렇게 붙여진 이름일 것이다. 무엇보다도 소나무 중의 소나무이기 때문에 금강송이라고 부르는 것이리라.

경북 울진군 소광리의 소나무숲이 바로 이러한 금강송들이 자라는 곳이다. 전국 여러 곳에 아름다운 소나무숲이 있지만 제일 아름다운 소나무숲 중의 한 곳이 소광리 일대에 펼쳐진 소나무 숲이다.

소광리 소나무, 금강송

내가 처음으로 소광리 소나무숲을 찾은 것은 어느 해 늦가을로 숲과 문화 연구회의 아름다운 숲 탐방 때였다. 근처에 있는 통고산 자연휴양림에서 하룻밤을 묵고 아침 일찍 소광리를 찾았다. 아침에 일어나 보니 하늘이 웬 청물감을 쏟아 부어 놓은 듯 온 천지가 새파랬다. 그렇게 파랗디 파란 하늘을 본 기억이 많지 않았다. 마침 일요일이었는데 신의 날이니 저렇게 더 파랄까하는 생각도 들었다. 하늘을 보고 이렇게 감탄한 적도 없었을 것이다. 무언가 좋은 일이 있을 것같은 예감이었다.

포장 도로를 지나 비포장 길을 한참이나 달려 골짝 깊숙히 들어왔다. 물따라 솔따라 한참이나 들어가니 그 옛날 울진 삼척 지역으로 공비가 침투했을 때 착한 우리 동포를 학살하였다는 마을도 나왔다. 아 내가 이런 곳에 있구나, 무서워라, 빨리 보고 나갔으면 하는 생각도 들게 하는 곳이었다.

차만 타고 들어가기엔 너무 아까운 곳 쯤에서 차를 세웠다. 우리가 들어가야 할 숲 길 입구에는 임도 차단막이 내려져 있었다. 차단막이 내려져 있는 입구 왼편에는 거대한 소나무 한 그루가 불탄 채로 사막의 검은 스핑크스처럼 버티고 서 있었고 옆에는 잘려진 소나무 한 그루에서 나온 토막들이 가지런히 쌓여 있었다. 숲 깊숙이 들어서니 더욱더 아늑한 기분이 들어 마치 타임머신을 타고 휘익 아스라이 곡선을 그리면서 들어온 기분이다. 길을 올라가는 왼편에 계곡을 끼고 숲길을 한참이나 올라갔다. 청물감빛 하늘에서 태양이 주는 마지막 빛을 받으며 노랑 빛으로 살랑살랑 잎 떠는 사시나무를 지나, 골짜기 아래로 내려다보이는 작은 능선에 소나무들이 즐비한 곳을 볼 수 있는 곳에 이르렀다.

골짜기를 타고 내려오던 낙엽이며 영양물질이 많이 퇴적되어 작은 능선이자 둔덕을 이룬 이 양지바른 곳에는 소나무들이 삼대처럼 솟아었다. 산길에서 서서보니 큰 나무는 내려다 보이는 길이가 20여 미터는 될 듯 싶고, 올려다 보이는 높이는 그 보다 훨씬 높아 보엿다. 몇 년을 무엇을 먹고 자랐길래 저리 듬직하게 자랐을까. 계곡 가에 쌓여가는 송이 썩은 흙이나 산삼 녹은 물을 빨아올렸을까. 정기도 좋을 듯 더욱 우람해 보였다.

양지바른 곳에 서 있는 저 솔밭에 한 번 앉아 보았으면 하고 서있는데 누군가 '모두 내려가 보죠' 하는 바람에 신들이 나서 솔밭으로 내려갔다.

지조와 절개를 느낄 수 있는 나무들

모두들 솔밭에 섰다. 그런데 이런 푹신한 솔밭에 앉아보지 왜 서 있을까.

나는 소나무 밑둥치에 앉아 눈을 치켜들어 하늘로 높다랗게, 그래 맞아, 토네이도처럼 구비구비 치솟은 소나무 줄기의 장엄하고 근사한 모습을 한 놈을 목 아프게 한참이나 치켜 올라다 보고 있었다. 솔가지 끝에 달리 솔방울이 나를 이 아래로 까나득히 내려다보고 있었다.

중국사람 갈홍은 「포박자」에서 '큰 언덕에 누워있는 소나무와 큰 골짝에 비스듬히 서있는 잣나무는 하늘과 더불어 그 길이가 같고 그 구원함은 땅과 같이 하도다' 라고 했다는데, 그럴 리가 없겠지만 이곳 송금강 소나무를 보고 읊은 것이 아닌가 억측해 본다. 옆에서 보고 있던 중학생 자매가 신이 나서 나의 꼴을 본 따더니 그럴 듯하다고 생각되었는지 자기 아빠한테 권유하고 있었다.

이렇게 늠름하고 푸르고 곧은 모습의 소나무를 보면 상징어로 지조라든가 절개라는 단어를 떠올리고 사표가 되는 선인들을 생각나게 한다. 많은 선조들이 있지만 특히 조선시대에 신하로서 임금에 대한 지조있는 삶을 살다 간 근보 성삼문 선생을 잊을 수 없다.

그는 단종을 몰아내고 왕이 된 세조에게 '하늘에는 두 해가 없고 백성에겐 두 임금이 있을 수 없다' 라며 외치며 옛 임금에 대한 충성심과 지조와 절개를 굽히지 않았다. 그 때 그가 남긴 시는 이 나라 백성이면 누구나가 다 아는 노래이다. '이 몸이 죽어 가서 무엇이 될고 하니, 봉래산 제일봉에 낙락장송 되어 있어 백설이 만건곤할 때 독야청청하리라.'

그의 희망대로 그는 죽어서 의리있는 소나무가 되었다. 「장릉지莊陵誌」를 검색하면 이러한 내용을 발견할 수 있다. 선생은 죽어서 은진현 지금의 논산 땅에 묻혔는데 당시 현감으로 부임 온 정효성이라는 사람이 선생의 묘 곁에 소나무가 흘연히 홀로 서 있는 것을 보고는 다음과 같은 서문과 함께 묘송시墓松詩를 지었다고 한다.

'내가 외람되이 은진현령恩津縣令이 된 지 6년이 되었으나, 성근보成謹甫의 묘가 경내境內에 있는 줄을 알지 못하였다. 어느 날 저녁에 치하인治下人과 더불어 우연히 말이 여기에 미쳐서, 비로소 성근보의 묘가 이 지방에 있다는 사실을 알았다. 아아, 성근보가 죽음을 당하여 묘를 쓰니, 흘연히 한 그루의 소나무가 그 아래에서 났다.

이 소나무는 비록 다북쑥 사이에 섞여 있었으나 구름을 뚫을 기상을 이미 이루었으므로, 나무하는 아이들이 도끼질을 해도 해칠 수가 없으며 산불도 이를 태워 버릴 수가 없도다. 울창하고 우뚝하여 장차 세한歲寒의 자태를 이루었으나 세상 사람들이 이른바 동량棟梁이라 하는 것들과도 함께 자라하려 하지 아니한다.

우뚝하게 영역塋域 위에 홀로 서서 뇌뇌낙락磊磊 몹시 태연 자약한 모양하니 이를 범할 수 없도다. 일찍이 된서리나 적설의 속에서도 꺾이거나 부러지지 아니하였으니 이 소나무야말로 그의 정신이 되고 기백이 되어서 서로 통하는 것이 아니겠는가?

아아, 선생이 이 소나무인가? 이 소나무가 선생인가? 소나무가 선생인지 선생이 소나무인지 나는 알지 못하겠으나 소나무가 또한 선생이며 선생이 또한 소나무인 것이니 천 년 후에 소나무와 선생을 아는 자도 또한 소나무와 선생을 하나라고 할 것이다. 아아, 말로서는 다할 수가 없어 마침내 시를 짓노라.'

그 시는 다음과 같다.

곧고 곧은 한 그루의 소나무와	貞貞獨松
늠름한 외로운 충절이	凜凜孤忠
백 년을 서로 의지하니	百年相依
만고의 높은 절개로다	萬古高風

──「장릉지」, 검색 내용

선생의 지조와 의리와 절개가 얼마나 강하였으면 죽음 후에도 영혼이 소나무가 되어 묘에 자라기까지 하였단 말인가! 소나무가 지닌 상징성을 유감없이 보여주는 역사적인 예이다. 성삼문 선생과 같이 굽히지 않는 절개의 나무들이 자라는 숲이 소광리 금강 소나무숲이다. 소나무를 기대고 앉으니 등 뒤가 따스하게 느껴진다. '아, 이렇게 앉아있으니 손에 피리만 있다면 틀림없이 한 폭의 그림일텐데' 김홍도의 〈송하선인취생도松下仙人吹笙圖〉 말이다. 이런 생각을 하면서 솔줄기에 내려앉아 있으려니 신선이 된 기분이었다.

소광리 금강 소나무숲을 松金剛으로 부르자

이곳의 숲은 조선 숙종 때부터 재질이 우수한 소나무들이 자라고 있어 황장봉산으로 지정하여 관리하였다. 특히 이곳 소나무는 나무의 결이 우수하고 황색으로 오랫동안 썩지 않고 변질되지 않는 나무여서 조선 시대에는 왕실 건축이나 관곽재로만 사용하여 왔다. 지금은 원시림 상태로 집단 보존되어 학술연구, 유전자 보존증식 등 육종학적 가치가 있어 천연 보호림으로 지정되어 있다.

총면적은 1,610ha에 달하고, 소나무의 평균 나이는 60년, 가슴높이 지름 38cm, 나무높이는 23m나 된다. 또 1ha의 면적에 서있는 나무의 부피를 나타내는 임목축적은 약 140m³/ha에 이른다. 특히 이곳엔 지름 1m 10cm, 키 25m, 나이 510년 된 소나무도 있다. 그러나 최근 이곳 소나무를 주제로 박사 논문을 쓴 하연 박사의 조사에 의하면 700년 이상된 나무도 있다고 한다. 13세기말이나 14세기 초에 태어난 소나무들이 21세기를 넘어서 살고 있는 곳이 이곳 소광리 금강 소나무 숲이다.

소광리 입구 큰길가에는 자그마한 성황림이 남아있는데 아름드리 소나무가 당산목의 역할을 하고 있다. 소광리 마을의 수호신이기는 하지만 이곳 금강 소나무숲을 지키는 수문장으로서 보초당산의 역할을 하고 있는 것이다. 민속신앙의 맥을 이어가고 있는 흔적을 발견할 수 있는 곳이기도 하다.

죽죽 왕대나무처럼 딴 데로 안가고 바르고

착하게 자란 울창한 소나무숲이랑 계곡에 흐르는 맑디맑은 물로 어우러진 풍경을 이룬 이곳이 금강산이 아니고 어디인가. 울진 소광리 계곡, 무언가 그럴듯한 이름이 있어야 할 것 같은데. 멋진 소나무로 아름다운 금강산, 이름하여 '송금강松金剛'이라고 부르면 어떨까.

학계뿐만 아니라 문화계 일각에서도 소광리 소나무숲에 대한 관심이 크게 일어나고 있다. 소광리 금강 소나무숲은 금강산이나 소금강처럼 뛰어난 기암기석, 명찰, 폭포는 없지만 세계 어디에 내놓아도 부럽지 않은 지조와 절개의 나무, 아름다운 다이아몬드 파인diamond pine, 금강송들이 자라는 곳이다. 소광리 일대를 송금강이라 지정하자고 제안한다.

소나무 천연하종 갱신 시험사업 사례소개

이종붕 산림조합중앙회

서론

본 천연하종갱신에 관한 소개의 글은 동일한 재료산림지로 방법별로 처리의 결과를 고찰해 보는 과학적인 시험결과를 소개한다기보다는 현지에서 사업하였던 경험사례를 소개해 보고자 하는 글이다.

임업기계훈련원 실습림 3,500ha는 강원도 양양군 현남면 일원에 위치하고 있다. 임업기계훈련원 실습림은 지난 20여년 간 국유림을 이용하여 임업기계훈련원에 입교하는 입교생들을 위한 실습장소를 제공하고 친환경적인 선진임업경영의 모델을 제시하고자 운영되어 오고 있다. 소나무 천연하종갱신은 이와 같은 실습림 운영의 목적에 따라 조성되어 왔다.

특히, 실습림이 위치한 강원도 영동권은 해풍과 태백산맥의 영양을 받아 건조한 바람이 형성되어 생태적으로 소나무 생장권역으로 판단되어 왔다.

그러나 과거 무계획적인 소나무 남벌로 현재는 소나무림 하층에 있던 굴참나무가 상층으로 자라 올라와 있어 생장이 좋지 못한 숲으로 형성하게 되었다.

따라서 영동권의 소나무림의 복원은 산림생태적으로 매우 큰 의미를 갖는다. 또한 영동권의 금강송은 우량·통직한 수형과 재질을 갖고 있어 문화재나 건축재로서 높은 경제적 가치가 있고 향토수종으로서 문화적으로도 높은 가치를 지니고 있다. 이상과 같은 이유로 모수에 의한 소나무 천연하종갱신에 의한 친환경적인 숲 조성은 매우 중요한 의미를 갖고 있다고 생각한다.

본론

소나무 천연하종 갱신시험지의 내용을 보면 다음과 같이 4가지 갱신방법별로 분류 할 수 있다.

대형트랙터에 의한 기계적 굴기방법에 의한 소나무 천연하종갱신

- 배경——소나무 하층에 굴참나무의 생육이 불량하여 천연향토 수종으로 갱신이 필요하다고 판단함. 천연하종갱신의 교육용 시험사업이 필요함.
- 위치——강원도 양양군 현남면 하월천리 32 임반
- 시험면적—— 3.0ha

표 1— 시험지 조성 사업내용

시기별	사업별	사업내용	비고
1986년 4월-9월	천연하종갱신	춘기에 상층의 대경목(소나무)을 MB트렉터 지면 끌기 집재기로 수집, 수집하면서 자연스럽게 지면 굴기 작업을 동시에 실시(트렉터 견인 대경재가 노면에 끌려오면서 매우 효과적인 굴기작업이 자연스럽게 이뤄짐). 추기에 지표면 지피물 제거 및 인력으로 부분적인 굴기 작업실시. ha당 잔존본수 57본, 소나무 임령 57년.	사업비:569,280원 (집재비 및 트렉터굴기 작업비는 제외)
1987년-1990년	사후관리	소나무 치수가 발생된 지역을 중심으로 관목류와 초본류 제거	사업비: 513,920원

표 2— 치수 발생 결과

조사일시	조사방법	조사결과	비고
1997년 8월	조사구 크기:3mx3m 조사구 5개 조사구를 도상에서 일정한 거리를 간격으로 지정하여 현장을 찾아서 설치.	9㎡x5개 소=45㎡에서 소나무 75본, 개벗 7본, 물박달 2본총84본이 나타남. ha당으로는 소나무 16,667본, 활엽수 2,000본의 치수 발생에 해당.	1997년 이후 조사된 것이 없으며 1990년 이후는 현재까지 생태관찰원으로 조성되어 관리부서가 이관됨

표 3— 시험지 조성 사업내용

시기별	사업별	사업내용	비고
1988년 9월	천연하종갱신	춘기에 케이블 공중삭도기에 의한 주벌 수확후 화학제(핵사지논)을 살포.잔존모수 12본/ha, 모수임령 58년. 지표면 굴기등의 작업은 없었음.	사업비:270,280원 (인건비만 포함됨)
1989-1991년	사후관리	사후관리할 대상 관목류는 거의 고사되어 소나무 치묘에 방해되는 초본류만 제거(사후관리를 생략할 수 있을 정도로 임지가 정리되었음)	사업비: 571,800원
1999년	어린나무가꾸기	밀도조절, 가지치기	공공근로로 실행

표 4— 치수 발생 결과

조사일시	조사방법	조사결과	비고
1989년 8월	조사구 크기:3mx3m 조사구 3개를 도상에서 일정한 거리를 간격으로 지정하여 설치.	9㎡x3개 소=27㎡에서 소나무 101본, 산벗 1본, 굴참 4본이 조사되어 총84본이 나타남. ha당으로는 소나무 37,407본, 활엽수 1,851본의 치수 발생에 해당.	현재 수고 7m, 흉고 8cm의 밀생림으로 생육활력도 높음.

표 5— 시험지 조성 사업내용

시기별	사업별	사업내용	비고
1996년 9월	천연하종갱신	춘기에 불량 천연림을 제거후 산물을 정리하고 지표면을 굴기처리하였음. 9본/ha, 모수임령 63년.	사업비: 270,280원 (인건비만 포함됨)
1997-2001년	사후관리	관목류 발생본수가 많아 사후관리 작업 시간이 많이 소요되었음.	사업비: 약 2,200,000원

표 6— 치수 발생 결과

조사일시	조사방법	조사결과	비고
1997년 8월	조사구 크기:3mx3m 조사구 5개를 도상에서 일정한 거리를 간격으로 지정하여 설치.	9㎡x5개 소=45㎡에서 소나무만 32본이 조사됨. ha당으로는 소나무 치수 7,111본 발생에 해당.	굴기작업이 잘되어 지표층이 확연히 드러난 지역만 치수가 일부발생, 굴참나무의 생장활력에 의해 소나무 치수 생육이 불가할 것으로 판단.
2001년	위와 동일함	9㎡x5개소=45㎡에서 소나무만 18본이 조사됨. ha당으로는 소나무 치수 4,000본 발생에 해당.	맹아 굴참나무 관목류에 의해 피압되어 매년 치수가 줄어가고 있는 것으로 판단되었음.

■ 시험지 지황특성——방위- 남서향, 토양- 건조 척박

■ 갱신년도—— 1986년

■ 시험지 조성 사업내용〈표1〉

■ 치수 발생 결과〈표2〉

■ 금후 소나무림 조성과 생육전망

❖ 본 시험지가 금후 동물(멧돼지)의 번식으로 그 동안 많은 간섭과 영향을← 받았을 것이나 시험지의 입지특성이 소나무 최적지로 판단되어 앞으로← 소나무림 조성이 용이할 것으로 전망됨.

화학적 방법에 의한 천연하종갱신

■ 배경——소나무 적지의 입지조건을 갖추고 있다고 판단하여 화학제를 이용한 갱신작업을 시험적으로 추진.

■ 위치——소강원도 양양군 현남면 상월천리 41 임반

■ 시험면적——소1.2ha

■ 시험지 지황특성——소방위-남향, 토양-건조 척박

■ 갱신년도——소1988년

■ 시험지 조성 사업내용〈표3〉

■ 치수 발생 결과〈표4〉

■ 금후 소나무림 조성과 생육전망

❖ 본 시험지는 지나칠 정도의 많은 치수가 발생되고 모수의 형질이 매우← 불량한 것이었음에도 현재의 치수는 매우 우량한 수형과 수간으로 생육← 하고 있음. 〈그림3, 4〉

인력 소도구 의한 천연하종 갱신

■ 배경——전통적인 방법에 의한 소나무 천연하종 갱신 가능적지의 입지조건을 시험.

■ 위치——강원도 양양군 현남면 하월천리 39 임반

■ 시험면적——1.5ha

■ 시험지 지황특성——방위- 동향, 토양- 약건 척박

■ 갱신년도——1996년

■ 시험지 조성 사업내용〈표5〉

■ 치수 발생 결과〈표6〉

■ 금후 소나무림 조성과 생육전망

❖ 본 시험지는 시험지 중 가장 많은 5회에 걸친 사후관리 풀베기 작업에도 불구하고 맹아에 의한 굴참나무의 생장활력이 높아서 소나무 치수 발생과 육림관리가 극히 어려울 것으로 판단됨. 〈그림5, 6, 7〉

결과 및 고찰

이상의 3개 시험지의 치수 발생상태와 앞으로의 소나무림 조성 전망을 보면 화학제에 의한 굴기방법이 가장 많은 치수가 발생되었고 향후 임분구성에도 가장 바람직한 임목밀도를 유지 할 수 있는 것으로 판단된다.〈표 7 참조〉

시험지별 지황특성을 보아 입지조건은 남향

표 7— 소나무 천연하종갱신 방법별 치수생 상태

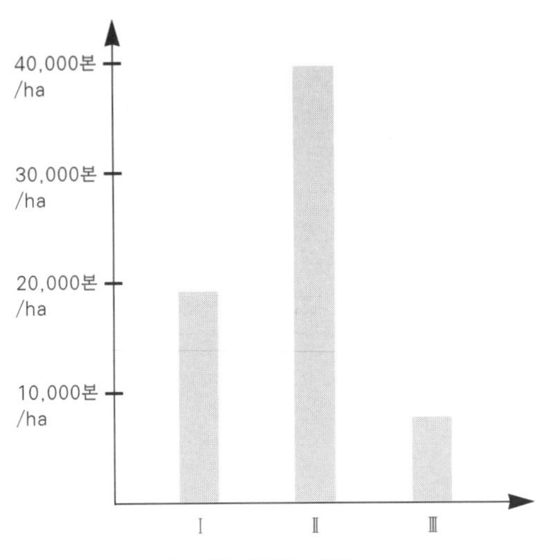

Ⅰ : 대형 트랙타 지면굴기 방법
Ⅱ : 화학제(핵사지논) 산포에 의한 방법
Ⅲ : 인력 소도구에 의한 지면굴기 방법

사면의 척박건조한 지역이 아니면 굴기처리와 사후관리에 과다한 사업비가 지출될 것으로 판단된다.

맺음말

친환경 산림경영은 이 시대의 대표적인 임업계와 생태보존론자들의 기본지침이라고 할 수 있다. 그러나 우리나라에서는 그 구체적인 기술적 실현방법은 지금까지 크게 논의의 대상이 되고 있지 못하고 있는 것으로 생각된다.

앞으로 환경보존과 건전한 녹색문화의 지속적 유지와 보존을 위한 가장 기본적인 생태적 토대인 숲 가꾸기, 천연하종갱신 기술 등이 현장에서 올바로 활용될 수 있기를 바란다.

그림 1— 트렉터에 의한 천연하종 갱신 모습

그림 2— 트렉터에 의한 천연하종 갱신 후 현재의 모습

그림 3— 화학제에 의한 천연하종 모습

그림 4— 화학제에 의한 천연하종 후 현재의 모습

그림 5— 인력에 의한 천연하종 모습

그림 6— 인력에 의한 천연하종 후 현재의 모습

그림 7— 인력에 의한 천연하종 후 소나무 모습

소나무 옹기묘의 생산과 조림

이명보 국립산림과학원

소나무를 조림하게 된 배경

1996년 4월23일 12시20분 경 강원도 고성군 죽왕면 마좌리에서 발생한 산불은 3,726ha를 태우면서 당시 국내에서는 최대의 산불피해를 기록했다. 그때는 이 산불이 상당히 심각한 문제였으나 2000년 동해안 산불 피해시 국민적 대립의 양상을 겪었던 인공복구냐 자연복원이냐의 문제는 나타나지는 않았다.

그래서 국립산림과학원당시에는 임업연구원에서는 우리나라에서는 처음으로 산불피해지에서 인공복구를 하지 않고 자연으로 두었을 때 산림이 어떻게 회복되는지를 조사하기 위하여 국유림 중에서 자연복원지 100ha를 지정하였고, 피해주민의 경우에는 재산상의 피해를 보상하고 사유림에 대하여는 인공복구를 계획하였다.

그러나 여기서 문제가 된 것은 단지 산불피해의 면적이 넓고, 당시 산불피해액으로는 천문학적 숫자인 227억 원이란 재산피해만은 아니었다. 그것은 산불로 인한 가시적인 재산상의 피해는 몇 년 내로 복구가 가능하지만 이 지역에서 생산되던 송이가 산불로 소나무림이 소실되면서 더 이상 우리 세대에서는 송이를 채취할 수 없다는 피해였다. 주민의 입장에서는 송이를 적어도 20-30년간 채취할 수 없다는 미래의 소득에 대한 손실이 대두되었다.

따라서 정부에서는 당장은 송이를 채취할 수 없다 하더라도 과거 송이가 생산되었던 지역에 다시 소나무림이 조성되면 송이를 채취할 수 있을 것으로 보고 우리의 다음 세대에서는 송이를 채취할 수 있도록 하기 위하여는 송이균의 보존이 시급하므로 고성 선불피해지역 중 송이가 생산되던 피해지역에 소나무를 조림하기로 하였고 주민들도 이를 원했다.

조림용 소나무 묘목의 양묘

양묘방법 선정

산불로 인하여 송이균의 기주인 소나무가 죽게 되면 송이균사도 고사할 것으로 추정되기 때문에 고성의 산불피해지역 중 송이발생지역에 대하여는 송이균사의 고사를 막기 위하여 소나무 묘목을 심기로 결정은 하였으나 시간적 제약이 따랐다. 즉 당시에는 솔잎혹파리 피

그림 1— 캐나다의 시설양묘장(0.7ha규모)

그림 2— 지피포트

해로 소나무의 조림을 기피하는 시기여서 소나무 묘목의 확보도 어려운 시기였으므로 양묘를 해서 조림을 해야만 하였다.

그러나 소나무 묘목의 경우에는 최소한 2년생이 되어야 조림이 가능하므로 양묘에만 최소 2년이 소요되며, 더욱이 산불이 발생한 시기도 전국적으로 양묘시업이 끝난 4월 하순이므로 파종시기, 묘포장 확보 등의 문세로 당년 파종은 어려운 실정이었다.

그러므로 양묘 후 조림까지 3년이 소요되고, 또한 당시 생각에는 일반 노지 양묘시 묘목이 다른 균에 감염되기 때문에 송이균 보존의 목적과 어긋나므로 실제적으로 고성산불임지에 식재하기가 어려운 것으로 판단되었다.

이에 송이균이 쉽게 감염될 수 있도록 무균묘로 조기에 조림을 할 수 있는 방법을 모색한바, 무균토로 재배가 가능한 용기묘가 가장 적합한 것으로 결정되어 용기묘를 양묘할 계획을 수립하였다.

용기묘 양묘에는 2가지 방법이 있다. 하나는 우리나라에서 실제로 용기묘 식재를 시도한 경우로 영일 특수지역 사방사업시 조림을 하여 성공한 적이 있는 지피포트를 이용하는 방법이 있고, 다른 하나는 외국에서 현재 사용중인 콘테이너를 이용한 양묘방법이었다.

이것은 기존의 지피포트, 비닐 등을 이용하지 않고 플라스틱, 스티로폴, 종이 등을 이용한 새로운 육묘용 용기, 즉 콘테이너를 이용한 용기육묘로 외국에서는 이에 관련된 연구를 1960~70년대에 시작하여 1980년대에 이미 상용화 단계에 이르고 있다. 그러나 이러한 집약적인 양묘방법에 대하여는 우리나라의 경우 1988년에 임업연구원의 오정수씨 등에 의해처음으로 콘테이너 육묘가 가능한 것으로 보고된 이후 임업연구원 중부임업시험장현 국립산림과학원 산림생산기술연구소 주관으로 1996년부터 비닐온실내에서 육묘를 하는 시설양묘에 대한 연구를 수행하고 있었다.

이 방법, 즉 용기를 이용한 육묘방법은 앞에서 시도한 비닐 니슐라 혹은 지피포트 등의 용기를 이용한 육묘방법보다 더욱 집약적인 육묘방법으로 단위면적당 생산성이 매우 높은 것이 특징이다.〈그림 1, 2〉

이 두 가지 방법 중 지피포트는 이미 영일특수지역에서 성공한 경험이 있었으나 매번 필요한 묘목의 양만큼 지피포트를 수입해야 한다는 단점을 안고 있다. 콘테이너를 이용한 용기묘 생산은 아직 양묘시업 시험단계에서 실제 묘목생산이라는 사업을 적용한다는 것은 상당한 부담을 안고 시작하는 것이었다. 그러나 성공할 경우에는 국내기술 만으로도 지속적으로 생산이 가능하다는 장점이 있었다.

따라서 최종적으로는 우리의 기술을 개발하고 양묘체계를 한 단계 높이는 차원에서 콘테이너를 이용한 용기묘 생산을 하기로 결론지었다.

양묘계획 수립

다음으로, 양묘의 방법은 결정지었으나 총 조림물량은 어느 정도이고, 또한 한번에 전량을 다 생산하여 일시에 조림을 할 것인지 아니면 몇 번에 나누어 생산하고 조림을 할 것인지를 정하는 양묘계획을 수립하는 것이 중요하다. 전체 산불피해면적 3,762ha 중에서 국유림을 제외한 사유림 내 송이발생지역에 대하여 소나무 용기묘를 식재하기로 한 바 송이생산지로 신고 되어 소나무 용기묘를 식재하기로 확정된 식재면적은 총 400ha이었다.

다음에는 5개월간 양묘하여 평균간장이 10cm인 소나무 용기묘를 ha당 몇 본을 식재할 것인가? 묘목이 작으므로 기존의 ha당 3,000본 식재는 너무 적을 것으로 보았다. 또한 처음으로 수행중에 있는 과제를 바로 현장에 적용하는 것이므로 만에 하나 양묘 혹은 조림활착률 저조 등으로 실패할 경우에는 어떻게 할 것인가에 대한 해결을 하여야 하였다.

따라서 송이복원 조림의 주 목적이 송이균사의 조기감염을 유도하기 위한 것이므로 최대한 많은 본수를 식재하여 송이균사를 보존하기 위하여는 ha당 5,000본을 적정 본수로 보고, 이와는 별도로 용기묘의 생산이 실패할 경우를 대비해서 직파조림을 병행하기로 하였다.

이 경우 두 가지 방법 모두 살면 ha당 10,000본 조림이 되는 것으로 송이균사의 조기감염에는 더욱 유리하고 만약 하나가 실패하더라도 나머지로 ha당 5,000본의 식재효과는 얻을 수 있도록 계획하였다. 따라서 용기묘 조림과 직파조림을 ha당 각각 5,000본씩 시업하기로 한 바전체적으로는 ha당 10,000본 용기묘 만의 총 생산계획 묘목 본수는 200만 본이었다.

그러나 이 본 수는 일시에 생산하기에는 양이 너무 많고, 또한 용기묘는 조림시기에 영향을 받지 않는다는 선행연구의 결과를 고려한 결과 양묘면적, 종자확보량 등 여러 가지 요인을 감안하여 3회에 나누어 양묘하기로 하였다. 여기에 소요되는 소나무 종자는 안면도 채종원에서 공급받기로 하고 여기에 소요되는 예산은 국고와 지방자치단체에서 지급하기로 하였다.

또한 송이균사 감염을 위한 조림가능시기가 '98년까지로 제한되어 있고 더욱이 조림시기가 빠르면 빠를수록 좋기 때문에 경제성을 떠나서 겨울철 난방을 하면서 양묘를 하여 조림을 조기에 완료할 수 있도록 하였다.

양묘방법

온실을 이용한 용기 육묘의 방법을 일반노지양묘와 비교하면 〈그림 3〉과 같다. 즉 침엽수의 경우 관행의 노지 양묘를 하게 되면 근계 발육이 부진하기 때문에 1년생 묘목幼苗으로는 조림이 불가능하지만 용기묘의 경우에는 비록 간장이 작기는 하나 뿌리 발달이 양호하기 때문에 5개월간의 양묘만으로도 小苗과거의 成苗개념에 의한 조림이 가능하고 또한 인력 절감율

표 1— 양묘회차별 용기묘 생산계획 및 조림계획

구분	계	1회	2회	3회
양묘기간		1996.12-1997.4	1997.6-1997.10	1997.12-1997.4
생산본수(천본)	2,000	750	750	500
조림시기		1997.5	1997.11	1998.5
조림면적(ha)	400	150	150	50

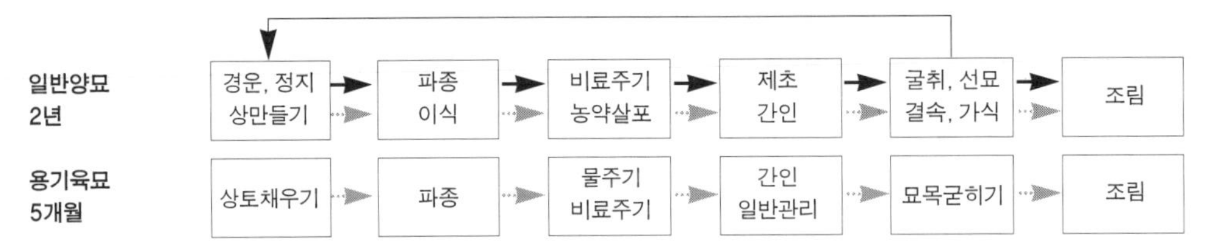

그림 3— 노지 양묘와 용기 육묘의 양묘 방법 비교

이 크고 조림시기에 크게 구애를 받지 않는 등의 유리한 점이 있다. 이러한 과정을 거쳐 최종 확정된 양묘회차별 묘목생산 계획본수는 〈표 1〉과 같다.

묘목생산

온실설치

겨울철 양묘를 하기 위하여는 난방시설을 갖춘 온실을 신축하여야 하였다. 이 경우 유리 온실로 신축할 경우 평당 약 400만원의 시설비가 소요되기 때문에 예산과 사업 후의 효용성을 고려하여 온실형태는 철골비닐 온실로 결정하였고 온실규모는 총 400평200평×2동, 재배온실 360평, 관리실 및 창고 40평으로 하였다.

육묘판(컨테이너)의 제작

임업용으로 개발된 육묘판으로는 임업연구원에서 개발한 스티로폼을 이용한 스티로블록이 시판되고 있으나 스티로블록의 면적은 200㎡에 생립 본 수 160본으로 단위면적당 생산 본수가 적고 또 약 3회 밖에 사용을 못하므로 경제성도 적고, 400평이라는 제한된 면적의 온실에서 계획본수를 생산할 수 없기 때문에 생산 본 수를 고려하여 플라스틱PP계열으로 된 새로운 포트를 구입하였다.

플라스틱 육묘판의 규격은 가로, 세로 높이가 각각 60*ml*, 용기당 용적은 6.2 *l* 로 용기당 생립 본 수는 104본8x13본이나 득묘율 96%로 간주하여 용기당 100본인 것으로 하였다

그러나 본 용기의 무게가 빈용기는 1.8kg, 상토와 묘목이 다 자란 후에는 5.5kg으로 스티로 블록의 0.6, 4.5kg보다 다소 무거워 작업이 약간 어렵기는 하지만 스티로블록보다 사용회수가 많고 또한 단위면적당 생산 본 수가 많아 양묘에는 유리하였다.〈그림4, 5〉

상토 본 사업에 사용한 상토는 농림수산 특정과제의 1차 년도 시험에서 좋은 결과를 보였던 피트, 질석, 펄라이트를 각각 2:1:1v:v로 섞은 것을 사용하였고 파종이 끝난 후 펄라이트로 복토하였다.

파종 1차 파종 시에는 인력으로 한 구덩이 당 2립의 종자를 파종하여 구덩이 당 1본 이상의 묘

목이 발생될 수 있도록 하였다. 그러나 인력파종 시 인건비가 과다하게 소요되어 인건비 절감과 작업의 효율을 높이기 위하여 파종기를 구입하여 기계파종을 하였다

파종과 복토가 끝난 후에는 용기를 벤치에 배열을 하고 입고병 방제를 위하여 살균제인 다찌가렌 1,000배액을 뿌려주었다.

일반관리 일반관리시 관수, 시비 등은 묘목의 생육에 큰 영향을 미치게 되므로 충분한 양의 관수와 비료를 주고 또한 적정 생육시간을 유지하기 위하여 겨울철에는 밤에 전등을 켜주어 일장을 조절하였다.

■ 종자의 발아

겨울철 양묘 —— 12월에 파종한 후 발아가 될 때까지는 야간온도를 최저 15-18℃로 유지하여 발아를 촉진하였고 발아 후에는 생육 촉진을 위하여 20~28℃±3℃를 유지하였다.

여름철 양묘 —— 6월 하순에 파종을 하였기 때문에 별도의 발아 촉진을 위한 온도의 조절은 필요 없었다. 그러나 한낮에는 외부의 온도가 30℃를 넘기 때문에 온실의 지붕을 열고 또한 실내 순환 팬, 환기 팬을 가동하여도 온실 내부의 온도가 40℃를 넘는다. 따라서 이러한 경우에는 미스트 혹은 FOG를 오전에 1번, 오후에 2, 3회 30분씩 가동하여 최대한 온도를 낮추었다.

■ 본수 조절

앞에서도 언급한 바와 같이 포트의 구멍 하나에서 묘목이 한 그루만 자라도록 씨를 뿌렸다 하더라도 실제 발아가 끝난 뒤에 보면 한 구멍에서 여러 본이 발아되었거나 혹은 전혀 발아가 되지 않은 곳 등이 생기게 되어 이를 조절할 필요가 있다.

그림 4— 스티로블럭(160혈)

그림 5— 플라스틱 콘테이너(104혈)

본 수 조절을 하는 시기가 너무 이르면 묘목 취급시 피해를 받을 우려가 크고 반면 너무 늦으면 뿌리에서 측근이 발생되어 옮겨심기가 힘들어지므로 발아가 완료되어 종자의 껍질이 묘목에서 떨어진 직후에 실시하였다.

본 수 조절을 할 때는 포트 한 구멍에서 2본 이상이 나온 것은 한 본만 남기고 뽑아낸 다음에 하나도 발아가 되지 않은 곳에 옮겨 심었다. 심을 때는 나무젓가락으로 구멍을 깊게 뚫은 다음 뽑아낸 묘목을 구멍에 넣고 주위의 흙으로 구멍을 메운 후 손으로 약간 눌러주었다.

일단 묘목의 옮겨심기가 끝나면 다시 한번 살균제인 다찌가렌 1,000배 액을 충분히 뿌려주어 병의 발생을 막도록 하였다.

■ 관수

겨울철 양묘 —— 관수 방법은 용기 내 상토의 건조 정도에 따라 차이가 있으나 보통 1주일에 2-3회 정도 물을 주었으며 물을 주는 양은 미스트를 이용하여 600㎡당 3,600 *l* 를 주었다.

그림 6— 종자파종기

그림 7— 소나무 묘목을 양묘중인 온실 전경

여름철 양묘 —— 여름철에도 같은 양의 물을 주 2~3회 관수하였으나 이외에도 한낮의 높은 온도를 낮추기 위하여 미스트 또는 FOG를 이용한 관수를 하였기 때문에 겨울철보다도 많은 양의 물이 관수 되었다. 그러나 밀폐된 온실 내에서 양묘하는 겨울철 양묘와는 달리 여름철이라 일사량이 많고, 온실이 외부와 통하여 있으며 또한 환기, 순환 팬의 가동 등으로 인하여 온실 내부에서 증발산량이 증대되기 때문에 과습에 의한 피해는 발생하지 않았지만 입고병의 발생이 우려되어 주 1회 살균제를 살포하였다.

■ 비료주기

일반 노지양묘는 식물에 필요한 여러 가지 종류의 양료를 땅에서 흡수하기 때문에 별도의 비료주기는 크게 필요하지 않지만 용기 육묘의 경우는 배양토 내에 아무런 비료 성분도 없으므로 각종 양료를 공급하여 주어야 하므로 발아 후 15일 정도 지나서 비료를 주기 시작하였다.

생장을 촉진하기 위한 비료는 질산, 인산 및 카리르 물 주기할때 물과 섞어서 주1회 주었다. 또한 모사라는 무기질 미량 원소의 공급을 위하여 BS그린을 주 1회 1,000배로 희석하여 물주기를 할 때 물과 섞어서 주었다.

이때 사용하는 비료의 종류는 질소질 비료로는 질산암모니움NH_4NO_3, 인산H_3PO_4, 황산카리K_2SO_4를 사용하였으며 사용 농도는 각각 150, 80, 80ppm으로 하였다. 이는 물 100 l 에 질산암모니움, 인산, 황산카리를 각각 42.9g, 24.3g, 17.8g을 섞어주는 농도이다.

■ 전등 켜주기

용기육묘 특히 온실 내에서 겨울철에 양묘를 하는 시설양묘의 경우에는 불과 5개월이라는 짧은 기간 내에 묘목을 키우는 초단기 속성양묘이므로 양묘기간 중에 최대한 성장을 시켜야 하였다. 따라서 전등의 밝기는 200Lux로 하여 일몰 직전부터 23시까지 메탈할라이드 등을 이용하여 일장을 16시간으로 하였다. 그러나 여름철에는 일장이 비교적 충분하므로 별도로 인공조명을 하지는 않았다.

■ 경화처리

겨울양묘 —— 12월에 파종한 후 4개월 정도 양묘를 하면 묘목이 거의 다 자라게 되어 송이발생 임지에 조림할 수 있게 된다. 그러나 온실에서 키우던 상태로 바로 조림이 되면 환경의 차이로 인해 거의 죽어 버리므로 활착율 증진을 위하여 경화 처리를 1개월 간 하였다.

경화처리는 일반적으로 50-57%의 차광막을 씌운 냉상에서 실시하여야 하나 본 사업에서는 중부임업시험장의 묘포사정과 기타 여러 가지 사정상 별도로 냉상을 설치하지 못하였기 때문 재배온실 내에서 경화를 시도하였다.

우선 경화를 위하여 야간에 인공조명을 하지 않고 자연일장조건으로 하였으며 관수는 주 1회를 원칙으로 하여 매 관수시 충분한 양의 관수를 하였으나 일부 묘목에서 수분이 부족하면 추가로 소량씩 관수를 하였다.

경화에서 또 다른 중요한 요인인 온도조건은 3단계로 나누어 적응을 실시한 바 우선 1단계로 생육최저온도를 10-15℃로 낮추어 10일간 적응시키고, 다시 5-10℃정도로 낮추어 15일간 경화하였다. 실제 조림은 5월20일부터 시작된 바 묘목이 조림지로 운반되기 5일 전에 야외로 용기묘를 이동하여 자연 조건하에서 경화를 하였다. 중부임업시험장이 위치한 광릉지역의 최저온도가 4월 하순 평균이 2.9℃, 5월 상순 평균이 7.2℃로 비교적 낮아 야외에 내놓아도 만상의 피해없이 경화에는 유리하였다.

여름양묘 —— 여름철에 양묘된 묘목은 1997년 10월21일부터 조림할 계획인 바 이에 맞추어 경화는 1997년 9월18일부터 시작하였고 1997년 10월20일부터 묘목을 운반하였다.

관수 및 시비는 겨울철 양묘와 동일하게 하였으며 다만 여름철 양묘시에는 별도로 인공광처리를 하지 않았기 때문에 온실 내에서 자연일장 및 자연온도 조건으로 관수만 주 1회로 하여 건조한 조건으로 경화하였다.

조림

용기묘 운반

용기묘를 조림할 경우 가장 문제되는 것이 묘목의 운반이다. 즉 일반 나근묘의 경우에는 굴

그림 8— 경화처리 후의 묘목상태

그림 9— 용기묘 대운반

취한 후 가마니에 포장하여 운반하면 되나 용기묘의 경우에는 2가지 방법이 가능하였다. 하나는 용기채 운반하여 조림지까지 용기를 갖고 가서 하나씩 꺼내어 조림하는 방법이고 다른 하나는 양묘장에서 묘목을 용기에서 뽑아 이를 조림망태 등에 담은 후 이를 종이상자에 담아 트럭을 이용하여 운반을 하고 조림지까지는 조림망태로 가져가서 조림하는 방법이 있다.

그러나 비록 용기묘의 조림활착율이 높다고는 하나 용기묘를 조림망태에 담아 운반할 경우 운반 도중 묘목의 뿌리에 부착된 상토가 깨져 활착율이 저조할 경우 보식을 할 만한 시간적 여유가 없기 때문에 활착율을 높이기 위하여 용기채 조림 현지까지 운반한 후 한 사람이 하나씩 용기를 들고 다니면서 식재시 용기에

서 바로 꺼내어 식재하는 방법을 택하였다.

운반하는 방법은 12톤 트럭을 이용하여 조림지 인근의 대로변까지 대운반을 하였고 그곳에서부터 조림지까지는 1톤 봉고 트럭으로 용기묘를 운반하였다. 조림지 아래에서 조림 장소까지는 인력으로 용기를 운반하였고 조림 장소에서는 개인이 용기를 들고 다니면서 묘목을 하나씩 뽑으면서 조림을 하였다.

조림

조림지의 토양이 매우 견밀하기 때문에 식재 도구로 조림삽, 조림봉 혹은 기존의 조림괭이 등의 사용이 불가능하여 끝이 뾰족한 식재괭이를 제작하여 조림하였다. 또한 식재 시기가 5월로 우리나라에서는 건조기에 속하고 더욱이 1996년의 한발에 이어 1997년 춘기에도 계속 가물었기 때문에 조림목의 활착율을 높이기 위한 일련의 조치가 필요하였고 더욱이 묘목이 작기 때문에 하예작업시 아무리 주의를 하여도 조림목이 제거될 위험이 높기 때문에 이를 방비할 대책이 필요하였다.

따라서 한발에 대처하기 위하여는 식재 구멍을 판 후 묘목을 넣고 보습제인 아쿠아 킵 입제를본당 약 0.2g정도 흙과 잘 섞어 덮었다. 이 경우 한번의 강우로도 뿌리 주위의 보습제가 충분한 수분을 머금고 있다 서서히 수분을 방출하기 때문에 상당기간 수분공급이 가능하였다.

이외에도 묘목 주위의 수분보유력 증진과 많은 인력이 소요되는 풀베기작업을 생략하고 또한 하예작업시 부주의로 묘목이 절단되는 것을 막기 위해 골판지40cm x 40cm를 묘목 주위에 덮었다.

이것을 처리함으로써 골판지 밑의 부분은 바깥보다 수분보유기간이 더 긴 경향을 보였다. 그러나 당초 목적한 풀베기작업의 생력화는 임지의 특성상 하층이 발생하지 않거나 혹은 관목류 특히 참나무떡갈나무, 신갈나무류가 번무하여 풀베기작업의 생력화 효과는 두드러지게 나타나지는 않았다. 오히려 바람에 날려 동네 주변에 쌓이게 되어 민원의 소지가 많았다.

봄에 식재한 묘목의 경우 한발이 계속되다 묘목을 식재할 때부터는 비가 자주 왔고 또한 산주들이 직접 묘목을 심기 때문에 정성을 들여서인지 용기묘 자체가 비록 활착율이 높다고는 하지만 고성 산화지와 같은 최악의 임지 조건에서도 94%의 높은 조림 활착율을 보였고, 2-3차 조림시에도 평균 90%가 넘는 높은 활착율을 보였다.

가을에 식재한 경우에는 지역 특성상 겨울철에 눈이 장기간 덮여 있으므로 별도로 수분 유지를 위한 토양보습제나 골판지는 설치하지 않았다. 봄에 식재한 경우에는 비록 높은 활착율을 보였으나 가을에 식재한 경우에는 식재 시가가 10월21일부터 11월14일 사이로 식재후 뿌리가 충분히 발달할 시간적 여유가 없었다.

때문에 비록 근계의 손상이 없어 세근의 발달이 빨리 이루어 질 것으로 추정되나 조림활착율 자체보다도 겨울철의 동해 피해를 받을 우려가 높았다. 실제 1998년 봄에 활착율을 조사한 결과, 야촌리 일부지역에서만 상주피해가 나타났고 나머지 지역에서는 상주나 동해 피해가 없었다. 그러나 비록 11월 중순까지 식재하여도 겨울철 동해가 발생하지는 않았다 하더라도 늦어도 10월 중순까지는 식재를 완료하여야 안전할 것으로 사료된다.

우리나라 소나무의 생장

손영모 · 이경학 국립산림과학원

서론

소나무는 우리 문화와 정서에 가장 가깝게 있으면서, 많은 인고의 세월을 민족과 함께 지켜온 고향과도 같은 나무이다. 지구상의 많은 문화 중 유럽의 올리브-포도문화, 영국의 장미문화, 일본의 벚꽃문화, 캐나다의 사탕단풍문화와 견줄 수 있는 우리의 문화는 결코 참나무가 아니며, 소나무다. 소나무 기둥과 대들보가 있는 집에서 아이가 태어나고, 솔가지의 금줄, 송편, 송화가루, 송이, 송진, 아픈 기억이지만 송기松肌죽과 떡, 그리고 영면의 자리인 소나무 관. 많은 사람에게 자신을 나누어주면서, 너무 가까이 있는 관계로 기억의 자리에서 사라져 있었던 소나무를 새삼스럽게 조명함은 부끄러운 일이다.

소나무는 약 1억 7천만년 전에 지구상에 모습을 드러낸 것으로 알려져 있다. 우리나라서도 이미 백악기약 1억 4300만년전-6500만년전의 소나무 화석이 발견되었으며, 경북의 포항, 연일, 감포지역과 강원도 통천 등지의 제3기층에서 많은 양의 소나무류 화석이 보고된 바 있다. 세계적으로 소나무속은 약 100종이 적도권지역의 낮은 지대를 제외한 북반구에 널리 분포하며, 아시아에 약 25종, 유럽에 12종, 아메리카대륙에 60-65종이 기록되어 있다 한다.

우리나라 소나무에 대한 연구는 1928년 일본인 우에키植木교수의 '朝鮮産 赤松의 樹相 및 改良에 關한 造林學的 考察'이 효시로 알려져 있는데, 植木교수는 여기에서 "조선의 임업경영자는 장래에 어떠한 수종을 조림해야 할 것인가? 조선 전 지역에 가장 적당한 조림수종은 우선 소나무류 밖에 없다고 생각한다"고 하면서, 또한 "현재 우점을 보이고 있는 소나무는 앞으로도 주요 조림 수종으로서 외국산 소나무가 도입되더라도 조림상 중요한 위치를 차지할 것은 다시 논할 필요가 없다"고 하여 1928년 당시 일본학자의 소나무 조림 중요성을 읽을 수 있다. 그러나 지금 70여 년이 지난 이 시점에 우리는 무엇을 말할 수 있을까?

소나무는 해발고 약 1,000m 이하에는 전국 어디에서나 생육하며, 내한성, 내건성이 강하며 수고는 약 35m 정도, 직경은 2m 정도까지 자라는 것으로 보고되고 있다. 생장은 어느 수종이나 동일하겠지만, 유전, 환경, 기상요인에 따라 달라지며, 이들 상태에 따라 우에키植木 교수는 동북형, 금강형 등 6개 지역형별 소나무로 구분한 바 있다.

우리나라 소나무 생장에 관한 연구는 일본인 하야시林泰治가 1938년 양양지방 소나무, 경기도 지역 소나무림의 생장과 수확에 대한 연구가 있었으나, 이는 잠정적이었고, 또한 과대치를 주어 문제가 있었다. 이에 김동춘1962은 강원지역에 생육하는 소나무를 대상으로 생장과 수확에 대한 연구를 수행하게 되었다.

그러나 이 연구 역시 몇 개 지역을 대상으로 소수의 표준지를 조사하여 분석된 것으로 전체 지역을 대표한다고는 볼 수 없었다. 그런데 아이러니하게도 이 결과가 40년이 넘도록 이용되고, 연구에 참고가 되었다는 사실이다. 그 외 각 연구소, 학교 등에서 일부 지역에서의 생장 연구가 수행되었으나, 국지적인 지역에서의 연구였을 뿐 우리나라를 대표하지는 못하였다.

국립산림과학원2003에서는 개체목과 임분생장에 대하여 수간재적표, 이용재적표, 중량표, 지위지수분류도〈표〉, 수확표 및 각종 생장식의 구축은 물론 이의 이용 효율성을 도모하기 위하여 전산프로그램을 구축하였다.

여기에서는 일반적인 소나무 생장조건과 분포 및 선국에 생육하는 소나무를 강원도와 경북북부 지역(이하, 강원지방소나무), 그 외 지역(이하 중부지방소나무), 두 지역으로 나누어 그간의 연구를 근간으로 생장을 설명하고자 하며, 이로써 우리나라 소나무의 생장 현실에 접근할 수 있는 계기가 되기를 바란다.

소나무 생장 조건

소나무가 생장하는 데에는 입지, 토양 등의 많은 환경요인들이 작용할 것이다. 이에 대하여 기술한 내용이 있어 이를 정리하였다.(임업연구원, 1999).

입지·토양과 생장

우리나라 산림대 중 온대북부림에서 생육하는 소나무가 타 지역에서 생육하는 소나무에 비해 수고생장이 양호한데 이것은 이 지역이 험준한 산악지가 많아 인위적인 교란이 적고 정상적인 양분순환이 이루어지는 등 토양생산력이 높기 때문이다. 산림토양군별로는 갈색 산림토양군지역이 적색이나 암적색, 회갈색 산림토양군보다 수고생장이 우수한 것으로 나타나고 있으며, 적색, 암적색, 회갈색 산림토양군이 갈색 산림토양군에 비해 수고생장이 낮은 것은 견밀도가 높고 배수 불량 같은 토양 물리성과 침식에 의한 양분 이탈이 심하여 토양 화학성이 불량하기 때문이다.

적지

지리·지형적 측면

전국토에 걸쳐 자라며, 표고 보통 1,000m 이하에 주로 분포하고, 방위는 동사면과 북사면에 비해 남사면과 서사면에 잘 적응하고 있다. 경사는 30° 이하가 적당하나 경사가 완만할수록 좋으며, 산정 또는 능선 부위는 부적합하다.

토양의 이화학적 측면

뿌리가 땅 속깊이 뻗는 특성이 있어 토심이 60cm 이상 되는 곳이 적합하며, 토양견밀도에 견디는 힘이 강한 수종이나 보통 또는 연한 토양 즉 사질양토가 적지이다. 건조한 토양에도 생육하나 약간 건조한 토양, 적당히 습기가 있는 토양, 약간 습기가 있는 토양이 적지이다. 토양산도는 약산성토양에 적합하나 알칼리성 토양은 싫어한다. 그리고 토양양분에 대한 요구도는 적은 수종이나 어느 정도 부식질이 있는 토양에 잘 자란다.

임지 생산성 측면

목재생산을 위한 적지는 지위지수=임지 생산력을 측정할 수 있는 척도 中 이상 되는 곳이 적지이다. 지위지수 중 이하 즉, 목재생산으로서의 역할이 부적절한 토양은 침식토양, 사방지 토양, 암쇄토양, 건조한 산림토양, 미성숙토양, 암석지 등이다.

소나무 생장 분포

소나무는 남한의 전역에 분포하며, 북으로도 함경북도 온성군까지 분포하는 것으로 보고되고 있으며, 특히 북위 40° 함흥이상이 되면 주로 동해안을 따라 소나무가 분포하고 있다(임업연구원, 1999). 남한에 생장하는 소나무의 세부 분포지를 살펴본 바, 다음 〈그림 1〉과 같으며, 이를 영급별 면적 및 축적으로 나눈 결과는 〈그림 2, 3〉과 같다.(국립산림과학원 산림조사과 내부자료, 2000).

우리나라 소나무 전체 면적은 1,685천ha이며, 이들 중 III영급에 해당하는 소나무가 가장 많이 분포하고 있었으며, 영급별 면적 점유비는 4%, 33%, 45%, 13%, 5%, 1%로 나타나, 아직 30년 이하의 임분이 80% 이상을 차지하고 있었다. 총축적은 87,360천m³로서 ha당 축적은 51.8m³으로 전국 산림 평균약 70m³에 못 미치는 것으로 나타났는데, 이는 대부분이 30년 이하인 산림인 관계로 아직 성숙기에 들지 못했기 때문이다. 영급별 축적 점유비는 17%, 43%, 24%, 13%, 3%로 나타났고, I영급은 흉고직경이 대부분 6cm 이하이므로 계산에서 제외시켰다.

그림 1— 남한지역 소나무 분포 지역

이들 소나무 중 강원지방과 경북 일부에 분포하는 소나무강원지방소나무의 산림면적은 362천ha, 축적은 32,468천m³으로, 전체 소나무 면적 대비 약 21%에 불과하나, ha당 축적은 약 90m³으로서, 우량 소나무림이 많이 분포하고 있음을 유추할 수 있었다.

그리고 우리나라에서 소나무와 참나무 중 어느 수종이 우점하고 있는 가에 대하여, 각기 다른 입장을 밝히는 바가 많은데, 국립산림과학원에 의하면 참나무 분포 면적은 1,693천ha라 밝히고 있어 참나무가 약 8천ha가 많은 것

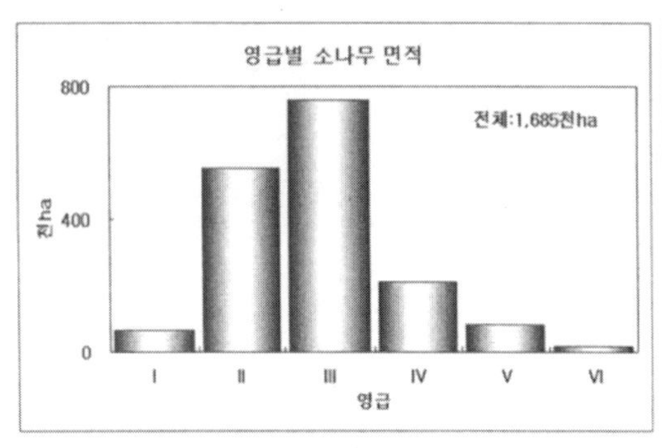

그림 2—영급별 소나무 면적 분포

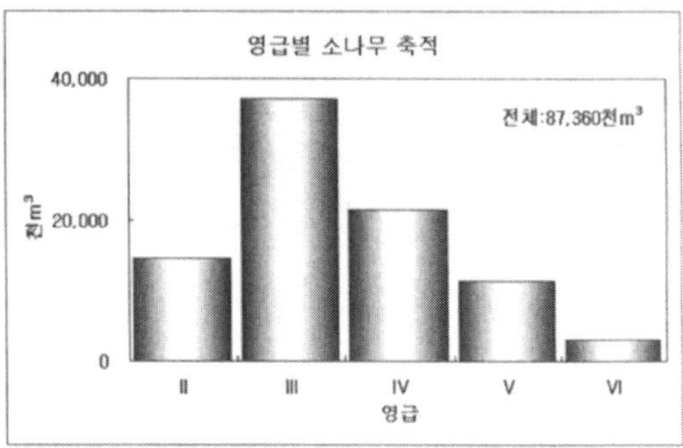

그림 3—영급별 소나무 축적 분포

으로 보고하고 있다. 물론 이는 표준지 조사와 표준지 외는 항공사진의 판독에 의한 것이므로 면적 판독에 약간의 오차가 있을 수 있어 오차 범위 안에 있다 보면, 두 수종 모두 비슷한 면적분포를 보이고 있다 판단하면 될 것이다. 그러나 앞으로는 천연림에 있어 침엽수의 활엽수로의 천이 현상은 지속적으로 일어 날 것이므로, 참나무의 면적은 계속 증가할 것이 예상된다.

소나무의 생장

생장이라는 말은 시간이 경과함에 따른 한 생물체의 길이, 직경, 부피 또는 무게로 측정할 수 있는 각 조직체에서의 변화로 정의할 수 있고, 이는 일반적으로 생물체의 초기 상태로부터 안정된 성숙기에 도달할 때까지 일어나는 내, 외적인 모든 변화를 의미한다. 예를 들어 임목의 생장은 직경, 수고, 재적 등의 증가량 측정에 의해 표현될 수 있다.

수학적 평가측면에서 보면, 생장은 수고, 직경, 재적 및 중량 등의 생장인자에 있어 정해진 기간 내에 얻어진 크기로 기술된다고 볼 수 있다.

개체목 생장

우리나라 소나무의 생장은 지역별로 각기 다른 생장패턴을 보일 것이다. 여기에서는 강원지방소나무와 중부지방소나무를 대상으로 수간석해한 자료로서 설명하고자 하며, 높이생장인 수고생장 비대肥大생장인 직경생장으로 나누었다. 또한 이 지역에 생장하는 소나무의 수간樹幹형태를 구명함으로서 수간곡선식의 추정과 이를 이용한 개체목의 재적을 산출해 보았다.

수고생장

수고는 현재 환경조건에서의 입지 비옥도를 판단하는데 중요한 인자이다. 임령과 우세목 수고로서 지위를 판정하게 되는데, 동일 임령에서 지위가 높다는 것은 낮은 지위보다 비옥도와 생산력이 상대적으로 우수하다는 의미이다. 수고생장은 생육기간동안의 기후 및 지난 해특히 눈이 형성되는 7월에서 9월 사이의 기후에 따라 연간 변이가 매우 심하며, 동일한 입지에서도 수종에 따라 매우 나양하게 나타난다.

수령에 따른 단목의 수고곡선은 전형적인 'S' 자 형태를 보인다. 이러한 수고 생장은 생장곡선의 형태에 따라 함수식으로 다양하게

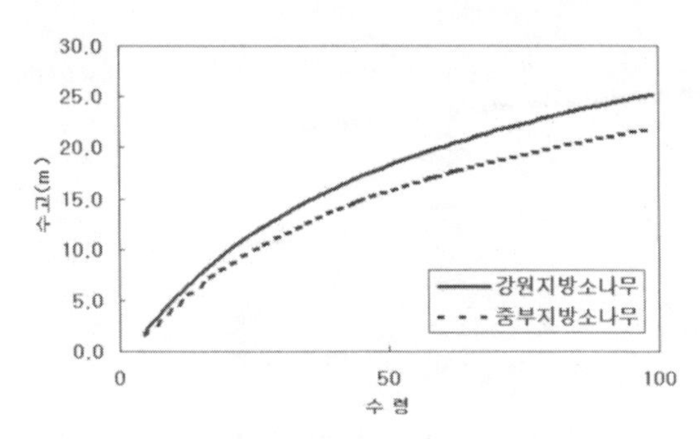

그림 4— 강원 및 중부지방 소나무 개체목 수고생장 패턴

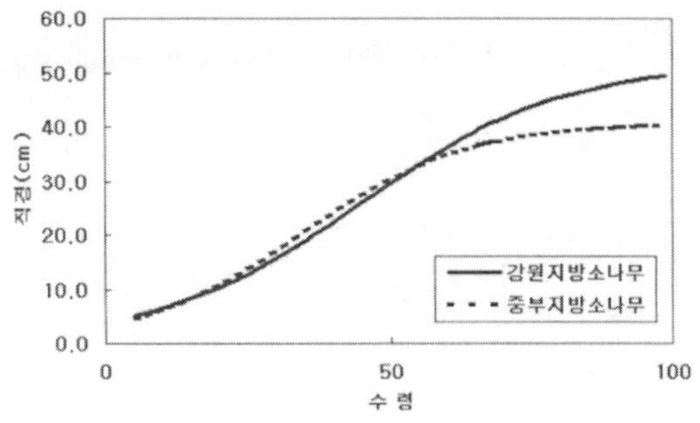

그림 5—강원 및 중부지방 소나무 개체목 직경생장 패턴

만들 수 있다. 대표적인 생장함수로는 Chapman-Richard 함수, Logistic 함수, Gompertz 함수, Korf 함수 등을 들 수 있다.

〈그림 4〉는 지역별 소나무의 수고생장 패턴을 나타낸 것으로, 50년 이상의 자료는 최근에 울진, 보은, 안면도 등지에서 수간석해한 자료이다. 이용된 함수는 Korf 식이며, 곡선에 의하면, 두 지역 간에 수고생장은 강원지방 소나무가 전 생장기간을 통하여 다소 양호함을 알 수 있으며, 최정점이 서로 다름을 알 수 있다.

직경생장

직경생장은 형성층의 활동으로 이루어진다. 이 형성층의 활동에 의해 안쪽으로는 목재 유조직이, 바깥쪽으로는 속껍질층이 형성된다. 개체목의 직경생장은 일정기간 동안 초기의 생장으로부터 마지막 생장까지를 의미하며, 연년이 생장하는 양은 너무 적어 직경테이프나 윤척 등으로 측정하기가 다소 곤란하다. 따라서 이를 몇 년간의 총생장을 측정하여 이를 기간으로 나누어 연년생장량을 구하기도 한다.

산림경영상 중요한 직경생장곡선은 수고곡선과 비슷한 형태를 가지며, 임목이 밀密한 동령임분에서는 연년직경생장이 매우 일찍 정점에 도달한다고 알려져 있다. 그리고 이령 혼효림 뿐만 아니라 동령 단순림에서도 직경생장의 변이는 수고생장에 비해 훨씬 크다고 보고되고 있다.

〈그림 5〉는 개체목에 대한 직경생장 변화를 나타낸 것으로, 역시 수간석해한 자료를 이용하였으며, 이용된 함수는 Logistic식이다. 곡선형태는 그다지 차이가 없으나, 장령, 노령기에 들면서부터 강원지방 소나무보다 중부지방 소나무가 직경생장이 다소 완만해 짐을 알 수 있다.

수간형태와 수간곡선식

우리는 수간의 형태를 일반적으로 원기둥으로 인식하고, 전체 수간재적 또는 일부 수간재적을 계산한다. 그러나 실제 수간은 아래 그림과 같이 원기둥이 아니라 원뿔 또는 원추형이며, 이에 대한 곡선형태를 식으로 만들 수 있으며, 이 식에 의해 그려지는 수간곡선을 회전시킴으로서 보다 정확한 재적을 산정할 수 있다.

따라서 이 식의 장점으로는 입목의 수간높이단면고별 직경을 예측할 수 있어 전체 수간재적은 물론 일정한 크기 이상 원목 생산이 가능한 이용재적 추정과 이용가능 수고를 도출할 수 있다는 것이다.〈그림 6〉

지금까지 개발된 수간곡선식은 국가 또는

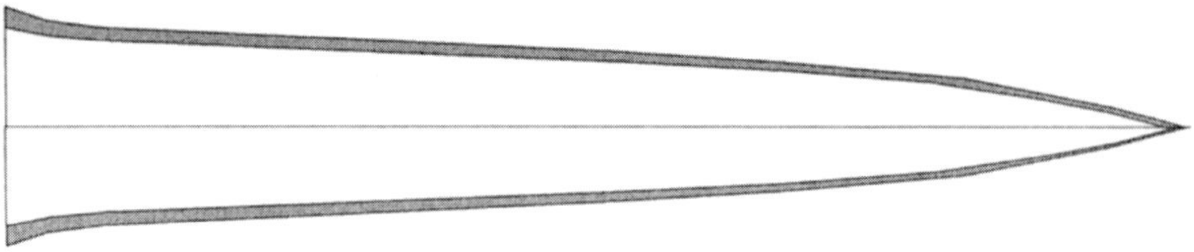

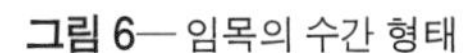

그림 6— 임목의 수간 형태

수종에 따라 무수히 많으며, 어떠한 것이 최적이라 말 할 수 없고, 경영자나 연구자가 판단하여 이용하는 수밖에 없다. 우리가 소나무의 수간형태를 추정하기 위하여 이용한 식은 Kozak 1988에 의해 개발된 변량지수식을 이용하였으며, 그 형태는 다음과 같다.

$$d=a_0DBH^{a_1}a_2^{DBH}X^{b_1Z^2+b_2\ln(Z+0.001)+b_3\sqrt{Z}+b_4e^Z+b_5(\frac{DBH}{H})}$$

이 식의 파라메터를 구한 결과는 〈표 1〉과 같다. 표에서 p는 변곡점inflection points으로서, 수간곡선이 변하는 지점을 말하며, 상대수고에 대한 상대직경의 산포도를 그려 찾는다. 그리고 추정한 식의 적합성을 나타내는 지수인 FI Fitness Index는 두 수종 모두 97%로 아주 높은 값을 보여 주고 있다.

소나무 수간재적

수간곡선식을 회전시켜 적분하면 우리가 얻고자 하는 나무의 재적을 알 수 있는데, 국립산림과학원에서 만든 강원지방 소나무 재적표는 〈표 2〉와 같다.

임분생장

임분은 어떤 동질성을 지닌 임목의 집단으로서 임업경영의 단위라고 볼 수 있다. 이를 생태학적으로 말하면, 크게 생태계ecosystem 또는 식물군community으로 말할 수도 있다. 그리고 단목의 집합체가 임분이므로 단목의 측정으로 전체 임분의 생장을 예측할 수도 있겠으나, 인위적인 간벌, 자연고사 및 경쟁으로 인하여 임분의 생장을 구명하는 것은 그렇게 간단한 문제가 아니다.

따라서 이들 임목생장의 추정은 직접적인 방법임분표법 등과 간접적인 방법수확표법, 평균단면적 직경예측표 등으로 크게 구별된다. 임분의 생장은 시간이라는 변동요인과 함께 임목의 유전적 성질, 밀도, 지위, 환경인자기후, 토양, 지형 등 및 인위적인 시업 등에 크게 영향 받으므로 이를 객관성이 있고 타당하게 연관시켜 과거의 생장 및 미래생장을 예측하여야 할 것이다.

여기에서는 간접적인 생장추정 방법을 택하였으며, 이 연구는 국립산림과학원에서 2001-2003년까지 연구한 결과의 일부이다.

임분 수고생장

소나무 임분의 수고생장을 추정하는 식은 〈수식 1〉과 같은데, 이 식은 우세목 수고를 기준으로 해당 경급까지의 누적밀도와 임령을 이용하여 보정하는 형태를 취함으로서 이론적으로 우수한 구조를 가지고 있으며, 식의 파라메터 중 직경누적밀도를 이용한 것은 누적된 직경분포가 마치 수고곡선의 전형적인 형태인 sigmoid 모양을 가져, 모델의 신뢰성을 더 높여 주기 때문이다. 이 식의 적합성은 각각 83%, 88%이다.

표 1— 수간곡선식 파라메터 추정값 및 적합성

	a_0	a_1	a_2	b_1	b_2	b_3	b_4	b_5	p	FI
강원소나무	1.1886	0.8869	1.0010	-0.6203	0.0736	-1.5224	1.1230	-0.0087	0.22	0.972
중부소나무	1.1619	0.8751	1.0014	-0.5110	0.0972	-2.0307	1.1866	0.0419	0.28	0.970

표 2— 강원지방 소나무 수간재적표(수피를 포함한 재적)

수고(m)	흉고직경(cm)											
3	0.003	0.006	0.010	0.014	0.019	0.024	0.031	0.038	0.046	0.055	0.064	……
4	0.005	0.008	0.013	0.018	0.025	0.033	0.041	0.051	0.062	0.073	0.086	……
5	0.006	0.010	0.016	0.023	0.031	0.041	0.051	0.064	0.077	0.091	0.107	……
6	0.007	0.012	0.019	0.027	0.037	0.049	0.062	0.076	0.092	0.110	0.129	……
7	0.008	0.014	0.022	0.032	0.044	0.057	0.072	0.089	0.108	0.128	0.150	……
8	0.009	0.016	0.025	0.037	0.050	0.065	0.082	0.102	0.123	0.146	0.172	……
9	0.010	0.018	0.029	0.041	0.056	0.073	0.093	0.114	0.138	0.165	0.193	……
10	0.011	0.020	0.032	0.046	0.062	0.081	0.103	0.127	0.154	0.183	0.215	……
11	0.013	0.022	0.035	0.050	0.068	0.089	0.113	0.140	0.169	0.201	0.236	……
12	0.014	0.024	0.038	0.055	0.075	0.098	0.123	0.152	0.184	0.219	0.258	……
13	0.015	0.026	0.041	0.059	0.081	0.106	0.134	0.165	0.200	0.238	0.279	……
14	0.016	0.028	0.044	0.064	0.087	0.114	0.144	0.178	0.215	0.256	0.300	……
……	……	……	……	……	……	……	……	……	……	……	……	……

$$ht = domh \times \left(a + \frac{b}{domh} \times age + c \times \ln(fxad+1) + \frac{d}{age} \times domh \times \ln(fxad+1)\right)$$

수식 1— 여기서 *age*는 임령, *domh*는 우세목수고, *fxad*는 직경누적밀도를 나타낸다.

표 3— 수간곡선식 파라메터 추정값 및 적합성

	a	b	c	d	b_2
강원소나무	0.7309	-0.0370	0.6726	-0.4174	0.83
중부소나무	0.6553	0.0158	0.5725	-0.2385	0.88

그리고 임분생산량을 추정하기 위해서는 임지생산력 판정의 기준이 되는 지위지수를 구하여야 하므로 우세목 수고를 필히 추정하여야 한다. 따라서 우세목 수고를 구할 수 있는 식은 다음과 같으며, 곡선형태는 〈그림 5〉와 같다. 우세목 수고 역시 지역별로 생장하는 수종에 따라 다소 차이가 남을 알 수 있다.

임분 직경생장

강원지방 소나무 임분의 직경생장 추정식은 지위지수와 임령을 파라메터로 이용하였고, 추정계수를 도출한 결과 식의 적합성은 80%였으며, 이에 따른 평균흉고직경 생장곡선은 다음과 같다. 임분의 직경에 있어 강원지방 소나무는 지속적으로 생장하고 있음을 알 수 있었으나, 중부지방 소나무는 거의 40cm 되는 지점이 임분직경생장의 한계가 아닌 가 추측된다.

지위지수 추정 및 분류곡선도

앞서 언급한 바 있듯이 임분의 현재 및 장래 생

표 4— 이용된 우세목 수고곡선식 및 파라메터 추정값

추정모델	수종	파라메터	
		b	c
$domh = SI\left[\dfrac{1-e^{-bt_j}}{1-e^{-bt_i}}\right]^c$	강원소나무	0.0253	0.9995
	중부소나무	0.0483	1.4360

표 5— 임분직경생장 곡선식 및 파라메터 추정값

추정모델	수종	파라메터				
		a	b	c	d	FI
$\overline{D} = (a + b \times SI) \times (age^c)$	강원소나무	0.2147	0.0301	0.9615	-	0.80
$\overline{D} = (a + b \times SI) \times (1 - e^{-c \times age^e})$	중부소나무	18.1398	1.7181	0.0076	1.2434	0.71

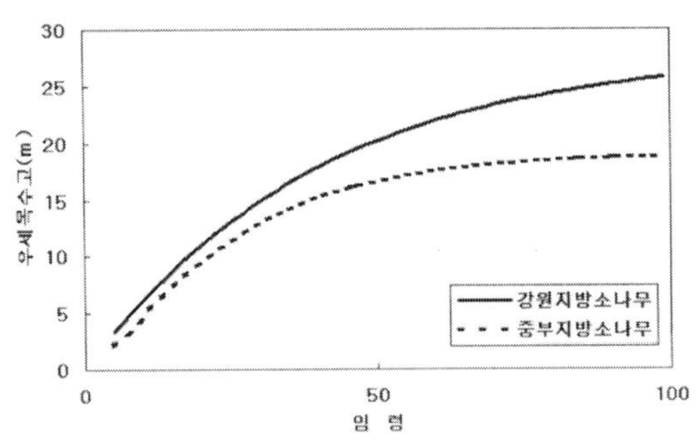

그림 7—강원 및 중부지방소나무 우세목 수고 곡선형태

그림 8— 강원 및 중부지방 소나무 평균임분직경 곡선형태

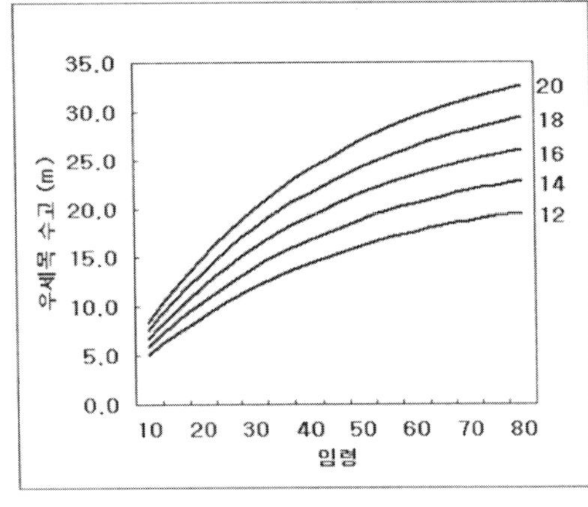

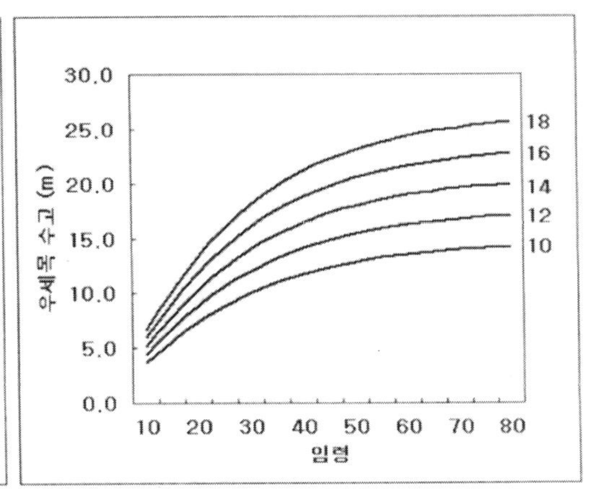

그림 9— 강원 및 중부지방 소나무 지위지수 분류 곡선. 왼쪽이 강원지방, 오른쪽이 중부지방.

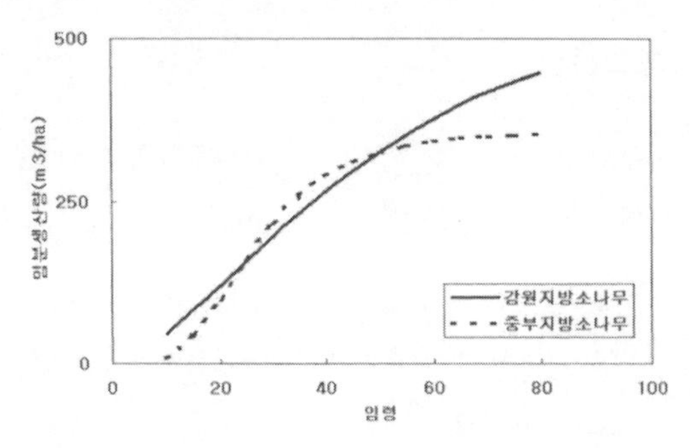

그림 10— 강원지방 및 중부지방소나무의 임분생산량
(지위지수 16기준)

산량을 예측하기 위해서는 지위지수 추정이 필수적이다. 지위지수 곡선은 우세목의 수고 추정식에서 변수간 치환을 통하여 얻을 수 있다. 강원지방소나무와 중부지방소나무의 지위지수 곡선을 분류한 결과 〈그림 7〉과 같다. 그리고 지위지수는 기존 연구가 년을 기준으로 설정하여 구축한 것에 비하여, 우세목의 수고가 안정화에 접어드는 년이 더 바람직할 곳으로 판단, 30년을 기준연도로 삼았다.〈그림 9〉

임분 생산량

임분의 주요 생장인자인 수고평균 및 우세목, 직경, 임령 및 기타 인자를 이용하여 강원지방 소나무 및 중부지방 소나무의 현실 생산량 및 장래 생산량을 도출한 결과 다음과 같다. 수고와 직경생장에서 나타난 바와 마찬가지로 임분 생산량에 있어, 강원지방 소나무가 더 많음을 알 수 있으며, 이로서 추후 조림의 방향 등에 대한 산림행정을 가늠해 볼 수 있다 하겠다. 특히 목재 이용적인 측면에서는 50년 이상의 장벌기 계획을 세운다면 강원지방소나무림에서 더 많은 생산량을 올릴 수 있을 것이라 판단된다.

프로그램

강원지방 및 중부지방소나무 뿐만아니라 우리나라 주요 수종에 대한 개체목 및 임분에 대한 자원을 평가하기 위하여, 다양한 재적, 중량, 현실 생산량 및 장래 생산량 등을 제공할 수 있는 〈표〉 및 〈그림〉의 조제와 아울러 이용자의 작업능률 향상과 정보 정확성을 도모하기 위하여 모든 작업과정을 프로그램화 하였다. 본 프로그램은 산림청 홈페이지에 게시되어 이용되고 있으며, 추후 좀 더 업그레이드된 프로그램이 게시될 예정으로 있다.

결론

나무에 대한 문화는 인간에 있어 친자연적이

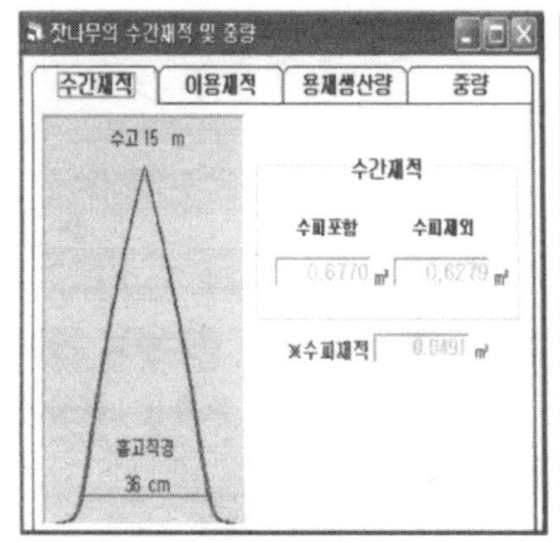

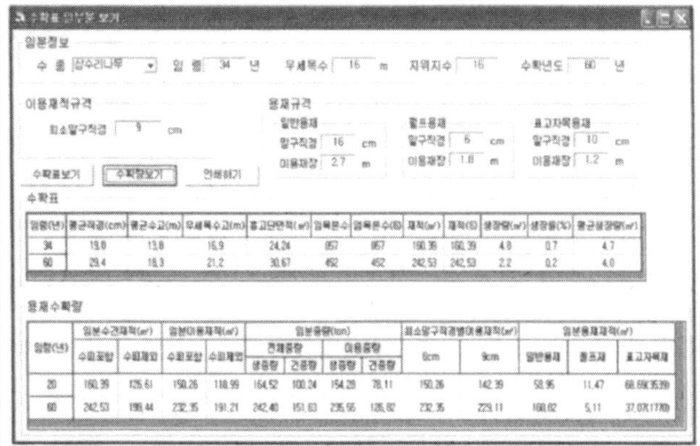

그림 12— 프로그램을 이용한 결과물 일부

며, 나무문화를 생각한다 함은 어우러져 살아가는 생물체들에 대한 인간의 자각이라 볼 수 있다. 역사 이래로 우리의 소나무 문화는 항상 존재하였던 사실이며, 단지 잠시 망각하고 지내온 사실이기도 하다. 이 시점에서 소나무에 대한 다방면으로의 접근은 중요한 이슈에 대한 해결점의 출발점이라 볼 수 있다.

소나무의 생장은 생장 인자에 관여하는 요인들의 너무 복잡하고, 다중적으로 구성되므로 완전무결하게 이것이 소나무 생장이라 말할 수는 없을 것이다. 단지 조사된 자료를 바탕으로 하여 분석결과를 언급해 본 결과는 본문과 같으며, 앞으로도 우리와 많은 연구자들이 많은 자료와 새로운 기법을 통하여 보다 정확한 정보를 제공할 수 있을 것이다. 추후 더 나은 연구 성과를 기대하며, 이런 말은 어떨까?

'歲寒然後知松栢之不彫'는 '세밑 추위를 지난 뒤에야 소나무·잣나무가 시들지 않음을 안다' 라는 뜻이다. 이 글귀는 「논어論語」 자한子罕편에 나오는 것으로 어떤 역경에도 꺾이거나 변하지 않는 굳은 절조節操를 상징한다. 즉, 소인은 치세에는 군자와 다를 것이 없지만 이해에 닥치거나 환란을 만난 뒤에는 군자의 지킴이 저절로 드러난다는 뜻이다.

참고문헌

변우혁·이우균·배상원. 1996.「산림생장학」. 유천미디어. 399p.

손영모·이경학·권순덕·이우균. 2004. 주요 수종의 임목자원 평가 및 예측시스템. 국립산림과학원 연구보고 01-01. 125p.

손영모·이경학·정세경·김성호·이우균. 2004. 임목자원분석론-측정 · 생장모델 · 평가-. 국립산림과학원 연구신서 제4호. 128p.

임업연구원. 1999.「소나무 소나무림」. 205p.

http://100.naver.com/100.php?id=727017

http://100.naver.com/100.php?id=727157

http://bh.kyungpook.ac.kr/~ygpark/study_06.html

http://member.nate.com/jihyun79/main2.html

소나무 수고생장 및 수간형태의 지역별 차이

이우균·곽두안 고려대학교

서론

나무의 수간형태는 동일수종이라도 입목이 위치한 입지상태에 따라 큰 차이를 보인다. 우리나라 소나무는 생육지역에 따라 수형의 형질 변이가 큰 특징을 지니고 있다. 1928년 일본인 우에키植木·Uyeki, 1928는 우리나라 소나무를 외형적인 형태에 따라 6가지로 분류한 바 있으며, 함경남도 및 강원도 일부에 분포하는 동북형, 강원도 남부와 경상북도 일대에 분포하고 있는 金剛型, 서남부 저지대의 中南部 平地型, 중남부 내륙의 中南部 高地型, 경상북도 동남부 일대의 安康型, 전북 완주군 위봉산을 중심으로 분포하는 위봉형 등 6개의 지역형으로 구분하고 있다.〈표 1〉

이러한 수간의 외형적 차이는 수고, 수관길이, 수간형태에 의해 설명될 수 있으며, 각종 수리적 모델을 통해 수치적 비교가 가능하다. 본고에서는 수간 형태의 지역적 차이를 수고모델, 수관모델, 간곡선모델, 수간의 형태를 수치로 나타낼 수 있는 수간형태 지수를 통해 설명하고자 한다.

재료 및 방법

우에키가 제시한 소나무의 지역형 중 동북형, 금강형, 중남부 평지형을 해당지역강원도 양양군, 경북 소광리, 충남 안면도에서 조사된 소나무자료를 근거로 비교분석해 보았다. 흉고직경, 수고, 지하고 등의 자료를 기본적으로 활용하였으며, 정밀분석을 위해서는 나무의 과거생장을 재구성하는 수간석해stem analysis 분석자료를 활용하였다.

수고생장모델을 통해 지역별 수고생장의 차이를 분석하였고, 수간 외곽선을 수식으로 나타내는 수간곡선모델stem taper model을 통해 수간 완만도의 지역별 차이를 비교분석하였다. 또한, 수관길이나무 끝에서 수관 하부까지의 길이를 추정할 수 있는 수관모델을 통해 수관의 외형적 특징을 살펴보았다.

결과 및 고찰

지역별 수고생장 차이

지역별 수고곡선을 살펴보면, 경북 소광리지역은 약 60년까지는 급격한 생장형태를 보이다가

표 1— 우에키 교수에 의한 우리나라산 소나무의 지역형과 환경조건

자료출처: 임경빈(1969)

지역형	수형	기후	지질
東北型	줄기가 곧고, 수관은 난형이며, 지하고가 짧다. 傘松型(forma umbeliformis)이라고 했다.	기온이 낮고 강우량이 적으며, 건조하고 날씨 가 맑고 저온이 급히 오는 곳이다.	화강암, 편마암, 반암
金剛型	줄기가 곧고 수관이 가늘고 좁으며, 지하고가 높다.	강우량이 일반적으로 많고, 습도도 높다.	화강암, 편마암, 석회 암
中南部 平地型	줄기가 굽고 수관이 천박하고 넓게 퍼진다. 지하고가 높다.	기온이 높고 건조하다.	화강암, 편마암
威鳳型	50년생까지는 전나무의 모양을 닮았으며, 수관이 좁다. 그 후로는 수관이 확대되고 줄기의 신장생장이 더디다.	강우량이 1,300 mm 이상인 곳이다.	편마암, 반암 (전북의 위봉산)
安康型	줄기가 매우 굽는다. 수관이 천박하고 정상부는 거의 수평에 가까우며 노목이 없다. 인간과 환경의 영향으로 보인다.	여름철의 강우량이 제일 적은 곳. 6월과 7월의 온도교차가 가장 심하고, 7월과 8월의 온도교차가 가장 작다.	반암, 하암의 황적색 토. 나지가 많다.
中南部 高地型	금강형과 중남부 평지형의 중간형으로 지고, 방위, 기후 등에 따라 때로는 금강형에 때로는 중남부 평지형에 가까워진다.		

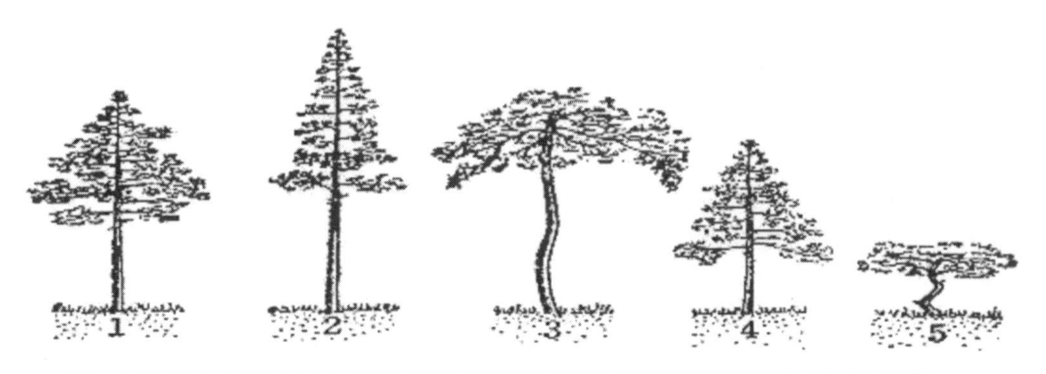

그림 1— 우에키교수에 의한 우리 소나무의 지역형. 왼쪽부터 동북형, 금강형, 중남부 평지형, 위봉형, 안강형.

고령으로 갈수록 수고생장이 둔화되기 시작하나 변화의 폭은 크지 않고 꾸준한 양상을 보인다.〈그림2, 3, 4, 5〉 반면, 안면도 및 양양지역 소나무의 수고생장 형태는 전체적으로 낮게 유지되다가 고령으로 갈수록 생장이 둔화되어 수고의 큰 변화가 거의 나타나지 않고 있다.

〈그림 5〉는 소광리지역, 안면도지역, 양양지역 소나무의 수고곡선을 동일 그래프 상에 나타낸 것이다. 안면도지역과 양양지역의 수고곡선이 소광리 지역의 수고곡선에 비해 현저히 낮음을 알 수 있다. 50년 이후에서는 동일 수령이라 하더라도 안면도와 양양지역의 소나무는 소광리지역 소나무 수고의 70%정도를 나타내고 있다.

이는 안면도, 양양지역 소나무림의 생장조건이 소광리지역 보다 상대적으로 좋지 않은

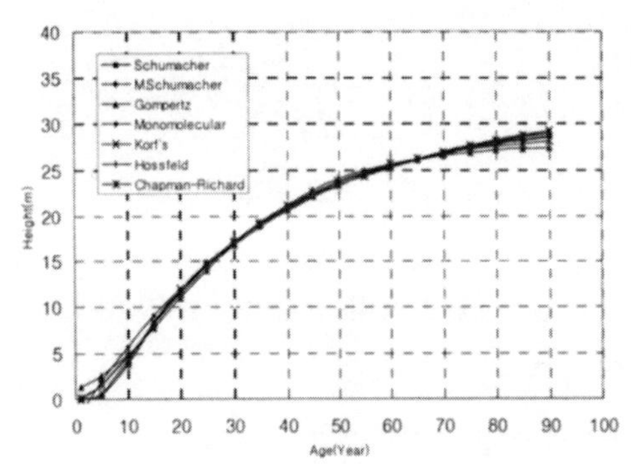

그림 2— 소광리지역 소나무의 수고곡선

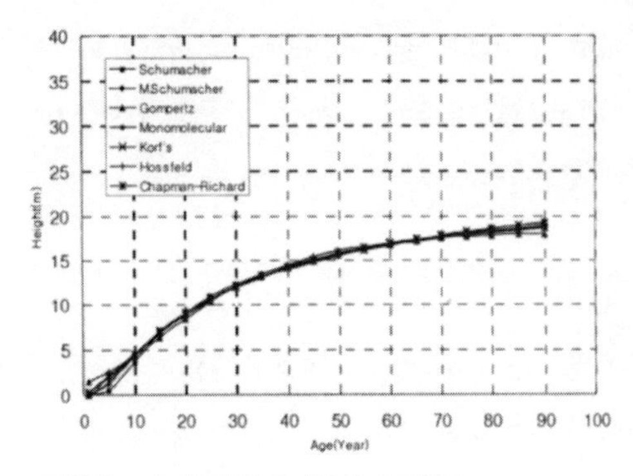

그림 3— 안면도지역 소나무의 수고곡선

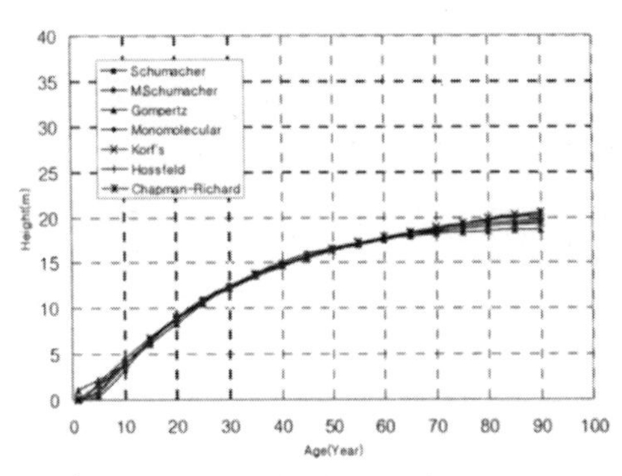

그림 4— 양양지역 소나무의 수고곡선

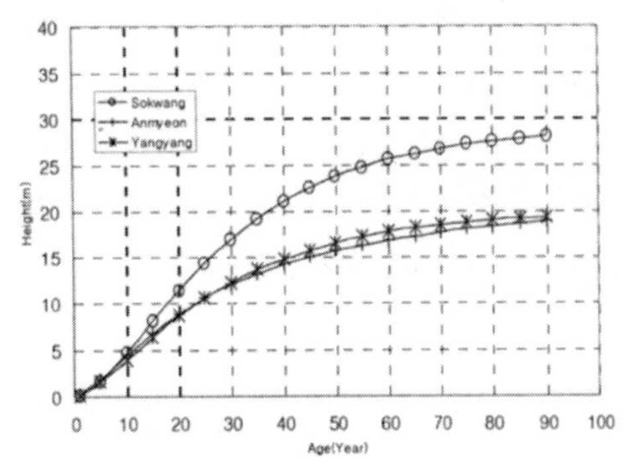

그림 5— 지역별 수고곡선

것을 반영하는 것으로 볼 수 있다. 그로 인해 안면도, 양양지역 소나무의 수고생장은 일찍 둔화되어 임령이 증가하더라도 수고가 거의 일정하게 유지되는 현상을 나타내 주고 있다.

이상의 수고생장패턴을 볼 때, 경북 소광리의 소나무는 금강형, 안면도 소나무는 중남부 평지형, 강원 양양지역 소나무는 동북형을 각각 나타낸다고 볼 수 있다.

지역별 수간형태 차이

수간의 완만도

수간의 완만도는 수간이 하부에서 상부로 갈수록 가늘어지는 정도를 나타내는 지수이다. 여기서는 가늘어지는 정도가 높은 것을 '완만도가 낮다' 고 하고, 가늘어지는 정도가 약한 것을 '완만도가 높다' 는 것으로 표현하고자 한다.

이러한 수간의 완만도는 수종에 따라 상이하게 나타나며, 같은 수종이라 하더라도 입지조건에 따라 다양하게 나타난다. 수간의 완만도를 나타내는 방법으로는 직경비율, 완만도표, 형수, 형율 등이 있는데, 본 연구에서는 간곡선식stem taper model을 이용하여 안면도 소나무의 수간완만도를 분석하였다.

간곡선 모델stem taper model

간곡선은 x축의 수간높이, y축의 직경 또는 반경으로 이루어지는 좌표점을 연결한 곡선을 의미한다. 이러한 간곡선은 수간부위에 따라 보통 〈그림 7〉과 같이 Neiloid형, 포물선형Paraboloid, 포물선-원추형Para-cone, 원추형cone으로 구분될 수 있다.

이를 〈그림 6〉과 같이 간단한 Power함수로

나타낼 수 있다. 즉, 수간높이h를 수고H로 나눈 상대수간높이를 Z이라 할 때 흉고직경은 다음과 같은 power함수로 나타낼 수 있다.

$d=k \cdot Z^{r}$ (Z=h/H, h=수간높이, H=수고)…… 1

여기에서 k는 상수를 나타내며, r은 수간이 가늘어지는 정도를 나타내는 수간형태지수를 의미한다. 식 1을 (그림 7)의 상부와 같은 수간곡선형태로 나타내기 위해서는 다음과 같이 변형할 수 있다.

$d=k \cdot (1-Z)^{r}$…… 2

여기에서 수간형태지수 r은 수간의 형태에 따라 다양한 값을 가질 수 있다. 즉, r값은 Neiloid형의 경우 1.5(3/2), 원추형의 경우 1(2/2), 포물선형의 경우 0.5(1/2), 그리고 원통형의 경우는 0(0/2)를 나타낸다. 따라서 이 r값을 수간부위별로 나타내면 (그림 7)의 하부와 같이 r값을 상대수간높이의 2차방정식으로 나타낼 수 있다.

$r=r_1Z^2+r_2Z+r_3=r_1(h/H)^2+r_2(h/H)+r_3$…… 3

또한, k는 y축, 즉 직경d축의 절편Intercept를 나타내며, 흉고직경dbh 높은 상관성을 지니므로 역시 다음과 같은 함수식으로 나타낼 수 있다.

$k=k_1dbh^{K_2}$…… 4

식 3, 4를 2에 대입하면 최종적으로 오른쪽과 같은 간곡선 모델을 유도할 수 있다.

이와 같이 유도된 간곡선 모델에서는 간곡선 형태를 결정하는 수간형태지수 r값이 수간부위별로 다양하게 유도됨으로써 수간 부위에

$$d=b_1dbh^{b_2}\cdot\left(1-\frac{h}{H}\right)^{\left\{r_1\left(\frac{h}{H}\right)^2+r_2\left(\frac{h}{H}\right)+r_3\right\}}$$

d: 상대높이에서의 반경, h: 수간부위별 높이, H: 수고

따라 다양한 형태를 띠는 간곡선을 잘 표현할 수 있게 된다.

간곡선을 이용한 지역간 간곡선 및 수간완만도 비교

〈그림 8〉은 추정된 간곡선모델을 이용하여 만든 지역별 소나무의 수간곡선이다. 안면도 소나무의 수간곡선이 타 지방 소나무의 수간곡선에 비하여 상당히 완만함을 알 수 있다. 즉 안면도 소나무가 타지방에 비하여 비교적 수간의 완만도가 높음을 알 수 있다.

수간의 형태지수를 이용한 수간완만도 비교

추정된 간곡선 모델에서 수간부위별로 나타내지는 r곡선, 즉 수간의 형태지수곡선을 이용하여 수간의 형태를 예측할 수 있다. r값은 수간의 부위별로 다양한 간곡선의 형태neiloid, paraboloid, para-cone, cone를 잘 나타낼 수 있으며, 이에 따라 수간의 상대높이를 나타내는 x축에 대해 아래로 볼록한 2차식의 그래프 형태를 가진다.

여기에서 r 값 그래프를 이용하여 수간의 완만도를 비교할 수 있다〈그림 8b〉. 즉, 전체적으로는 수간의 완만도는 r 값이 작을수록 높다. 〈그림 8b〉를 보면, 안면도 소나무림의 수간형태지수가 타지방 소나무에 비해 하부에서는 높고, 중상부에서는 현저히 낮음을 알 수 있다. 이는 안면도 소나무가 타지역의 소나무에 비해 근주부의 완만도는 낮은 반면 수간상부로 갈수록 완만도가 상대적으로 높음을 의미한다. 영동과

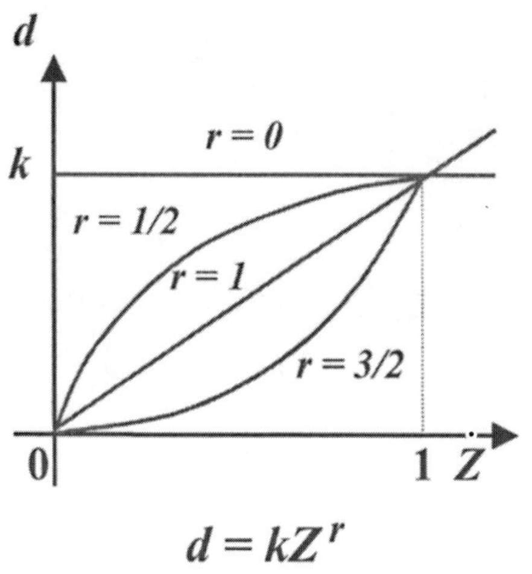
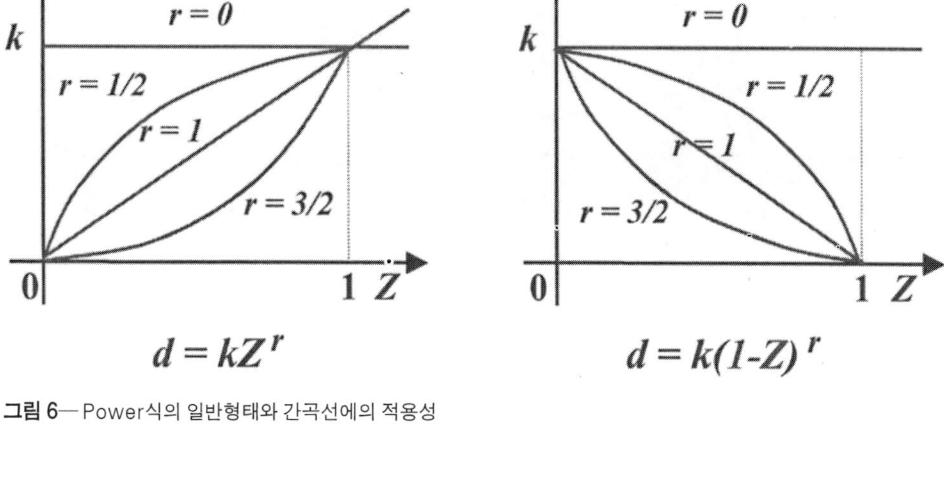

그림 6— Power식의 일반형태와 간곡선에의 적용성

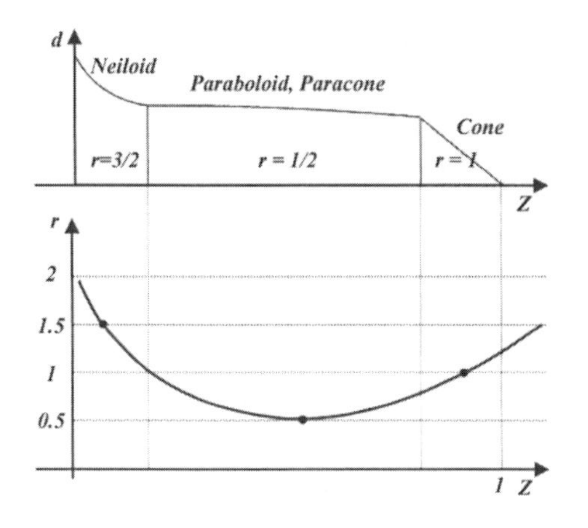

$$r = r_1 Z^2 + r_2 Z + r_3 \;\; = r_1 (h/H)^2 + r_2 (h/H) + r_3$$

그림 7— Power식의 일반형태와 간곡선에의 적용성

영서지방 소나무의 수간형태가 비슷하였고 영서내륙지방의 수간완만도가 가장 낮은 것으로 나타났다.

수간의 완만도지수를 이용한 수간완만도 비교 이를 좀더 구체적으로 알아보기 위해 r 값으로부터 유도되며 수간완만도를 나타내는 다음과 같은 다양한 지수를 비교하였다. 이 지수들은 r 값이 1에 빨리 도달할수록, r 값이 1보다 작은 구간이 넓을수록, 최저점에 빨리 도달할수록, 그리고 최저점의 값이 작을수록 수간의 완만도는 높을 것이라는 것에 착안된 것들이다.

근주완만도0.05 또는 0.1 부위에서의 r값 —— 수간 높이의 0.05 또는 0.1부위에서의 r값은 근주부위에서의 수간 완만도를 나타낸다. r값이 클수록 수간의 가늘어지는 정도가 높고 수간의 완만도가 떨어짐을 의미한다.

변곡부위r=1인 부위 —— 수간의 가늘어지는 정도는 근주부에서 심하게 나타나다가 어느 일정 부위부터 약해지는데, 이러한 현상은 r값이 초반에는 1보다 크다가 어느 부위에 가서 1보다 작아지는 현상으로 표현될 수 있다. 곡선의 형태로는 Neiloid형 감소가 포물선형 감소로 변환되는 것으로서 r값이 1이 되는 점이 곡선전환점, 즉 변곡점이 된다. 이 변곡 부위가 하부일수록 수간의 완만부위가 일찍 시작됨을 의미한다.

완만부위율r<1인 범위 —— r이 1보다 작은 수간 범위로서 수간의 전체길이에서 비교적 완만한 수간부위가 차지하는 비율완만부위율을 나타낸다.

표 2— 지역별 완만도를 나타내는 지수 비교

완만도지수	의미	영동	영서	영서내륙	안면
0.05근주 완만도	0.05부위에서의 r값	1.8306	1.8724	1.8197	2.1577
0.1근주 완만도	0.1부위에서의 r값	1.6831	1.7166	1.7129	1.9345
변곡부위	r=1일 때 h/H	0.4295	0.4360	0.6418	0.3837
완만부위율	r〈1인 구간	0.5668	0.5011	0.3581	0.6162
최고완만도 부위	최저점일 때 h/H	0.7130	0.6866	0.8467	0.7116
최고완만도	최저 r값	0.8142	0.8400	0.9419	0.6231

최고 완만도 부위r값이 최저인 부위 —— r값이 작을수록 완만도가 높음을 의미한다. 또한, 최저인 r값이 하부에서 나타날수록 완만도가 높다는 것을 의미한다.

최고완만도최저 r값 —— 최저 r값은 완만도가 가장 높음을 의미하며, 이 최저 r값이 작을수록 수간의 완만도가 높음을 의미한다.

〈그림 8〉과 〈표 2〉에서 보면, 안면도지방소나무는 근주부에서의 r값이 다른 지역 지역에 비해 월등히 높아 근주부의 완만도가 다른 지역에 비해 낮음을 알 수 있다. 또한, r값이 가장 빨리 1에 도달하여 변곡 부위가 가장 하부에 있으며, r값이 1보다 작은 부위의 비율, 즉 완만 부위율이 가장 높았다.

최저점의 경우에는 안면도소나무에서 r값이 가장 작았으며, 도달부위는 영동 및 영서와 비슷하였고 영서내륙보다는 하부에 위치하였다. 이상을 종합할 때 안면도 소나무가 다른 지역의 소나무에 비해 근주부의 완만도는 낮은 반면 수간 상부의 완만도는 가장 높은 것을 알 수 있다. 따라서 안면도 소나무의 수간이 가장 원통형에 가까운 것으로 볼 수 있다.

임령에 따른 수간완만도 변화

근주 완만도상대수고 0.1 부위에서의 r값 〈그림 9〉는 수고 10%되는 부위에서의 r값을 임령별로 나타낸 것이다. 전체적으로 근주부위에서는 r값이 안면도지역 소나무에서 높게 나타나 근주부에서는 안면도 소나무의 가늘어지는 정도가 더 심

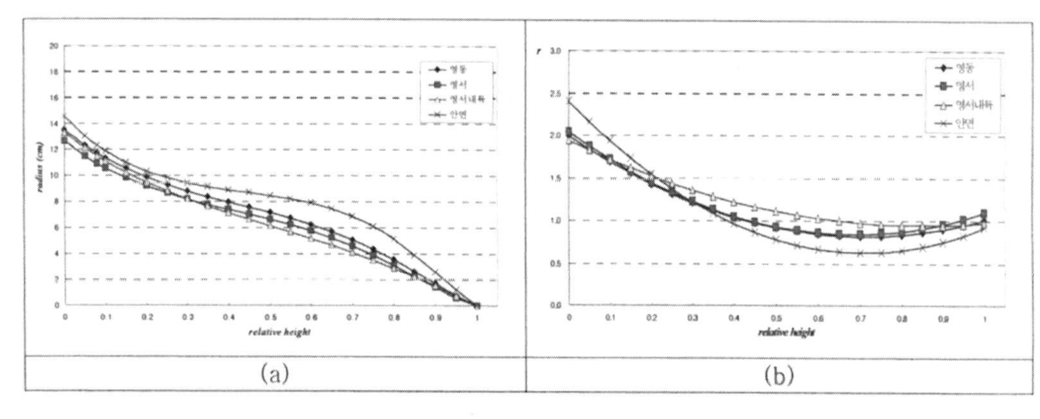

그림 8— 간곡선 모델에 의해 추정된 지역별 수간곡선(a) 및 r 값 (b)

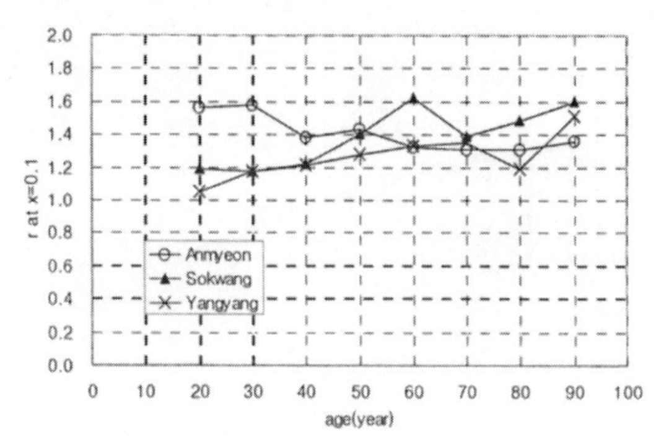

그림 9— 수고 10% 수간부위에서의 r 값 (근주 완만도)

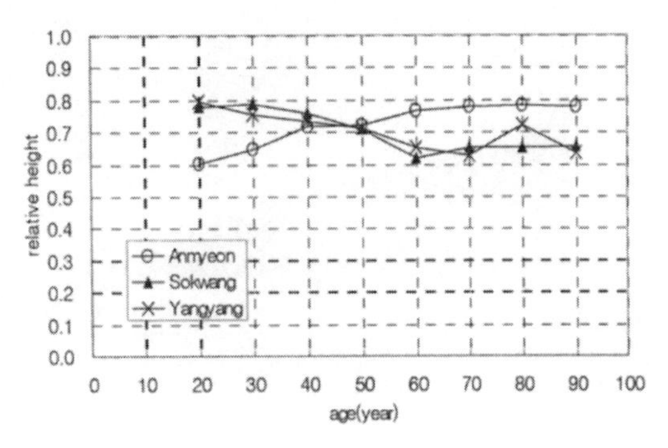

그림 10— r〈1 인 수간비율 (완만부위율)

한 것으로 나타났다. 안면도지역 소나무의 경우 평균 근주완만도가 1.47로 나타나 근주부에서의 수간이 Neiloid형태로 가늘어지는 것으로 나타났다. 또한, 소광리지역 소나무의 평균근주완만도는 1.44로 나타났고, 양양지역의 소나무는 1.30으로 나타났다. 근주 부위는 양양지역이 가장 낮은 완만도를 나타내지만 영급이 증가할수록 양양지역 소나무와 소광리지역 소나무는 완만도가 점차 낮아지는 경향을 나타내며, 안면도지역의 소나무는 대체로 감소하는 경향을 나타낸다. 5영급까지는 안면도지역 소나무의 근주완만도가 낮았으나 그 이후부터는 소광리지역 소나무가 더 낮아지는 현상을 보인다.

완만부위율r이 1보다 작은 수간비율 〈그림 10〉은 수간의 완만 부위율을 나타낸다. 안면도지역 소나무의 경우는 임령이 증가함에 따라 완만 부위율이 증가하는 추세는 나타났으나 소광리지역과 양양지역 소나무는 임령에 따른 완만부위율이 감소하는 추세를 나타낸다. 안면도지역 소나무는 초기에 60%에 달하던 완만부위가 점차 증가하여 5영급에서는 72%이상으로 증가하고, 6영급 이상에서는 거의 80%에 가까운 완만부위율을 나타내고 있다.

이에 비해 소광리와 양양지역 소나무는 초기에 약 80%정도의 완만 부위율을 점유하고 있으나 임령이 증가할수록 점유율이 낮아지고 5영급 이상에서는 안면도지역 소나무의 완만부위율보다 오히려 낮아져 65%정도의 점유율을 보이고 있다.

수간석해도를 이용한 지역간 간곡선 및 수간완만도 비교

소나무 수간형태의 지역별 차이를 비교하기 위하여 각 지역의 소나무를 적정량 벌채하여 수간석해를 실시하였다. 채취된 각 단판의 연륜폭은 연륜측정기를 이용하여 수피쪽에서 안쪽을 향해 1/100mm 단위로 측정하여 흉고직경 및 수고의 연년생장자료를 마련하였다. 작성된 수간석해 자료는 Snasys 1.0을 이용하여 수간석해도를 작성하였다.〈그림 11〉

〈그림 11〉을 보면 생장 초기의 소나무 생장은 모든 지역에서 거의 같은 양상을 보이다가 어느 시점이 되면 안면도 소나무는 수고생장이 둔화되고 수간 상부의 직경생장량이 증가하는 양상을 보인다. 따라서 동령의 개체들 중

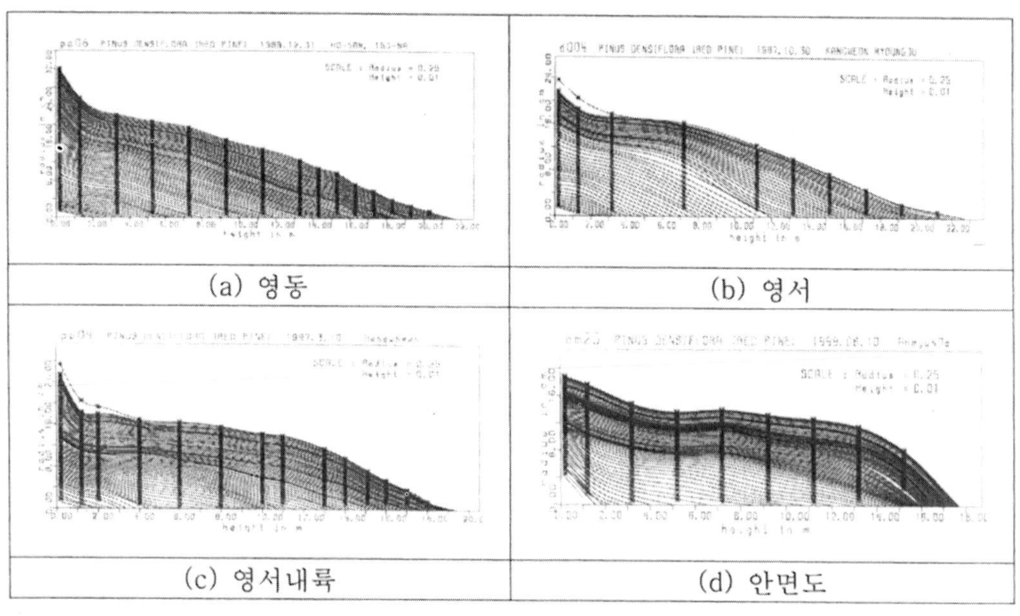

그림 11— 지역별 수간 석해도

안면도 소나무의 수고가 가장 적은 반면 수간 상부의 직경생장은 매우 우수하여 수간의 완만도가 타 지역보다 비교적 높다는 것을 알 수 있다. 재적추정의 경우, 전간全幹재적의 차이는 확신할 수 없으나, 이용재적의 경우 원통형에 가까운 안면도 소나무의 재적이 높을 것이라는 것을 추측할 수 있다.

이를 종합하면, 안면도 소나무의 완만도가 유령림에서는 소광리 소나무에 비해 낮으나 임령이 증가하면서 점차 증가하여 고령림에서는 소광리 소나무보다 높은 것으로 나타났다. 이는 입목의 수고생장과 수관형태로부터 설명할 수 있다. 즉, 소광리 소나무는 초기부터 수고생장이 왕성하기 때문에 유령림에서의 수간 완만도가 높게 나타난다. 또한, 임령이 증가하더라도 수고생장이 현격히 둔화되지 않기 때문에 각 수간 부위의 직경생장이 균등하고 이로 인해 초기의 높은 수간 완만도가 유지될 수 있다. 임령에 따른 본수의 자연감소로 밀도가 낮아지고 이에 따라 수간 하부의 직경생장이 크게 둔화되지 않는 것도 일정한 수간 완만도를 유지하는 이유로 볼 수 있다. 또한, 소광리 소나무의 경우 수관길이율이 임령에 따라 크게 감소하지 않는 것도 수간 완만도가 증가하지 않는 하나의 이유로 볼 수 있다. 일반적으로 수관부위에서는 수간의 가늘어지는 정도가 심한 것으로, 즉 수간 완만도가 낮은 것으로 알려져 있다.

반면, 안면도 소나무의 경우는 소광리 소나무에 비해 초기의 수고생장이 왕성하지 못하기 때문에 유령림에서의 수간 완만도는 낮게 나타난다. 그러나 임령이 증가하면서 수고의 증가속도가 느려지고, 5, 6영급에 가서는 수고생장이 현격히 둔화되는 반면 지하고의 증가속도는 일정하게 유지되어 전체적으로 수관길이가 짧아지게 된다. 또한, 높은 밀도로 수간

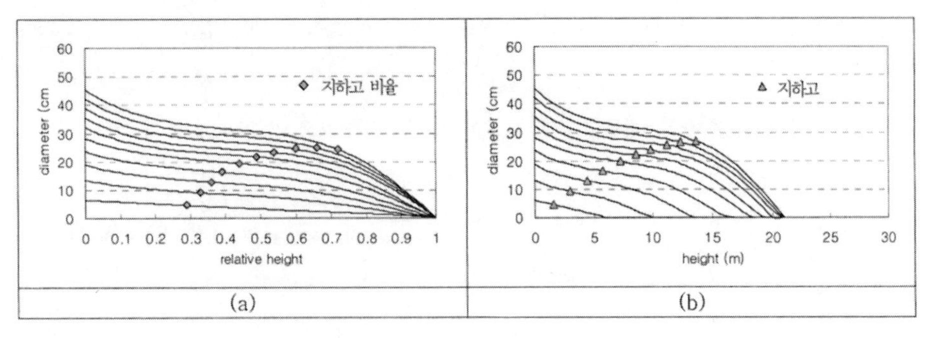

그림 12— 안면도 소나무의 절대수간곡선(a)과 상대수간곡선(b)

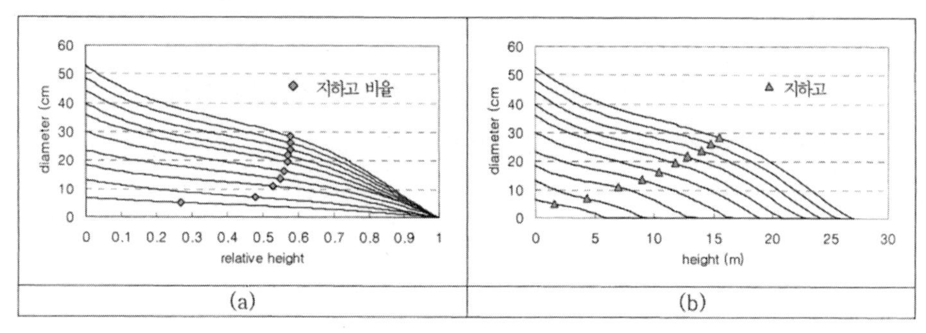

그림 13— 소광리 소나무의 절대 수간곡선(a)과 상대 수간곡선(b)

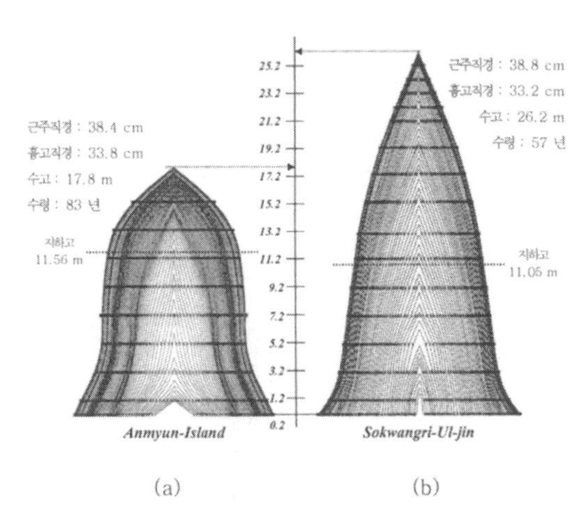

(a) (b)

그림 14— 안면도 소나무(a)와 소광리 소나무(b) 수간 석해도

하부의 직경생장은 크게 둔화되는 반면, 수간 상부의 직경생장은 짧은 수관길이로 오히려 왕성하여 전체적으로 수간의 완만도가 임령이 증가되면서 증가하는 형태를 보이고 있다.

〈그림 12〉와 〈그림13〉은 유도된 수간곡선식을 이용하여 안면도 소나무와 소광리 소나무의 수간곡선을 임령별로 나타낸 것이다. 그림의 (a)는 절대수고에 대한 수간곡선을 보여주는 것이고 (b)는 상대수고에 대한 수간곡선을 나타낸 것이다. 그림을 보면, 초기에는 안면도 소나무가 소광리 소나무와 비슷한 수간형태를 띠지만, 임령이 증가하면서 안면도 소나무의 수고가 현격히 둔화되고 이에 따라 수간 상부의 직경생장이 왕성해 짐에 따라 안면도 소나무의 수간 완만도가 증가하는 것을 잘 알 수 있다.

그림에 지하고를 함께 나타내었는데, 안면도 소나무의 경우는 임령이 증가함에 따라 수관길이가 급격히 짧아지고 지하고가 증가하는 반면, 소광리 소나무의 경우는 임령증가에 따른 지하고율의 변화가 거의 없는 것을 알 수 있다. 이러한 수관길이 또는 지하고율의 차이로

양 지역간의 수간 완만도의 차이가 유발된다고 볼 수 있다.

〈그림 14〉는 수간석해를 통한 조제된 실제 수간석해도이다. 여기에서도 역시 유령기에는 수간의 형태가 비슷하다가 임령이 증가함에 따라 수고생장의 현격한 차이로 인하여 수관길이의 차이가 생기고 이로 인해 수간의 완만도 차이가 유발됨을 알 수 있다.

지역별 수관형태 차이

각 지역의 수관의 길이는 지역별 적합 수고곡선과 지하고 곡선을 추정하면 산출할 수 있다. 각 지역의 수고곡선과 지하고곡선을 이용하여 수관길이를 비교해 보면, 소광리지역과 양양지역은 고령으로 가더라도 수고생장과 수관발달이 지속되어 수관길이가 점차적으로 늘어나는 경향을 보이나〈그림 15, 17〉, 안면도지역의 수관길이는 수고가 고령으로 갈수록 현격히 감소하는 것을 볼 수 있다.〈그림 16〉

이것은 안면도지역 소나무의 지하고 비율이 고령으로 갈수록 증가하고 소광리, 양양지역 소나무의 지하고 비율은 일정하게 유지된다는 것을 의미한다.〈그림 18〉 수관부위에서 수간의 완만도가 급격히 낮아진다는 기존의 연구결과(Lee et al., 2003)를 볼 때, 안면도 지역 소나무의 높은 수간 완만도는 결국 수고생장 둔화와 높은 지하고율에 기인한다고 볼 수 있다.

결과적으로 소광리지역과 양양지역은 수고생장을 하면서 지하고도 함께 발달을 하지만, 안면도 지역의 지하고는 일정하게 발달하는 반면, 수고생장은 고령으로 갈수록 급격히 둔화되어 결과적으로 수관길이가 짧아지고 지하고 비율이 높아진다.

지역별 수간형태 차이의 원인분석

소광리지역 소나무의 경우는 임령이 증가하더라도 수고생장률이 감소하기는 하지만 현격히 둔화되지 않고 수간 부위의 직경 생장이 균등하기 때문에 고령으로 갈수록 수간 완만도는 낮아지는 경향을 보인다.

양양지역의 소나무는 초기에 수고생장이 왕성하지 못하고 직경 생장도 왕성하지 못하므로 일정한 수간 완만도를 유지하고, 고령으로 가더라도 수간의 완만도는 크게 변하지 않는다.

반면, 안면도지역 소나무의 수간 완만도는 유령림에서는 소광리 및 양양지역의 소나무에 비해 낮으나, 임령이 증가하면서 수고생장이 현격히 둔화되고 수관길이가 짧아져 상부의

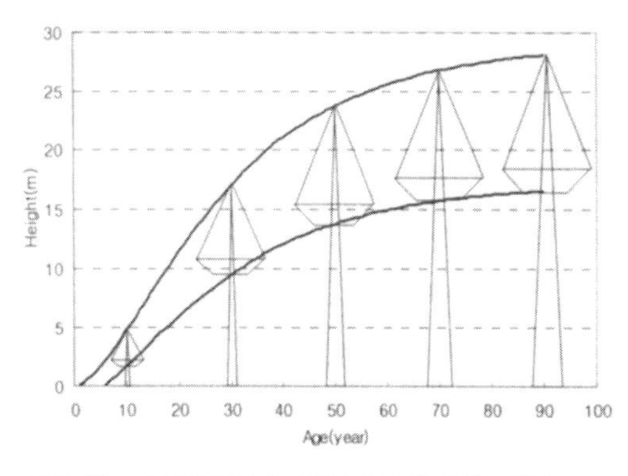

그림 15— 소광리 지역 소나무의 수고 및 지하고 발달

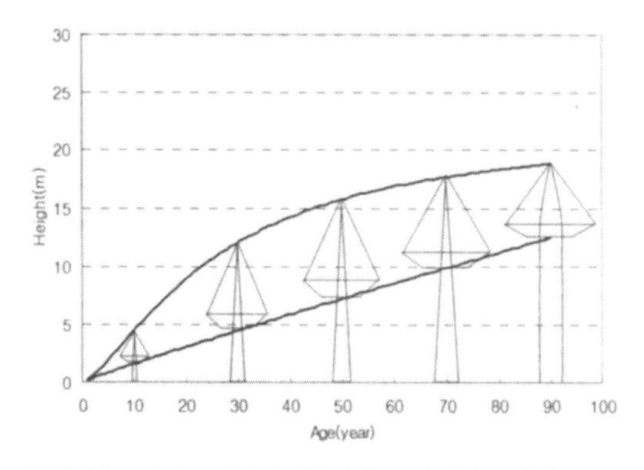

그림 16— 안면도 지역 소나무의 수고 및 지하고 발달

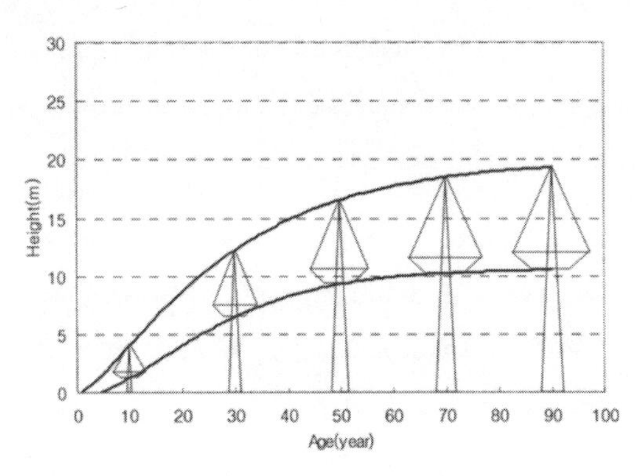

그림 17— 양양 지역 소나무의 수고 및 지하고 발달

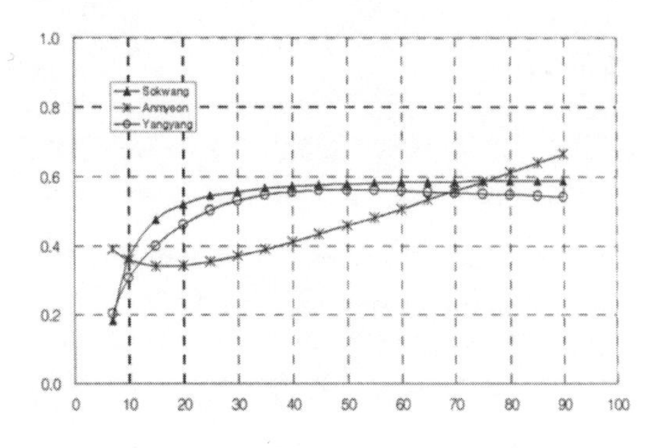

그림 18— 지역별 지하고 비율

직경 생장은 지속되어 수간 완만도가 높아지는 것으로 나타났다.

지역에 따른 이러한 수형의 변이는 유전적 요인 및 환경적 요인에 의해 설명될 수 있는데, 우리나라 소나무의 경우 지역적 변이가 유전적 요인에 의한 것으로 보기 어렵다는 연구 결과가 나온 바 있다.(김진수와 이석우 1992, 김진수 외 1003)

안면도지역 소나무가 완만도가 높은 이유는 수고생장의 장애로 인한 수관길이 감소 및 지하고 비율 증가를 들 수 있다. 이러한 수고생장의 장애요인으로는 바닷가에서 불어오는 해풍海風과 임분의 지위地位에 기인한다고 볼 수 있다.(Karlsson, 2000)

바람은 수목의 수고생장을 감소시킨다.(이경준, 1993). 생장호르몬인 옥신Auxin은 측아의 발생을 억제하고 정아의 발생을 촉진하는 호르몬이다. 수간의 정단頂端부분의 정아頂芽는 바람에 의해 손상을 받으면 정아 속에 함유된 옥신이 정아를 발생시키지 못하고 측아側芽를 발생시킨다.(Salisbury et al., 1991)

안면도지역은 도서지역이기 때문에 내륙지방보다 바람의 영향을 많이 받는 지형학적 특징을 지니고 있다. 강한 바람은 수간의 정단 부위의 생장호르몬인 옥신에 영향을 주어 정아의 발생을 억제하고 측아의 발생을 촉진하여 수고생장이 둔화되고 수관의 길이가 짧아지고 지하고 비율이 증가하여 수관의 형태가 옆으로 뻗어가는 현상을 야기한다.

유령림일 때는 수고도 낮고 직경도 작으므로 수간의 표면적이 작아 바람에 의한 영향을 덜 받을 수 있지만, 수고 생장을 하면서 수고가 증가하고 직경의 크기가 증가하면 수간의 표면적이 넓어지기 때문에 바람에 대한 저항을 더 받는다고 볼 수 있다. 그러므로 수간의 끝에 있는 정아頂芽는 바람의 영향을 받게 되고 정아 속의 옥신은 정아의 발생을 억제하고 측아의 발생을 촉진시켜 수고 생장률이 둔화되면서 수관의 모양을 측면으로 뻗어나가게 하여 수관의 길이가 짧아지고 지하고 비율이 높아져 수간 완만도가 다른 지역에 비해 강한 것이다.

참고문헌

김진수·이우균·손요환·김종성·강전유·김종원·변병호·이상옥·이유미·전의식·박수현·강현·유종근. 2000. 우량(안면)소나무림 보존 기초조사용역. 고려대학교자연환경보연구소.

김진수·이석우. 1992. 강원·경북지역 소나무 천연집단의 유전적 구조. 한국 육종학회지 24:48-60.

김진수·이석우·황재우·권기원. 1993. 금강 소나무-유전적으로 별개의 품종으로 인정될 수 있는가?-동위효소분석 결과에 의한 고찰-. 한국임학회지 82(2): 166-175.

서정호. 2000. 안면도 소나무림의 임분 및 단목생장 모델에 관한 연구. 고려대학교 석사학위논문.

이경준. 1993.「수목생리학」. 서울대학교 출판부. p395~400.

이우균. 1996. 강원도지역 소나무 임분 및 일반 수고-흉고직경곡선 모델. 한국임학회지 4(2) : 68p.

이준학·이우균·서정호, 2001. Windows용 수간석해 프로그램(Stemwin 1.0)의 개발. 한국임학회지 90(3).

임경빈. 1969. 일본산 적송의 산지시험과 적송림 시업체계. 서울대학교 연습림 보고 6: 1-31.

임경빈. 1995.「소나무」. 대원사. 서울. 143쪽.

Salisbury, F.B., Ross, C.W., 1991. Plant physiology. 4th edition. Wadsworth Publishing Company. p361~372.

Karlsson, K., 2000. Height growth patterns of Scots pine and Norway spruce in the coastal areas of western Finland. Forest Ecology and Management. 135(2000) 205~216.

Lee, W.K., 1993. Wachstums-und Ertragsmodelle fur Pinus densiflora in der Kangwon-Provinz, Korea. Cuvillier Verlag Gottingen. 93p.

Lee, W.K., Seo, J.H., Son, Y.M., Lee, K.H., Gadow, K.V., 2003. Modeling stem profiles for Pinus densiflora in Korea. Forest Ecology and Management. 172(2003) 69~77

Son, Y.M., Lee, K.H., Lee, W.K., Kwon, S.D., 2002. Stem Taper Equations for Six Major Tree Species in Korea. Journal of Korea Forestry Society. 91(2) : 213~218.

Uyeki, H., 1928. On the physiognomy of Pinus densiflora growing in Korea and silvicultural treatment for its improvement. Bull. Agri. & For. Coll. Suwon. Korea 3. 263p

소나무 숲의 특성과 목재생산

배상원 국립산림과학원

머리말

우리나라를 대표하는 수종인 소나무는 우리들에게 늘 친숙하게 다가온다. 소나무는 우리나라 어디에서나 볼 수 있는 나무로 옛날부터 우리생활 속에서 늘 같이하였다. 역사적으로 보면 신라시대에는 화랑도들이 수양을 하면서 소나무를 심었다고 하며 고려시대에는 개성송악에 풍수지리설에 따라 소나무를 집단 조림하였고, 조선시대에는 소나무 수요가 증가함에 따라 소나무 숲 보호와 조림를 할 정도로 문화·경제적으로 소나무가 중요시 되었었다. 또한 국방상의 토목용재와 전쟁소실에 따른 건축물의 보수, 신축 등 건축용재와 궁궐 신축으로 많은 소나무를 사용하였다. 조선시대에는 우량형질의 소나무가 자라고 있는 곳은 전국적으로 금송禁松지역으로 선정하여 집중적인 관리를 하는 등 소나무를 중요시하여 송정松政, 금송禁松이라는 강력한 정책수단을 동원하여 보호·관리하였다.

일반적으로 소나무는 학명은 Pinus densiflora Sieb. et Zucc로 일반명으로는 적송赤松, 육송陸松으로 불리는데, 이런 이름이 생긴 이유는 흑송黑松또는 해송海松이라는 곰솔과 구분하기 위한 것인 것으로 여겨진다. 적송이라는 이름은 줄기가 붉은 빛인 소나무, 육송은 내륙지방에 자라는 소나무 그리고 곰솔은 줄기가 검어서 흑송검은 소나무, 바닷가에 자라서 해송바다 소나무이라는 의미로 두 소나무종류가 외형 및 자라는 지역이 다르다. 소나무는 이와 같이 다른 종류와 구분이 완연히 되는 수종으로 한국, 중국 동북지방, 산뚱반도, 일본의 시코쿠, 규수, 혼슈에 생육한다.〈그림 1〉

그림 1— 소나무 분포지역(Kindel 1985)

소나무는 우리나라에서 제주도 한라산으로부터 함경북도 온성군 증산에 이르기까지 전국토의 고산지대를 제외한 온대지역의 대부분에 생육하고 있으며 단일 수종으로서는 우리나라 수종 중 최대 면적을 차지하며 수직적으로는 표고 100m에서 900m 지역에서 많이 생육하고 있다. 소나무는 햇볕을 아주 좋아하는 나무로 자연적으로 씨앗이 떨어져 발아하며, 추위와 건조에도 강하나 병충해에는 약한 편이다.

예부터 다양한 용도로 이용이 되어왔는데 우선 목재로서의 가치가 높아 줄기는 용재로서 건축재, 조선재, 가구재, 관재 등에, 솔잎, 솔껍질, 송화가루는 식용, 약용으로, 한약재로는 죽은 소나무 뿌리에서 생겨나는 복령 등이 있다. 특히 소나무 숲에서만 자라는 송이버섯은 기호식품으로 높이 평가를 받고 있다.

소나무 숲 현황

소나무 숲은 전통적인 농경사회의 마을림으로 자리를 잡고 있었으나 원래의 소나무 숲이 숲의 이용, 인구의 증가와 전란 등으로 인하여 변천이 되었다. 과거에는 소나무 숲은 낙엽채취 및 활엽수의 벌채 그리고 빈번한 산불로 인하여 증가하였다. 특히 소나무는 용재로의 가치가 높아 소나무 숲속의 활엽수가 주로 제거되어 신탄재 등으로 이용되었다. 이러한 이용의 결과는 마을 주위의 숲이 대부분 소나무 숲으로 변하였다. 그러나 산업화가 시작되면서 난방연료가 목재에서 석탄, 석유등의 화석연료로 바뀌면서 소나무 숲에서의 연료채취가 중단되었고 송충이, 솔잎혹파리 등의 병충해에 의해 소나무 숲이 감소하였고 소나무숲 속의 활엽수가 소나무의 위치를 위협하고 있거나 소나무의 위치를 차지하였다. 특히 소나무 숲 속의 낙엽채취가 중단된 후 지력이 향상됨에 따라 활엽수들이 자라기 시작하여 소나무 숲 속에 소나무 어린나무들이 나타나지 못하고 있는 실정이다. 이와 같은 과정을 거치며 과거 우리나라 숲의 거의 절반을 차지하였으나 소나무 숲은 급격히 줄어들어 우리 숲의 27%인 160만 ha를 차지하고 있는 것으로 나타났다.〈표 1〉 경상북도, 경상남도, 전라남도, 강원도지역에서는 소나무면적이 20만ha이상으로 나타났으며 경상북도에서 45만ha 가장 소나무면적이 넓게 나타났다.

현재 소나무 숲은 유기물 층이 증가하고 하층 식생이 자라서 소나무 종자가 발아할 수 있는 광물질이 노출된 맨땅이 없어 소나무 어린나무 발생 및 생장이 어려운 상태이고, 기존 소나무 숲에 대한 숲 가꾸기도 소홀한 상태이다. 이외에도 소나무 숲에 참나무가 침입하여 소나무와 같이 자라거나 경쟁을 하는 소나무·참나무혼효림은 형질이 불량한 참나무 숲으로 변하고 있고, 소나무의 경쟁력이 참나무보다 낮아 시간이 경과함에 따라 상층에 자라고 있는 소나무가 사라지게 될 것으로 여겨진다.

소나무의 유형

우리나라의 소나무를 일본학자 우에키박사가 소나무의 형태를 기준으로 6개 형으로 구분하였다. 6개 형은 함경남도, 강원도 일부 지역에 분포하면서 줄기는 곧게 올라가면서 수관은 계란모양으로 지하고枝下高가 낮은 모양의 소나무는 동북형, 금강산, 태백산을 중심으로 줄

표 1— 소나무 숲의 지역별 분포

단위: 1,000ha

면적|지역	경기	강원	충북	충남	전북	전남	경북	경남	제주	계
면적(%)	23(1.4)	265(16.4)	70(4.3)	92(5.7)	107(6.6)	282(17.5)	453(28.1)	303(18.2)	18(1.1)	1,613(100)

기가 곧고 수관나무모양은 가늘고 좁으며 지하고가 높은 소나무는 금강형, 서해안 일대에 분포하며 줄기가 굽으며 수관이 넓고 지하고가 높은 소나무는 중부남부 평지형, 전라북도 완주군 위봉산을 중심으로 분포하며 전나무의 모양을 닮았으며 수관이 좁고 줄기생장은 저조한 소나무는 위봉형, 울산을 중심으로 분포하며 줄기가 매우 굽으며 수관은 위가 평평하며 수고가 낮고 난쟁이형 소나무는 안강형, 금강형과 중부남부 평지형의 중간형으로 지형, 표고, 방위, 기후에 따라 금강형이나 중부남부 평지형에 가까운 수관형태를 보이는 소나무는 중부남부고지형이다.

이와 같은 소나무 구분은 우리나라 소나무의 특징을 외형적으로 잘 표현을 하고 있으나 이러한 유형이 입지조건, 기후 등에 의하여 나타난 지역형인지 아니면 유전적으로 차이가 나는 지역적으로 나타나는 외형이 유전이 되는지에 대한 연구가 이루어지지 않고 구분된 것이다. 그러나 조림·이용분야에서 보면 의미하는 바가 크다. 조림분야에서는 소나무의 외형, 특히 수관형태는 소나무가 자라는데 필요한 수관면적의 추정과 임목적정본수의 산정에 결정적인 영향을 키칠 수 있고 이용측면에서는 줄기의 통직성과 지하고의 높이는 이용재적의 산정 그리고 제재목 수득율과 재질에 큰 영향을 끼친다. 이렇게 소나무형의 구분이 임업의 여러 분야에 중요하게 이용될 수 있다. 그러므로 1920년대 우리나라 입지조건이 80년이 지난 현재의 입지 조건이용형태, 지력, 기후 등과 차이가 나는 것을 감안하면 소나무형의 새로운 구분이 필요하다.

소나무의 생장특성

독일과 일본의 소나무 수확표와 강원도지역 소나무 조사결과(배상원 1994)에 의하면 우리나라 소나무의 수고생장은 수령 40년까지는 왕성하여 수고 15m를 넘지만 이후부터는 서서히 둔화되어 50년부터는 생장이 부진하여 수령 80년에 수고 22m에 이루고, 일본산 소나무는 수령 80년까지 서서히 수고생장을 하여 수령 80년에 수고 22m에 도달한다. 이와는 달리 독일에서 자라는 구주소나무*Pinus sylvestris*는 일본산 소나무와 같이 서서히 수고생장을 하지만 수령 80년에 수고 23m에 달한 이후로도 수고생장을 계속하여 수령 100년에 수고 27m까지 자라는 특성을 보여준다(그림 2). 우리나라와 일본에서 자라는 소나무의 수고생장특성은 수령 50년 이후에 생장저하를 보이는 반면 독일의 구주적송은 거의 지속적인 생장을 보인다. 직경생장은 우리나라 소나무는 수령 40년까지는 왕성하여 흉고직경 22cm이상이 되고 이후도 약간 생장이 저하하지만 지속적인 생장을 하여 수령 80년에 35cm에 도달하고, 일본산 소나무는 우리나라 소나무와 유사한 직경생장 패턴을 보이는 반면, 독일 구주소나무는 직경

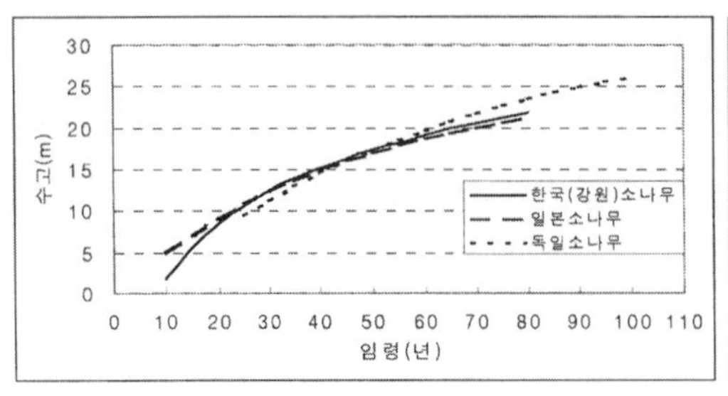

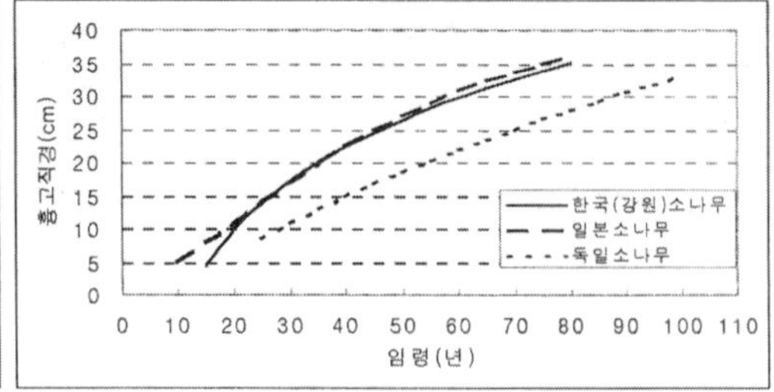

그림 2— 국가(한국, 일본, 독일)별 소나무 직경 및 수고생장비교

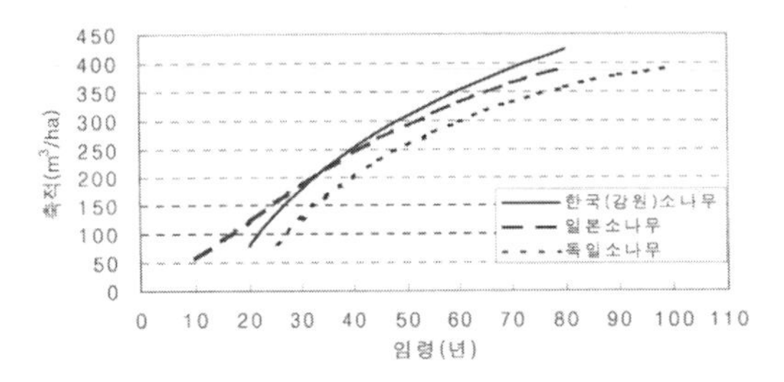

그림 3— 국가(한국, 일본, 독일)별 소나무 축적생장 비교

생장을 우리나라 소나무보다 적지만 수령 100년 까지 지속적인 생장을 하여 수령 100년에 흉고직경 33cm에 도달한다.〈그림 2〉

임목축적은 우리나라 소나무는 초기에 급격히 생장을 하여 수령 40년에 250m³/ha로 증가하고 이후에도 지속적으로 생장을 하여 수령 80년에는 400m³/ha 이상인 되며 일본산 소나무도 우리나라 소나무와 유사한 직경생장 패턴을 보이지만 생장은 약간 적게 되어 수령 80년에 400m³/ha에 약간 못 미친다. 독일 구주소나무는 임목축적은 우리나라 소나무보다 적지만 수령 100년 까지 지속적인 생장을 하여 수령 80년에 350m³/ha, 100년에 400m³/ha에 약간 못치는 생장을 한다.〈그림 3〉

한국과 일본 그리고 독일의 소나무 생장을 종합적으로 보면 한국과 일본의 생장은 유사한 경향을 보이고 있는 반면 독일의 구주소나무는 초기생장은 느리지만 지속적으로 생장을 하며 임목축적의 경우 우리나라 소나무보다 약 20년 정도 늦게 400m³/ha에 도달하나 생장 패턴은 유사하다.

국가별 소나무 생장특성이 차이가 나는 것과 마찬가지로 지역 간에 소나무 생장이 차이가 많이 난다. 이러한 차이는 우리나라 소나무 강원지역과 중부지역 수확표지위지수 12에서 명확히 나타난다. 강원지역과 중부지역의 수고생장은 거의 같은 생장패턴을 보이나 중부지역 소나무의 생장이 강원지역 소나무보다 낮아서 임령 50년에 1.5m 차이가 나고, 식경생장도 수고생장과 거의 유사한 차이를 보여 임령 50년에 차이가 1cm 정도가 난다(그림 4).

수고생장과 직경생장과는 다른 패턴을 임목축적생장을 보여주고 있다(그림 5). 강원지역 소나무의 임목축적은 임령 10년부터 중부지역 소나무보다 높게 나타나고 시간이 경과함에 따라 간격이 더 커져 임령 50년에는 강원지역 소나무의 축적이 330m³/ha, 중부지역 소나무의 축적이 220m³/ha로 차이가 100m³/ha이상 난다. 수고생장과 직경생장에서 큰 차이를 보이지 않는데 이렇게 큰 차이를 보인다. 이러한 이유는 임령에 따른 임목본수의 차이가 임령이 낮을 때는 크게 나고, 임령이 많을 때는 본수의 차이는 비교적 적게 나지만 직경과 수고

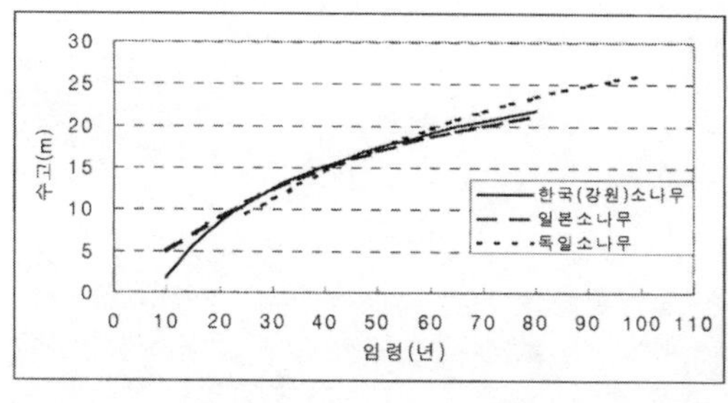

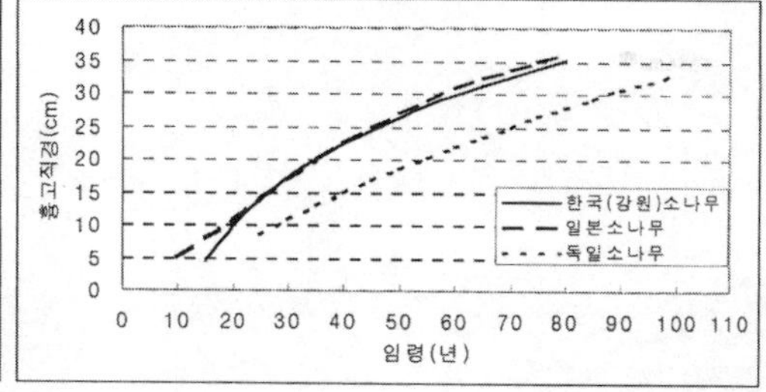

그림 4— 강원지역과 중부지역 소나무의 직경 및 수고생장 비교

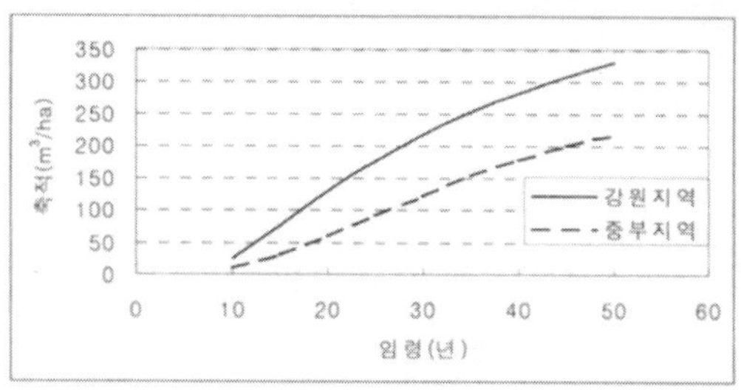

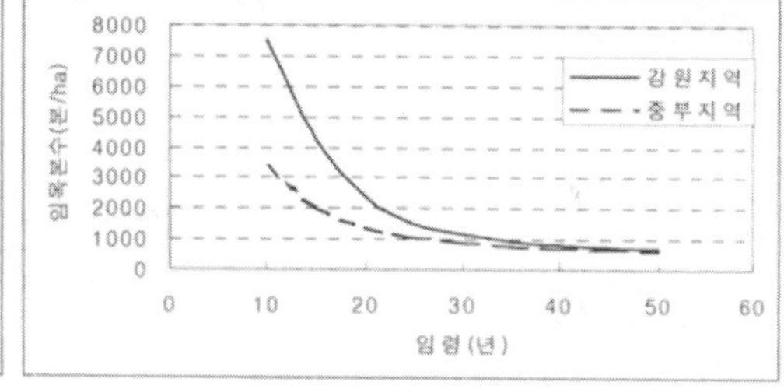

그림 5— 강원지역과 중부지역 소나무의 직경 및 수고생장 비교

의 차이가 상대적으로 크게 나기 때문에 축적의 차이가 심하게 난다.

전체적으로 보면 강원지역 소나무의 생산력이 중부지역 소나무보다 높은 것으로 볼 수 있다. 이러한 생산력의 차이는 지역별 소나무의 생장특성으로 볼 수 있다. 이러한 특성은 지역별 소나무 숲구조에서도 나타난다(그림6)

같은 강원지역 소나무에서도 소나무형에 따라 생장 차이를 나타내는 경우도 많으며 같은 소나무형도 목질부의 특성에 따라 생장차이를 보인다. 예를 들면 금강송도 목질부의 색으로 적송赤松과 백송白松으로 구분을 한다. 적송은 균일하고 좁은 연륜폭을 보이고, 심재가 많고 누런색을 띠우며 사면 중부이상의 지역에 주로 자라고, 백송은 초기생장수령 60년이 왕성하나 중반기부터 생장이 급속히 감소하고, 변재가 많고 흰색을 띠고 계곡부에 주로 자란다.(홍성천 2000)

소나무 목재 이용구분

소나무 목재는 다양한 분야에서 이용이 되고 있는데 그 용도에 따라 요구되는 크기가 다양하다. 톱밥용, 펄프용, 어상자용, 서까래용 소나무는 소경재를 주로 이용하고 제재용재는 중경재 이상을 그리고 대경재 및 특수재는 건축재, 관재 등 특수용도로 이용이 된다. 현재 통용되는 용도별 규격은 다음과 같다.

톱밥용: 말구 직경 6cm이상
펄프용: 말구 직경 7.5cm이상
어상자용: 말구 직경 9cm, 길이 1.9m
서까래용: 말구 직경 9-18cm,
길이 2.8-3.7m
제재용: 말구 직경 21cm이상,
길이 2.8-3.7m 직재
대경재 : 말구 직경 33cm이상 장재
특수재 : 말구 직경 45cm이상 장재

그림 6— 중부지역 소나무 숲(왼쪽)과 강원지역 소나무 숲(오른쪽)

그림 7— 울진 소광리 소나무(왼쪽)와 홍천지역 소나무(오른쪽)

일반적으로 같은 용도라도 장재로 생산되는 목재가격이 높기 때문에 9-12자 이상으로 조재하는 것이 유리하다. 특수재로 높은 가격을 받을 수 있는 것은 문화재보수용 대경재와 한옥용 건축재 그리고 관재를 들 수 있다. 문화재 보수용 소나무는 일반적으로 장재를 이용하는데 말구직경 45cm이상의 소나무가 드물기 때문에 문화재청에서 직접 문화재보수용 소나무 임분을 산림청에 의뢰하여 지정을 받고 있다.〈그림8,9〉

위와 같이 원목의 크기에 따라 용도가 구분되지만 크기 이외에도 원목의 재질 즉 결함에 따라 4등급으로 구분된다. 같은 원목이라도 등급이 낮아지면 목재가격의 떨어진다. 소경재의 경우는 굽음 등에 의해 3등급과 4등급으로 구분되며 중경재부터는 옹이의 유무와 옹이 출현빈도가 목재등급 구분에 결정적인 역할을 한다. 목재 1등급이 되기 위하여서는 옹이가 없거나 옹이 지름이 작고 숫자도 적어야 한다. 옹이는 이와 같이 커다란 목재결함이므로 고급 중 · 대경재를 생산하기 위해선 옹이 발생을 방지하는 가지치기가 필요하다.

소나무목재 생산목표 설정

소나무 생산목표는 입지조건과 지역특성을 고

그림 8— 울진 삼근리 문화재 보수용 소나무 숲(왼쪽) 과 보수중인 문화재 소나무 목재(오른쪽)

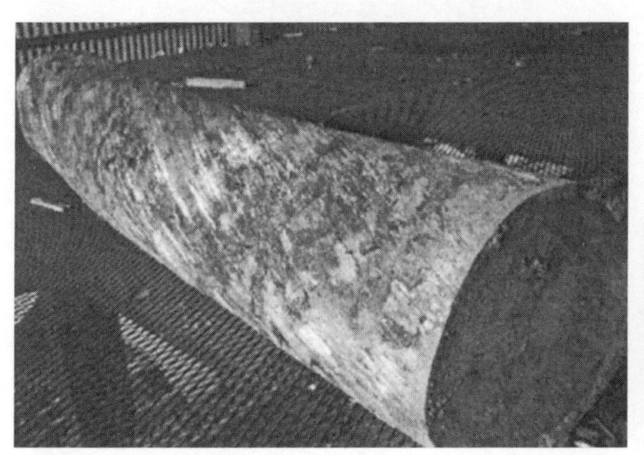

그림 9— 특수재 소나무 직경 90cm 원목(왼쪽)과 일반재 원목(오른쪽)

려한 이용에 초점을 두어 설정하여야 한다. 동시에 경제성도 고려하여야 한다. 이용과 원목 크기를 기준으로 한 생산목표로는 중·저급 소경재, 중 · 고급 중경재, 중·고급 대경재, 고급 특수재를 가정 할 수 있다. 또한 일반 소경재 생산은 간벌솎아베기재를 이용할 수 있는 가능성을 고려할 수 있다. 경제성을 감안하면 집약적인 관리와 단벌기에 해당되는 소경재 생산은 생태적·환경보호 측면에서 볼 때 부정적인 면임지 노출, 지력저하 위험이 많기 때문에 생산목표를 설정할 때에 유의하여야 한다.

대표적인 소나무 생산목표로는 중·고급 중경재, 고급 대경재와 특수재를 생각할 수 있다.

고급 대경재 생산목표직경이 말구직경 35cm이상이어야 하므로 흉고직경으로는 40cm이상이 된다. 이러한 목재를 생산키 위하여서는 당연히 생산기간이 길어진다. 특히 수확표에 따르면 강원지역과 중부지역 소나무의 경우 직경 40cm까지의 생육기간은 100년 이상이 걸릴 수 있으나〈참조 그림 2와 4〉, 임목축적을 비교하면 강원지역 소나무가 생산력이 중부지역 소나무 보다 높은 것을 알 수 있다. 이와 같은 내용을 종합적으로 보면 대경재 생산은 중부지역소나무보다 강원지역 소나무가 생육하고 있는 지역에서 짧은 기간내에 도달할 가능성이 높다. 또한 소나무형과 분포지역을 보면

표 2— 금강형 소나무의 지역별 분포

구분 | 영급	계	I	II	III	IV	V	VI
국유림	102,847	283	4,437	19,265	35,256	35,222	8,384
사유림	259,321	1,488	35,221	102,867	81,365	3,508	4,872
강원도	184,122	1,344	29,556	68,123	56,170	25,241	3,688
경상북도	75,199	144	5,665	34,744	25,195	8,267	1,184
총계	362,168	1,771	39,658	122,132	116,621	68,730	13,256

나무줄기가 곧고 통직하며 지하고가 높은 금강형 소나무가 강원도지역과 경북지역에 주로 나타나고 있으며 형질이 고급 대경재와 특수재 생산에 적합한 것으로 보인다. 금강형 소나무로 여길 수 있는 소나무의 분포면적은 경상북도와 강원도지역에 36만ha이고 전체소나무 면적의 22.5%를 차지하고 있어 이 지역에서 고급 대경재와 특수재 생산을 위한 소나무숲 관리가 가능 할 것으로 보인다.〈표 2〉

소나무 중경재 생산은 말구직경 21cm이상이어야 하므로 흉고직경으로는 30cm이하에 해당된다. 이러한 목재를 생산하기위하여서는 생산기간이 비교적 짧다. 수확표에 따르면 강원지역과 중부지역 소나무의 경우 직경 30cm까지의 생육기간은 60-70년 정도 걸린다. 수확표상의 흉고직경생장을 기본으로 보면 소나무 중경재 생산은 전국이 가능한 것으로 볼 수 있으며 소나무형을 보면 울산을 중심으로 분포하며 줄기가 매우 굽으며 수관은 위가 편평하며 수고가 낮고 난쟁이형 소나무인 안강형소나무를 제외하고는 소나무 중경재생산에 적합한 것으로 볼 수 있다. 특히 안강형 소나무는 울산지역의 일부에만 분포하므로 전체 소나무 면적에 차지하는 비중이 대단히 낮으므로 중경재 생산을 위한 지역으로는 우리나라 전역이 해당된다고 볼 수 있다.

생산목표에 따른 시업기준

소나무 숲의 목재생산목표는 우량 대경재, 우량 특수재, 중경재를 대상으로 하였다.

우량재경재의 생산목표는 흉고직경 40cm, 우량 특수재 생산목표 60cm로 하면 강원지역 소나무를 기준으로 강도 상층간벌이나 도태간벌을 실시하는 경우 지위 중이상의 임지에서 우량대경재는 80년, 우량 특수재는 120년 정도의 생산기간이 필요하며 우량재질을 생산하기 위하여서는 가지치기죽은가지와 생가지치기가 실시되어야 한다. 이와 같은 시업방향을 기준으로 하여 어린나무가꾸기부터 수확기까지 무육주기를 10년으로 하면 총 8회의 무육이 필요하다. 그러나 무육주기는 소나무가 어릴 때는 생장이 왕성하고 수령 40년부터는 생장이 저하되는 되는 것을 고려하면 수령이 작을 때는 자주 실시하고 수령이 많아짐에 따라 무육주기가 길어지게 된다.

소나무 대경재생산와 특수재생산을 위한 시업체계는 풀베기작업, 어린나무가꾸기, 솎아베기가지치기의 순서로 이루어지며 작업회수는 조림지의 경우 풀베기 작업 5-6회3년간, 어린나무가꾸기2회, 솎아베기3-6회정도가 일반적인 것

표 3— 소나무천연림 우량대경재 시업기준

목표흉고직경 40cm, 수확기 80년

구분	횟수	시기	평균 흉고직경	평균 수고	높이	본수
어린나무가꾸기	1회	8년	4cm	4m	-	4,000본
	2회	12년	6cm	7m	-	1,800본
가지치기	1회	18년	13cm	10m	4m	350본
	2회	30년	21cm	14m	6m	350본
솎아베기	1회	18년	13cm	10m	-	1,200본
	2회	30년	21cm	14m	-	700본
	3회	50년	32cm	19m	-	350본

표 4— 소나무천연림 우량 특수재 시업기준

목표흉고직경 60cm, 수확기 120년

구분	횟수	시기	평균 흉고직경	평균 수고	높이	본수
어린나무가꾸기	1회	8년	4cm	4m	-	4,000본
	2회	12년	6cm	7m	-	1,800본
가지치기	1회	20년	15cm	11m	4m	200본
	2회	35년	25cm	15m	6m	200본
솎아베기	1회	20년	15cm	11m	-	900본
	2회	35년	25cm	15m	-	500본
	3회	50년	35cm	19m	-	300본
	4회	85년	47cm	22m	-	200본

표 5— 소나무천연림 우량 중경재 시업기준

목표흉고직경 30cm, 수확기 50년

구분	횟수	시기	평균 흉고직경	평균 수고	높이	본수
어린나무가꾸기	1회	8년	4cm	4m	-	2,000본
가지치기	1회	15년	13cm	8m	4m	600본
솎아베기	1회	15년	13cm	8m	-	1,100본
	2회	30년	20cm	14m	-	600본

으로 볼 수 있다. 이러한 기준으로 만들어진 소나무천연림 시업체계 중의 하나가 지속가능한 산림자원 조성지침(산림청, 2004)에 제시된 목표생산재별 시업기준이다.〈표 3, 4, 5〉

소나무 우량대경재 시업기준지침에서 천연림이기 때문에 풀베기가 제외되고, 어린나무가꾸기 2회, 솎아베기가 3회, 가지치기가 2회로 되어있어 수확까지 총 작업회수는 7회로 되어있다. 1차간벌과 2차간벌시에 가지치기를 실시하는 것으로 설정되었다. 간벌후의 잔본본수가 1200본/ha, 700본/ha, 350본/ha으로 간벌이 강도로 실시되는 것을 알 수 있다. 수확기의 임목본수는 350본/ha 이하이다.

소나무 특수재 시업기준지침에서 천연림이기 때문에 풀베기가 제외되고, 어린나무가꾸기 2회, 솎아베기가 4회, 가지치기가 2회로 되어있어 수확까지 총 작업회수는 8회로 되어있다. 1차간벌과 2차간벌시에 가지치기를 실시하는 것으로 설정되었다. 간벌후의 잔본본수가 900본/ha, 500본/ha, 300본/ha, 200본/ha

으로 간벌이 대경재생산을 위한 시업에서보다 강도로 실시되는 것을 알 수 있다. 수확기의 임목본수는 200본/ha 이하이다.

소나무 우량 중경재 생산을 위한 시업은 생산직경이 30cm이므로 우량 대경재의 시업기준과 유사하나 가지치기는 1회, 간벌은 2회 실시한다.

지속가능한 산림자원 조성지침에 제시된 시업기준은 가지치기대상목이 최종수확목으로 제한이 되어있고, 간벌주기가 10~30년으로 설정이 되어 강도간벌을 실시하는 것을 원칙으로 되어 있는 것이 특징이다.

맺음말

우리나라 소나무는 대부분 천연림으로 유럽의 구주소나무나 일본의 소나무와 비교하여 생장이 좋은 편으로 목재 생산측면에서 경쟁력이 있으며 소나무형으로도 대부분 형질이 우수한 것으로 나타났다. 특히 금강형 소나무는 외형적으로나 재질면에서도 우수한 것으로 나타났다. 이렇게 지역적으로 소나무의 생장특성과 형질이 다양한 것이 이전부터 널리 알려졌음에도 불구하고 이러한 특성을 고려한 생산목표의 설정이 미흡한 편이었다. 특히 80년 전과 현재의 소나무 임지의 조건과 이용형태가 차이가 많음에도 불구하고 소나무형에 대한 연구가 필요하다.

그러므로 우수한 형질의 소나무를 대상으로 한 별도의 관리체계와 시업체계가 확립되어야 우리나라 소나무의 우수성을 바탕으로 한 수익성이 높은 소나무 숲의 경영이 가능할 것으로 보인다. 특히 우량 소나무 숲에 대한 지역적 특화가 요구된다. 일반재 생산을 대상으로 하는 소나무 숲의 경영역시 지역에 적합 목표가 설정되어야 할 것이다. 전지역을 대상으로 한 소나무 숲의 관리가 아닌 지역 특성에 따른 지역별 소나무 숲의 관리가 우리 소나무를 살리는 지름길이라 볼 수 있다.

참고문헌

김외정. 2004 경제림 자원육성전략(국가사회 발전을 위한 정책세미나) 연세행정학회 32p.

변우혁·이우균, 배상원. 1996. 산림생장학. 유천미디어. 399p.

산림청. 2004. 지속가능한 산림자원 관리지침. 72p.

임업연구원. 1999. 소나무 소나무림. 205p.

이형빈·최선덕·이종봉·마상규. 2000. 국산재 생산기술 산업화 기술개발에 관한 연구. 333p.

홍성천. 2000. 강송림의 생태종 개발에 관한 연구 286p

Bae Sang Won. 1993. Untersuchung zum koreanischen Kiefernwald ueber wald -bauliche Massnahme in Kangwon Privinz(강원지역 소나무림 무육·관리에 관한 연구). Freiburg대학 박사논문 154p.

Kindel, Karl-Heinz. 1985. Kiefrn in Europa. Gustav Fischer. 204p.

대관령지역 금강소나무 육성계획

남화여 동부지방 산림관리청

개요

대관령지역은 백두대간의 중심부이고 해발 1000m의 준령에서 바다가 가까워 급경사지이며 토질은 사질토로서 물 빠짐이 쉬워 산림이 건조하여 건조한 지역에 적응이 강한 소나무 생육이 좋은 조건이다. 이 지역에는 큰 도시가 적어 산림면적에 비하여 인구가 적어 산림이 천연림으로 보존되어 근래까지 많은 목재공급의 기지화 되어 왔으며 해안가에는 인구가 밀집하여 일반 참나무와 낙엽 등을 연료용으로 사용하므로 소나무는 마을 뒤까지 남아 있는 상황이다.

또한 예부터 목재 대량 소비처인 서울과 교통이 험하고 멀어 국가에서 사용하는 목재 외에 일반인이 대량 사용하지 못하므로 소나무림이 보존될 수 있었으나 6. 25 이후 자동차에 의한 수송이 편리하여 많은 벌채로 인하여 좋은 임상은 파괴되고 근래에 와서 소나무 보호대책으로 그 후계림이 명맥을 유지하고 있다.

동부지방청 관내 금강소나무 현황

관내 산림면적과 분포상황

동부지방청은 강원도 영동과 내륙지역의 강릉, 속초, 동해, 삼척, 태백의 5개 시와 평창, 정선, 영월, 양양, 고성 등 5개 군을 관리하고 있으며 관내 행정구역은 784천ha고 그중 산림이 대부분을 차지하여 84%이며 산림 중에서 국유림은 372천ha로 57%이며 해안 지방과 주거지역 주변은 사유림이고 백두대간 지역은 국유림이 분포하고 있다

금강소나무림 분포

강원도의 산림면적은 646천ha이고 금강소나무분포는 184천ha사유림이며 동부청이 관리하는 국유림은 43,550ha다. 동부청 관내 금강소나무 영급별 면적과 축적은 〈표 1〉과 같다

대관령 지역 소나무림 조성

지금은 국유림조림용 묘목을 국가에서 직접 운영하는 양묘장에서 양묘하여 조림용으로 공급하고 있으나 1920년 당시에는 조림용 묘목을 조달하기는 매우 어려운 실정이었다. 대관령 지역에 소나무 조림은 소나무 종자를 산지에 직접 파종하는 방식으로 조림하였으며 현재 남아 있는 조림 기록으로는 가장 오래된 조림지이다. 년도별 파종 조림한 기록은 〈표 2〉

와 같다. 파종조림 이후 사후관리한 기록을 보면 이 지역은 폭설이 잦고 산불이 자주 발생하여 조림목이 피해를 입어 피해지 보완 파종을 160ha 실시하였고 풀베기와 어린나무 가꾸기를 실시한 기록이 있다. 현재 생육하고 있는 면적은 400ha이고 생육상황은 〈표 3〉과 같다.

표1— 동부청 관내 금강소나무 영급별 면적

영급별 면적/축척	계	Ⅰ	Ⅱ	Ⅲ	Ⅳ	Ⅴ	Ⅵ이상
산림면적(ha)	43.550	12	2.813	11.050	16.213	10.540	2.922
입축목전(m^3)	6.452.627	—	182.852	1.006.242	2.521.573	2.105.707	636.253

표 2— 연도별 파종 조림 기록

단위: 면적 ha, 파종량 kg

년도별	수종	면적	파종량	비고
계		525	1452	
1922	소나무	69	169	
1923		147	406	
1924		105	299	
1925		90	255	
1926		56	169	
1927		48	114	
1928		10	40	

※ 이 외에도 평창군 대화면 하안미리에 207ha를 파종조림 하였다(H54ha현존)

표3— 생육상황

총축적	평균			ha 당		비고
	수령	수고	경급	본수	재적	
천㎥	년	m	cm	본	㎥	본당평균
100	80	20	38	348	250	0.79㎥

※ 최고 큰나무 : 가슴높이 직경 70cm, 수고 22m, 입목재적 3.31㎥

그림 1— 파종조림에 의한 대관령 소나무

금강 소나무 조림 및 벌채 상황

조림- 시군별 금강소나무 조림면적

단위: ha

시군별	계	강릉시	삼척시	동해시	태백시
면적	16,813	2,565	2,683	176	2,024
시군별	양양군	고성군	영월군	정선군	평창군
면적	1,641	376	1,287	3,575	2,486

연대별 조림 면적

단위: ha

연대별	면적	연대별	면적
계	16,813	1960년대	2305
1920년대	751	1970년대	9327
1930년대	94	1980년대	583
1940년대	54	1990년대	128
1950년대	2971	2000년대	600

▶ 조림년대별 주요사항

- 1922년 파종조림 시작
- 1940년대는 1942, 1945년 2개년도 조림실시
- 1970년대는 대면적 조림실시
- 1980년대는 솔잎혹파리 충해 확산으로 소나무 조림 중지
- 1990년대는 '98년도부터 소나무조림 소면적 시작
- 2000년대는 산불피해지 소나무 복원조림 실시

벌채- 시군별 벌채현황(국유림)

단위: ha, ㎥

시군별	계	강릉시	삼척시	동해시	태백시
면적	33,239	5,345	7,844	-	2,062
수량	593,644	123,498	184,045	-	9,067
시군별	양양군	고성군	영월군	정선군	평창군
면적	4,789	2,230	2,375	2,080	6,514
수량	94,665	26,075	28,442	82,807	45,025

연대별 조림 면적

단위: ha, ㎥

연대별	면적(ha)	재적(㎥)	비고
계	33,237	593,644	
1970년대	6,165	173,636	
1980년대	11,483	248,346	
1990년대	9,378	104,430	
2000년대	6,211	67,233	

▶ 조림년대별 주요사항

- 1970년대와 1980년대는 수종갱신과 목재수급을 위하여 벌채
- 1990년 이후에는 주로 간벌 및 피해목 제거 수량임

경복궁 복원사업용 소나무 공급현황

생산년도: 1994년

관리소	개소	생산현황			
		수종	본수	재적	비고
강릉	강릉 사천 사기막 186다 외 14개 소	소나무	145본	248.32	

※ 선목은 당시 문화체육부 담당공무원 외 1명이 현지에서 선정하는 입목에 한하여 벌채

육성계획

소나무는 극 양수이므로 수관이 울폐되거나 낙엽층이 두터우면 종자발아가 어렵고 자연치수발생 또한 어려우므로 인공 증식이 불가피하다. 그러므로 감소해 가고 있는 금강소나무를 인공으로 증식하고 생육하고 있는 어린나무는 사후관리를 하고자 금강소나무 육성계획을 수립 추진하고 있다.

조림계획

천연하종 : 연간 70ha

묘목식재 : 연간 200ha

천연하종

과거에 소나무를 벌채하여 잔존목이 소나무 임상을 이루지 못하고 흩어져 있고 활엽수가 주 임상을 이루고 있으므로 소나무 종자가 떨어져도 발아 생육하지 못하고 있는 산림을 대상으로 활엽수를 제거하고 표토가 노출되도록 하여 소나무 종자가 발아 생육할 수 있는 환경을 조성해주는 작업을 하여 소나무 후계림을 조성할 계획이다.

묘목식재

소나무 조림은 솔잎혹파리의 피해가 심하여 '80년대에는 중지하였다. 이제는 솔잎혹파리의 피해 회복기에 접어들었으므로 금강소나무의 조림을 확대하고자 한다.

가꾸기 계획(연간 100ha)

소나무가 밀생되면 수세가 약하여 눈 피해로 수간이 절단되거나 휘어지게 되므로 어린나무부터 밀도조절과 가지치기가 필요하다. 소나무조림지와 천연하종 갱신지 및 천연치수를 포함하여 솎아주기와 가지치기를 확대하고자 한다.

이용계획

대관령 지역의 금강소나무는 대경재가 생산되도록 가꾸어 문화재 복원용 목재기 지정로 공급코자하며(284 ha, 113천본, 54천m³) 금강소나무 임지는 대경목 용재 생산을 위하여 장벌기 이용계획을 수립추진하고 있다.

그림 2— 천연하종을 위한 모수작업 2003

그림 3— 천연하종으로 발아 2004

그림 4— 묘목 삭재 모습

그림 5—소나무 어린나무 가꾸기 모습

그림 6—소나무 후계림 성공지 모습

소나무숲 육성 및 보존 정책방향
금강 소나무를 중심으로

윤영균 산림청

정책 수립의 배경

금강 소나무를 육성하고 보존하려는 정책의 배경을 정리하면 몇 가지 측면에서 살펴볼 수 있겠다.

첫째, 금강 소나무는 우리나라 고유의 향토수종으로 목재로서의 가치가 높고 역사적·문화적으로 우리 민족과 밀접한 관련이 있는 수종이다. 2001년에 실시한 '산림에 대한 국민의식조사'에 의하면 국민의 59%가 소나무를 가장 좋아한다고 응답하였을 정도로 소나무에 대한 관심이 대단하다. 특히 금강 소나무림은 우량 대경재, 송이 등 고수익 임산물을 생산하는 기반으로서의 가치를 크게 인정받고 있기도 하다.

둘째, 금강 소나무숲은 자연적 인위적 환경변화로 인하여 점차 감소하고 있어 우량 소나무 자원의 소멸이 우려되고 있는 실정이다. 여기에는 병해충이 한 몫을 하고 있는데 특히 우리 산림에 큰 피해를 주었던 병해충들인 솔잎혹파리, 솔껍질깍지벌레, 소나무재선충병 등이 대부분의 소나무를 가해하여 왔다. 또한 1990년대 이후 강원, 경북지역 등에 발생한 대형 산불을 빼놓을 수 없다. 1996년 고성에서 발생한 산불로 3,762ha, 2000년 동해안에서 발생한 산불로 23,794ha의 숲이 사라졌는데 이 중에는 소나무숲이 대부분이다.

셋째, 그 동안 금강 소나무숲을 보존하는데 노력하였으나 우리나라 대표 수종으로 육성하는 데는 미흡하였다. 1985년부터 금강 소나무숲의 유전자원 보호를 위해 8개 소, 3,234ha를 산림 유전자원 보호림으로 지정하여 관리하고 있는 실정이다.

따라서 경제적 가치가 높을 뿐 아니라 역사적 문화적으로도 가치가 있는 금강 소나무숲의 체계적인 육성과 보존을 위한 대책 마련이 필요하다.

분포현황

소나무는 우리나라 대표 수종으로서 한반도는 물론 중국 만주의 동쪽 지역과 북해도를 제외한 일본 전역에 분포하고 있다. 우리나라 소나무숲의 면적은 1,757천ha로 전체 산림의 27%를 차지한다. 수평적으로는 제주도 한라산북위

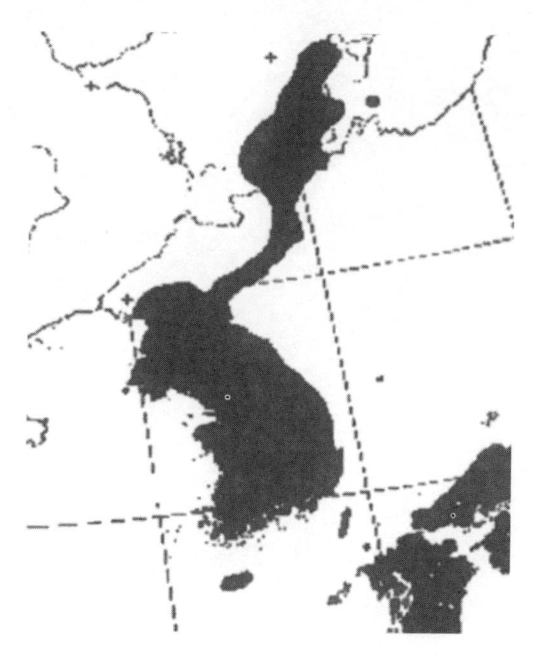

그림 1— 소나무 분포현황

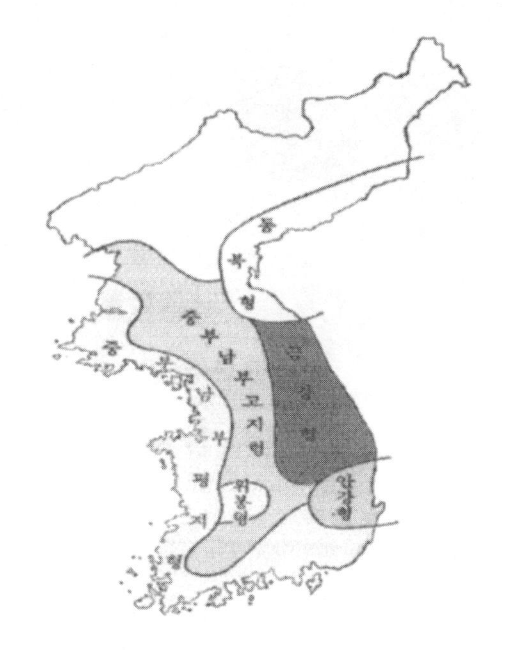

그림 2— 소나무의 유형

33° 20′ 으로부터 함북 증산북위 43° 20′ 에 이르기까지 고산지대를 제외한 온대림의 대부분을 점유하고 있다. 수직적으로는 해발고도 500m 내외가 적지이며, 평균적으로 하한선은 100m, 상한선은 900m 정도이다.

금강 소나무P. desiflora for. erecta는 우리나라 소나무의 대표적 품종으로 강원, 경북의 백두대간 지역에 주로 자라고 있다. 그동안 분포현황에 대한 정확한 조사는 없었으나 주로 강원도강릉, 삼척 등와 경상북도 북부봉화, 울진, 영양 등 지역에 분포하고 있는 것으로 알려지고 있다. 금강 소나무숲의 면적은 약 362천ha인데 이 중에서 255천 ha는 강원도에, 107천 ha는 경상북도에 분포한다.

관리실태

금강 소나무숲의 실태를 살펴보면 다음과 같이 정리할 수 있을 것같다.

우선 첫째로 지적할 것은 임분林分내 금강 소나무와 낙엽 활엽수의 극심한 생장 경쟁으로 금강 소나무숲이 점차 쇠퇴하고 있다는 점이다. 소나무는 극양수로서 자연 상태에서는 음수인 참나무 등의 낙엽활엽수로 천이된다.

금강 소나무는 건조하고 척박한 땅에서는 강하나 비옥지에서는 음수가 유리하여 결국 낙엽 활엽수들이 잘 자랄 수 없는 척박한 능선부 등에서만 분포하게 된다. 게다가 금강 소나무숲 육성을 위한 적극적인 숲가꾸기도 미흡하였다. 즉, 임분내 낙엽층의 제거 등을 통한 후계수 발생 환경을 조성하는 것이 지속적으로 필요하였으며, 상층 활엽수의 간벌 등을 통한 생육 공간을 확보해 주는 것도 필요하였다.

둘째로, 솔잎혹파리 등 병해충과 산불피해에 따른 자연고사 및 피해목 벌채 등으로 우량한 금강 소나무숲이 소멸되고 있다. 금강 소나무의 생리적 특성상 비옥지에서는 척박지에

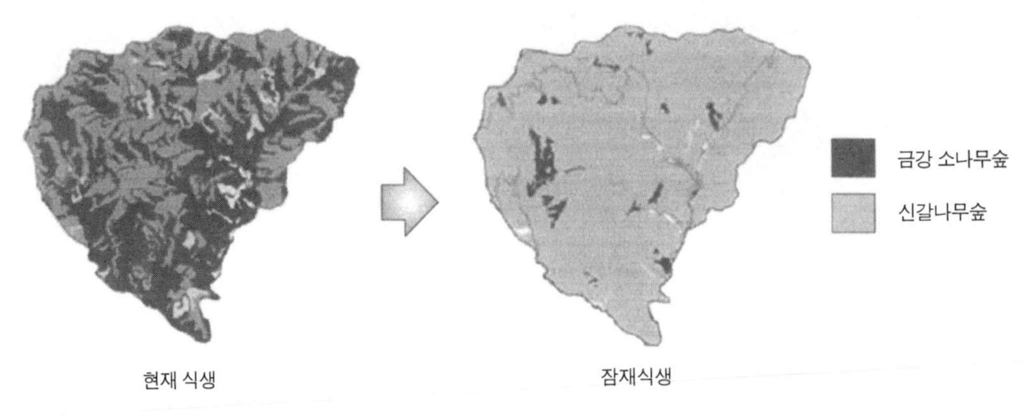

그림 3— 경북 울진 소광리 산림 유전자원 보호림의 식생변화 전망

자라는 소나무에 비해 생리적 건전도가 떨어져 병충해 피해를 받기 쉽다. 최근 6년1998-2003 동안 소나무림숲을 가해하는 솔잎혹파리, 솔껍질깍지벌레, 소나무 재선충 등 발생면적이 연평균 17만ha에 이른다.

솔잎혹파리 발생지역의 피해목을 벌채한 후 피해 재발을 우려하여 소나무 식재를 기피하는 것도 소나무숲 감소의 한 원인이 되기도 한다. 1990년대 이후에는 대형 산불이 금강 소나무숲이 분포한 지역에서 발생하여 큰 피해를 입기도 하였다. 예를 든다면 고성산불1996, 동해안산불2000, 봉화산불2004이 그것이다.

셋째로, 산림 내에 낙엽의 퇴적과 하층식생의 발달 등으로 후계수 생육이 어렵다는 점이다. 특히 낙엽, 낙지 등으로 인한 산림 내 지면 피복물 증가로 금강소나무 씨앗의 발아가 어려워지고 있다. 다만, 송이 생산량 증대를 위해 송이산 가꾸기 사업을 할 때에만 산림 내 낙엽층을 제거하는 것을 제한적으로 실시하고 있다.

따라서 금강 소나무숲이 있는 대부분의 숲에서는 번성하는 하층식생으로 인하여 어린 금강소나무의 생육이 어려운 상태에 놓여있게 된다. 이와 관련한 일련의 내용을 정리하면 다음 〈표 1〉과 같다.

금강 소나무숲의 특성

금강 소나무는 생장이 우수하고 수간이 통직하여 수형이 아름답고 목재로서의 가치가 뛰어나다. 참나무숲이나 중부지방 소나무숲에 비해 재적 생장이 우수하다. 임령 50년, 지위 中 기준으로 하였을 때 ha당 재적이 참나무의 2.8배, 중부 지방 소나무의 1.4배나 된다.(표 2)

형태적으로는 수간이 초두부까지 원추형으로 발달하여 용재로서의 가치가 높다. 다른 지역 소나무에 비해 수관이 가늘고 좁으며 지면에서 가지까지의 높이지하고가 높아 이용 가능한 재적이 많은 것이 특징이다.〈그림 3〉

목재의 물리적, 기계적 성질이 다른 수종에 비해 우수하여 건축재 등의 구조재로 주로 쓰이게 된다. 이것은 연륜폭이 좁고 균일하며 심재가 많고 재질이 아름답고 우수하여 과거부터 궁궐, 사찰 등의 건축재나 가구재 등으로 활용되어 왔다. 뿐만 아니라 무기성분을 나타내는 회분이 적어 활성탄으로 활용이 가능하다.

표 1— 금강 소나무숲의 쇠퇴 개요

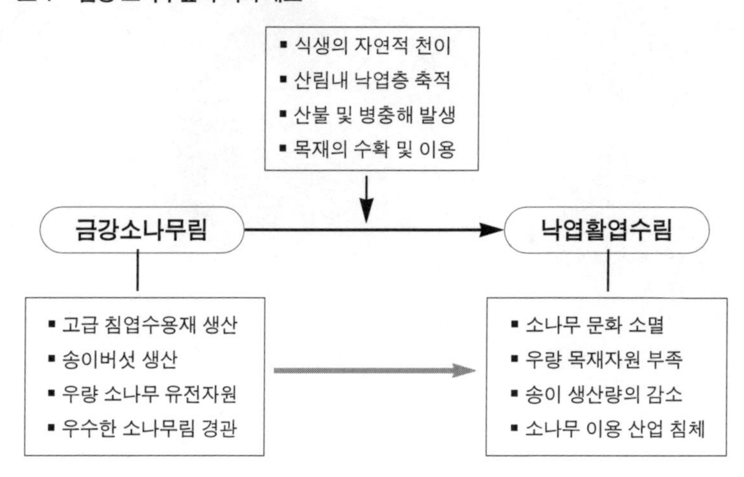

표 2— 임목축적 비교

수종	입지별 암목 축적(㎥/ha)			비고
	상	중	하	
금강소나무	394	265	125	임령 50년 주임목 재적 수확표 이용
소나무(중부)	245	189	118	
참나무	117	96	64	
금강소나무/ 참나무	3.4	2.8	2.0	소나무 재적생산략이 참나무의 2배 이상임

그림 4—— 지역별 소나무 수형. 왼쪽부터 금강형, 동북형, 중부형, 위봉형, 안강형.

실질적으로 목재 내 회분함량을 비교하여 보면 신갈나무는 0.58%인데 비해 소나무는 0.44%에 불과하다. 그러나 송진 등에 의한 수지장애 가능성이 높아 펄프로서의 활용도는 낮으나 신갈나무에 비해 섬유길이가 길어 펄프의 강도는 높은 편이다.

부산물의 측면에서 보면, 송이버섯, 꽃송화가루, 송진, 소나무 잎 등 경제적 가치가 높은 부산물이 많이 산출되는 특징을 갖고 있는 나무이다. 송이버섯은 밤, 목제품과 함께 우리나라의 주요 수출 임산물인데 2002년의 경우 임산물 수출액이 180백만불이었는데 송이가 차지하는 몫은 23백만불로서 약 13%에 달한다. 이렇듯 효자노릇을 하는 송이버섯은 금강 소

그림 5— 소나무 목재단면

나무숲 분포지역인 강원, 경북 등 백두대간 지역에서 주로 생산되고 있다.

육성 및 보존 정책 방향

기본 목표

이렇듯 훌륭한 가치를 지닌 금강 소나무를 육성하고 보존하는 것은 뚜렷한 정책 목표와 추진력이 뒷받침되지 않으면 실효성을 거두기 어렵다. 육성과 보존정책의 기본 목표로서는 금강소나무숲을 우리나라의 대표 수종으로 육성하고자 하는 것이다. 이를 통해서 우량 목재자원을 확보하고 목재와 송이 등 임산물 생산으로 지역활성화에 기여하며, 소나무 문화를 보존하고 진흥을 꾀하게 될 것으로 생각한다.

추진 전략

설정된 목표를 달성하기 위하여 다음과 같은 전략이 필요할 것으로 판단된다. 무엇보다도 금강 소나무의 우량 목재자원을 확보하기 위해 금강 소나무가 분포하고 있는 지역을 중심으로 조림과 숲가꾸기와 같은 산림 사업을 적극적으로 확대해 나가야 한다. 이에 적합하게

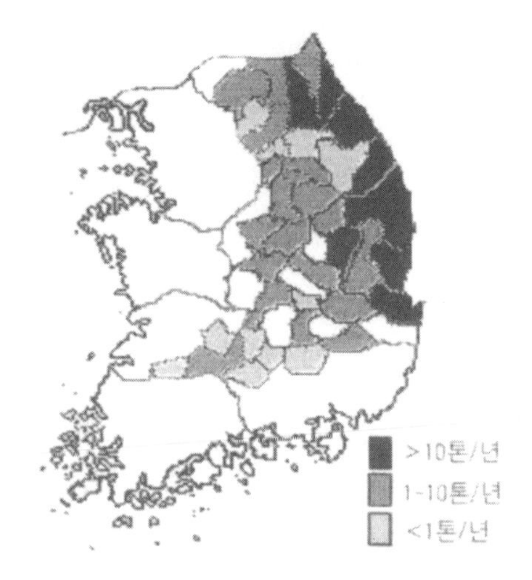

그림 6— 송이버섯 생산현황

표 3— 육성과 보존 정책의 기본 목표

금강 소나무를 우리나라 대표 수종으로 육성
▪ 금강소나무림의 조성 · 육성으로 우량 목재자원 확보
▪ 목재, 송이 등 임산물 생산확대로 지역경제 활성화에 기여
▪ 우리나라 전통 소나무림 및 소나무 문화의 보존 및 진흥

종묘관리, 조림 등 필요한 시업체계도 정비하여야 한다. 그리고 우수한 품질을 갖고 있는 금강 소나무를 가치있는 상품으로 만들기 위해 품질 인증제와 같은 제도를 도입하여 관련 산업을 육성하여야 할 것이다. 또한 피해로부터 금강 소나무를 보호하기 위한 다각적인 대책도 뒤따라야 한다.

목표 및 추진체계

금강 소나무를 보존 육성하기 위해 설정한 목표를 달성하기 위해 수립한 추진전략 및 일련의 추진과제들과 그 내용들의 흐름을 도설하면 다음 표와 같이 나타낼 수 있다.

추진과제

금강 소나무를 보호 육성하여 우리나라를 대표할 수 있는 가치있는 우량 자원으로 키우기 위해 추진해야 될 사항을 6가지로 설정하여 실천

표4— 추진 전략과 내용

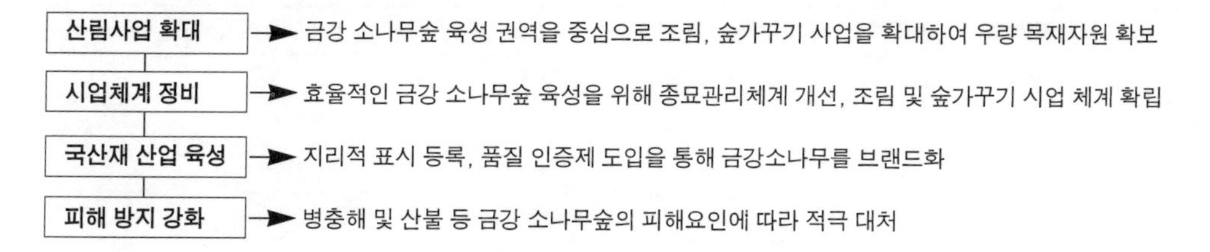

표5— 금강 소나무 육성을 위한 목표와 추진체계의 흐름

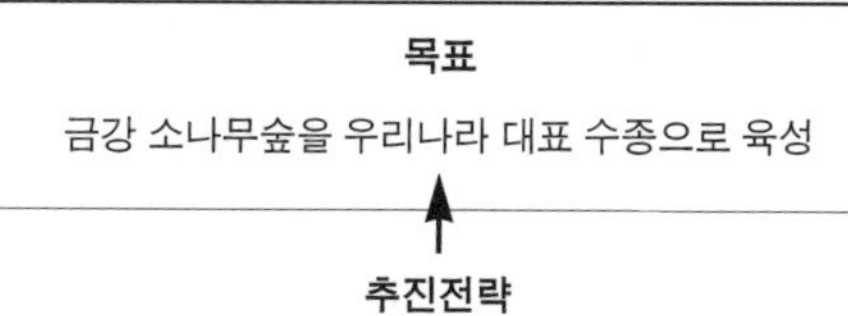

목표

금강 소나무숲을 우리나라 대표 수종으로 육성

추진전략

금강 소나무숲 육성권역을 중심으로 조림, 숲가꾸기 사업 확대
효율적인 금강 소나무숲 육성을 위해 각종 시업체계 정비
품질인증제, 산림 경영인증을 통해 고급 목재 브랜드로 육성
금강 소나무숲을 송이 자원림으로 육성하여 산주 소득 증대에 기여

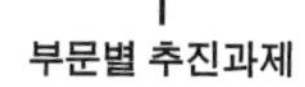

부문별 추진과제

육성구역 지정	산립산업 확대	고유 브랜드화	피해방지
육성구역 지정	종묘관리체계 개선	산림경영인증제	병충해 방제 강화
- 핵심 · 중점 · 일반	산림사업 확대	품질인증제 실시	산불방지 강화
지역별 관리계획 수립	시업기술 개발		

금강 소나무숲 육성대책 추진을위한 기반 구축

관련규정 및 법령 정비
지자체에 대한 지원방식 개선
행정 · 연구조직 보강

하고자 한다. 아래에 내용을 소개하고자 한다.

금강소나무 육성단지 지정·관리

육성단지는 시, 군, 관리소별 조사결과를 토대로 집단화하여 지정 관리하며, 효율적인 관리를 위해 금강 소나무숲의 생태적 안정정도에 따라 육성단지를 핵심, 중점, 일반관리구역으로 구분한다. 이것은 금강 소나무숲이 집단적으로 분포하고 있었거나 현재 분포하고 있는 지역을 육성단지로 지정하는 것이다.

이를 위해 산림청에서 이미 조사한 '소나무·참나무 집중육성 대상 산림'이나 '경제림 육성단지' 등을 고려하여 지정할 수 있다. 또한 산지 이용 구분상 생산임지를 대상으로 지정하되 투자여건이 우수한 지역과 목재생산을 주목적으로 하여 목재산업과 연계될 수 있는 지역도 고려 대상이다. 다음 〈표 3〉에서 지역별로 2002년 소나무 집중육성권역 후보지를 지정한 현황을 파악할 수 있다.

표 6— 2002년 소나무 집중육성권역 후보지 지정현황

단위: ha

구분	육성권역수	단지수	산림구역 면적	소나무 분포면적	소나무 집단분포 면적
강원	9	22	45,194	23,024	12,266
경북	5	5	41,972	30,141	27,991
동부청	3	3	3,214	1,768	1,060
남부청	3	12	8,126	8,049	6,467

관리구역의 선정방법은 시, 군별로 구역유형과 행정구역상 소재 읍·면 내역 및 면적을 확정하였는데 이것은 시, 군에서 구획한 내용을 시, 도 자체적으로 검토하여 제출한 것을 토대로 하고 있다. 선정 규모는 1개 구역의 규모를 300ha 이상으로 선정하였고 금강 소나무가 집단으로 분포하는 경우 300ha 이하로 선정이 가능하도록 하였다.

또한 금강 소나무숲의 생태적 안정 정도에 따라 핵심, 중점, 일반 관리 등 3구역으로 구획하였다. 핵심관리구역은 금강 소나무가 생태적으로 안정되어 있으며 인위적 간섭이 불필요한 지역, 금강 소나무의 자기갱신이 정상적으로 유지되고 있는 지역전체 산림 계층이 금강소나무로 구성된 지역 포함, 금강소나무가 상층과 중층을 우점하고 있으나 임상 식생이 빈약한 곳, 금강 소나무가 상층을 우점하고 있으나 타 식생이 우점하는 중층과의 차이가 10m 이상인 곳 등이다.

중점관리구역은 금강 소나무가 상층을 점유하고 있으나 이미 전 계층에서 신갈나무, 굴참나무 등 잠재 자연식생과의 경쟁이 치열한 지역, 그리고 금강 소나무가 상층에 70% 이상 우점하지만 중층 이하에서 타식생이 번성하여 인위적 수단에 의하지 않고서는 자기 갱신이 어려운 곳 등이다.

일반관리구역은 금강 소나무가 분포하던 지역이었으나 산불, 병충해, 자연천이 등으로 금강 소나무가 쇠퇴한 후 활엽수가 우점하고 있는 지역, 임분 내에 활엽수가 우점하고 있으나 금강 소나무가 소규모 군상으로 분포하고 있는 지역이다.

육성단지별 관리계획 수립 관리

육성단지별로 임분 특성, 지역 여건 등을 반영하고, 시·군 또는 국유림 관리소의 실정에 맞게 관리계획을 수립하여 시행하므로써 금강 소나무숲을 육성하는데 있어서 실효성을 제고하고자 하는 것이다.

관리구역별 기본 관리방향은 핵심관리 구역의 경우 지속적인 자기 갱신를 유도해야 하는데 인위적 간섭을 최대한 배제하고 자연력에 의한 갱신과 병충해 방제, 산불방지 등 임분 보존을 위한 최소한의 시업을 실시해야 한다. 중점관리 구역은 후계수 성립을 위해 적극적인 관리가 가해져야 한다. 경쟁목인 활엽수에 대한 정기적인 간벌과 후계수 성립을 위해 하층식생을 제거하고, 후계수 조성이 어려운 곳은 지존작업 후 직파 또는 보식을 감행하도록 한다.

일반관리구역의 경우 장기적으로 금강 소나무숲으로 갱신을 유도하여야 한다. 또한 활엽수에 대한 정기적인 간벌 및 금강 소나무의 생육공간 확보를 위해 금강소나무 주변 지역의 경

쟁목을 제거하여야 한다. 임분 내 수하식재를 실시하여 복층림을 유도하는 것도 필요하다.

관리계획을 수립할 때 고려할 사항으로서 첫째로 시, 군 또는 국유림관리소 단위로 단지별 계획이 수립되어야 한다. 이것은 기관별로 대상 산림에 대한 실태조사를 바탕으로 임상 및 지역여건을 종합적으로 고려하여 수립되어야 한다. 둘째로 기존 영림계획과 연계가 가능하도록 영림계획구 또는 임반 단위로 관리계획에 반영되어야 하는데 조림, 육림 등 필요한 사업 종류에 따라 산림경영계획이 수정될 수 있을 것이다.

금강소나무 조림 및 숲가꾸기 사업 확대

육성단지를 중심으로 조림 육림사업을 지속적으로 확대하고 우량 대경재 생산을 위해 조림 육림방법을 차별화하는 한편 새로운 기술을 개발 보급하여 투자 효율성을 제고하고자 하는 것이다.

이를 위해서는 첫째, 조림·육림사업을 지속적으로 확대해야 한다. 이것은 금강 소나무숲의 지속가능한 경영을 위해 임령분포가 평준화될 수 있도록 조림 사업량을 지속적으로 확대하는 것이다. 여기에는 관리구역 내의 벌채지는 금강 소나무로 조림하는 일이라든지, 중점관리구역을 중심으로 확대하되 일반관리구역도 조림을 추진하며, 수하식재, 보완식재 등 임분 유형에 따라 다양한 조림을 실시하는 것들이 포함될 수 있다.

둘째, 천연림 보육사업의 지속적인 실시로 건강하고 가치 있는 임분 육성해야 한다. 즉, 임분 성장 단계에 따라 가지치기, 간벌 등을 실시하여 생태적 건강성을 증진시키고, 임지 생산력 증진을 위해 임내 비료주기 사업을 확대해야 한다.

셋째, 경영목표에 따라 조림, 육림 방법을 차별화해야 한다. 우선 건축, 토목, 가구용재 등으로 활용할 수 있는 우량 대경재 생산을 목표로 장벌기 경영을 실시하고, 고품질 목재생산을 위하여 미래목 위주로 벌기령을 상향 조정해야 할 것이다. 또한 송이생산이 활발한 지역은 송이 생산량 증대를 위해 송이산 가꾸기 사업을 병행하여 추진해야 한다. 구체적으로는 임분 내의 낙엽층, 하층식생 제거, 상층 활엽수 간벌 등을 추진하여 금강 소나무숲 후계수 발생 및 송이 생산량이 증대될 수 있도록 유도하는 것이다.

넷째, 금강 소나무를 위한 표준시업 체계를 확립하는 일이다. 이것은 관리구역별 표준시업 체계를 개발하여 투자의 효율성을 제고하는 것이다. 이를 위해 식재, 숲가꾸기, 벌채, 후계림 조성 등 임분의 성장단계별로 필요한 시업종류, 시업방법 등을 개발해야 하며, 금강 소나무숲의 생태적 안정성 정도에 따라 시업체계를 차별화해야 할 것이다. 그리고 조림, 육림사업을 설계, 감리할 때 작성될 표준시업 체계를 적용하는 것이 필요하다. 이것은 지속가능한 산림자원 관리지침에 반영하여 추진할 수 있겠다.

다섯째, 금강 소나무의 문화재용 목재 생산림에 대한 관리를 강화하고 지정 면적도 확대해야 한다. 이미 지정된 국유림 내 문화재용 목재 생산림에 대한 산림사업을 확대해야 하는데 이때 장벌기 대경재 생산을 목표로 시업체계를 적용하는 것이 좋다. 참고로 2003년 말 현재 지정한 현황을 보면 북부청 7개 소 74ha, 동부청 12개 소 383ha, 남부청 17개 소 354ha으로 되어 있다. 기타 우량 금강 소나무숲에 대해서는 문화재용 목재 생산림으로 추가로 지정해야 한다.

여섯째, 금강 소나무의 조림과 육림기술을 개발하여 보급하는 일이 긴요하다. 무엇보다도 자연력을 최대한 활용하는 저비용·고효율의 조림방법을 개발해야 하는데, 파종조림, 수하식재, 천연 하종갱신 등 친자연적인 생태적 갱신기술의 개발이 시급하다. 또한 금강 소나무의 성장단계별로 적용해야 할 육림기술의 개발과 보급도 서둘러야 하는데 가지치기, 간벌 등 산림사업별로 표준화할 수 있는 기술을 개발해야 한다.

여기에 덧붙여서 새로운 기술을 정착시키기 위한 기술교육도 강화되어야 한다. 이를 위해서 임상林相여건이 유사한 지역별로 기술 연찬회 개최, 지역 산림조합을 통해 산림기능인에 대한 기술교육, 지역 공무원, 숲가꾸기 설계·감리 담당자에 대한 교육 등을 강도 높게 실시해야 한다. 좀더 실질적인 효과를 거두기 위해서는 현장교육 및 기술보급을 위한 시범 전시림을 조성하는 것이 필요할 것이며, 이를 위해서 지역별, 사업 유형별로 모델숲을 조성할 수 있겠다.

금강 소나무 종묘 수급 체계 확립

금강 소나무의 종묘 수급 체계를 확립하여 우량한 종묘를 생산 관리하므로써 금강 소나무숲의 지속적인 육성을 뒷받침해야 한다. 여기에는 두 가지 목표를 가지고 있다. 하나는 우량 종자 생산을 확대하는 것이고, 다른 하나는 종묘 수급 체계를 확립하는 것이다.

우량 종자 생산 증대를 위해서는 우선 첫째로 금강 소나무 종자의 채종림을 확대하여 지정하는 것이 필요하다. 특히 경북, 강원 등 주요 산지별 채종림을 지정해야 하며 장기적으로는 금강 소나무 채종원을 조성을 추진해야 한다.

둘째로 종자의 품질관리를 위해 국가에서 직접 종자를 관리하는 대책을 강구해야 한다. 이에 대한 내용은 금강소나무 종자의 국가관리 체계를 도입하고 종자의 생산, 검사, 공급을 전문기관에서 관리하는 것을 말한다. 또한 금강 소나무 종자에 대한 품질 보증표 부착을 의무화하고 양묘업자, 산림조합의 지정채취 제도는 폐지하도록 한다.

종묘 수급 체계를 확립하기 위해서는 첫째 생산된 종자는 국가국립산림과학원에서 직접 관리하고 묘목생산은 민간부문을 활용하도록 한다. 묘목 생산자 희망자에게는 국가에서 종자를 공급하도록 한다. 둘째, 금강 소나무숲 육성단지 내에 식재하는 묘목은 종자 품질 보증서를 첨부하는 것을 의무화해야 한다.

국가에서는 종자 공급시 수량과 공급일자 등을 명시한 증명서를 발급한다. 셋째, 금강 소나무의 종자 관리 시스템을 구축해야 한다. 생산지역, 생산일자 등 종자 정보를 데이터 베이스화하고, 종자 보유현황 검색, 종자 구매신청 등이 가능하도록 인터넷을 활용한 정보시스템을 구축하도록 한다.

금강 소나무 브랜드화

금강 소나무의 품질인증제 도입과 산림경영인증을 통해 고품질, 친환경적 고급 목재로 브랜드화하여 우리나라의 대표 수종으로 육성하고

자 하는 것이다. 중점적으로 추진해야 할 사항들은 품질 인증제의 도입, 산림경영인증 검토, 상표 등록 등이다.

금강 소나무의 품질 인증제도 도입에 있어서 인증을 위한 규격, 기준 등은 산림청에서 제정하며 현재 시행중인 임산물 품질인증제와 연계하여 추진하는 것이 좋을 듯하다. 또한 원목, 목제품 등 가공단계별로 구분하여 추진하는 것이 바람직하며 인증된 제품에 대해서는 품질 마크를 부여한다.

산림경영인증은 특히 국제적 산림경영인증을 추진하는 것으로서 산림경영위원회FSC, 국제표준화기구ISO 등 산림경영인증을 시행중인 국제단체에 인증을 신청하는 것이다. 이것은 표준시업체계 개발과 연계하여 추진하도록 한다. 추진의 우선 순위는 국·공유림 지역을 우선 추진한 후 사유림 지역으로 확대하도록 한다.

공사유림의 인증을 신청할 때에는 인증비용의 일부를 국가에서 지원하며 국립산림과학원 전문가 등은 컨설팅으로 신청시 지원하여 주도록 한다.

상표 등록은 금강 소나무의 브랜드화 촉진을 위해 상표로서 등록하는 것을 말한다. 이것은 해당 지역의 산림조합 등 생산자 단체가 연합으로 추진할 수 있을 것이다.

금강 소나무 피해방지

금강 소나무숲에 위해 요소가 되는 각종 병충해 및 산불의 철저한 방지로 금강 소나무숲 보존·육성의 실효성을 확보해야 한다. 크게 세 가지 관점에서 정책 방향을 설정할 수 있을 것이다.

첫째는 솔잎혹파리, 소나무 재선충 등 병·해충을 철저하게 방제하는 것이고, 둘째는 산불 감시 체계를 강화하는 것이며, 셋째는 산림보호 단속을 강화하는 것이다.

솔잎혹파리, 소나무재선충 등 병·해충의 철저한 방제를 위해서 우선 금강 소나무숲의 경우 단순림으로 병충해의 위험이 높으므로 사전에 위생 간벌 등을 실시하여 건강성을 증진시켜야 한다. 이를 위해서 표준 시업체계에 병충해 예방을 위한 위생간벌과 가지치기를 반영하도록 한다. 그리고 피해지역에 대해서는 신속한 방제 및 피해목 제거로 피해가 확산되는 것을 방지해야 한다. 일단 병충해가 발생한 지역은 항공방제, 나무주사 등 즉각적이고 적극적인 구제를 실시해야 한다.

산불 감시체계를 강화하기 위해서는 첫째, 산불감시 및 진화시설을 확대하여 설치해야 한다. 관리구역별로 무인감시카메라를 확충하여 설치하는 동시에 유급 감시원·공익요원 등 산불감시 인력도 확대하여 배치해야 한다. 둘째로는 지역주민과 연계한 산불 감시활동을 강화하는 것이 필요하다. 특히 송이생산지역 등을 중심으로 지역주민과 연계하여 산불예방 및 감시활동을 추진해야 한다. 셋째로 산림사업을 통한 산불발생 및 확산 요인을 제거해야 하는데 여기에는 주기적인 임분밀도 조절과 임내林內에 산재한 낙엽층을 제거하는 것도 고려해야 한다.

산림보호 단속을 강화하는 것은 목재가치 증가에 따른 산림훼손 가능성에 대비하여 산림보호 활동을 강화하는 것이다. 국유림의 경우 연대 보호 제도를 적극 활용하여 도벌 등을 감시할 수 있도록 한다.

금강 소나무숲 육성 추진기반 구축

지금까지 금강 소나무를 육성하기 위해 여러 분야별로 추진과제들을 제시하였다. 그러나 이러한 것들은 일선에서 실무를 담당해야 할 추진체가 제대로 실천하지 않으면 실효성을 거두기 힘들다. 또한 이 업무를 담당할 전문조직도 필요할 것이며, 조직이 움직이려면 거기에 따른 지원이 있어야 가능하다. 금강 소나무를 육성하기 위해 필요한 지원체계와 조직 등에 대해서 알아보도록 한다. 세 가지 측면에서 생각해 볼 수 있겠다.

첫째, 금강 소나무숲을 육성하는 지자체에 대한 지원체계를 정비해야 한다.

금강 소나무숲을 육성하는 계획이 수립된 시·군에는 국고를 우선적으로 지원한다. 강원도와 경상북도는 조림, 육림사업을 실행할 때 금강 소나무숲을 육성하는 단지 내의 사업을 우선적으로 지원하여 주도록 한다. 그리고 사업시행 결과를 평가하여 차등 지원하는 등 지원방식을 개선하도록 한다.

둘째, 금강 소나무숲을 육성하고 활용하는 기술을 개발할 수 있는 기반을 구축해야 한다.

우선적으로 소나무의 Life cycle 해명, 생리생태학적 특성 구명 등을 연구하는 기초 기반기술을 개발하도록 지원해야 한다. 또한 육묘 및 육림기술의 체계화, 생물검정 및 민간요법을 활용한 신물질 탐색, 신소재 개발을 통한 국산재 이용도 제고, 문화적 상징성 발굴 및 새로운 문화적 가치 창출 등과 같은 응용 및 실용화 기술을 개발해야 한다. 셋째, 행정 및 연구조직을 강화할 필요가 있다.

무엇보다도 금강 소나무림 연구 · 지원센터(가칭)의 설립을 적극적으로 검토해야 한다. 이것은 국립산림과학원의 산림생산기술연구소 수준으로 연구 인력을 보강하여 창립할 수 있을 것이다. 장기적으로 금강 소나무숲의 품질인증, 신기술개발, 경영기술지원 등의 업무를 전담할 수 있도록 한다.

그리고 시, 도, 지방산림관리청 등에 금강 소나무숲을 전담할 수 있는 인력을 배치하여 금강 소나무에 대하여 상시 업무체제를 구축하여 한다. 또한 (가칭) 금강 소나무 보존 및 육성 특별법을 제정하므로써 우리나라의 대표 수종을 육성하는 법적 제도적 기반을 마련해 둬야 한다.

참고자료

1. 금강 소나무의 분포 현황과 생산 현황

금강소나무 영급별 분포 현황

단위: ha

구분 | 영급	계	Ⅰ	Ⅱ	Ⅲ	Ⅳ	Ⅴ	Ⅵ
계(%)	362,168(100.0)	1,771(0.5)	39,658(11.0)	122,132(33.6)	116,621(32.2)	68,730(19.0)	13,256(3.7)
민유림(%)	259,321(100.0)	1,488(0.6)	35,221(13.6)	102,867(39.7)	81,365(31.4)	33,508(12.9)	4,872(1.9)
강원도	184,122	1,344	29,556	68,123	56,170	25,241	3,688
경상북도	75,199	144	5,665	34,744	25,195	8,267	1,184
국유림(%)	102,847(100.0)	283(0.3)	4,437(4.3)	19,265(18.7)	35,256(34.3)	35,222(34.2)	8,384(8.2)
동부관리청	43,550	12	2,813	11,050	16,213	10,540	2,922
북부관리청	27,227	227	1,288	3,862	8,420	10,889	2,541
남부관리청	32,070	44	336	4,353	10,623	13,793	2,921

수종별 목재 생산량

단위: ㎥

계	소나무	리기다	낙엽송	잣나무	참나무	기타
1,244,407	312,545	270,032	126,395	46,295	448,630	40,510
100%	25.1	21.7	10.2	3.7	36.1	3.3

소나무 원목의 용도별 비율

용도	목재칩	갱목	건축토목	포장	농용재	연료	기타
비율(%)	66	6	8	5	1	3	10

2. 금강 소나무숲 육성 요령

천연림 보육사업

■ 간벌은 3회 도태간벌로 실시

— 1차 간벌은 임령 18년에 실시하며 미래목은 ha당 200본 내외로 선정한 후
미래목 경쟁목과 불량목 등을 제거하고 잔존본수는 최소 1,200본 존치

— 2차 간벌은 임령 30년에 실시하며 미래목 경쟁목과 불량목 등을 제거하고 잔존본수는 최소 700본 존치

— 3차 간벌은 임령 50년에 실시하며 최대 잔존본수는 350본이며 하층 강도 간벌을 실시

※ 현지 임령에 맞게 1차, 2차, 3차 간벌을 적용 사업실행하되 활엽수류는 우량목만
존치 혼합되도록 하고, 형질 불량목은 제거.

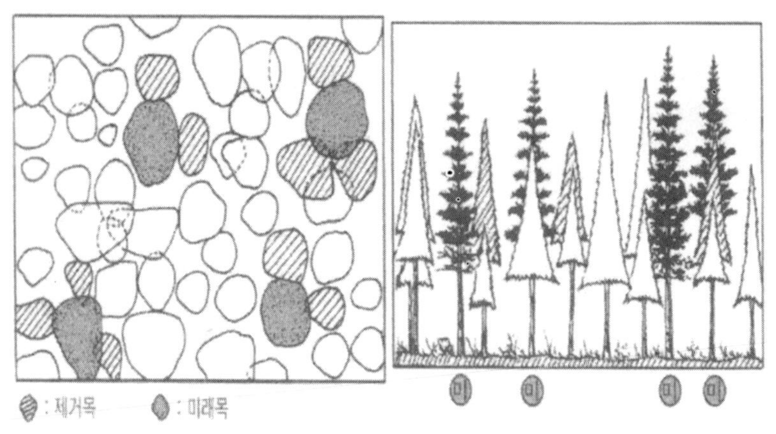

미래목과 제거목 대상

간벌지

비간벌지

■ 가지치기는 2회를 실시

— 1차 가지치기는 임령 12년에 높이 2~3m 까지 실시

— 2차 가지치기는 임령 18년에 높이 5~6m 까지 실시

— 가지치기 대상목은 우량목에 한하여 실시

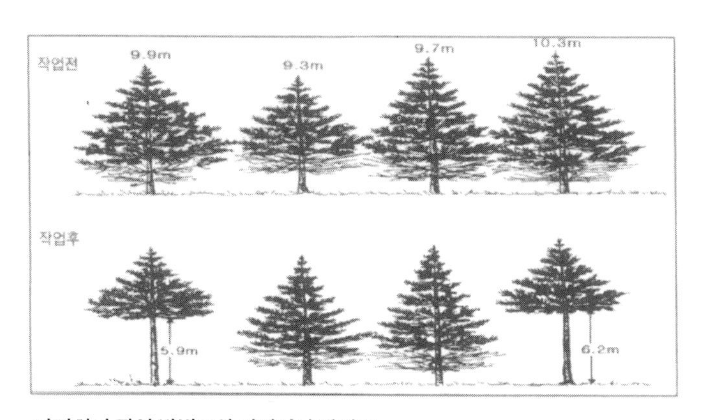

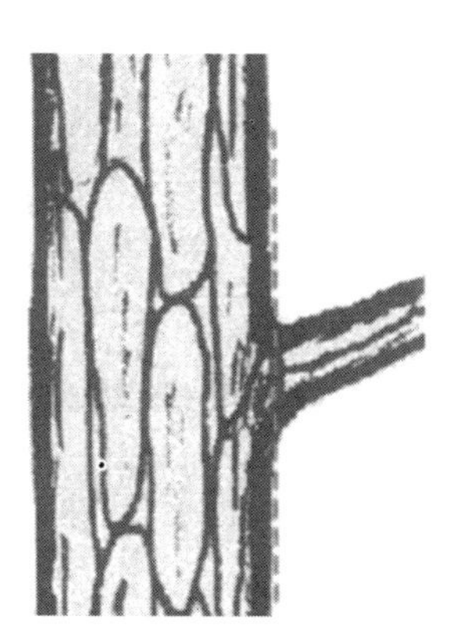

가지치기 작업 방법도와 가지절단 방법도

보완 식재

— 육림사업 대상지내 미립목지 등 공간지역을 대상으로 천연하종갱신이 어려운 지역에 소나무 용기묘, 노지묘묘목, 종자 파종 등으로 조림실행

— 식재 및 파종기준

— 식재본수 : 3,000본/ha기준

— 파 종 량 : 5,000상/ha[1]상당 종자량 : 10립

※ 지름 30~40cm크기로 상을 만들고 상의 중앙에 10cm범위로 파종하고 흙을 3mm체로 쳐서 1cm 두께로 복토하고 손으로 진압한다.

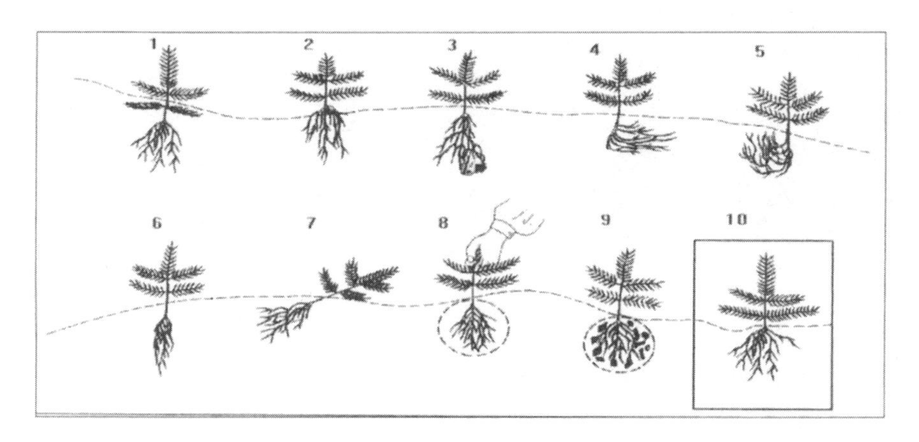

1. 너무 깊음 2. 너무 얕음 3. 흙을 잘못 채움 4. 뿌리가 접혔음(L자)
5. 뿌리가 접혔음(J자) 6. 뿌리가 뭉침 7. 눕혀져 심겨짐
8. 밟지 않아 묘목이 뽑힘 9. 낙엽, 풀잎이 들어감 10. 잘 심겨짐

천연하종갱신

— 자연적으로 낙하되어 산포된 종자를 발아, 생육시켜 새로운 임분을 조성

— 갱신지 전면에 많은량의 종자가 균등하게 산포될 수 있고 소나무 천연치수가 발생되고 있는 지역에 실시

— 종자발아 여건 개선을 위한 토양 긁기 작업 등 실행

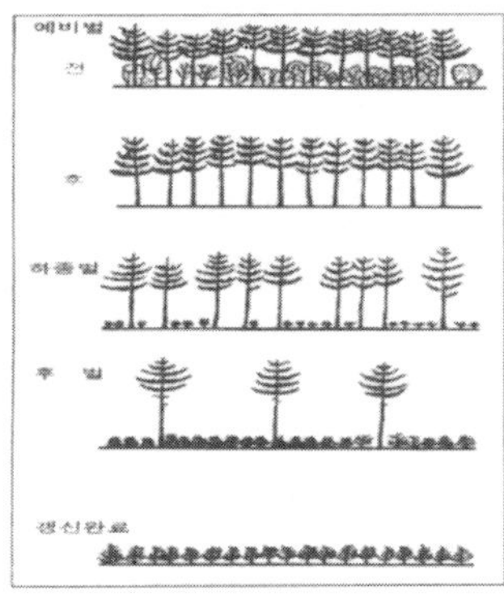

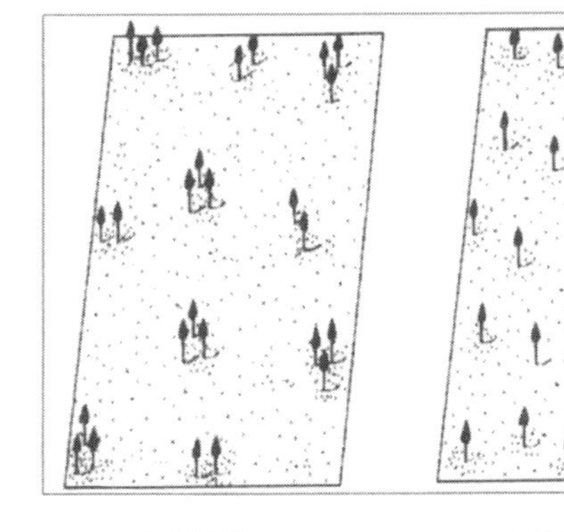

산벌천연하종갱신 **군상배치** **단목배치**

조림

— 금강소나무림 육성 대상지내 벌채지 중 천연갱신이 가능한 곳은 천연갱신을 추진하되

— 천연갱신이 어려운 지역에 강송 조림 추진

— 식재본수 : 용기묘 5,000본/ha정조식, 큰나무조림2-2-3 1,500본/ha

비료주기

— 비료주기는 생산력의 증진을 위하여 식재, 간벌후에 일반적으로 실시하되 비료량은 해당 임지의 토양양분과 기후상태에 따라 차이가 나며 비료의 형태는 양분의 공급이 서서히 진행되는 고체 복합비료를 원칙으로 실시

— 비료주기 시기는 식재초기와 장령림 시기에 실시

〈식재초기〉

— 식재초기 비료주기는 지위 중이하의 입지를 대상으로 실시

— 식재 당년에 고형복합비료를 조림목 좌우와 위쪽 3개소에 지표 3-10cm 깊이로 비료주기 실시

— 시비량은 입지조건에 따라 조절

〈장령림〉

— 성숙림 비료주기는 지위 중이하의 임지를 대상으로 성숙림은 간벌(천연림 보육작업)후 양분공급과 주벌 수확의 증진을 위하여 실시

— 비료주기 시기는 간벌작업천연림보육작업 직후에 실시하며 60년생 이후에 1~2회 실시

※ 비료 주는 량은 산림용 고형복합비료를 1ha당 740kg을 기준으로 실행

소나무 숲, 소나무 임업, 희망은 있는가

마상규 한국임업기술협회

소나무는 줄기가 붉은 적송赤松을 뜻한다. 대륙지방에 자란다고 하여 육송陸松이라고도 한다. 상대적인 것으로 곰솔이 있다. 줄기가 검다고 하여 흑송, 바닷가에 자란다고 하여 해송海松이라고도 한다. 소나무류는 소나무, 곰솔 이외에도 리기다소나무와 잣나무까지를 총칭하기로 한다.

그 많던 소나무 어디로 갔나

1970년대까지도 우리 주위에서 줄기가 붉은 소나무를 흔히 볼 수 있었다. 참나무 등 활엽수류가 나타나기 시작하면서 소나무가 점점 사라져간 것으로 관찰되었다. 그 많던 소나무는 어디로 가고 대신 활엽수가 많이 보이는 이유는 무엇일까. 침엽수는 활엽수보다 이 세상에 늦게 나타나서 활엽수에게 쫓기는 신세가 된 것은 당연시되지만 그러나 갑자기 짧은 시간에 사라지게 된 이유는 무엇일까.

침엽수는 종족 보존의 특성상 생육환경이 좋지 않을 경우 병충해 유도물질을 발산시켜 스스로 말라죽게 하고 동시에 산불 등이 발생되어 후손들을 이어가게 하는 특성이 있다. 1970년대에 솔잎혹파리 등 병충해에 의해 소나무 피해가 심하였던 것이 원인이 된 것같으며, 산불발생의 억제, 연로전환에 의한 인위적 간섭의 제한들이 소나무림으로 복원을 어렵게 한 것 같다.

즉 소나무들이 자손들을 이어나가기 위해 솔잎혹파리를 유인한 것이 종족을 사라지게 하는 큰 원인이 되었으며, 이는 시기를 잘못 만난 것과 연계되어 결국 자업자득의 결과가 된 것으로 생각된다.

소나무와 살아왔던 민족

토양의 상태를 보면 조선시대의 산림은 소나무 극성상이었을 것으로 판단이 된다. 낙엽채취와 단벌기 연료채취 등으로 토양의 조건이 소나무가 지속적으로 살아갈 수 있도록 변화된 것으로 추측이 된다. 연평균 생장량은 소나무가 참나무에 비해 2배 정도 빠르고 1m³당 열량가는 소나무가 참나무에 비해 77%정도이므로 에너지 이용면에서 소나무를 선호할 수밖에 없었을 것이다.

근래에도 한옥을 지을 때 소나무 원목이 있

어야 하고, 대경재의 가격도 가장 비싼 편에 속하는 등 임업적 측면에서 타 수종의 추종을 불허하고 있는 상태이다. 소나무는 비단 에너지원뿐만 아니라 주택, 식료, 약체 등 어려운 시기에 우리 민족이 살아남을 수 있도록 함께 하였을 나무이다. 소나무는 우리민족에게 베푸는 임무를 끝마치고 역사의 장으로 사라지게 놓아 두어야하는지 아니면 영원히 함께 가야 할 것인지 생각을 해 보아야 할 것이다.

아리랑 소나무는 왜 생겼을까

소나무하면 아리랑 춤추듯이 굽어 자라는 나무로 쓸모없는 나무 정도로 인식을 하고 있었다. 유전학을 하는 분들은 형질이 불량한 것만 남아서 굽어 자란다고 한다. 세월이 흐르고 땅의 비옥도가 증가됨에 따라 마을 근방의 소나무들도 곧게 자라가는 모습을 흔히 볼 수 있다.

못생긴 나무 소나무, 쓸모없는 나무 소나무는 우리 민족으로서 할 말이 아니라. 이렇게 된 이유는 낙엽을 긁고 땅을 척박하게 산지를 다뤘고 적당한 경쟁을 시키지 못하고 소나무 숲을 함부로 다룬 데서 나타난 현상으로 판단이 된다.

소나무는 못생긴 나무가 아니고, 쓸모없는 나무가 아니다. 아리랑 소나무는 땅이 척박하고 경쟁밀도 관리를 잘못하여 생긴 것이다. 결국 우리가 관리를 잘못하고 죄를 소나무에게 엎어 씌운 셈이다.

약도간벌은 표창, 강도간벌은 징계, 하안미리 소나무 숲

평창군 대화면 하안미리에 가면 소나무, 대경재 숲을 국유림 지역에서 볼 수 있다. 성기주 시인의 시에도 나타나고 배상원 박사의 연구자료 수집 장소이기도 하다.

성기주 시인의 이야기에 의하면 하안미리 소나무 숲은 선임자가 강도간벌을 하여 징계를 받았던 숲이고, 산중복에 남이 있는 중경재 크기의 소나무숲은 약도간벌을 하여 표창을 받았던 숲이라 한다. 간벌기술이 무었인지 몰랐던 시대에 나타난 희극의 한토막일 수 있으나 현재도 약도하층간벌이 비일비재한 실정이다.

소경재 간벌시기에는 강도로 상층간벌을 시켜 직경생장을 촉진시키고, 중경재 시기에는 하층간벌을 통해 재적성장관리를 하여야 한다. 임업도 양적생산에서 대경재 질적 생산을 하여야 소득을 기대할 수 있게 된다. 간벌기술의 개발 보급이 필요한 시대에 있다.

간벌림을 미래의 숲으로 지정, 대관령 휴양림 숲

강릉 대관령 휴양림 입구에 80여년 생의 소나무 미림美林이 있다. 이 지역 소나무는 1922년 종자를 파종하여 생성된 숲이라 한다. 이 숲은 수 차례에 걸쳐 임업의 나라 독일의 엄업전문가들로 하여금 자문을 받고자 안내를 하였던 숲이다. 1980년대만 해도 신문기자들이 무서워 간벌을 생각도 못하였을 시기이다. 간벌작업을 촉매시키고자 독일전문가들의 입을 빌리기도 하였으나 노령림에 대한 간벌을 용기있게 접근하는 국유림관리 간부들이 없었다. 1990년대에 한국여인에게 장가를 간 스웨드씨가 휴가 차 강릉에 온바 있었다. 1980년대 초기에 독일 전문가로 수년간 근무한 바 있었고 귀국 후 대학을 졸업하고 라인강변 영림서에 근무하고 있던 기술자다. 당시 실무과장이던 홍수국씨에게 전화를 걸어 스웨드씨에게 소나무 숲 간벌을 위한 선목작업 기술시범을 보이자는 제안을 하였다.

적극적인 동의 하에 실무직원들에게 선목기술 시범을 보이고 간벌작업에 대한 동기부여를 하였다. 배짱 좋은 홍 과장이 간벌작업 실행에 대한 의견서를 만들어 강릉시내에 있던 기자들과 방송사에도 알리고 도로변에도 간벌사업의 효과에 대한 설명서를 붙어가면서 홍보를 하였다. 1990년대까지도 간벌에 대한 사회적 인식이 어떠하였는지를 알 수 있을 것이다.

입업기계훈련원 함영철씨가 주축이 되어 잔존임분에 피해 없이 간벌하였고 공무원들에게 간벌사업의 결과에 대한 현지 연찬회 등도 한 바 있었던 숲이다. 이 숲이 2000년대에 와서 미래를 위해 보존할 가치 있는 숲으로 지정을 받아 현재 간벌효과 선전간판과 함께 미래숲 간판이 나란히 서 있다. 만일 현재까지도 간벌하지 않고 놓아두었다면 아름다운 숲을, 활력 있게 보이는 숲의 모습을 보이지 못하고 숨이 막힐 것 같은 숲으로, 자라고 싶어 괴로워하는 숲으로 남아 있을 것이다.

우리나라의 간벌사업도 기술자들이 소신을 갖고 전문적으로 실천을 하여야 활력 있고 건강하며 가치 있는 숲을 미래에 넘겨 줄 수 있게 될 것이다. 함과장과 같은 용기 있는 기술자들을 보고 싶다.

소나무는 금값, 소나무숲은 황금의 숲

울진군은 소나무로 유명한 곳이다. 그곳에서 대경재 소나무 한 그루면 자동차 한대를 살 수 있을 소나무를 보았다. 김현식 관리청장의 안내로 수억 원에 팔린 소나무원목이 사실을 증명하고 있었다. 문화재 보수용으로 판매되었다 한다. 소나무는 금값이고 소나무 숲은 황금의 숲이라는 것을 뒤늦게 알게 되었다. 경제적 가치를 모르고 숲을 다루고 있으니 답답한 사람들이다.

독일서 훈련을 받을 시 참나무 한 그루가 벤츠 자동차 1대 값으로 팔았다는 영림서장의 말을 듣고는 속으로 미친놈이라고 코웃음을 친 적도 있었으나 그 사실을 한국에서 믿게 되었다. 연료공급이 주된 시기에는 나무값은 연료값 수준이었으나, 삶과 문화의 질이 높아가니 나무에 대한 수요도 질 높은 나무를 찾게 됨을 알 수 있었다.

한국의 엄업도 양적 위주의 생산개념에서 고가목이 될 미래목 위주의 질적 생산개념으로 산림경영관리 기법도 발전되어야 할 때이다. 전면적인 산림경영사상의 개혁이 요구되고 있다.

서울 소나무 버릴 생각인가

서울 근교의 숲에도 소나무가 점점 사라져 가고 있다. 소나무들은 군상으로 자라야 종족을 지켜 나갈 수 있는데 현재는 거의 단목 형태로 남아있다. 소나무는 양수로서 햇빛을 좋아하는 나무다. 함께 자라는 참나무 역시 햇빛을 좋아하나 중용수적인 성질이 있어 조금 부족해도 살아가는데 지장은 없다.

그래서 소나무와 참나무가 경쟁하면서 자라면 소나무가 지게 되어 있다. 서울 근방에 한두 그루씩 남은 소나무들이 자연그대로 방임시킨

결과 참나무들이 못살게 굴고 결국 쫓아내는 형국을 보이고 있다. 그대로 놓아 둘 때는 서울 숲에서 소나무 보기가 어렵게 될 것이다.

소나무가 서울의 문화, 서울의 경관, 서울의 공기와 오염의 정화 등에 어느 정도 효과를 보이고 있고 보일 수 있는지는 아직 모르고 있다. 그러나 서울이 역사문화의 도시이고 암석과 함께 자라는 소나무 경관을 지킨다면, 그리고 애국가 속의 소나무와 삭막한 겨울풍경 대신 녹색이 있는 겨울풍경을 또한 소나무 숲에서 휴양을 원한다면 소나무 숲은 지켜 주어야 옳은 것 같다.

임업이란 인간의 힘을 빌려 인간생활에 맞도록 숲의 구조를 가꾸고 필요한 임산물을 생산하는 생태행위이고 경제행위이다. 자연에 방임시키는 것이 자연보호의 최상이 아니라는 점을 서울시에는 이해하였으면 한다.

소나무는 다시 돌아 올 수 있는가

소나무는 활엽수가 살아가기 어려운 환경이 주워졌을 시 돌아올 수 있다. 산불이 나서 초토화되었거나, 개간을 하여 광물질 토양을 들어내 놓았을 시는 찾아올 수 있다. 행여 북한과 같이 산지개간을 하거나 임산연료를 때게 되면 다시 돌아 올 수도 있을 것이다.

소나무를 다시 불러드리기 위해서는 천연갱신에 의한 방법을 사실상 어렵게 되었다. 인공적으로 묘목을 식재하고 이를 잘 관리하여야 소나무를 다시 볼 수 있게 될 것이다. 근래 산림정책에서는 소나무 복원을 다시 생각 하고 이를 확대시켜 나갈 의사이나 산불피해지 이외에는 인공조림지가 아직 보기 어려운 실정이다.

경북대 홍성천 교수가 금강송 살리기에 앞장서 나가고 있다. 참 잘한 일이다. 소나무는 태백산맥만이 아니라 서남해안 해안지역에도 우수한 유전자들이 남이 있으므로 전국적으로 소나무 숲 복원을 시도해 나가야 할 것이다. 산림기술사 이임영씨는 서산 태안 곰솔림을 안면도 소나무림赤松林같이 유도할 수 있는 방안을 찾은 것같다. 관심과 관찰은 새로운 경영방법을 찾을 수 있다.

산불, 병충해 등 재해 예방기법과 함께…

소나무림을 복원시킬 시 걱정이 되는 것은 산불과 병충해 피해이다. 대부분 소나무를 조림수종으로 선정하지 못하고 머뭇거린 것은 끔찍했던 병충해 피해에 대한 경험 때문일 것이다. 산불과 병충해 피해는 수종 때문이 아니라 생태적인 문제 때문에 발생된 것같다. 소나무류를 단순림으로 조성관리시와 활력과 건강상태를 관리하지 않고 자연 그대로 방임시 나타난 현상으로 이해가 된다.

만일 소나무림 복원시 또는 소나무류의 산림을 관리시 혼효림, 다영급림, 다층림, 육림작업을 통한 활력있고 건강하게 숲 구조를 유도해 나갈 때는 소나무림 경영을 가능할 것으로 판단이 된다.

특히 서·남해안 해안과 수성암 및 화강임 지대의 척박한 지역에 남아 있는 곰솔과 소나무 단순림에 대한 구조개량을 시급히 실행시켜야 산불과 병충해 예방책이 강구될 것이다.

또한 동해안 산불피해지 복원과 금강송의 복원시는 생태학적 관리를 하여야 되므로 가능한 자연친화적인 관리 기법 개발과 활용에 관심을 갖어야 할 것이다.

소나무 없는 금강산, 희망이 있는 민족인가

평화의 숲 회원들과 금강산을 방문한 적이 있다. 학생시절 배웠던 금강산 답사기가 항상 뇌리에 남이 있었던 터라 흥분하지 않을 수 없었다. 그러나 낙타봉을 지나면서 나타난 황폐지와 민둥산을 마치 1960년대의 남한땅을 보는 느낌이었다. 금강산 입구에 남아있는 숲을 보면서 희망을 잃지 않았으나 도로변의 소나무 숲을 보고 절망하지 않을 수 없었다.

그 큰 소나무들이 모두 병들어 죽어가고 있었다. 너희들 우리 민족이 맞아…소나무 없는 금강산을 상상을 해 봤어…그동안 평화의 숲은 무엇을 하였단 말인가 실망하지 않을 수 없었다. 병든 소나무 숲을 뒤로 남기고 금강문을 지나고 구룡폭포 등 계곡 풍경만을 보았지만 한반도에 태어나고 선정을 받은 이 나라에 감사하지 않을 수 없었다. 그러나 죽어가는 그 큰 금강산 소나무들이 아직도 눈 앞에 통곡하는 모습으로 나타나곤 한다.

금강산은 우리 민족의 산이다. 금강산에 소나무가 사라진다면 소나무가 사라진 만큼 풍경도 사라지게 될 것이다. 금강산은 우리 민족의 자존심이다. 소나무를 다시 살려 주었으면 한다.

우리를 안내한 북측 동포에게 소나무를 심어보는 것이 어떠냐고 물으니 잣나무를 원한다는 답변이다. 실망이 되어 그 이유를 물으니 잣을 생산할 수 있기 때문이란다. 북측의 경제사정이 좋아지지 않을 시 금강산 소나무의 운명도 함께 할 것같아 씁쓸하다. 정말 금강산도 식후경인가 보다.

다시 생각해 보는 소나무, 소나무 숲

소나무의 형질은 유전적 요소보다는 생육환경의 영향을 받아 흔히 보이는 굽어 자라는 모습을 보이는 것이 확실시된다. 물론 개체별 유전형질에 차이가 있을 수 있으므로 숲가꾸기를 통해 불량형질을 제거시킨다면 유전적인 요소가 소나무 선정에 장애요인이 될 수는 없을 것 같다.

소나무의 재적 생장량은 활엽수에 비해 높아 생육기간을 짧게 할 수 있고, 입지 환경에 대한 적응성이 높아 활엽수가 자라기 어려운 곳에서도 살아갈 수가 있다. 또한 단위 재적당 시장가와 시장성이 좋으므로 인해 상당 면적을 소나무로 지켜 나가는 것이 합리적인 의사결정일 것이다.

소나무는 입지요구가 비슷한 곰솔, 리기다소나무, 굴참나무 등에 비해 경제적 가치가 높은 것이므로 이들 수종의 갱신 시 소나무를 고려하여야 할 것이다. 소나무는 역사·문화적으로 보아도 그렇고 풍경을 보아도 한국은 소나무풍경이다. 소나무가 없는 풍경은 소나무 문화지대가 아니다.

솔향기는 한국의 냄새이다. 숲속의 휴양시에도 솔향이 풍겨야 고향과 같은 푸근함을 느끼게 된다. 그러나 소나무는 타 수종과의 경쟁력이 약한 나무이고 입지환경이 나빠지게 되면 조용히 들어오는 누님같은 나무로 생각된다. 한국의 생태와 경제 및 문화적인 측면에서 소나무는 우리민족과 동반자일 수밖에 없는 수종인 것같다.

소나무가 급격히 사라져가고 있으므로 기존

의 소나무는 가꾸어서 활력있고 건강하게 자랄 환경을 만들어 주고 갱신시에는 재난예방을 고려하여 생태적으로 건강한 숲이 되도록 하는 갱신기법 개발보급이 요청된다.

소나무와 함께 살아왔던 민족이면서도 소나무림을 정상적으로 경영을 하고, 이를 지속가능하게 관리하여 왔던 기술적 사례가 아직 없는 것 같아 유감이다. 생태적 특정을 밑받침으로 하지 않은 기술, 기술없는 경영, 경영없는 나라에서 숲의 문화를 찾는 것은 허구를 쫓은 것과 같다.

지역사회를 발전시키고 주민의 삶의 질을 높혀 나가는 수단의 하나로 소나무와 소나무숲을 다시 생각하는 것이 현명한 일이 될 것이다. 소나무 소나무숲에 대한 연구를 강화시키고 소나무 문화를 꽃피워 나가기 위해서는 지속 가능한 소나무림 경영체계를 세워 나가야 할 것이다.

송이, 소나무림 그리고 물

구창덕 충북대학교

서론

우리나라의 소나무림이 생산하는 산물 중에서 가장 중요한 것 중의 하나는 송이버섯이다. 산림청에 따르면, 송이는 연간 약 300톤이 일본에 수출되어 약 3,000만$의 외화를 벌어들인다. 산림에서 목재생산으로 얻는 수익은 20년-40년을 지나도 불확실하지만 송이는 매년 수익을 가져다주므로 목재생산으로 얻는 수익 이상의 혜택을 산주에게 제공한다. 미국 오레곤 주 산림에서 미국송이는 적어도 목재생산만큼의 토지기망 가치Soil Expectation Value를 가지고 있다.(Duncan, 2000)

연간 송이생산은 주로 송이가 나는 시기인 가을철의 강우량과 온도에 따라 좌우되었다. 최근 10년 동안에도 연간 생산 집계량은 160~650톤으로 풍년과 흉년간에 4배의 큰 차이가 있는데, 예로써 가을철에 비가 흡족히 내린 2000년에는 산림조합의 송이 공판량이 650톤인 반면에, 100년만의 가뭄인 2001년에는 극심한 흉년으로 160톤 정도에 그쳤다.

솔잎혹파리 피해로 소나무가 줄어든 곳에는 활엽수가 증가한다. 그러나 소나무를 대체한 활엽수림의 경제적 가치가 현재로서는 그리 큰 것은 아니다. 오히려 송이산에서 번성한 활엽수는 소나무를 피압하여 광합성을 못하게 하고, 활발한 증산작용으로 토양수분을 빨리 소비시키므로 송이는 더욱 불리해지고 있다. 송이생산은 송이균환관리, 소나무림의 건강관리.(伊藤武, 岩頼剛二, 1997), 그리고 토양수분관리에 달려있다.

2000-2002년 3년 간 속리산 송이산지에서 토양수분변화 조사 결과를 보면, 송이생산을 위해서는 토양수분을 15% 이상 유지하는 것이 필요한 것으로 생각된다.(구창덕 등, 2003). 극심한 가뭄이었던 2001년에는 많은 송이산지에서 송이가 거의 발생하지 않았으나, 관수를 하여 토양수분을 15% 이상이 유지시킨 곳은 송이가 발생하였다. 버섯배지의 수분이 14% 미만에서는 균사가 생장하지 못하고, 15, 16%에서 생장이 가능하다고 한다. 송이가 나는 데에는 적어도 3가지 조건이 완전히 충족되어야 한다. 송이균, 소나무, 그리고 물이다. 송이산 식생정리는 소나무림의 광합성 증대, 송이균환 활력강

그림 1— 송이산 관수. 분무된 수분이 나무의 잎, 가지 줄기, 낙엽 위에 뿌려지므로, 실제 송이가 흡수할 수 있도록 토양에 도달하는 물의 양은 적다. 그래서 식생을 정리하고 송이균환주위로 뿌리는 관수방법으로 개선할 필요가 있다.

그림 2— 송이균근. 선단부위에 가까운 곳의 균근은 매우 빛나는 흰색의 균사로 덮혀있고 송이균근은 엷은 갈색을 띤다. 하지만 기부쪽의 뿌리표면은 흑갈색으로 죽은 것 같으며, 표면이 쭈글쭈글하다.

화, 그리고 토양의 가용수분 증대로써 송이에게 유리하도록 하는 작업이다. 식생정리는 위 세 가지를 한번에 충족시키는 1석 3조의 효과를 지닌다. 이 글은 송이산의 소나무림 식생관리가 가지는 의미를 세 가지 면에서 토의한다.

에너지 공급

송이산에서 소나무를 피압하는 식생을 제거하면 소나무의 수관이 넓게 발달하고 광합성이 왕성해진다. 그리고 광합성이 증가하면 뿌리로 이동되는 탄수화물이 또한 증가되어 뿌리와 이 속에 공생하는 균근균〈그림 2〉의 발달이 촉진된다. 이를 통하여 송이균환〈그림 3〉의 활력이 더욱 왕성해지고 버섯생산이 증대될 수 있다. 소나무는 햇빛을 많이 필요로 하는 양수이므로 피압이 되면 수관이 급속히 쇠퇴하고 사멸하게 된다. 그러면 뿌리를 통하여 탄수화물을 공급받는 송이균 또한 사멸하게 된다.

균근균 경쟁완화

많은 균근균은 기주 선택성을 가지고 있다. 소나무 이외의 수종을 제거하면 이들 수종과 공생하는 균근균 집단이 쇠퇴하므로, 소나무와 공생하는 균근균 특히 송이균근균〈그림 3, 5〉의 집단이 토양내 양분과 수분을 확보하여 번성할 수 있다.

토양 가용 수분의 증대

수관층이 무성하면 지표면에 도달하는 강우의 양이 적어진다. 관수를 할 때 나뭇잎이나, 가지로 구성된 임분의 수관층에 묻은 물은 증발되어 땅속의 송이균에게는 도달되지 못한다〈그림 1〉. 강원대학교의 한상섭 교수의 연구 결과1996를 보면, 우리나라와 일본의 소나무림에서 연간 수관차단량은 19-20%인데, 강우량이 적을수록 수관차단율은 높아진다. 3㎜의 강우가 있을 경우 차단량은 65%나 되고, 결국 토양에 도달하는 강우량은 전체 강우량의 35%에 지나지 않는다.

그러므로 수분이 모자랄수록 땅속 활력이 있는 송이균환의 선단부 30cm 범위에 직접 관수하는 것이 더욱 효과적일 수 있다. 여기에 더

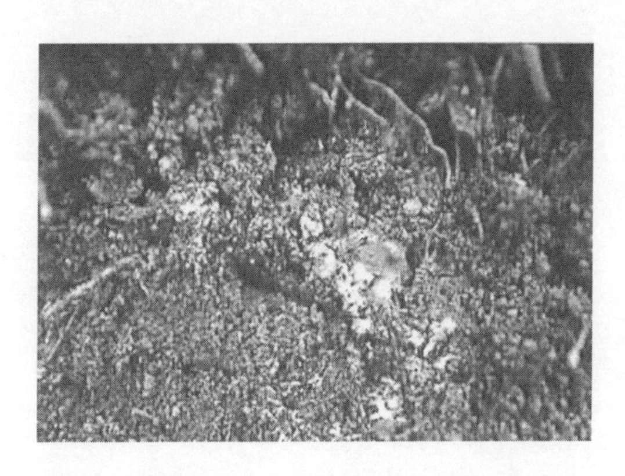

그림 3— 균환선단. 밝은 흰색의 송이균사가 분포한다. 토양수분은 송이균이 없는 곳(오른쪽)보다 적어서 토양빛깔이 밝은 갈색을 띤다. 이것은 송이균사와 소나무 뿌리가 수분을 흡수하여 소비하였기 때문이다.

하여 임분에서 일부 수관이 제거되면 수관의 증산량이 감소되므로 토양균류가 이용할 수 있는 토양수분량은 증가한다. 국립산림과학원의 김경하 박사 등2003의 연구에 따르면 전나무림도 간벌하는 경우 수관의 강우차단 손실율이 17.6% 감소하여 지표면에 도달하는 강우량이 증가된다고 한다.

송이산에 관수할 때 물과 에너지의 효율성을 높이는 것이 필요하다. 보통 관수가 필요할 시기에는 산간 계류에도 물이 부족하고, 물을 뿜는 데에는 에너지가 들어가기 때문이다. 여기다가 뿜어진 물이 나뭇가지, 잎, 낙엽 등에 묻어서 곧 공기 중으로 증발하고 만다면, 땅 속 송이균에 대한 관수 효과는 적어진다. 또한 다른 식생이 뿌리를 통하여 흡수 증산하여도 송이에게는 관수 효과가 적어지는 것이다. 그러므로 소나무 이외의 식생을 정리한 후에 관수를 하면 이런 비효율적인 물과 에너지의 낭비를 줄일 수 있을 것이다.

결국 송이산의 식생정리는 소나무가 광합성을 왕성하게 하고, 강우가 토양에 도달하는 양을 증가 시켜서, 송이에게 가용한 토양수분량을 높여서 송이생산을 증대시킬 수 있다. 그러므로 송이산 식생정리사업은 내부투자 수익률이 18% 이상 될 수 있다는 경제성 분석결과도 있다.(Koo and Bilek, 1998)

버섯과 물

버섯의 균사는 물을 흡수하여 팽압을 유지하고 양분을 흡수하고 생리활동을 한다. 대부분의 버섯은 90-95%가 물이므로, 버섯 배지가 함유하고 있는 수분함량이 버섯 생장을 좌우한다. 양송이 재배에서 퇴비와 복토층에 각각 수분측정 시스템을 설치하여 배지 내 수분을 모니터링한 결과를 보면, 버섯이 생장함에 따라 배지의 수분함량이 급속히 감소하며, 균사가 밀집한 복토층에서 버섯생장에 필요한 대부분의 수분을 공급한다.

따라서 배지의 수분량은 버섯의 수확과 품질을 크게 좌우한다. Noble 등2000이 양송이 재배 복토내 가용수분의 양을 전자수분장력계 electronic tensiometer를 이용하여 계속적으로 측정한 결과를 보면, 버섯생산에 적당한 배지의 기질 수분포텐셜은 –8~–10kPa-0.08~-0.1 bars이고, 버섯이 생장하는 동안 복토내 수분포텐셜은 –40~–50kPa-0.4~-0.5 bars인 경우 버섯생산량이 가장 높다.버섯재배 배지의 수분포텐셜은 기질포텐셜과 삼투포텐셜의 합이다 또한 버섯의 생장에는 복토의 기질포텐셜이 삼투포텐셜보다 중요하다. 실험실 내 한천배지에서도 버섯의 균사생장은 삼투포텐셜보다는 기질포텐셜에 더 민감하다.

이처럼 퇴비를 이용하는 양송이버섯의 생산을 위하여 배지의 수분변화를 계속적으로 모니터링하여 수분관리를 과학적으로 하고 있는

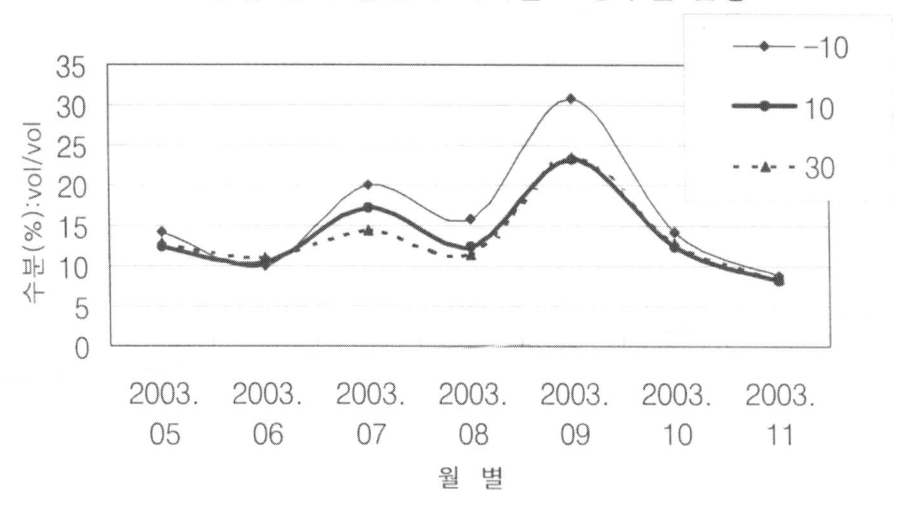

그림 4— 속리산 쌍곡계곡 송이산 균환부위의 월별 수분변동. 9월에 수분함량이 높은 이유는 송이생산을 위하여 관수하였기 때문이다 (국립산림과학원 및 충북대 조사자료, 2003). -10: 송이균환선단의 앞 10cm 위치로 송이균이 없는 곳. 10: 송이선단으로부터 후방 10cm 위치로 송이균환이 활발한 곳. 30: 송이균환선단에서 30cm 후단으로 균사량이 가장 많으며, 송이가 발생하였고, 균환활력은 낮아지고 있는 곳임.

것처럼, 자연 송이 생산에서도 토양 속 송이균환 내의 수분을 과학적으로 신중히 관리하여야한다고 생각한다.

송이와 물

수분을 흡수하고 소비하는 송이균환

송이 자실체의 약 90%는 수분이다. 수분은 송이버섯의 균사조직이 팽압을 유지하고 계속 생장하는데 절대적으로 필요한 것이다. 송이산지가 토양수분의 공급을 하늘의 강우에 의존할 수밖에 없는 산능선이나 산정부에 주로 분포하기 때문에 송이생산은 9월 강수량에 크게 영향을 받는다.(박현 등, 1995). 전국적으로 대부분의 송이산지는 이런 수분 스트레스를 받기 쉬운 곳에 분포한다.

흰색의 송이균사가 많이 있는 곳을 둔덕이라고도 하는데 이 부분은 보통 주위보다 토양수분이 적다.(허태철, 1998). 이렇게 송이균환부에서 토양수분 함량이 특히 적은 이유는, 이 부위를 매우 밀하게 점유한 소나무 균근과 송이균사가 수분을 소비하고 있기 때문이다. 강우나 관수로 수분이 공급되면 균환부의 수분함량은 증가하고, 물공급이 그치면 다시 감소한다(그림 4). 1999년 9월과 10월중에 월악산 송이산지에서도 토양수분 조사결과는 송이 균환이 없는 지점에서 12~25% 이었고, 송이발생지점 부근의 균환에서는 8.5~12%이었다.(김재수, 미발표 자료). 균사의 활력과 관련이 있는 에르고스테롤의 함량이 높은 곳에서 수분함량이 적다. 그래서 송이균환 주위로 수분공급이 잘 되면 송이발생이 증가한다.

송이균환에 물이 금방 흡수되지 않는 이유: 표면장력이 큰 물의 성질 때문

그러나 송이균환 부위에 물을 주면 흡수되지 않고 그냥 흐르는 경우가 많다. 이것은 송이균

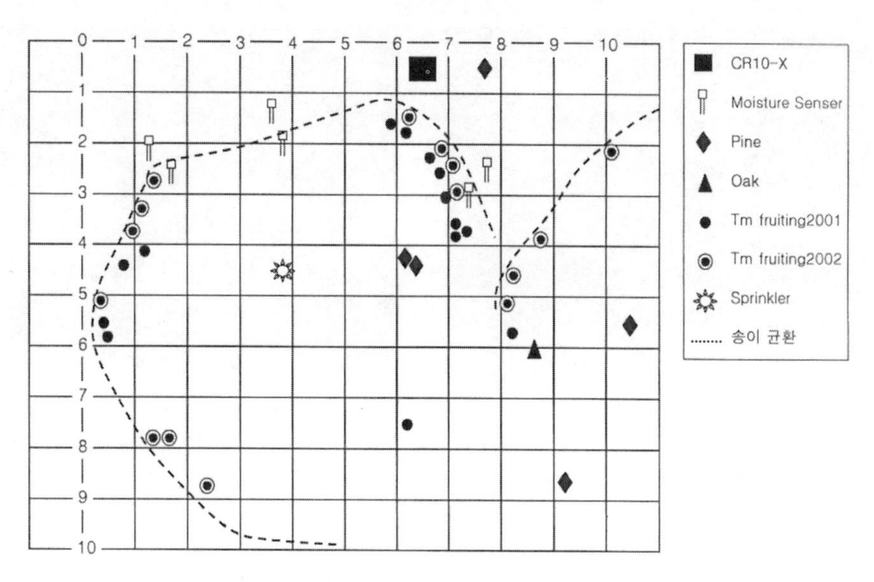

그림 5— 송이균환. 두개의 균환이 만나고 있다. 왼쪽의 균환은 3/4 정도가 살아있으며 지금은 약 3.5m이고 지난 2년간은 매년 12개씩 좌우로 송이를 발생하였다. ———: 송이균환선단, ●: 2001년도 송이발생지점, ◉:2002 송이발생지점, ◆: 소나무, ▲: 참나무류, ■: CR10X 데이터로거. ☼:스프링클러. π: 수분센서.

환이 너무 메말라 있고, 송이균사 표면이 거칠어서 표면 장력이 큰 물이 물방울을 형성하기 때문이다. 그러므로 송이균환부가 물을 멀리한다는 소수성이라는 의견은 90%가 물인 송이 자실체를 생각하여 볼 때 생물학적으로 타당하지는 않은 것이다.

단지 송이균환부에 물을 뿌리면 잘 젖지 않는다는 피상적인 관찰로써만 결론을 내리는 것은 과학적이지 못하다. 실제로 송이균사가 수분과 친화성이 없는 소수성이라면, 송이의 90%가 수분인데 이 수분을 공급할 수가 없을 것이다.

좁쌀 만한 송이원기그림 6가 수확할 정도약 100㎤로 커진다면그림 7 부피가 약 10만 배 팽창하는 것인데, 이 부피팽창은 주로 흡수된 수분에 의한 것이다. 일반적으로 버섯이 순식간에 크게 생장하는 것은 세포액의 삼투포텐셜에 의하여 물이 유입되어 세포가 팽창하기 때문이다.(Beecher and Magan, 2000).

일본의 야마다山田 등1999이 송이자실체가 발생된 주위의 검정색을 띠는 송이균근에서 소수성 왁스유사물질을 언급하면서, 이 소수성은 클로로폼이나 에탄올을 첨가하였을 때 없어진다고 하였다. 하지만 이것을 소수성과 관련짓는 것은 옳은 설명이 아니다. 왜냐하면 알콜이나 클로로폼은 표면장력이 거의 없기 때문에 물체 표면에 잘 번진다. 즉 물을 멀리하는 소수성과는 관련이 없는 현상이다.

세포벽이 매우 얇은 송이균사는 건조에 대한 적응이 강함

주기적으로 건조가 심한 산 능선부에서 자라는 곰팡이 균사의 세포벽은 매우 얇다. 송이와 그물버섯이 그 예이다. 세포벽이 얇으면, 건조시에 세포가 수분을 잃어 부피가 줄어들 때 함

그림 6— 송이 원기. 직경이 3-5mm의 크기이다. 이것이 수확할 크기로 되려면 적어도 약 1만배의 부피 팽창을 하여야 한다. 여기에는 그만큼의 수분이 흡수되어야 한다.

그림 7— 송이버섯. 약 3mm 크기의 송이원기(그림 6)로부터 10cm 크기의 송이로 생장하려면 약 1만배의 부피 생장이 이루어지는데 이중의 90% 이상은 물이다.

께 줄어들므로 원형질막과 분리되지 않는다. 만일 세포벽으로부터 원형질막이 분리되면 그 세포는 기능을 못하고, 다시 수분이 공급되어도 기능을 회복하지 못한다.

한편 수분이 감소하면 원형질 내 세포액의 농도가 짙어져서 삼투압이 더욱 감소하므로 이 세포의 수분흡수력이 더욱 높아진다. 결국 강우로 수분이 공급되었을 때 매우 강한 힘으로 신속히 수분을 흡수할 수 있다.

수분이 적은 송이균환이 물방울을 금방 흡수하지 않는 것은 물이 표면장력이 큰 액체이기 때문인 것으로 설명할 수 있다. 보슬비에 흙이 더 잘 젖는다. 그러므로 송이산에 관수할 때에는 실제로 활성이 있는 송이균환 부위에 물방울의 입자를 작게 하여 분무하면 흡수력을 높일 수 있다고 생각한다.

결론

송이가 나는 데에는 적어도 3가지 조건이 완전히 충족되어야 한다. 송이균, 소나무, 그리고 물이다. 송이가 나려면, 적어도 소나무림이 있어야 하고, 그 다음에 송이가 나는 철에 물이 있어야 한다. 그동안 우리나라 소나무림은 솔잎혹파리 피해로 쇠퇴하면서 참나무림으로 변화여 왔다. 그러므로 송이를 계속 생산하기 위하여 인위적으로 소나무를 솔잎혹파리 피해로부터 보호하였고, 소나무 이외의 식생을 제거하였다. 한편 정부가 추진한 송이산 환경 개선 사업으로 알려진 식생정리는 소나무림을 유지시키고, 송이균환이 지속적으로 자라게 하며, 송이에게 가용한 토양수분을 증대시키는 1석 3조의 효과를 지니고 있다.

우리나라 소나무림은 다시 그동안의 솔잎혹파리를 극복하고 무성한 생장을 이루는 단계로 나아가고 있다. 소나무림은 자연적으로도 중요하지만, 우리의 삶을 위해서도 중요하다. 그러므로 소나무림을 유지하기 위하여 때로는 인위적인 간섭도 필요하다고 생각한다.

참고문헌

구창덕·김재수·이상희·박재인·안광태. 2003. 송이균환 내 토양 수분의 시공간적 변화 92:632-641.

김경하·정용호·정창근. 2003. 저난무림에서 간벌과 가지치기가 임내우 및 차단손실량에 미치는 영향. 한국임학회지 92:276-283.

박현·김교수·구창덕. 1995. 한국에서 9월의 기상인자가 송이발생에 미치는 영향과 그 극복방안. 한국임학회지 84:479-488.

한상섭·이경준외. 1996.「산림생태학」. 향문사. pp71-112.

허태철. 1998. 송이균환의 발달에 따른 토양생태계 주요 구성요소의 동태. 경북대학교 농학박사학위논문. 81p.

산림청 홈페이지. 2002. http://www.foa.go.kr

伊藤武, 岩瀬剛二, 1997. マッタケ. 果樹園感覺で 殖やす 育てる. 新特産シリズ. 農文協 181pp.

Beecher, T.M. and N. Magan. 2000. Dynamics of water translocation in freshly harvested and stored mushrooms of Agricus bisporus. 15th Science and Cultivation of Edible Fungi. pp. 733-739.

Duncan, S. 2000. Symbiosis and synergy: Can mushrooms and timber be managed together? Science Findings. Pacific Northwest Research Station. issue 28/ October 2000. 5p.

Koo, C.-D. and E.M. Bilek. 1998. Financial analysis of vegetation control for sustainable production of Songyi (Tricholoma matsutake) in Korea. Jour. Korean For. Soci. 87:519-527.

Noble, R., T. Rama, A. Dobrovin-Pennington. 2000. Continuous measurement of casing soil and compost water availability in relation to mushroom yield and quality. 15th Science and Cultivation of Edible Fungi. pp. 433-440.

Yamada, A., S. Kanekawa and M. Ohmasa. 1999. Ectomycorrhiza formation of Tricholoma matsutake on Pinus densiflora. Mycoscience 40:193-198.

松樹

엄경섭 경화당한약국

남산 위에 저 소나무 철갑을 두른 듯…

소나무는 우리 생활과 밀접한 관계를 갖고 있다. 소나무 가지로 초가지붕을 만들 때 사용하여 빗물이 새지 않도록 했고, 대청마루 대들보, 궁궐의 건자재가 소나무였다. 봄에 나오는 솔잎 새싹을 뽑아 말려서 보관했다가, 추석명절에 송편을 만들었다. 특히 소나무에서 생산되는 한약재가 우리 민족의약으로 발전하면서, 질병을 치료하고, 예방했으며 보약기능으로 건강을 지켜주는 소나무이기도하다.

중국고서 李時珍의 「本草綱目」에 보면, 時珍 曰 按王安石字說 云 松柏爲百木之 長松猶公 也 伯猶伯也 故松 從公伯從白라는 대목이 있다. 백 가지 나무 중에 제일가는 나무이고, 한자로는 松이라고 하는데 이 한자의 오른쪽의 '公' 자는 소나무가 모든 나무의 윗자리에 있다는 것을 뜻한다.

소나무에서 생산되는 한약재와 효능을 알아볼 필요가 있다. 소나무에서 생산하는 한약재는 너무나 많고 다양하게 사용되기 때문이다.

송엽松葉 —— 맛은 쓰고, 성분은 따듯하다 -風濕을 다스리고, 毛髮을 낫게 하고, 五臟을 補하며, 延齡을 길게 한다.

송지松脂 —— 味甘 補陰陽 · 風安臟可貼瘡 - 송지의 맛은 달고, 음양을 보하며, 구풍, 안장시키며, 종창에 外科 약으로 사용한다.

송실松實 —— 味甘 性 風 · 虛痢氣不足 - 송실의 맛은 달고, 풍비와 설사, 이질. 그리고 원기가 부족한 것을 치료한다.

황송절黃松節 —— 百節風과 脚氣筋을 치료하는데 효능이 좋다. 술을 담가 먹으면 다리의 연약한 증세를 튼튼하게 한다.

송화분松花粉 —— 송화꽃가루로 다식을 만들어 먹으면, 몸이 가볍게 되고 미용에 좋으며, 五臟을 편안하게 한다.

복령茯苓 —— 소나무를 벌목하면 5, 6년 후 소나무 뿌리에서 송진과 균류의 덩어리가 생기는 것을 말한다. 味淡利竅美 白化痰涎赤通 - 복령에 맛은 담하며, 이규를 잘하며, 백색은 담연을 소화하고, 적색은 수도를 통리한다.

복신茯神 —— 補心善鎭驚 恍惚健忘怒예情 -복신은 심장을 보하고, 진경, 건망증, 감정을 진정시키며, 머리를 총명하게 한다.

호박琥珀 —— 송진이 땅에서 오래되어 생기는

수지 덩어리를 말한다.

味甘定魂魄 利水坡消?積 -호박은 맛이 달고, 혼백을 진정하며, 수도통리, 어혈을 파적한다.

味甘苦, 性溫, 無毒, 風?, 痔疾, 便秘 - 송구는 맛이 달고 쓰며 성분은 따듯하다. 독성은 없고 풍비, 치질, 변비 증세에 효능이 좋다.

송구松球 —— 솔방울이 미숙된 것을 말한다.

味甘苦 性溫 無毒 風痺 便秘 痔疾 - 송구는 맛이 달고 쓰며, 따듯한 성분과 독성은 없다.

풍비, 변비, 치질 질환을 치료한다.

송필두松筆頭 —— 솔싹 자라는 부분을 말한다.

송필두는 活血, 지통, 打撲損傷, 小便淋痛에 좋은 효과가 있다.

송백피근松白皮根 —— 송백피근은 穀食을 대신해서 먹고 氣를 더해주며 五勞심로, 간로, 비로, 폐로, 신로 五臟 질병을 말함에 손상된 질병을 치료하고 補해준다.

송이버섯 —— 味香能實胃, 進食止且益氣 -송이버섯은 맛이 달고 향기가 좋으며, 胃를 補하고 胃을 편안하게 하며, 식욕을 증진시키고 설사를 멈추게 하는 止瀉 效果가 있다. 그리고 元氣를 더해준다.

송라松蘿, 소나무 겨우살이 —— 味甘香, 性溫, 無毒, 客熱, 痰涎吐

송라는 맛이 달고 향기가 나고 성분은 따뜻하다. 독이 없고 가슴 속에 객열과 담연을 토하게 하여 해열작용과 호흡을 원활하게 한다.

예부터 소나무에서 생산되는 다양한 韓藥材는 민간요법과 한약방에서 질병을 퇴치, 예방하는데 사용했다. 또한, 솔잎을 생식하고, 술을 담궈 복용하면 노화방지, 흰 머리칼을 검게 하며, 신선들의 愛酒이기도 하다. 솔잎이 썩어 菌에 의해 서식하는 송이버섯은 식품으로 우리 건강을 지켜왔다.

1950년대에서 1990년대 이르기까지 東南亞로 茯笭을 수출했고, 송이버섯을 일본으로 수출하여 外貨를 벌어들이는데 크게 기여한 품목이기도 하다.

소나무가 우리 생활과 건강과에 미친 영향은 무수히 많다. 이것 외에도 밝혀지지 않은 학술적인 가치가 많으리라 사료된다. 林學을 전공하는 분들의 끊임없는 노력이 절실히 요구되는 시점이라고 생각한다.

참고문헌

李時珍「本草綱目」
許 俊「東醫寶鑑」(남산당)
黃度淵 「方藥合編」(남산당)
「名醫別錄」
「향약집성방」(世宗)
安德均「韓國本草圖鑑」

소나무의 민간 생활요법 소개

최승자·송형섭 충남대학교

서론

소나무는 우리나라 산림 수종의 대표적 수종으로 우리 주변에서 가장 많이 접할 수 있는 나무다. 소나무가 국내 산림에 번창하게 된 주 이유는 식물의 천이 과정상의 자연적 현상으로도 볼 수 있으나 농경정착사회 이후의 소나무의 다양한 이용 가치 발견을 통한 인위적 육성 관리가 커다란 영향을 하였다고 보고 되고 있다.(이돈구와 조재창, 1993).

화분 분석에 의하면 6,000년 전 한반도는 활엽수림이 대부분이었으나, 2000년 전부터 점차 소나무림이 증가하였으며(이영노, 1986), 이후 신라~고려~조선시대에 이르기까지 국가의 적극적인 보호 관리 정책에 의해 현재와 같은 소나무림을 갖게 되었다.

근자에 이르러 오랫동안 인간의 간섭에 의해 유지되어 왔던 소나무림이 자연천이 과정을 통해 점차 활엽수림으로 변화되고 있으나 여전히 소나무는 우리의 전통생활 문화에 광범위하게 영향을 주고 있는 나무다. 소나무는 주 구성 부위인 잎과 나무 뿌리 모두가 식약용, 연료, 목재 등으로 이용 가치가 매우 높은 나무이기 때문이다. 따라서 우리나라 사람은 소나무로 지은 집에서 소나무를 땐 연기를 맡으며 살다가 소나무 관에 담겨 솔밭에 묻힌다는 말이 회자될 정도로 소나무는 정신적, 물질적으로 풍요를 가져다 준 우리와 가장 친숙한 나무다.

흔히 소나무의 조형에서 우러나오는 강직성은 선비 정신을 대표하였으며, 아름다운 목재는 대궐은 물론 민간의 건축재료로 오랜 기간 사랑을 받아오기도 하였으나 민간에서는 무엇보다 우리의 식생활과 건강을 지켜온 나무로 알려져 있다. 그 옛날 신선이 되려고 도를 닦는 사람들은 솔잎을 즐겨먹었다고 하며, 춘궁기에 뒷산에서 자라는 소나무 새싹의 기름진 모습은 줄인 백성의 눈길을 한 눈에 받았으며, 솔잎을 빨며 허기를 달랜 시절도 있었다.(이훈종, 1993).

늦은 봄 송화가루를 채취하여 말렸다가 조청에 버무려 다식을 만들어 제사상에 올리기도 하였고, 소나무 순을 쳐서 송순주를 만들기도 하였다. 소나무 뿌리에서 나오는 복령은 신장약으로 중요하게 취급되었으며 줄기에서 난오는 송진은 살균력이 강하고 풍습風濕을 없앤

다 하여 한약재로 사용되었다.(김기원, 1993).

찬바람이 나는 시기에는 소나무 숲에서 나는 송이버섯을 먹고, 추석 명절에는 송편을 만들어 먹기도 하고, 겨울철에는 관솔을 채취하여 방안을 밝히면서 추위를 달래기도 하였다. 이처럼 소나무는 꽃에서부터 뿌리까지 우리의 음식 및 약용 문화에 많은 영향을 준 나무이다.

이러한 소나무의 전통적 이용 가치들이 최근 들어 식생활 개선과 현대인들의 편리성 추구에 따라 점차 사라져 가고 있으며, 아직도 소나무숲이 많은 농산촌에서 조차 이의 활용 방법들이 제대로 전수되지 못하고 있는 형편이다. 이 글은 이러한 배경에서 옛 조상들이 애용하여 온 소나무의 민간 생활요법에 대해 다시 한 번 조명해보고 이의 보급 마련을 위한 기초 정보를 제시할 목적으로 조사하였다.

조사내용의 범위

여러 관련 문헌 조사를 통해 소나무 각 부분의 성분과 효능을 살펴보고 이에 대한 민간생활요법과 응용사례를 조사하였다. 각 부분별 성분과 효능은 솔잎, 소나무의 가지와 마디, 꽃가루, 송진, 솔뿌리혹, 솔씨 등에 대한 구성 성분을 조사하였으며, 민간생활요법은 우리 생활에서 흔히 발생되기 쉬운 뇌졸중, 고혈압, 비만증, 동맥경화, 당뇨병 등의 순환기와 성인병 질환의 이용 사례, 그리고 기관지 천식, 폐결핵, 감기예방 등 내과 질환의 활용 사례 등에 대해 조사하였다.

소나무의 성분과 민간요법 사례

소나무는 잎, 줄기, 뿌리 모두 식약용으로 광범위하게 이용되어온 나무다. 소나무 각 부분별 성분과 효능, 그리고 민간요법 사례를 정리하면 다음과 같다.(윤상욱, 1997; 이해정, 1993).

소나무 각 부분의 성분과 효능

솔잎

솔잎에는 알코올 또는 물에 녹는 여러 화합물과 테르펜이라는 향 물질, 그리고 녹색식물에서 일반적으로 볼 수 있는 비타민 C와 A, K, 필수 아미노산과 탄수화물, 지방, 인, 철분 등 각종 무기기질 등이 있어 흔히 곡물만큼이나 고른 영향을 갖추고 있다. 그러므로 예로부터 솔잎은 장기간 생식하면 늙지 않으면서 몸이 가벼워지고 힘이 나며 흰머리가 검어지고 추위와 배고픔을 모른다고 해서 신선한 건강식품으로 애용되어 왔다.

한방에서는 약술 형태로 하여 소염작용과 통증을 진정시키고 피를 멎게 하며 마비를 풀어주는 작용이 있어 습진, 옴, 신경쇠약증, 머리털 빠지는데, 비타민 C 부족증 등의 치료에 쓰인다. 사용량은 하루 12~20g정도를 사용하는 것이 좋고 외용약으로 쓸 때는 끓여 달인 물로 씻거나 즙을 짜서 바른다. 솔잎을 오래 먹어 변비가 있을 경우에는 콩가루나 느릅나무의 감피가루를 섞어 먹으면 된다. 주 이용 예는 다음과 같다.

솔잎주 —— 중풍 예방에 좋다. 막걸리 1리터에 딴 솔잎 300~499g을 넣고 공기가 안 통하도록 밀봉한다. 15일이 지난 다음 찌꺼기를 버리고 한 번에 한 잔씩 하루3번 공복에 마신다.

솔잎차 —— 고혈압 등 성인병에 좋다. 솔잎 300g, 설탕 200g, 잣 20g을 준비한 후 솔잎을 깨끗이 씻어 물기를 없앤 다음, 물에 솔잎을 넣고

60℃에서 10시간동안 우려낸다. 솔잎 물이 우러나면 솔잎을 체에 받아 내고 설탕을 탄 다음 잣을 넣어 적당량 마신다.

솔잎베개 —— 숙면에 좋다. 그늘에서 말린 솔잎과 박하 잎을 9:1의 비율로 섞어 베개를 만들어 베고 잔다. 한 번 만든 베개는 2일마다 속을 바꾸어 놓는다.

솔잎땀 —— 신경통이나 풍증치료에 좋다. 한증막에 솔잎을 깔고 한증한다.

솔마디옹이

솔마디는 줄기나 가지에 있는 송진이 밴 마디로서 흔히 '옹이'라고 부른다. 맛은 쓰며 심장, 폐, 콩팥에 작용하여 풍습風濕을 없애고 경련을 멈추며 경락을 통하게 하는 효능이 있다. 뼈마디가 쑤실 때, 경련, 타박상 등에 이용한다.

하루 9~15g을 달여 먹거나 약술 형태로 먹는다. 한의학에서는 나무의 가지들이 사람의 사지관절질환을 치료한다고 하는데 이것도 그런 종류의 하나인 것으로 생각된다. 우리나라 사람들은 이 요법을 잘 이용하고 있지 않고 있으나 중국에서는 이미 임상실험까지 거친 약물이다. 진통 효과와 아울러 소염작용도 한다. 단, 극심한 빈혈 환자는 피하는 게 좋다. 솔마디의 이용 예는 다음과 같다.

송절주 —— 사지 저림에 효과가 있다. 솔마디 200g을 40%의 술 1리터에 담가놓고 약간의 설탕을 첨가한 다음 밀폐시켜서 따뜻한 곳에 3~7일 동안 두면 진액이 모두 용출되어 나온다. 이것을 하루 3번 공복에 마신다. 한번에 10~15ml씩

꽃가루

몸이 허약하거나 대장염, 감기 등에 좋다. 송화다식, 송화국수 등 고급민속식품으로도 많이 이용된다. 늦은 봄 완전히 피지 않은 수꽃방울을 따서 말린 후 꽃가루를 털어 내어 쓴다. 색이 노랗고 부드러우며 잡질이 없고 유동성이 큰 것이 좋다. 맛은 달다. 솔잎과 마찬가지로, 꽃가루는 90% 이상이 알파-피넨과 베타-피넨이라는 휘발성 향 성분, 비타민 B와 C, 니코틴산과 탄닌, 구리가 많아 항균작용이 뛰어나다. 솔꽃가루는 부신 활동을 자극하여 인슐린의 분비를 촉진시키므로 당뇨병에도 좋다.

송화산松花散 —— 만성 소대장염으로 배 끓는 소리가 나거나 헛배가 부르며 아프고 소화가 되지 않는 것 같은 설泄하는 증상에 효능이 있다. 송화가루 15g, 밤가루 80g을 고루 섞어 한번에 4-6g씩 하루 3번 끼니 전에 꿀물에 타서 먹는다.

송진

옛 기록에 보면 송진을 100일 이상 먹으면 배고픈 것을 모르고 1년 동안 먹으면 100살 난 늙은 이도 30살 난 청년처럼 젊어지며 오래 산다 하여 송진을 많이 이용했으나 오늘날에는 일부 스님과 민간 식이법에서나 가끔 이용될 뿐 그리 대중적이지는 않다. 송진의 약효는 새살을 나게 하고 아픔을 멈추며 살균력이 강하고 고름을 빨아낸다고 한방 의학서들은 밝히고 있다.

약으로 쓰기 위해서는 소나무 껍질에 상처를 내어 흘러내린 송진을 물에 넣고 끓여 약천 2겹에 걸러 찬물에 넣어 엉킨 덩어리를 그늘에 말리어 깨쳐서 가루 내어 쓴다. 부스럼, 덴 데, 습진, 악창, 옴, 머리헌 데 등 외용약으로 쓴다. 이는 송진의 저유 성분이 피부 자극 작용, 억균작용, 염증을 없애는 작용을 하기 때문이다.

송진의 정제는 가마에 물을 붓고 시루를 올려 놓은 다음 시루바닥에 깨끗한 모래를 1치

두께로 깔고 그 위에 송진 12g을 넣고 뽕나무로 불을 땐다. 송진이 솥에 흘러내리면 이것을 찬물에 넣어 굳힌다. 이것을 3번 반복하면 송진이 백옥같이 되는데 이렇게 정제한 송진 600g에 흰솔뿌리, 흰단국화 각각 300g을 넣고 함께 가루내어 졸인 꿀에 반죽하여 천여번 짓찧어 벽오동씨 만하게 알약을 만든다. 하루에 50알씩 빈속에 데운 술로 먹는다.

항문주위염 —— 송진 50g에 암모니아 10g을 넣고 끓이면 노란 고약이 되는데, 이것을 국소에 붙이면 염증을 빨리 곪게 하고 고름을 빨아낸다.

멀미 —— 송진 콩알 만한 것을 더운물에 타서 먹으면 멀미가 나지 않는다.

이외에도 송진술, 송지탕 등이 있다.

복령

요즈음 솔뿌리혹으로도 불리기도 하나 일반적으로 복령이라고 한다. 오래된 소나무를 벌채한 후 4, 5년이 경과하면 뿌리에 생기는 불완전 균류로서 한약재로 귀하게 여기고 있다. 채취는 봄부터 가을 사이에 솔뿌리혹 꼬챙이로 소나무 주변을 찔러보아 솔뿌리혹이 있는가를 알아낸 다음 균체를 캐내어 흙을 털고 껍질을 벗겨 적당한 크기로 잘라서 햇볕에 말려 이용한다.

솔뿌리혹이 있는 곳은 흔히 땅이 터지고 두드려보면 속이 빈소리가 나며 또 주변에 흰균체가 있거나 소나무 뿌리에서 흰노랑 색의 유액이 흘러나오는 특징이 있다.

성분은 다당류인 파키만이 약 93% 들어 있다. 파키만은 포도당이 사슬모양으로 결합된 물에 풀리지 않는 물질이다. 그리고 파키민산, 에부리코산, 폴리포텐산A, C 등의 트리테르페노이드가 들어있다. 맛은 달고 심심하다.

오줌을 잘 누게 하고 비장을 보하며 담을 삭이고 정신을 안정시킨다. 약리실험에서 이뇨작용과 혈당량 낮춤작용, 진정작용 등이 밝혀졌다. 복령의 다당류는 면역 부활작용, 항암작용을 나타낸다.

다른 한약재와 함께 쇠약자, 만성위장병, 피로회복 등의 약제로 널리 이용되며 최근에도 수종水腫과 강장强壯, 항암효과가 뛰어나서 한약재로서 이용 수요가 꾸준하게 늘어나고 있다.

식용 —— 흰솔뿌리혹 18g, 흰국화 9g을 가루내어 법제한 송진에 버무려 달걀 노른자위 만하게 알약을 만든다. 한 번에 1알씩 하루 2번 술에 타 먹는다. 100일 동안 먹으면 얼굴빛이 좋아지고 윤기가 돌며 늙지 않고 오래 살 수 있다.

솔뿌리혹산 —— 임신 중 오줌이 시원하게 나오지 않는 것을 치료하며 적복령, 돌아욱씨 각각 40g씩을 부드럽게 가루 내어 한 번에 8g씩 하루 3번 더운물에 타서 먹는다.

솔방울

변비에 효과가 있다. 휘발성 향 물질인 테르펜이 풍부하며 달고 독은 없다. 요즘에는 솔방울술을 담아 먹기도 하며 동맥경화, 고혈압에 좋다. 음력 9월에 따서 그늘에 말려 사용한다.

솔방울 식용 —— 솔방울을 따서 굳은 껍질을 버리고 짓찧어 고약처럼 만들어 한 번에 달인 만큼씩 하루 3번 먹는다. 100일 동안 먹으면 몸이 거뜬해지고 300일 동안 먹으면 하루에 500리도 갈 수 있으며 낟알을 먹지 않고도 살 수 있고 오래 먹으면 장수한다. 갈증이 나면 물을 마시더라도 정제한 송진과 같이 먹는 것이 좋다.

이 밖에 소나무 줄기나 뿌리의 속껍질은 약

명으로 송피松皮라고 하는데, 벌채한 소나무의 줄기나 뿌리에서 속껍질을 벗겨 말려서 쓴다. 소나무 속껍질은 지혈, 지사, 소염, 방부 등의 작용을 한다. 그리고 5, 6월에 뜯어 쓰는 소나무 순松筍은 원기를 돕고 풍습과 두통을 없애며 지혈시키는 작용을 한다. 이외에도 옛날 왕실에서는 솔뿌리흙 목욕과 솔잎 목욕을 회춘과 장생의 최고 비방이라 하여 이를 즐겨 이용하였다는 기록이 있다.(이해정, 1993).

소나무 민간요법 사례와 응용

순환기 질환과 성인병

뇌졸증 —— 솔잎 녹즙을 만들어 복용한다. 솔잎을 깨끗이 씻어 1cm 길이로 잘라서 찧은 다음, 150~200*ml*의 물을 붓고 찧거나 믹서로 돌린 뒤, 삼베 천으로 밭아내 그 즙액을 매일 공복에 세 번씩 복용하면 효과적이다. 뇌졸중의 경우, 회복된 뒤에도 물리 치료만으로는 완치를 기대할 수 없을 때 솔잎 요법이 좋다는 것이 국내외 민간요법 사례에서 충분히 입증되었다.

고혈압 —— 솔잎과 양파껍질을 달여 먹는다. 솔잎 한 줌에 양파 겉껍질을 넣고서 충분히 잠길 정도로 물을 두 사발을 붓고 달인다. 이것을 하루 세 번 식후에 마신다. 양파에는 풍부한 아연 성분과 포도당, 과당, 유화물, 회분, 각종 비타민 등이 들어 있으며, 겉껍질에는 갈스친이라는 성분이 있어서 고혈압과 동맥경화에 효과가 있는 것으로 알려져 있다.

비만증 —— 솔잎과 죽엽을 달여 먹는다. 잠자기 전에 솔잎 녹즙과 참대잎 녹즙을 함께 마신다. 솔잎과 참대잎은 우리 몸에 있는 불필요한 수분을 없애 주고 지방의 흡수를 방해하며 섬유질은 배변을 도와 주므로 비만을 방지하는 효과가 있다. 참대잎은 고알칼리성으로 위장병에 좋고, 칼륨, 칼슘, 마그네슘, 나트륨이 많아 생리 작용을 돕고 목마름을 방지해 당뇨병에도 유효하다.

동맥경화 —— 동맥경화에는 솔잎술을 식 전에 한 잔씩 1, 2년 간 복용하면 치료와 예방을 할 수 있다. 솔잎술은 물에 녹지 않는 여러 향기 성분을 우려낼 수 있으므로 효과적이다. 정유가 혈관벽을 자극해 피의 흐름을 도와 동맥경화를 예방한다.

당뇨병 —— 솔잎과 황경피나무 껍질을 달여 복용한다. 솔잎을 펄펄 끓는 물에 순간적으로 넣었다가 꺼내서 3, 4cm 정도로 자른 뒤, 다시 40°C의 물 3 *l* 에 솔잎 1kg과 황경피나무 속껍질 20g을 넣고, 수시로 그 물을 한 잔씩 마신다. 황경피나무 속껍질을 구하기 어려우면 그냥 솔잎 녹즙을 써도 좋다.

내과질환

기관지 천식 —— 솔잎과 감꼭지를 달여 먹는다. 감꼭지 열 개와 솔잎 한 줌에 물을 적당히 넣고 달여서 그 물을 한 번에 다 마시되 하루에 세 번씩 빈속에 마신다.

폐결핵 —— 솔잎을 따다가 3개월 간 술에 담가 둔다. 우러난 물을 한 번에 두 숟가락씩 하루에 세 번, 밥 먹기 30분 전에 먹는다. 송진은 폐결핵으로 기침이 자주 나고 가래가 많을 때 사용하면 효과가 있다.

감기예방 —— 솔잎을 진하게 달여서 식후에 마시면 감기, 독감의 치료와 예방에 좋다. 기침과 가래를 삭히는 데도 탁월한 효과를 볼 수 있다.

설사 —— 봄철에 소나무 속껍질을 벗겨서 햇볕에 말렸다가 절구에 찧어 가루를 낸다. 한 번에 3, 4g씩 하루 세 번 더운물에 타서 먹는다. 소나무 속껍질은 탄닌이 많아 지혈, 지사 작용과 항균, 방부 작용이 있으므로 만성 이질과 설사에 잘 듣는다.

결론

소나무는 건축재로서의 이용뿐만 아니라 잎과 줄기, 뿌리는 오랜 기간 민간생활요법에서 다양하게 이용되어온 가치 있는 나무이다. 최근에는 다양한 테르펜의 방향성 물질이 다량으로 함유되어 있다는 사실이 밝혀짐에 따라, 소나무에 대한 국민적 관심이 높아져 가고 있다. 우리는 흔히 '신토불이' 라는 용어를 즐겨 사용하면서도 주변 산림에서 흔히 볼 수 있는 소나무에 대한 다양한 이용 가치에 대해 눈을 돌리지 못하고 있다.

우리 조상들은 소나무를 식약용으로 즐겨 사용하였던 사실조차도 우리의 기억 속에서 차차 멀어지고 있다. 소나무의 여러 부위는 어린이 건강식에서 노인들의 장수약까지, 감기에서 하반신 마비와 같은 중병에 이르기까지 나이와 성별, 질병의 종류를 초월한 그야말로 '만병통치약' 으로 이용 가능한 나무이다.

그럼에도 불구하고 현대의학은 물론 한방에서도 공식 약재로 소나무를 언급하지 않고 있다. 엄연히 식약용으로 사용되고 그간 여러 사람들을 통하여 그 효과가 입증되었음에도 소나무의 전통적 민간 요법 사례들이 제자리를 차지 못하고 있다. 본 조사 연구를 통해 특히 농산촌에 거주하고 있는 주민들의 소나무에 대한 새로운 관심과 적극적인 활용을 기대한다. 또한 소나무를 이용한 건강 음료와 방향제, 화장품 등의 산업화 조장을 통해 전국에 산재되어 있는 우리의 소나무를 지속적으로 유지 보존하는 정책 마련도 필요할 것으로 판단된다.

참고문헌

김기원. 1993. 솔빛, 솔바람, 솔맛, 솔향기, 솔감. 「소나무와 우리문화」수문출판사. p.194-197.

김현. 1998.「민족생물학」. 아카데미서적. 233pp.

윤상욱. 1997.「소나무와 자연요법」. 도서출판 아카데미. 239pp.

이돈구·조재창. 1993. 강송의 천연갱신에 관한 생태학적 접근.「소나무와 우리문화」. 수문출판사. p.36-46

이영노. 1986.「한국의 송백류」. 이화여대 출판부

이훈종. 1993. 소나무와 정서생활.「소나무와 우리문화」. 수문출판사. p.168-171

이해정. 1993. 나무와 관련된 전통민간요법.「소나무와 우리문화」. 수문출판사. p.198-202

필자약력

강규석 —— 서울대학교 산림자원학과를 졸업하고 스웨덴 국립농업과학대학교에서 산림유전육종학을 전공하여 농학박사 학위를 받았다. 1993년 임목육종연구소에서 임목육종 연구를 시작으로, 현재 국립산림과학원 임목육종과에서 선발육종을 통한 채종원 개량연구를 수행하고 있다.

곽두안 —— 고려대학교 환경생태공학부를 졸업하고 동 대학원에 서 석사과정에 있다.

구교상 —— 경희대학교를 졸업하고 독일 괴팅겐 대학에서 산림토양의 양료순환으로 박사과정 수료, 독일 프라이부르그대학 산림입지 및 식생, 토양학 박사과정을 이수하고 현재 국립산림과학원 임지보전과 산림토양연구실 재직하고 있다.

구창덕 —— 서울대학교 농과대학 임학과를 졸업하고 미국 오레곤 주립대학교 임학과에서 박사학위를 받았다. 국립산림과학원 연구관, 뉴질랜드 캔터베리대학교 임과대학 Research Fellow를 거쳐 현재 충북대학교 농과대학에 재직하고 있다.

권오분 —— 숲과문화연구회, 자생식물보존회, 한국식물연구회의 회원으로 다양한 활동을 보이며, 「꽃으로 여는 세상」「세상은 우리가 사랑하는 만큼 아름답다」(공저), 「숲을 걷다」(공저) 등의 저서가 있다.

김경인 —— 서울대학교 미술대학 회화과를 졸업하고 동 대학원을 졸업했다. 7회의 개인전을 열었으며 21회의 단체전에 참가하였다. 현재 인하대학교 미술학부 교수로 재직하고 있다.

김기원 —— 고려대 임학과를 졸업하고 서울대환경대학원에서 조경학 석사, 빈 농과대학교에서 이학박사 학위를 받았다. 1994년부터 국민대학교 산림자원학과 교수로 재직하고 있으며 숲과문화연구회 회장으로 활동하고 있다.

김요정 —— 고려대학교 생물학과를 졸업하고 충북대학교 임산공학 석사과정을 거쳐 동 대학에서 박사과정 중이며 충북대학 농업과학기술센터 연륜연구센터 연구원으로 재직하고 있다.

김철영 —— 국민대 산림자원학과를 졸업하고 동 대학원 석사과정 졸업, 현재 동 대학원 박사과정에 있다.

남화여 —— 울진국유림 관리소장, 북부지방산림관리청 경영과장, 서울국유림 관리소장, 산림청 목재산업담당 계장을 지내고 현재 동부지방산림관리청 경영과장으로 재직하고 있다.

마상규 —— 서울대 임학과를 졸업하고 농학박사학위를 취득한 후 임업기계훈련원장을 거쳐 현재는 한국산림기술인협회장과 순천대학교 겸임교수로 재직하고 있다.

문일성 —— 경북대학교 대학원 농생물학과를 졸업하고 현재 국립산림과학원 남부산림연구소에 재직하고 있다.

박봉우 —— 고려대 임학과를 졸업하고, 서울대 환경대학원에서 조경학 석사, 고려대학교 대학원에서 농학박사 학위를 받았다. 조경학, 산림휴양학, 국립공원, 임업사, 자연환경보존 및 복원 분야에 관한 연구를 하고 있으며, 현재 강원대학교 산림과학대학 조경학과 교수이다. 숲과문화연구회 운영회원, (사)한국산림휴양학회 고문(회장 역임), 강원도 문화재 위원으로 활동하고 있다. 최근의 저술로는 '심금 솔숲' (김영도 외 편. 2004. 「숲을 걷다」. 수문출판사)이 있다.

박원규 —— 서울대학교 임산공학과 학사 · 석사를 거쳐 미국 University of Arizona에서 박사학위를 받았다. 현재 충북대학교 산림과학부의 교수로 재직하고 있다.

박해철 ——— 강원대 병리곤충학과를 나와 고려대학교 대학원 생물학과에서 곤충학을 전공하였고, 현재 농업과학기술원 유용곤충과 연구사로 근무하면서 인터넷 상에서 '한국의 곤충자원'과 '사이버곤충 생태원'을 운영하고 있다.

박희진 ——— 고려대 영문과를 졸업하고 1955년 〈문학예술〉 추천으로 등단하였다. 공간시낭독회 상임시인이며 숲과문화연구회 명예운영회원이다. 첫 시집 「실내악(1960)」이후 최근의 「동강 12경」 「화랑영가」 「하늘 · 땅 · 사람」 「박희진 세계기행시집」 「연꽃 속의 부처님」 「내사랑 소나무」에 이르기까지 20여 권의 시집을 냈다.

배상원 ——— 고려대 임학과를 졸업하고 프라이부르그 대학교에서 조림학을 전공하여 박사학위를 받았다(이학박사). 현재 국립산림과학원 산림생산기술연구소에 근무하고 있으며 숲과문화연구회 이사로 활동하고 있다.

배재수 ——— 서울대학교 임학과를 졸업하고 동 대학원에서 박사학위를 받았다. 정신문화연구원 청계서당 사서과정(2기)을 수료하였다. 현재 국립산림과학원 임업경제과에 재직하고 있으며, 「조선임업사(상 · 하)」(공역), 「한국근대임정사」(번역), 「한국 근 · 현대 산림소유권 변천사」(공저), 「조선후기 산림정책사」(공저) 등을 저술하였다.

손영모 ——— 손영모는 경상대학교 임학과를 졸업하고 동 대학원에서 농학박사 학위를 받았다. 현재 국립산림과학원 산림경영과에 재직하고 있다.

송형섭 ——— 충남대 임학과를 졸업하고 동 대학원에서 박사 학위를 취득하였다. 산림청, 임업연구원, 미국 South Dakota 주립대 연구교수를 거쳐 현재 충남대 산림자원학과에 재직하고 있다. 산림휴양 및 산림풍치관리학 분야를 연구하고 있다.

엄경섭 ——— 원광대학교 동양철학과에서 학 · 석사과정을 마치고 현재 고려당한의원 원장으로 있다.

유홍준 ——— 영남대학교 교수로 재직 중 베스트셀러가 된 '나의 문화유산 답사기'를 저술하였다. 2002년부터 명지대 미술사학과 교수로서 문화예술대학원장으로 재임중이며, 2004년도 9월에 제3대 문화재청 청장으로 임명되었다.

윤영균 ——— 고려대학교 임학과를 졸업하고 동 대학원에서 박사과정을 수료했으며 제17회 기술고등고시에 합격하여 산림청 국립수목원장을 거쳐 현재 산림청 산림자원국장에 재직하고 있다.

윤충원 ——— 경북대학교 임학과를 졸업하고 동 대학원에서 석사 · 박사 학위를 받았다. 국립산림과학원을 거쳐 현재 공주대학교 산림자원학과 교수로 재직하고 있다.

이경학 ——— 서울대학교 농학박사를 거쳐 현재 국립산림과학원 산림경영 과장으로 재직하고 있다.

이광수 ——— 경상대학교 대학원 임학과를 졸업하고 현재 국립산림과학원 남부산림연구소에 재직하고 있다.

이명보 ——— 건국대학교 임학과를 졸업하고 현재 국립산림과학원 산불연구과장으로 재직하고 있다.

이선 ——— 충남대학교 임학과를 졸업하고 독일 프라이부르그대학에서 식물생태학을 전공하여 박사학위를 받았다. 프라이부르크대학교 조림학연구소 내의 식생?입지학연구소 연구원으로 일하였으며, 국민대, 충남대에서 강의하였고, 현재 한국전통문화학교 전통조경학과 교수로 재직하고 있다.

이수용 ——— 건국대학 상과를 졸업, 산과 자연 그리고 우리 것을 사랑하며, 이에 관한 좋은 책을 만들고 자연보존운동에 나서고 있다.
1988년 수문출판사를 창립하여 출판을 천직으로 일하며, 우이령보존회 부회장 겸 운영위원장, 생명의 숲 마을숲위원장, 한국내셔널트러스트 동강위원장과 한국출판인회의 산악회장으로 자연보존과 산악운동을 하고 있다. 한국산서회, 테마클럽, 우이령보존회 창립회원이기도 하다.

이영복 —— 홍익대학교 미술대학에서 동양화를 전공하였다. 11회의 개인전을 열었으며 국립 현대 미술관 초대 출품, 서울미술대전 추진위원 및 출품, 동아일보사 주최 동아미술제 심사위원을 역임하였다. 현재 중진화가로 활발한 작품 활동을 하고 있다.

이우균 —— 고려대학교 임학과에서 학·석사를 거쳐 독일 괴팅겐 대학에서 임학박사 학위를 받았다. 현재 고려대학교 환경생태공학부 교수로 재직하고 있다.

이정호 —— 고려대학교에서 산림자원학과와 화학과를 복수 전공으로 졸업하고, 영국 노팅햄대학에서 인간분자 유전학으로 박사학위를 받았다. 미국 보스턴의 하바드의과대학/베쓰이즈라엘디커니스 의료원 순환기생물학 연구원를 거쳐 삼성생명과학연구소 유전체 연구센타의 책임연구원으로 일하였다. 현재 고려대학교 생명자원연구소에 소속되어 있으며 과학평론가로 활동 중이다.

이종봉 —— 상지대학교 임학과에서 학사·석사를 거쳐 현재 독일 프라이부르그 대학교 박사과정을 밟고 있으며 산림조합중앙회 임업기계훈련원 훈련과 훈련과장으로 재직하고 있다.

이천용 —— 고려대학교 임학과를 졸업하고 동 대학원서 농학박사 학위를 받았다. 1978년부터 임업연구원에 근무하면서 산림토양, 토양침식방지, 산림수자원 등 산림유역관리에 관한 연구를 수행하고 있다. 1989년에는 미국 오레건대학교에서 1년 간 연구교수로 있었다. 현재 국립산림과학원에 재직하고 있으며 숲과문화연구회 이사로 활동하고 있다.

이호신 —— 한국화가로 8번의 개인전을 열었으며 광주 비엔날레 등 주요 초대전에 출품해 왔다.
저서로는 「길에서 쓴 그림일기」「숲을 그리는 마음」「풍경소리에 귀를 씻고」「쇠똥마을 가는 길」 등과 공저로 「숲을 걷다」가 있다. 작품은 대영박물관, 국립현대미술관, 이화여대 박물관 등에 소장되어 있다.

이희봉 —— 고려대학교 대학원에서 산림자원학과 석·박사과정을 수료하였다. 문화재청 식물보호기술자와 산림청 수목보호기술자 자격을 취득하였으며, 서울시 공무원교육원과 국립산림과학에서 소나무의 관리기법에 대한 강의를 전담하고 있다. 현재 한국나무종합병원(주)의 대표이사로 재직하고 있다.

임주훈 —— 고려대학교 임학과를 졸업하고 동 대학원에서 산림생태학을 전공하여 농학박사 학위를 받았다. 독일 프라이부르그대학교 조림학 연구소에서 방문연구원으로 근무하면서 산림식생 및 입지학을 연구하였으며, 현재 국립산림과학원 산불연구과에서 산불생태, 산불 피해지의 생태계 변화와 복원에 관한 연구를 하고 있으며, 숲과문화연구회 이사로 활동하고 있다.

장영록 —— 서울대 물리학과에서 공부하고, 포항공대 물리학과를 졸업했다(이학박사). 독일 Max-Planck-Institute에서 박사후연구원(Post-Doc.)을 거쳐, 현재 인천대학교 물리학과 부교수로 재직하고 있다. 독일 Max-Planck-Institut에서 연구교수로 (2001-2002) 근무한 경험이 있다. 전공은 고체물리학 이론(Theoretical Solid State Physics), 특히 자성(magnetism) 관련 이론물리학이다.

전영우 —— 고려대학교 임학과를 졸업하고 미국 아이오주와 주립대학에서 산림생물학을 전공하여 박사학위를 받았다. 1988부터 국민대학교 교수로 재직하고 있으며 숲의 소중함을 우리 사회에 심기 위해서 집필과 사회활동에 참여하고 있다. 숲과 문화연구회 운영회원이다.

전찬균 ——— 1965년부터 산림직공무원으로 일하였으며 지금은 강릉시청 산림녹지과장으로 재직하고 있다.

조동일 ——— 서울대학교 불어불문학과와 국어국문학과를 졸업하고 동 대학 국어국문학과에서 박사학위를 받았다. 한국정신문화연구원 교수, 서울대학교 국어국문학과 교수로 재직하다가 2004년 8월에 정년 퇴임후 했으며 현재 계명대학교 석좌교수로 있다.

최승자 ——— 충남대 최고농업경영자 과정을 졸업하고 현재 충남 연기군 금남면 성덕리에서 농업에 종사하고 있다.

한명희 ——— 서울대학교 국악과 및 동대학원을 졸업하고 성균관대학교 동양철학과에서 철학박사 학위를 받았다. 동양방송(TBC) PD를 역임하였고, 서울시립대 음악과 교수로 있던 중 국립국악원장을 지냈으며 서울시립대에서 2004년 8월 정년퇴임하였다. 가곡 '비목'의 작사가이며 현재 이미시 문화서원 좌장이다.

한상억 ——— 강원대학교 임학과를 졸업하고 동 대학원에서 임목육종학을 전공하여 농학박사 학위를 받았다. 1981년 임목육종연구소 근무를 시작하여 현재 산림청 국립산림과학원 임목육종과에서 유전검정 및 채종원 등 선발육종에 관한 연구를 하고 있다.

허균 ——— 우리문화연구원장, 문화재청 문화재전문위원, 문화재청 문화재감정위원, 문화재청 심사평가위원, 한국정신문화연구원 책임편수연구원을 역임하고 현재 〈기전문화예술〉편집위원과 한국민예미술연구소장으로 활동하고 있다.

황인용 ——— 전남대 농경과 졸업 후 한학을 공부하였다. 동아일보에서 근무하였으며 현재 수필가 · 시인으로 활동 중이며 지금은 10년의 자료수집 끝에 '동서문화의 만남' 집필에 몰두 중이다.

숲과 문화 연구회 사람들

명예 운영회원

박희진 시인

김경인 인하대학교 미술교육 학과 교수

김진희 영상 창조 연구회 회장

운영회원(가나다 순)

김기원 고려대 임학과 학사, 서울대 환경대학원 박사
오스트리아 빈 농업대학교 박사
(사)숲과문화연구회 발행인 겸 회장
현) 국민대학교 부교수

김종성 원광대 임학과 학사
고려대 임학과 석사, 박사
현) 고려대 생명자원연구소 선임연구원

박봉우 고려대 임학과 박사
서울대 환경대학원 석사
고려대 대학원 농학박사
현) 강원대 산림과학대학 산림조경학부 교수

배상원 고려대 임학과 학사
독일 후라이브르크대 임학과 석사, 박사
현) 국립산림과학원 생산기술연구소 연구사

백범영 홍익대학교 동양화과 학사, 동대학원 석사
현) 용인대학교 예술대학 회화과 부교수

송형섭 충남대 임학과 졸업, 동 대학원 석사, 박사
현) 충남대 환경임산자원학부 부교수

이성필 고려대 임학과 학사
원일조경, 조경설계사무소 예원
현) (주)그룹터 대표

이정호 고려대 임학과 학사
Univ. of Nottingham 유전학과 박사
전 삼성생명과학연구소 책임연구원
현) 고려대 생명자원연구소, 과학연구평론가

이천용 고려대학교 임학과 학사
고려대학교 임학과 석사
고려대학교 임학과 박사
현) 국립산림과학원 임지보전과 과장

임주훈 고려대 임학과 학사, 동대학원 석사, 박사
독일 후라이부르크 대 방문연구원
현) 국립산림과학원 임업연구사

장영록 서울대학교 물리학과 학사
포항공대 석사, 박사
포항공대 첨단재료물리학연구센터
독일 막스 프랑크 연구소
현) 인천대학교 자연과학대 교수

전영우 고려대학교 임학과 학사
미국 아이오와 주립대 석사, 박사
숲과 문화 연구회 발행인 겸 편집인
현) 국민대학교 교수

탁광일 고려대 임학과 학사
캐나다 브리티쉬 컬럼비아 대 석사, 박사
전 SFS(School for Field Studies) 교수

숲과 문화 연구소

숲은 모든 것의 시작입니다.
의식주와 경제활동에 필요한 원료를 채취하는 곳이며, 물의 원천이며, 불의 발생지이기도 합니다. 숲은 철학가, 문학가, 문화예술인의 사색의 고향입니다.
숲에서 인류는 지혜를 얻고 그것으로 문명을 창조하였습니다. 시, 소설, 동화, 신화, 음악, 건축 등 우리 주변에 숲과 관련 맺지 않고 있는 것은 없습니다. 따라서 숲은 문화의 산실입니다. 문화는 숲으로부터 탄생했습니다. 그러나 이와 같은 사실을 깨닫고 있는 사람들은 많지 않으며 전문가들조차 관심이 없는 실정입니다. 설사 이해하고 있다고 하더라도 숲의 인류문화적 중요성을 기록으로 남기거나 전달하려는 생각을 행동으로 옮기지 못합니다.
숲과 문화 연구회는, 이처럼 중요하지만 일반인의 관심이 닿지 못하는 숲에 관한 모든 것을 탐구하고 그 이로움을 여럿이 함께 나누고자, 1992년 1월에 우리 숲을 아끼고 사랑하는 이들이 함께 모여 만든 모임입니다.
숲과 문화 연구회는 숲과 문화에 관련된 좋은 글을 모아 격월간지 〈숲과 문화〉를 펴내고 있습니다. 도 2개월에 한번식 '아름다운 숲 탐방' 행사를 실시하여 숲과 인간이 조화롭게 살아가는데 작은 보탬이 되고자 노력하고 있습니다.
〈숲과 문화〉를 받아볼 수 있는 구독회원이 되기를 원하시는 분은 연회비 2만원을 숲과 문화 연구회 온라인 계좌로 입금하시고 그 사실을 사무국에 알려주시기 바랍니다.
국민은행 512601-01-101097 (사)숲과문화연구회
우체국 014001-01-0001242 (사)숲과문화연구회
하나은행 286-910001-35004 (사)숲과문화연구회

숲과 문화 연구회
136-031
서울시 성북구 동소문동 1가 51번지 무성빌딩 3층
전화 02-745-4811 전송 02-745-4812
이메일 fncrg@hanmir.com
www.humantree.or.kr

숲과 문화 총서—⑫

우리 계레의 삶과 소나무

초판인쇄◆2004년 9월 15일
초판발행◆2004년 9월 17일

발행인◆이수용
엮은이◆배상원
펴낸곳◆수문출판사
디자인◆정병규디자인

인쇄 제책◆상지사

등록◆1998년 2월 15일 제7-35호
주소◆132-890 서울 도봉구 쌍문1동512-23
전화◆02-904-4774/02-994-2626
팩스◆02-906-0707
e-mail◆smmount@cholian.net
ISBN 89-7301-522